高等学校教学用书

钢材的控制轧制和控制冷却

（第2版）

王有铭　李曼云　韦　光　编

北　京
冶金工业出版社
2023

内容提要

控制轧制和控制冷却技术，在提高钢材综合力学性能、开发新品种、简化生产工艺、节约能耗和改善生产条件等方面，取得了明显的经济效益和社会效益。本书第一篇为控制轧制及控制冷却理论，主要介绍了钢的强化和韧化、钢的奥氏体形变与再结晶、在变形条件下的相变、微合金元素在控制轧制中的作用、中高碳钢控制轧制特点、控轧条件下钢的变形抗力、钢材控制冷却理论基础；第二篇为控制轧制和控制冷却技术的应用，主要介绍了控制轧制和控制冷却技术在板带生产中的应用、控制轧制及控制冷却技术在型钢生产中的应用、控制轧制、控制冷却及形变热处理技术在钢管生产中的应用。

本书主要作为高等院校相关专业学生教材，也可供从事轧钢专业的工程技术人员参考。

图书在版编目(CIP)数据

钢材的控制轧制和控制冷却/王有铭，李曼云，韦光编．—2版．—北京：冶金工业出版社，2009.3（2023.7重印）
高等学校教学用书
ISBN 978-7-5024-4804-2

Ⅰ.钢… Ⅱ.①王… ②李… ③韦… Ⅲ.钢材—热轧—控制方法—高等学校—教材 Ⅳ.TG335.11

中国版本图书馆CIP数据核字(2009)第016362号

钢材的控制轧制和控制冷却(第2版)

出版发行	冶金工业出版社	**电　话**	(010)64027926
地　址	北京市东城区嵩祝院北巷39号	**邮　编**	100009
网　址	www.mip1953.com	**电子信箱**	service@mip1953.com

责任编辑　杨　敏　美术编辑　彭子赫　版式设计　张　青
责任校对　卿文春　责任印制　窦　唯
北京建宏印刷有限公司印刷
1995年5月第1版，2009年3月第2版，2023年7月第16次印刷
787mm×1092mm　1/16；15.25印张；404千字；231页
定价32.00元

投稿电话　(010)64027932　投稿信箱　tougao@cnmip.com.cn
营销中心电话　(010)64044283
冶金工业出版社天猫旗舰店　yjgycbs.tmall.com

第2版前言

《钢材的控制轧制和控制冷却》一书从1995年出版到现在已重印5次，被大专院校有关专业学生、各轧钢厂科技人员和科研工作者选用和参考。但是，控制轧制和控制冷却技术经过近十多年的发展，在基本理论、相关设备和生产工艺等方面都有所提高和创新。在某些生产领域，如中厚钢板、薄带、薄板坯连铸连轧、连轧棒材和高速线材、型钢、无缝钢管等生产中，都合理地采用了控制轧制、控制冷却和在线热处理工艺。特别是在提高钢材综合力学性能、开发新品种、简化生产工艺、节约能耗、改善生产条件等方面，采用控轧和控冷工艺都取得了明显的经济效益和社会效益。国内外一些轧钢厂开始采用了新型控冷装置，轧机和控冷装置布置较为合理，利用计算机控制各种工艺参数，形成了适合轧制各钢种，不同规格的控轧、控冷或在线热处理工艺。为此，我们在收集有关资料的情况下，结合多年的科研成果和实践经验，对本书第1版进行修订，删除了一些较为落后或将被淘汰的生产工艺和设备，增补了有关铁素体轧制、超细晶粒组织的生产机理、中厚钢板、连轧带钢、薄板坯连铸连轧，连铸坯热送、直轧，高速线材、棒材、型材和无缝钢管，以及低碳钢、低合金钢、微合金化钢、中高碳钢和各种合金钢采用控制轧制、控制冷却或在线热处理工艺和设备的典型生产工艺和有关工艺参数，以使本书更适合现代轧制生产的需要。

随着科学技术的进步和冶炼、连铸及热轧生产工艺的发展，人们对热轧金属的组织变化规律和机理的认识会更加深入，相关理论将进一步完善，一定会有更为合理的控制轧制、控制冷却和在线热处理工艺，更能充分发挥钢材的性能，开发出新的钢材品种。

书中内容，涉及范围较广，限于篇幅，难尽其详，不足之处，诚请读者指正。

北京科技大学　王有铭　李曼云　韦　光

2008年8月于北京

第1版前言

控制轧制和控制冷却技术是近十多年来国内外新发展起来的轧钢生产新技术，受到国际冶金界的重视。各国先后开展了多方面的理论研究和应用技术研究，并在轧钢生产中加以应用，明显地改善和提高了钢材的强韧性和使用性能，为节约能耗、简化生产工艺和开发钢材新品种创造了有利条件。

通过控制轧制和控制冷却新工艺的开发与基本理论的研究，进一步揭示了热变形过程中变形和冷却工艺参数与钢材的组织变化、相变规律以及钢材性能之间的内在关系，充实和形成了钢材热变形条件下的物理冶金工程理论，为制定合理的热轧生产工艺提供了依据。

本书第一篇为钢材控制轧制及控制冷却理论，共七章，主要介绍钢材的强韧化机理、钢材热变形特点、变形再结晶、变形相变、微合金元素在控制轧制中的作用、中高碳钢的变形机制和控制冷却理论等基础知识。第二篇共三章，主要介绍控制轧制和控制冷却技术在中厚钢板、宽带钢、异型型钢、棒材、钢筋、线材和钢管生产中的应用。

本书作为金属压力加工专业的选修课教材，可帮助学生扩大和深化本专业的知识，掌握相关专业与本专业相结合的前沿技术。通过运用所学内容加强学生分析问题和解决问题的能力。

本书也可以作为从事这方面工作的科技人员和有关专业研究生的参考书。

本书主要由北京科技大学金属压力加工系王有铭、李曼云和韦光编写，徐福昌也参加了部分章节的编写工作。

本书汇集了作者近年来的科研成果，并且尽可能地收集国内外有关科研成就及生产实践资料，充实其内容。在编写过程中曾得到冶金部科技司轧钢处、有关工厂、高等院校和研究院所的大力支持，并提供了宝贵资料，在此谨向他们表示感谢。

由于水平有限，编写时间仓促，书中若有不足之处，诚恳希望读者予以指正。

编　者

1993年9月于北京

目 录

绪 论 …… 1

第一篇 控制轧制及控制冷却理论

1 钢的强化和韧化 …… 3
1.1 钢的强化机制 …… 3
1.1.1 固溶强化 …… 3
1.1.2 形变强化 …… 4
1.1.3 沉淀强化与弥散强化 …… 5
1.1.4 细晶强化 …… 6
1.1.5 亚晶强化 …… 7
1.1.6 相变强化 …… 8
1.2 材料的韧性 …… 8
1.2.1 韧性定义及其表示方法 …… 8
1.2.2 影响钢材韧性的因素 …… 8
参考文献 …… 12

2 钢的奥氏体形变与再结晶 …… 13
2.1 热变形过程中钢的奥氏体再结晶行为 …… 13
2.2 热变形间隙时间内钢的奥氏体再结晶行为 …… 16
2.3 动态再结晶的控制 …… 18
2.3.1 动态再结晶发生的条件 …… 18
2.3.2 动态再结晶的组织特点 …… 19
2.4 静态再结晶的控制 …… 21
2.4.1 静态再结晶的形核机构 …… 21
2.4.2 静态再结晶的临界变形量 …… 22
2.4.3 静态再结晶速度 …… 22
2.4.4 静态再结晶的数量 …… 23
2.4.5 静态再结晶晶粒的大小 …… 23
2.4.6 再结晶区域图 …… 27
参考文献 …… 29

3 在变形条件下的相变 …… 31
3.1 变形后的奥氏体向铁素体的转变(A→F) …… 31
3.1.1 从再结晶奥氏体晶粒生成铁素体晶粒 …… 31
3.1.2 从部分再结晶奥氏体晶粒生成铁素体晶粒 …… 32
3.1.3 从未再结晶奥氏体晶粒生成铁素体晶粒 …… 32
3.2 变形条件对奥氏体向铁素体转变温度 A_{r3} 和组织结构的影响 …… 35
3.2.1 变形条件对 A_{r3} 温度的影响 …… 36
3.2.2 相变温度 A_{r3} 变化对组织结构的影响 …… 38
3.3 变形条件对奥氏体向珠光体转变、奥氏体向贝氏体转变的影响 …… 38
3.4 铁素体的变形与再结晶 …… 39
3.4.1 铁素体热加工中的组织变化 …… 39
3.4.2 在变形间隙时间里铁素体发生的组织变化 …… 40
3.5 在两相区(A+F)轧制时组织和性能的变化 …… 41
3.6 超细晶化钢生产中控轧控冷工艺的特点 …… 43
3.6.1 形变诱导(强化)铁素体相变钢 …… 44
3.6.2 低(超低)碳贝氏体钢和针状铁素体钢 …… 46
参考文献 …… 49
4 微合金元素在控制轧制中的作用 …… 50
4.1 微合金元素在热轧前加热过程中的溶解 …… 50
4.1.1 铌在奥氏体中的溶解 …… 50
4.1.2 钒在奥氏体中的溶解 …… 51
4.1.3 钛在奥氏体中的溶解 …… 51
4.2 控制轧制过程中微量元素碳氮化合物的析出 …… 52
4.2.1 各阶段中 Nb(C、N)的析出状态 …… 52
4.2.2 影响 Nb(C、N)析出的因素 …… 55
4.3 微合金元素在控制轧制和控制冷却中的作用 …… 57
4.3.1 加热时阻止奥氏体晶粒长大 …… 57
4.3.2 抑制奥氏体再结晶 …… 57
4.3.3 细化铁素体晶粒 …… 61
4.3.4 影响钢的强韧性能 …… 62
参考文献 …… 65
5 中高碳钢控制轧制特点 …… 67
5.1 中高碳钢奥氏体的再结晶行为 …… 67
5.1.1 铌、碳对中高碳钢奥氏体再结晶临界变形量的影响 …… 67
5.1.2 铌、碳对中高碳钢奥氏体再结晶晶粒度的影响 …… 68
5.2 中高碳钢控制轧制钢材的组织状态 …… 69

5.2.1　常温组织以铁素体为主的钢材($w_{Mn}<1.0\%$) …… 70
5.2.2　常温组织以珠光体为主的钢材 …… 70
5.2.3　共析钢 …… 70
5.3　中高碳钢的组织与性能的关系 …… 71
5.3.1　中高碳钢组织对性能的影响 …… 71
5.3.2　控制轧制中组织性能的变化 …… 72
参考文献 …… 74

6　控轧条件下钢的变形抗力 …… 75

6.1　影响控轧条件下钢的变形抗力的组织因素 …… 75
6.2　考虑变形累计效果时的变形抗力计算 …… 77
参考文献 …… 78

7　钢材控制冷却理论基础 …… 79

7.1　钢材水冷过程中的物理现象 …… 79
7.1.1　水冷时的沸腾换热现象 …… 79
7.1.2　相变热释放现象 …… 81
7.1.3　对流换热系数α及其确定方法 …… 82
7.2　控制冷却各阶段的冷却目的 …… 82
7.3　轧后快速冷却工艺参数对钢材强韧性的影响 …… 84
7.3.1　轧后冷却速度的影响 …… 84
7.3.2　轧后开冷温度的影响 …… 86
7.3.3　轧后快速冷却终冷温度的影响 …… 87
7.3.4　Nb、Ti等微合金含量的影响 …… 87
7.4　控制冷却中的控制策略和数学模型 …… 89
7.4.1　控制冷却策略 …… 89
7.4.2　控冷数学模型 …… 90
参考文献 …… 91

第二篇　控制轧制和控制冷却技术的应用

8　控制轧制和控制冷却技术在板带生产中的应用 …… 93

8.1　控制轧制时板坯加热制度的选择 …… 93
8.1.1　钢的化学成分与加热温度的关系 …… 94
8.1.2　加热温度对钢板强度的影响 …… 94
8.1.3　加热温度对钢板韧性的影响 …… 96
8.2　钢板和带钢控制轧制工艺的种类和特点 …… 97
8.2.1　奥氏体再结晶型控制轧制的特点 …… 97

8.2.2 奥氏体未再结晶型控制轧制的特点 …… 99
8.2.3 奥氏体和铁素体两相区控制轧制特点 …… 99
8.2.4 铁素体控制轧制的特点 …… 101
8.3 中厚钢板控制轧制和控制冷却工艺的应用 …… 103
8.3.1 合理选择钢的化学成分 …… 103
8.3.2 不同类型中厚板轧机所采用的控制轧制工艺 …… 104
8.3.3 中厚钢板的在线控制冷却 …… 107
8.3.4 中厚钢板控制轧制和控制冷却工艺的结合 …… 115
8.3.5 典型专用中厚钢板采用的控轧控冷工艺 …… 116
8.4 热连轧带钢的控制轧制和控制冷却工艺 …… 129
8.4.1 热连轧带钢的控制轧制和控制冷却工艺的应用 …… 129
8.4.2 热连轧带钢生产线上的铁素体控轧控冷工艺 …… 133
8.5 薄板坯连铸连轧生产线上采用的控轧和控冷工艺 …… 134
8.5.1 薄板坯连铸连轧生产线的特点 …… 134
8.5.2 CSP 生产线上采用的控轧控冷工艺 …… 134
8.6 控制轧制和控制冷却技术在双相钢板带生产中的应用 …… 136
8.6.1 双相钢的组织、性能特点和生产方法 …… 136
8.6.2 热轧双相钢的控制轧制和控制冷却 …… 138
8.7 控制轧制和控制冷却技术在连铸坯直送或热送轧制板带生产中的应用 …… 141
8.7.1 连铸坯直送或热装轧制板带的特点 …… 141
8.7.2 连铸坯直送或热装轧制采用控制轧制和控制冷却工艺的要求 …… 142
8.7.3 热连铸坯直送轧制钢材与连铸冷坯再加热轧制钢材力学性能的比较 …… 142
参考文献 …… 143

9 控制轧制及控制冷却技术在型钢生产中的应用 …… 145

9.1 型钢的控制轧制和控制冷却 …… 145
9.1.1 大中型型材的控制轧制和控制冷却 …… 145
9.1.2 钢轨的在线热处理 …… 154
9.2 棒材及钢筋的控制轧制和控制冷却 …… 155
9.2.1 棒材的控制轧制和控制冷却 …… 155
9.2.2 轴承钢棒材的控制轧制和控制冷却 …… 161
9.2.3 带肋钢筋的控制轧制和控制冷却 …… 167
9.3 高速线材轧机机组的控制轧制和控制冷却工艺 …… 173
9.3.1 高速线材轧机的概况 …… 173
9.3.2 高速线材轧机机组的控制轧制 …… 174
9.3.3 高速线材机组轧后控制冷却 …… 177
9.3.4 线材的控制轧制及控制冷却工艺的应用 …… 184
参考文献 …… 188

10 控制轧制、控制冷却及形变热处理技术在钢管生产中的应用 …… 189

10.1 热轧无缝钢管控制轧制工艺研究基础 …… 189

10.1.1　热轧无缝钢管变形规律的研究方法 …… 190
10.1.2　热轧无缝钢管轧制过程中温度变化及变形量分配 …… 190
10.1.3　热轧无缝钢管再结晶型控制轧制模拟研究 …… 193
10.1.4　18－8型奥氏体不锈钢管控制轧制 …… 200
10.1.5　在热扩径机上采用控制轧制工艺生产锅炉管 …… 201
10.2　热轧无缝钢管在线热处理的开发及应用 …… 202
10.2.1　热轧无缝钢管轧后直接淬火 …… 202
10.2.2　热轧无缝钢管轧后快速冷却工艺 …… 216
10.2.3　热轧无缝钢管轧后余热正火(在线常化) …… 217
10.3　热轧钢管的形变热处理工艺 …… 222
10.3.1　高温形变淬火 …… 222
10.3.2　低温形变淬火 …… 223
10.3.3　高温形变贝氏体化处理工艺 …… 224
10.4　非调质钢的无缝钢管控轧工艺 …… 225
10.4.1　微合金化非调质钢 …… 225
10.4.2　高强度油井管的微合金非调质钢成分的优化 …… 225
10.4.3　非调质高强度油井管钢控轧控冷工艺 …… 226
10.4.4　微合金非调质钢在无缝钢管机组上的开发实例 …… 227
10.5　热轧无缝钢管生产中采用控轧、控冷和在线热处理工艺的展望 …… 230
参考文献 …… 231

绪　论

控制轧制(Controlled rolling)是在热轧过程中通过对金属加热制度、变形制度和温度制度的合理控制,使热塑性变形与固态相变结合,以获得细小晶粒组织,使钢材具有优异的综合力学性能的轧制新工艺。对低碳钢、低合金钢来说,采用控制轧制工艺主要是通过控制轧制工艺参数,细化变形奥氏体晶粒,经过奥氏体向铁素体和珠光体的相变,形成细化的铁素体晶粒和较为细小的珠光体球团,从而达到提高钢的强度、韧性和焊接性能的目的。

控制冷却(Controlled Cooling)是控制轧后钢材的冷却速度达到改善钢材组织和性能的目的。由于热轧变形的作用,促使变形奥氏体向铁素体转变温度(A_{r3})提高,相变后的铁素体晶粒容易长大,造成力学性能降低。为了细化铁素体晶粒,减小珠光体片层间距,阻止碳化物在高温下析出,以提高析出强化效果而采用控制冷却工艺。

控制轧制和控制冷却相结合能将热轧钢材的两种强化效果相加,进一步提高钢材的强韧性和获得合理的综合力学性能。

Nb、V、Ti 元素的微合金化钢采用控制轧制和控制冷却工艺,将充分发挥这些元素的强韧化作用,获得高的屈服强度、抗拉强度、很好的韧性、低的脆性转变温度、优越的成形性能和较好的焊接性能。

根据控制轧制和控制冷却理论和实践,目前,已将这一新工艺应用到中、高碳钢和合金钢的轧制生产中,取得了明显的经济效果。

20 世纪 20 年代就开始研究钢在热加工时,温度和变形等条件对显微组织和力学性能的影响。1925 年德国哈内曼(H. Hanemann)等人做了这方面的试验和工厂实践。第二次世界大战中,荷兰、比利时、瑞典等国一些没有热处理设备的轧钢厂,为了提高钢的强度和韧性,将终轧温度控制在 900℃以下,并给予 20%~30% 的道次压下率,生产出具有良好韧性的钢材。这就形成了采用“低温大压下”细化低碳钢的铁素体晶粒,提高强韧性的“控制轧制”的最初概念。

50 年代末和 60 年代初期,美国和苏联等国先后开展了钢的形变热处理工艺与钢材组织和性能关系的理论研究工作,它为控制轧制和控制冷却的机理研究和工艺的实践奠定了基础。60 年代初,英国斯温顿研究所的科研人员提出,铁素体－珠光体钢中显微组织与性能之间的定量关系,用表述各种强化机制作用的佩奇(Petch)关系式明确表明了热轧时晶粒细化的重要性。在低碳含量(或低珠光体数量)的钢中,细化的铁素体晶粒加上弥散沉淀析出的碳化物质点提高了钢的屈服强度,同时也改善了钢的塑性和韧性。

60 年代中期,英国钢铁研究协会进行了一系列研究:降低碳含量改善塑性和焊接性能,利用 Nb、V 获得高强度,Nb 对奥氏体再结晶的抑制作用以及细化奥氏体晶粒的各种途径。60 年代后期,美国采用控制轧制工艺生产出 σ_s >422MPa 的含 Nb 钢板,用来制造大口径输油钢管。日本一些钢铁公司用控制轧制工艺生产出强度高、低温韧性好的钢板,并开发出一系列新的控制轧制工艺,提出了相应的控制轧制理论。

在开发控制轧制工艺时,人们致力于降低终轧温度。在热轧带钢时,热轧工艺保持不变,仅采用较低的卷取温度,可消除或减小板卷头部、中部和尾部的强度差。钢的连续冷却转变(CCT)曲线为选择合适的冷却速度和带钢卷取温度提供了第一手参考数据,说明轧后冷却速度和卷取温度对带钢组织和性能有直接影响,因而引起人们对控制冷却的重视。

以前人们采用普通喷嘴对钢材进行喷水冷却,但冷却不均匀,冷却效果不理想。1957年"层流"冷却系统首先被英国钢铁研究协会开发,并且应用在布林斯沃思市的432mm热轧窄带钢车间。1964年12月在美国克利夫兰市琼斯·劳林钢铁公司2030mm热轧宽带钢轧机上,采用层流冷却系统进行轧后控制冷却,将实验室试验结果应用到宽带生产,使之成为工艺的现实。

对厚度达到25.4mm的中板实行控制冷却是在美国匹兹堡市一座2286mm带钢轧机上试验的。15年后,中板控制冷却才首先被日本钢管公司实现,即1980年在福山工厂建成在线钢板加速冷却设备(OLAC)。1983年新日铁、住友金属、神户制钢和川崎制铁分别在有关钢板厂建立控制冷却装置。同时,在欧洲和美国等轧钢厂也相继采用。中厚钢板轧后快速冷却首先是在低温控制轧制(未再结晶型控制轧制)后进行,随着人们对再结晶型控制轧制工艺发展的重视,轧后采用快速冷却工艺就更加意义重大了。

随着控制冷却机理研究的不断深化及其实践,除了在中厚钢板,热轧带钢生产中采用控制冷却工艺之外,在线材生产中也取得了比较成熟定型的控制冷却工艺。斯太尔摩冷却法正式发表于1964年,它的问世基本解决了线材的拉拔性能问题。后来又发展了各种类型的控制冷却方法,例如施劳曼法、迪马克法、八幡法、热水浴法等。这些方法在世界各国得到广泛的应用,并且在不断改进和提出新的控制冷却方法。

近些年来,控制冷却工艺已经成功地运用到棒材、带肋钢筋、钢管以及型钢生产和合金钢生产中,并取得了明显的经济效益和社会效益。

60年代初,我国在控制轧制、轧后控制冷却和钢材形变热处理工艺研究方面已经起步,并取得初步成果。例如,对含有Cr、Ni、V的超高强度钢的形变热处理工艺研究,轴承钢轧后快冷工艺研究,钢板组织性能与轧制工艺参数关系研究等。但是,由于某些原因,使这方面的研究工作延误了十多年之久,直到1978年才又重新开始对控制轧制和控制冷却工艺及其有关理论进行系统的研究。特别是在国家第六个和第七个五年计划期间,国家科委和冶金部将控制轧制和控制冷却课题作为重点科技攻关项目,组织高等院校、工厂和科研院所的大批科研技术人员对控制轧制、控制冷却工艺、设备及其有关基本理论进行系统的研究。在变形奥氏体再结晶规律、变形奥氏体相变机制、碳化物析出沉淀规律及其定量分析、强韧化机制、微量元素的作用、控制轧制和控制冷却工艺的开发,以及新品种的研制等方面都取得了巨大成果,在某些方面已经接近或达到国际水平。在这一期间,建立了控制轧制模拟试验室、棒材和板材控制冷却试验室、计算机控制工艺参数模拟试验室等。为开展控制轧制和控制冷却基本理论研究和开发新工艺打下了稳固基础,为研制新品种创造了有利条件。同时,也为有关轧钢厂提供了大量控制轧制和控制冷却的试验数据,推动了控制轧制和控制冷却工艺的应用。在武汉钢铁公司、鞍山钢铁公司、重庆钢铁公司、太原钢铁公司、上钢三厂、上钢一厂、大冶钢厂、大连钢厂和齐齐哈尔钢厂等一些钢铁企业,采用控制轧制和控制冷却工艺生产出高强度、高韧性的造船、石油、天然气输送管道、锅炉及高压容器、火车车辆和机械、桥梁和矿山用的各种钢材,开发了新钢种,填补了国内钢材的部分空白。

控制轧制和控制冷却是热轧生产中的新技术和新工艺,是将轧钢工程学、塑性加工理论、金属材料学、传热学和流体力学等学科结合为一体的一门新学科,是金属塑性加工专业的理论与实践不可缺少的一个重要组成部分,是金属压力加工专业的前沿技术。

第一篇　控制轧制及控制冷却理论

1　钢的强化和韧化

一种材料要通过各种检验指标来确定它的加工性能和使用性能，不同的性能要采用各种不同的检验方法，例如力学的、金相的、磁学的、焊接的、防腐蚀的方法等。在这些检验中，对于钢材来说，在大多数情况下其力学性能是最基本、最重要的，其中强度性能又居首位。但对钢材不仅只要求强度，往往还要求一定的韧性和可焊接性能，而这方面的指标又是和强度性能指标相牵连的，甚至是相互矛盾的，很难使其中某项性能单方面发生变化。结构钢材的最新发展方向就是要求材料的强度、韧性和可焊接性能诸方面有比较好的匹配。控制轧制和控制冷却工艺正是能满足这种要求的一种比较合适的工艺。为了能够合理地利用各种强化机制来制定控轧控冷工艺，有必要对钢的强化机制及其对钢材强度和韧性的影响有粗略的了解。

1.1　钢的强化机制

强度是工程结构用钢最基本的要求。而所谓强度是指材料对塑性变形和断裂的抗力，用给定条件下所能承受的应力来表示。通过合金化、塑性变形和热处理等手段提高金属强度的方法称为金属的强化。

我们这里所指的强化是指光滑的金属材料试样在大气中，并在给定的变形速率、室温条件下，对拉伸时所能承受应力的提高。屈服强度（σ_s）和抗拉强度（σ_b）是其性能指标。

钢的强化机制包括固溶强化、形变强化、析出（沉淀）强化、细晶强化、亚晶强化和相变强化等。

下面将对上述几种强化机制分别作一简单说明。

1.1.1　固溶强化

要提高金属的强度可使金属与另一种金属（或非金属）形成固溶体合金。按照溶质的存在方式，固溶可分为间隙固溶和置换固溶。这种采用添加溶质元素使固溶体强度升高的现象称为固溶强化。

固溶强化的机理是溶质原子溶入铁的基体中，造成基体晶格畸变，从而使基体的强度提高，以及溶质原子与运动位错间的相互作用，阻碍了位错的运动，从而使材料的强度提高。

固溶强化的效果如何取决于一系列的条件，根据大量的实验结果发现有以下规律：

（1）溶质元素溶解量增加固溶体的强度也增加。对于无限固溶体，当溶质原子浓度（摩尔分数）为50%时的强度最大。对于有限固溶体（如碳钢）其强度随溶质元素溶解量增加而增大；

（2）溶质元素在溶剂中的饱和溶解度愈小其固溶强化效果愈好（图1-1）；

（3）形成间隙固溶体的溶质元素（如C、N、B等元素在Fe中）其强化作用大于形成置换式固溶体（如Mn、Si、P等元素在Fe中）的溶质元素；

（4）溶质与基体的原子大小差别愈大，强化效果也就愈显著。

对于非合金的和低合金的钢而言，可以把固溶强化看作是基体的强化机制，与轧制制度无关。钢中最主要的合金元素 Mn、Si、Cr、Ni、Cu 和 P 都能构成置换固溶体，并使屈服强度和抗拉强度呈线性增加（图 1-2）。C、N 等元素在 Fe 中形成间隙固溶体，在过饱和的固溶体中，由于 C、N 原子有很好的扩散能力，可以直接在位错附近和位错中心聚集，形成柯氏（Cottrel）气团，对运动的位错起着钉扎作用，使屈服强度、抗拉强度提高。各种实验表明，每增加 0.1% C 能使抗拉强度平均提高 70MPa，屈服强度平均提高 28MPa。但碳含量的增加将极大损害钢的韧性和可焊性。

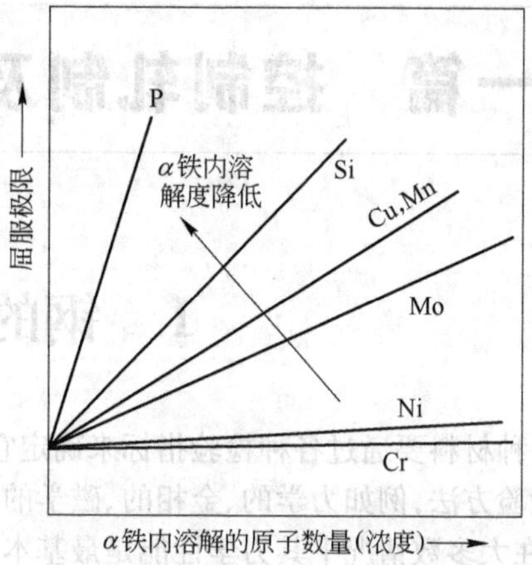

图 1-1 由置换元素来实现铁的固溶强化示意图

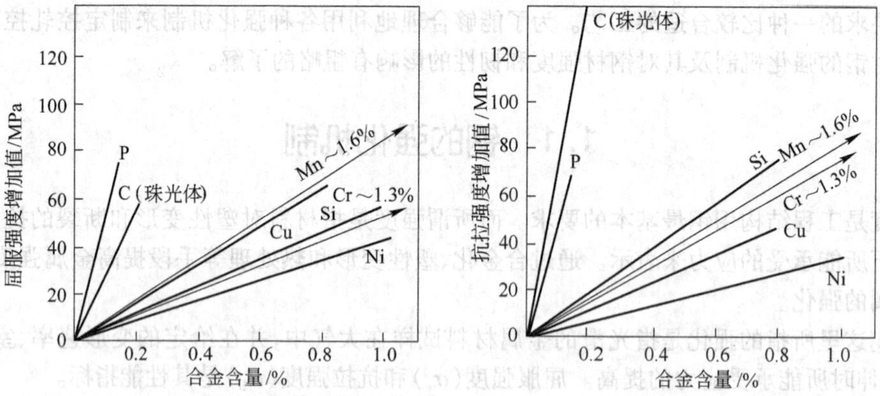

图 1-2 不同的合金元素对提高钢的屈服强度和抗拉强度的影响

假定合金元素的叠加作用呈线性关系，就可以列出下式用以计算由化学成分引起的强度值。

屈服强度 $$\sigma_s = 9.8 \times \{12.4 + 28w_C + 8.4w_{Mn} + 5.6w_{Si} + 5.5w_{Cr} + 4.5w_{Ni} + 8.0w_{Cu} + 55w_P + [3.0 - 0.2(h-5)]\}\ \text{MPa} \tag{1-1}$$

抗拉强度 $$\sigma_b = 9.8 \times \{23.0 + 70w_C + 8.0w_{Mn} + 9.2w_{Si} + 7.4w_{Cr} + 3.4w_{Ni} + 5.7w_{Cu} + 46w_P + [2.1 - 0.14(h-5)]\}\ \text{MPa} \tag{1-2}$$

式中，h 为产品厚度；各元素含量以质量分数代入。

1.1.2 形变强化

形变强化决定于位错运动受阻。金属的塑性变形意味着在位错运动之外还不断形成新的位错，因此位错密度值随着变形而不断增高，在剧烈冷变形后，甚至可高达 $5 \times 10^{12}\ cm^{-2}$（铁的退火单晶的位错密度为 $10^6 \sim 10^7\ cm^{-2}$），变形应力也就随之增高，材料被加工硬化了。强化效应与位错类型、数量、分布，固溶体的晶型，合金化情况，晶粒度和取向以及沉淀颗粒的状况等有关。层错能低的金属比层错能高的金属加工硬化更为显著，细晶粒、有沉淀相、高速形变和低温形变都表现为较高的形变强化效应。奥氏体钢较之铁素体钢或铁素体－珠光体钢有更高的形变强化能力(图 1-3)。金属的形变强化效应宏观上可以通过应力 - 应变曲线来描述。研究认为,金属材料的屈服强度与位错密度的 1/2 次幂成正比。

冷变形的加工硬化机制在实践中是完全可以利用的。如冷拔线材、预应力钢筋、深冲薄板异形件等都是通过冷加工后使材料的强度得到提高的。

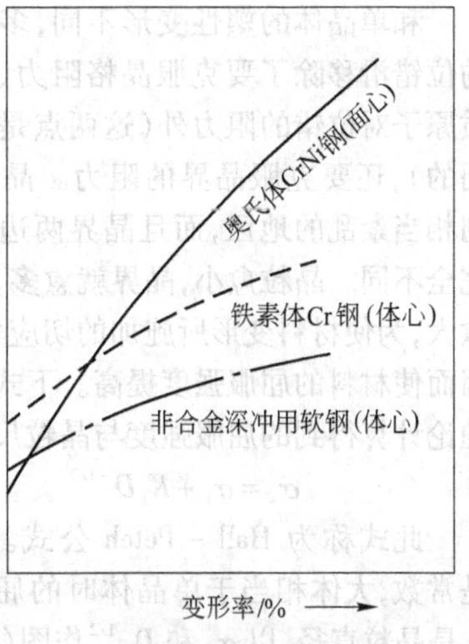

图 1-3 不同结构的钢的强化状态

1.1.3 沉淀强化与弥散强化

细小的沉淀物分散于基体之中,阻碍位错运动,而产生强化作用,这就是沉淀强化。弥散强化与沉淀强化并没有太大区别,只是后者是内生的沉淀相,前者为外加质点。

在普通低合金钢中加入微量 Nb、V、Ti,这些元素可以形成碳的化合物、氮的化合物或碳氮化合物,在轧制中或轧后冷却时它们可以沉淀析出,起到第二相沉淀强化作用。此外这些质点在低合金钢的控制轧制中还起到抑制奥氏体再结晶、阻止晶粒长大等多方面的作用,因此是不可忽视的。我们将在后面的章节中作详细介绍。

沉淀强化的机制是位错和颗粒之间的相互作用,可以通过两种机制来描述:(1)对提高强度有积极作用的绕过过程或称 Orowan 机制;(2)对提高强度作用较小的剪切过程。

根据 Orowan - Ashby 的计算,第二相质点所产生的强度增加值为:

$$\sigma = \{5.9(\varphi)^{1/2}/\bar{x} \times \ln[\bar{x}/(2.5 \times 10^{-4})]\} \times 6894.76 \tag{1-3}$$

式中,σ 是位错克服第二相质点所必须增加的正应力,以 Pa 为单位。

第二相质点引起的强化效果与质点的平均直径$\bar{x}$成反比,与其体积分数 φ 的平方根成正比。质点愈小,体积分数愈大,第二相引起的强化效果愈大。但是$\bar{x}$和 L(质点之间间距)亦不能过小,否则位错不能在质点之间弯曲。质点本身强度不足也会使位错不是绕过质点而是从质点上剪切而过。这两者都会降低沉淀强化的效果。研究表明:第二相质点尺寸较小时,切过机制起强化效应,并随着质点尺寸的增加而增加。第二相质点较大时,绕过机制起作用,强化效应随质点尺寸减小而增大。只有当质点尺寸在临界转换尺寸 d_c 附近时,才能获得最大的沉淀强化效果(图 1-4)。也可以说,对于一定成分的质点,只有质点直径和质点间距恰好是不出现切断程度那么大时,才会产生最高的强化作用。根据计算和实验,一般的质点间距最佳值在 20 ~ 50 个原子间距,体积分数的最佳值在 2% 左右。

此外,沉淀相的部位、形状对强度都有影响。其一般规律是:沉淀颗粒分布在整个基体上比晶界沉淀的效果好;颗粒形状球状比片状有利于强化。形变热处理是在第二相质点沉淀前对材料施以塑性变形,因而使位错密度增加,第二相沉淀形核位置增多,因而析出物更为弥散。如果形变还能造成亚晶,那么第二相沉淀在亚晶界上,其分布密度更为弥散。这就是形变热处理造成强化的原因之一。

随着时间的延长,沉淀强化的强度将连续下降。这是因为颗粒长大,颗粒间距加大的缘故(图 1-5)。因此沉淀强化析出的质点应具有尽可能小的溶解度和很小的凝聚性。也就是说能在各种温度下保持稳定。结构钢中的碳化物、氮化物和碳氮化物在实际使用中能满足这些要求。

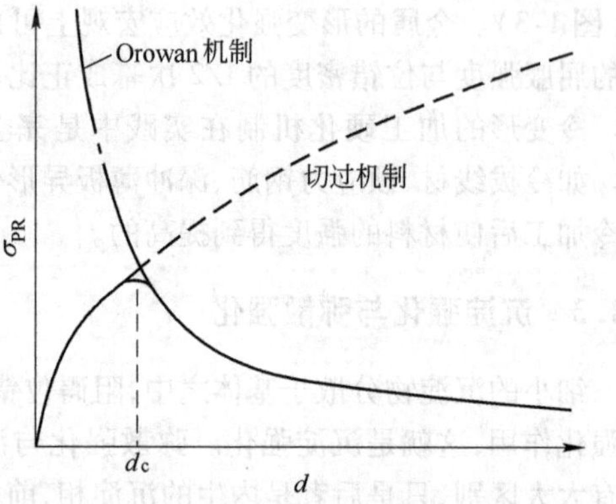

图 1-4　析出相质点强化作用与质点尺寸的关系

1.1.4　细晶强化

和单晶体的塑性变形不同，多晶体晶粒中的位错滑移除了要克服晶格阻力、滑移面上杂质原子对位错的阻力外（这两点是和单晶体相同的），还要克服晶界的阻力。晶界是原子排列相当紊乱的地区，而且晶界两边晶粒的取向完全不同。晶粒愈小，晶界就愈多，晶界阻力也愈大，为使材料变形所施加的切应力就要增加，因而使材料的屈服强度提高。下式是根据位错理论计算得到的屈服强度与晶粒尺寸的关系。

$$\sigma_s = \sigma_i + K_1 D^{-1/2} \tag{1-4}$$

此式称为 Hall－Petch 公式。式中 σ_i 是常数，大体相当于单晶体时的屈服强度。D 是晶粒直径，以 σ_s 和 $D^{-1/2}$ 作图（图 1-6），其斜率为 K_1，它是表征晶界对强度影响程度的常数。它和晶界结构有关，而和温度关系不大。试验表明，在应变速率为 6×10^{-4}/s内，晶粒尺寸范围为 3μm 到无限大（单晶）时，室温下的 K_1 值为 14.0 ~ 23.4N · $mm^{-3/2}$（但也有资料给出在微合金钢及普通软钢中普遍采用的 K_1 值为 7.4N · $mm^{-3/2}$）。

σ_i 包含着不可避免的残留元素，如 Mn、Si、N 等对位错滑动的阻力。对于铁素体－珠光体组织的低碳钢经过实验确定了这些元素的作用，因此 Hall－Petch 公式可以改写为：

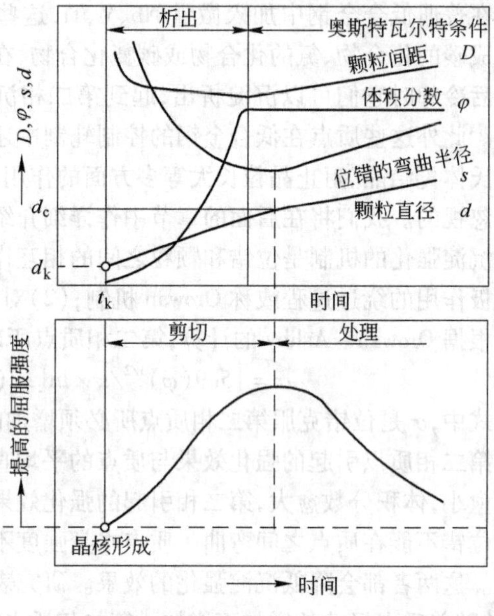

图 1-5　屈服强度随析出和颗粒增大而变化的示意图

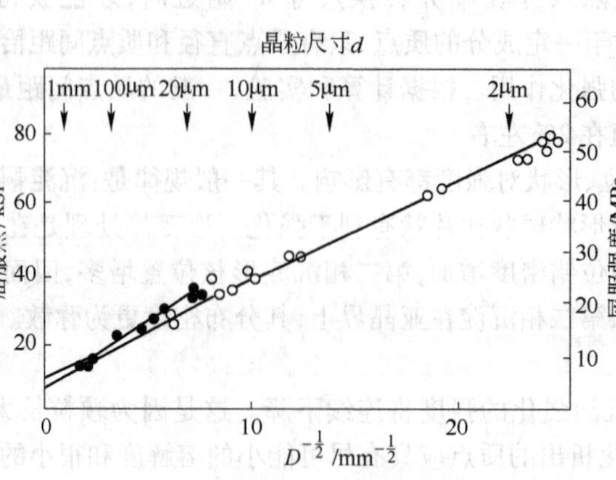

图 1-6　几种软钢的晶粒尺寸和下屈服点的关系

$$\sigma_s = \sigma_0 + (3.7w_{Mn} + 8.3w_{Si} + 291.8w_N + 1.51D^{-1/2}) \times 9.8 \tag{1-5}$$

式中,各元素含量以质量分数代入,各项的系数就是这些元素的固溶强化系数,即每1%质量分数可以提高的屈服强度。σ_0 为单晶纯铁的屈服强度,实际上铁中总是含有微量碳的。σ_0 值随不同的处理而异,空冷时 $\sigma_0 = 86.24$MPa,炉冷时为60.76MPa。D 为等轴铁素体晶粒平均截线长,以mm为单位。σ_s 为材料的屈服强度,以MPa为单位。

铁素体晶粒细化对提高屈服强度的效果是明显的。由公式(1-5)可得到每一个 $D^{-1/2}$($mm^{-1/2}$)可以使屈服强度变化14.7~23.6MPa。由于铁素体晶粒尺寸 D 的变化与 $D^{-1/2}$ 的变化是不同的,D 大时,D 的变化引起 $D^{-1/2}$ 变化小;而 D 小时,D 的很小变化将使 $D^{-1/2}$ 产生较大的变化。σ_s 是与 $D^{-1/2}$ 呈线性关系的,因此在细小的铁素体晶粒基础上的进一步细化将使 σ_s 有较大的提高。

式(1-5)适用于钢中珠光体含量小于30%的组织,这时珠光体的数量对 σ_s 的影响在测量误差范围之内(波动值在30.38Pa的置信度为95%)。当珠光体量大于30%时,珠光体对材料强度的影响不能忽视,公式可以改写为:

$$\sigma_s = \varphi_F\sigma_{0.2} + \varphi_P\sigma_P + \varphi_F K_1 D^{-1/2} \tag{1-6}$$

式中,φ_F、φ_P 是铁素体和珠光体的体积分数,即 $\varphi_F + \varphi_P = 1$;$\sigma_{0.2}$ 和 σ_P 相应为纯铁素体钢和纯珠光体钢的屈服强度。

由公式(1-6)可看出,曲线斜率 $\varphi_F K_1$ 随含碳量提高而变小,从而降低了细化铁素体晶粒的强化作用。相反含碳量提高使珠光体量增加,珠光体对 σ_s 的贡献加大。由此可得出结论,与细化晶粒有关的提高钢强度的方法中,钢中碳含量愈低其强化效果愈大。

此外,晶粒细化也能提高抗拉强度,不过要比对屈服强度的影响小。

屈强比将随着晶粒尺寸的减小而提高。晶粒细化对加工硬化指数 η 也有影响,一般有如下关系:

$$\eta = 5/(10 + D^{1/2}) \tag{1-7}$$

晶粒细化使 η 加大,亦即使加工硬化率提高。

实验证明,Hall-Petch公式可以应用到晶粒尺寸为1μm的尺度,Morris等认为,该公式可以应用到晶粒尺寸大约为20nm的情况。但是晶粒尺寸在亚微米以下时,多晶体材料的屈服强度-晶粒尺寸关系曲线偏离常规的Hall-Petch公式。这是因为Hall-Petch关系是建立在经典的位错理论的假设上的,即大量的位错是弹性的并在充分塞积状态下,并且位错源可开动的位错数量是无限的。而在纳米晶体形变过程中,少有(甚至没有)位错行为,形变过程则主要由晶粒转动和晶界滑动完成。目前还没有一个能涵盖以晶粒细化和碳氮化物析出为强韧化基础的微合金化钢、微珠光体、针状铁素体、超低碳贝氏体等组织类型的强度表达式。

1.1.5 亚晶强化

低温加工的材料因动态、静态回复形成亚晶,亚晶的数量、大小与变形温度、变形量有关。亚晶强化的原因是位错密度提高。亚晶本身是位错墙,亚晶细小位错密度也高。另外,有的亚晶间的位向差稍大,也如同晶界一样阻止位错运动。

为了能定量的描述亚晶尺寸、数量对强化的作用,对C-Mn钢作了一系列实验,建立了一个与Hall-Petch公式形式相同的公式。

$$\sigma_s = \sigma_0 + K[D^{-1/2}\varphi_F + d^{-1/2}(1-\varphi_F)/2] \tag{1-8}$$

式中,σ_0、K 分别是Hall-Petch公式中的单晶体的屈服强度和晶界强化系数;D 是没有亚晶的等轴铁素体尺寸;d 是铁素体亚晶尺寸;φ_F 是等轴铁素体的体积分数。

我们把$[D^{-1/2}\varphi_F + d^{-1/2}(1-\varphi_F)/2]$称为组织因子$M$,它既代表晶粒作用,也包括亚晶的作用。

对于C－Mn钢,以$\sigma_0 = 70.56\text{MPa}$,$K = 1.96\text{N}\cdot\text{mm}^{-3/2}$代入上式得:

$$\sigma_s = 70.56 + 1.96D^{-1/2}\varphi_F + 0.98d^{-1/2}(1-\varphi_F) \quad \text{MPa} \tag{1-9}$$

1.1.6 相变强化

通过相变而产生的强化效应称为相变强化。通过在钢中添加微量合金元素、控制轧制工艺和控制轧后的冷却速度,可以在室温条件下,获得各种不同基体组织的钢,如多边形铁素体－珠光体、贝氏体、多边形铁素体－贝氏体、马氏体等。它们都在不同程度上提高了钢材的强度。

1.2 材料的韧性

1.2.1 韧性定义及其表示方法

韧性(又名韧度)是材料塑性变形和断裂(裂纹形成和扩展)全过程中吸收能量的能力。金属的韧性随加载速度的提高、温度的降低、应力集中程度的加剧而下降。为防止结构钢材在使用状态下发生脆性断裂,要求材料要有一定的韧性。为保证构件的安全就需要测定断裂韧性,断裂韧性是材料本质性指标,但它的测定比较复杂,不适用于工程和工厂生产上。而冲击韧性指标严格说它不是材料的本质性能指标,并且受试样形状和尺寸的影响十分明显,但是它的测定比较方便,因此在工程上还是被广泛采用。材料的冲击韧性指标主要是冲击功,即缺口冲击韧性A_K(J)或a_K(J/cm^2)值,和韧脆转变温度T_c。确定韧脆转变温度的方法很多,一般采用缺口面积上出现50%结晶状缺口时的温度为T_c,以50%FATT表示。

缺口冲击韧性虽然可以反映材料的脆断趋势,但不能直接与设计应力联系起来,只能依据经验,特别是事故教训考察它们与裂纹断裂韧性之间的相关性,提出对材料所需的韧性指标。例如,根据第二次世界大战期间不少大油船出现了脆断事故的分析,对焊接船板用钢,为防止焊接船体的脆断,要求10℃时夏氏V型A_K值应大于20.34J。以后又提高到0℃时钢板的夏氏V型A_K值应大于47.47J,结晶断口应小于70%。正是根据这些经验,各国制定了对产品性能的韧性要求并列入产品标准中。

1.2.2 影响钢材韧性的因素

断裂韧性是材料的一种性能,它取决于材料的组织结构。为了改善材料的韧性就要从工艺(包括冶炼、铸造、加工、热处理等)入手改变材料的结构,以达到改善材料韧性的目的。

1.2.2.1 化学成分的影响

加入基体(铁)的合金元素对基体形成间隙固溶强化或置换固溶强化,在一定的条件下(如能形成稳定的化合物、有足够的合金含量等)还可形成析出强化,从而明显提高材料的强度。间隙固溶造成晶格的强烈畸变,因而对提高强度十分有效,但同时又由于间隙原子在铁素体晶格中造成的畸变是不对称的,所以随着间隙原子浓度的增加塑性和韧性明显降低。而置换式溶质原子造成的畸变比较小,而且大都是球面对称的,因此其强化作用要比间隙式溶质原子小得多,但同时其对基体的塑性和韧性的削弱不明显,或基本上不削弱。

表1-1列出合金元素对工业纯铁脆性转变温度和屈服强度的影响。

表 1-1 合金元素对工业纯铁脆性转变温度和屈服强度的影响

溶质原子	原子直径/nm	25℃时下屈服点变化(10^7Pa/原子%)	冲击韧性转变温度变化(℃/原子%)
P	0.218	21.1	130,300①
Pt	0.277	4.9	-20
Mo	0.272	3.6	-5
Mn	0.224	3.5	-100
Si	0.235	3.5	25
Ni	0.249	2.1	-10
Co	0.249	0.4	—
Cr	0.249	0.0	-5
V	0.263	-0.2②	—

①炉冷为130℃,空冷为300℃;②由于排除间隙原子而软化。

钢中S、P是不可避免的元素,这两个元素对断裂韧性是有害的。P导致回火脆性和影响交叉滑移;而S则增加夹杂物颗粒,减小夹杂物颗粒间距都使材料韧性下降。因此在生产中要求尽可能降低S、P含量。

碳是钢中最基本和最重要的成分。碳作为间隙固溶元素,在提高材料强度的同时,也显著影响材料的韧性,使50% FATT上升。因此在生产中为提高材料的韧性,往往采用在该钢种允许的成分范围内降低碳含量,由此产生的强度下降则由增加成分中的锰含量来弥补。

Mn、Cr与Fe的化学性质和原子半径相近,在钢中形成置换固溶体,造成的点阵畸变小,因而对韧性的损害小。对铁素体-珠光体型微合金钢而言,Mn、Cr可以细化晶粒,减小珠光体片层间距,有利于提高韧性。因此适当增加Mn、Cr含量,在提高强度的同时,还可以使韧性有所增加。而微合金元素Nb、V、Ti等由于影响奥氏体和铁素体晶粒尺寸以及固溶C、N元素的浓度等,会显著影响微合金化钢的韧性。

还应该指出,各种牌号钢通常都是二元以上的合金,合金组元之间有交互作用,同时合金元素还可以有多种途径影响断裂韧性。例如,钢中加入少量的钒,由于钒与钢中的氮结合成VN,阻止奥氏体再结晶,细化了相变后的组织,可提高韧性。但过多的固溶钒也会阻止交叉滑移而降低韧性,因此使合金元素对韧性的影响更为复杂。

1.2.2.2 气体和夹杂物的影响

钢中的气体主要是氢、氧、氮,夹杂物主要是氧化物和硫化物。氢和氮主要以溶解状态存在,而氧主要以化合物状态存在。

一般来说,钢中的气体和夹杂物对钢的韧性都是有害的。钢的冶炼方法、浇注方法直接影响钢中的气体含量和夹杂物数量。目前,由于各种冶炼、浇注新工艺的采用(如各种搅拌技术、真空冶炼、炉外精炼、炉外脱气等),已经可以使钢中气体和夹杂物大幅度下降,生产出纯净钢材,因而从根本上改善了钢材的韧性。但C、N的总量,特别是N的含量也不能低到影响形成微合金化合物的程度。

调整钢的化学成分也可以减轻夹杂物对韧性的不良影响。如硫是钢中的有害元素,锰的加入可以与硫形成具有塑性的MnS夹杂,减轻硫的有害影响。但被加工变形后的MnS会引起钢板纵、横向韧性差异(横向较差)。而锆(Zr)和稀土等元素的加入可以固定硫,热轧后仍保持球状,改善横向韧性。

1.2.2.3 晶粒细化的影响

晶粒的细化使晶界数量增加,而晶界是位错运动的障碍,因而使屈服强度提高。晶界还可以把塑性变形限定在一定的范围内,使变形均匀化,提高了材料的塑性;晶界又是裂纹扩展的阻力,因而可以改善材料的韧性。晶粒愈细,裂纹扩展临界应力愈大,材料的韧性愈高。

图1-7是不同含磷量的钢在不同晶粒尺寸下各种温度下的冲击值。由图可见,细晶粒钢的冲击值明显高于粗晶粒钢。

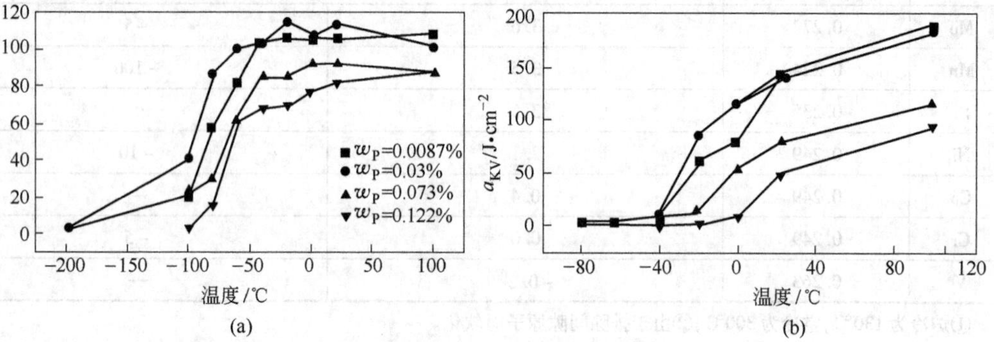

图1-7 不同晶粒尺寸钢的冲击值
(a)平均晶粒尺寸4μm的细晶粒;(b)平均晶粒尺寸47μm的粗晶粒

有各种经验公式用来表示晶粒细化与脆性转化温度的关系。如Petch就提出冲击韧脆转变温度 T_c 与晶粒尺寸 D 的关系:

$$T_c = A - mD^{-1/2} \tag{1-10}$$

式中,A、m 为常数,对于结构钢 $m = 12℃/mm^{1/2}$。当铁素体直径 D 由20μm细化到5μm时,可使 T_c 下降81℃。

除了晶粒大小外,晶粒的均匀程度对 A_K 值也有影响,均匀的晶粒能提高 A_K 值。

1.2.2.4 沉淀析出的影响

沉淀强化造成材料屈服强度的提高,但是它破坏了材料的连续性,并在第二相及其周围的基体中或多或少地使点阵发生畸变,因此使脆性转化温度升高。在铁素体晶粒内析出的质点还阻碍了位错运动,使材料延伸性能降低。

但是用控制轧制技术生产的微合金钢中,Ni、V、Ti等微合金元素在起到析出强化作用的同时还能细化晶粒,而后者却能使强度和韧性都得到改善。微合金元素的含量、形变工艺参数的选择等将会影响这类析出物对晶粒细化的作用和析出强化作用的比例,从而最终决定材料的性能。有关这方面的问题在本篇第4章中还要详细叙述。

1.2.2.5 形变的影响

一方面,形变使位错在障碍处塞积会促使裂纹形核,可以使塑性和韧性降低。另一方面,由于位错在裂纹尖端塑性区内的移动可解缓尖端的应力集中,使塑性和韧性升高。在这两者中通常前者起主要作用。因而在冷加工变形中,位错的增加在使材料的强度提高的同时,也随变形量的增加使材料的延伸性下降、韧性恶化。

1.2.2.6 相变组织的影响

控轧工艺和控冷条件的改进,使控轧控冷材的基体组织突破了传统的铁素体-珠光体组织的范围,发展了如多边形铁素体-珠光体、贝氏体、多边形铁素体-贝氏体、马氏体等各种基体组织,它们除影响材料的强度外也影响着材料的韧性。使用者将根据不同的性能要求、生产成本等因素来选择。有关这方面的某些钢种在第3章中会有简单的叙述,而大量的相关知识要在著作、论文中去学习。

综上所述,不同的强化机制同时也影响韧脆性转变温度。Kozasa给出一个常用的、类似

Hall - pech型的表达式，用以描述各种强化因素与韧脆性转变温度的关系为：

$$\text{FATT} = A + B\sigma_{ss} + C\sigma_{p} + D\sigma_{d} - (Ed^{-1/2} + Fd_{s}^{-1/2}) + \phi \quad (1\text{-}11)$$

式中　σ_{ss}——固溶强化增量；

σ_{p}——沉淀强化增量；

σ_{d}——位错及亚结构强化增量；

d——铁素体晶粒尺寸；

d_{s}——亚晶尺寸；

A,B,C,D,E,F——材料常数；

ϕ——与析出的第二相粒子形态及尺寸有关的函数。

由式(1-11)可见，在各种强化机制中晶粒细化是唯一一种既能使材料提高强度又能降低材料韧脆性转变温度的方法（图1-8）。所以细化晶粒就成为控制轧制工艺的基本目标，也是各种提高材料强韧性能的措施所要追求的目标之一。

为了能全面衡量各种强化机制和成分对强度和韧性的影响，可采用冷脆系数 K 来表述，即：

$$K = \Delta T_{c}/\Delta\sigma_{s} \quad (1\text{-}12)$$

式中，ΔT_{c} 表示某一变化条件下韧脆性转化温度的变化值；$\Delta\sigma_{s}$ 表示在同一变化条件下屈服强度的变化值。如果 $K>0$ 表示有提高脆性断裂的倾向。

表1-2是强化机制和化学成分对低碳钢冷脆系数的影响。

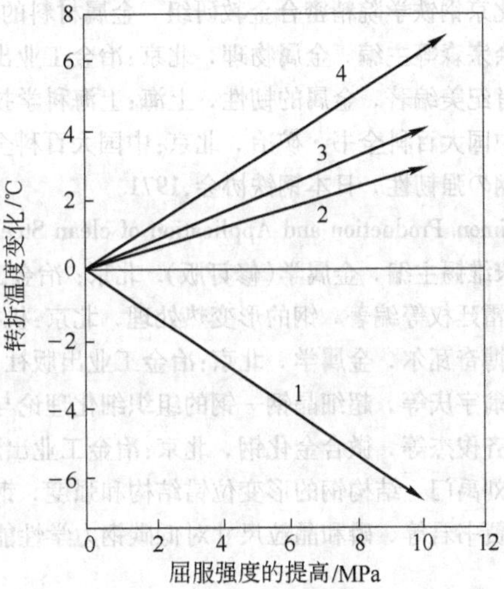

图1-8　不同强化机制对钢韧脆性转变温度的影响

1—晶粒细化强化；2—沉淀强化；3—位错强化；4—碳含量强化

表1-2　强化机制和化学成分对低碳钢冷脆系数的影响

因　素		$\Delta T_{c}/\Delta\sigma_{s}$/(℃/10MPa)
结　构	20%珠光体	40
	位错强化	6
	沉淀强化	4
	晶粒细化	-10
成　分	P	34
	N	19
	Sn	11
	C	6.4
	Si	5.1
	Mn	-3.2
	Al	-17

还有资料给出Nb的冷脆系数 $K=-0.20℃/10^{7}\text{Pa}$。V的冷脆系数 $K=-0.13℃/10^{7}\text{Pa}$。如果由于晶粒强化小于强化总值的40%，而固溶强化、沉淀强化大于强化总值的60%，则对于材料

脆性断裂倾向有不利影响。

实际生产中常常是同时采用几种强化机制，相互取长补短，以获得最佳的综合性能。最常用的方法是在晶粒细化的基础上，与析出强化和(或)相变强化相结合。为此要进一步探索钢材的成分设计与控轧控冷生产工艺相结合以提高性能的途径，并且尽量减少合金元素用量以降低成本。

参 考 文 献

[1] 克斯提安·施特拉斯堡尔格著．提高钢强度的途径．鞍钢情报研究所，1980.

[2] 刘国勋主编．金属学原理．北京：冶金工业出版社，1980.

[3] 北京钢铁学院精密合金教研组．金属材料的弹性韧性和强度(初稿)．1977.

[4] 余宗森等主编．金属物理．北京：冶金工业出版社，1982.

[5] 肖纪美编著．金属的韧性．上海：上海科学技术出版社，1980.

[6] 中国大百科全书·矿冶．北京：中国大百科全书出版社，1984.

[7] 钢の强韧性．日本钢铁协会，1971.

[8] Simon. Production and Application of clean Steel. Iron and Steel. Institute(London), 1972.

[9] 宋维锡主编．金属学(修订版)．北京：冶金工业出版社，1989.

[10] 雷廷权等编著．钢的形变热处理．北京：机械工业出版社．1979.

[11] 博奇瓦尔．金属学．北京：冶金工业出版社，1958.

[12] 翁宇庆等．超细晶钢—钢的组织细化理论与控制技术．北京：冶金工业出版社，2003.

[13] 齐俊杰等．微合金化钢．北京：冶金工业出版社，2006.

[14] 刘禹门．结构钢的形变位错结构和强度．钢铁研究学报，2007，4：1～5.

[15] 贾书君等．磷和晶粒尺寸对低碳钢力学性能的影响．钢铁，2005，6：59～63.

2 钢的奥氏体形变与再结晶

热塑性变形过程中或变形之后，钢组织的再结晶在控制轧制中起决定作用。奥氏体晶粒的细化是控制轧制的基础，因而有必要着重讲述。

2.1 热变形过程中钢的奥氏体再结晶行为

热塑性加工变形过程是加工硬化和回复、再结晶软化过程的矛盾统一。如果钢在常温附近变形（冷加工），随着变形量的增加钢的变形抗力增加。从微观上看，加工变形使位错密度增加，金属内部畸变能增加。而异号位错合并以及由于位错的再排列引起的加工软化数量很少，因此变形抗力不断增大。在热变形条件下，随着位错数量的增加，通过位错运动使部分位错消失或重新排列（动态回复），而畸变能积累到一定程度就会发生再结晶，使更多的位错消失（动态再结晶）。这两个过程同时在进行，并贯穿在热加工变形的全过程中，根据这两个过程的平衡状况决定材料的变形应力。因此从宏观上看，变形时真应力值并不随真应变值的增加而单调上升，而是有升有降。图 2-1 示出了奥氏体热加工时的真应力 - 真应变曲线及其组织结构变化示意图，该曲线由三个阶段组成：

(1)第一阶段：当塑性变形量小时，随着变形量增加变形抗力增加，直至达到最大值。在这个阶段，一方面金属塑性变形的增大使位错密度 ρ 不断增加，这就是加工硬化，造成变形抗力不断增加直至达到峰值。另一方面，变形中产生的位错能够在热变形过程中通过交滑移和攀移等运动方式，使部分位错消失，部分位错重新排列，造成奥氏体的动态回复。当位错重新排列到一定程度，形成清晰的亚晶界，称为动态多边形化。奥氏体的动态回复和动态多边形化都使材料软化。由于位错的增值速度相对与变形量无关，而位错的消失速度则与位错密度的绝对值有关，位错密度增大位错消失速度加快。因此随着变形量的增加，位错消失速度加快，也就是软化加快。但是总的趋势，在这一阶段加工硬化还是超过动态软化。反映在真应力 - 真应变曲线上随着变形量加大变形应力还是不断增大的，只是增加的速度逐渐减慢，直至为零。

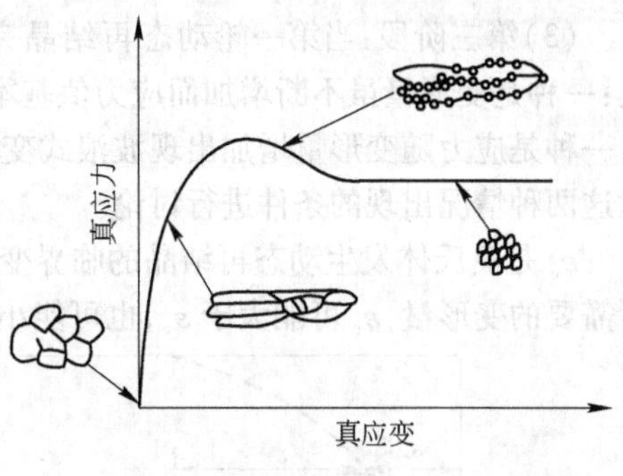

图 2-1 奥氏体热加工真应力 - 真应变曲线与材料结构变化示意图

(2)第二阶段：在第一阶段动态软化抵消不了加工硬化，随着变形量的增加金属内部畸变能不断升高，达到一定程度后在奥氏体内将发生另一种转变，即动态再结晶。动态再结晶的发生与发展使更多的位错消失，材料的软化速度明显加快，材料的变形应力很快下降。随着变形量的继续增加，热加工奥氏体内不断形成再结晶核心并继续成长，直至完成一轮再结晶，变形应力降至最低点。由于动态再结晶的发生，在这一阶段动态软化速度将大于加工硬化速度，并且随着位错的大量消失动态软化速度减慢，直至软化速度与硬化速度达到平衡。反映在真应力 - 真应变曲线上，随着变形量加大变形应力开始下降，直至一轮再结晶全部完成并与加工硬化相平衡，变形应力不再下降为止，形成了真应力－真应变曲线的第二阶段。

发生动态再结晶所必需的最低变形量称为动态再结晶的临界变形量，以 ε_c 表示。ε_c 几乎与真应力－真应变曲线上应力峰值所对应的应变量 ε_p 相等，精确地讲 $\varepsilon_c \approx 0.83\varepsilon_p$。$\varepsilon_p$ 的大小与钢的奥氏体成分和变形条件（变形温度、变形速度）有关。曲线的最大应力值 σ_p（或恒应变应力值 σ_s）、变形速度 $\dot{\varepsilon}$、变形温度 T 之间符合以下关系：

$$\dot{\varepsilon} \approx A\sigma^n \exp(-Q/RT) \tag{2-1}$$

式中，A 为常数；n 为应力指数；Q 为变形活化能；R 为气体常数；T 为绝对温度。动态再结晶发生时 n 为 4～6，大多数为 6。Q 大体等于自扩散激活能。当 Q 不依赖于应力、温度时，σ_p（或 σ_s）可用 Zener－Hollomon 因子 Z 来表示：

$$Z = \dot{\varepsilon}\exp(Q/RT) = A\sigma^n \tag{2-2}$$

Z 为温度补偿变形速率因子，可表示 $\dot{\varepsilon}$ 和 T 的各种组合，是一个使用方便的因子。当变形温度愈低、变形速率 $\dot{\varepsilon}$ 愈大时，Z 值变大，即 σ_p、σ_s 大，动态再结晶开始的变形量 ε_c 和动态再结晶完成的变形量 ε_i 也变大，也就是说，需要一个较大的变形量才能发生动态再结晶。

动态再结晶是在热变形过程中发展的（也可以说动态再结晶是发生在辊缝中的再结晶），即在动态再结晶形核长大的同时持续进行变形的，这样由再结晶形成的新晶粒又发生了变形，产生了加工硬化，富集了新的位错，并且开始了新的软化过程（动态回复甚至动态再结晶）。因此，就整个奥氏体来说，任一时刻在金属内部总存在变形量由零到 ε_c 的一系列晶粒，也就是说，动态再结晶的发生就奥氏体的整体来说，并不能完全消除全部的加工硬化。反映在真应力－真应变曲线上，就是在发生了动态再结晶后，金属材料的变形应力仍然高于原始状态（即退火状态）的变形应力。

（3）第三阶段：当第一轮动态再结晶完成以后，在真应力－真应变曲线上将会出现两种情况：一种是变形量虽不断增加而应力值基本不变，呈稳态变形。这种情况称为连续动态再结晶；另一种是应力随变形量增加出现波浪式变化，呈非稳态变形，这种情况称为间断动态再结晶。现就这两种情况出现的条件进行讨论。

ε_c 是奥氏体发生动态再结晶的临界变形量，ε_r 是由产生动态再结晶核心到完成一轮再结晶所需要的变形量，ε_r 可能大于 ε_c，也可能小于 ε_c（图 2-2）。

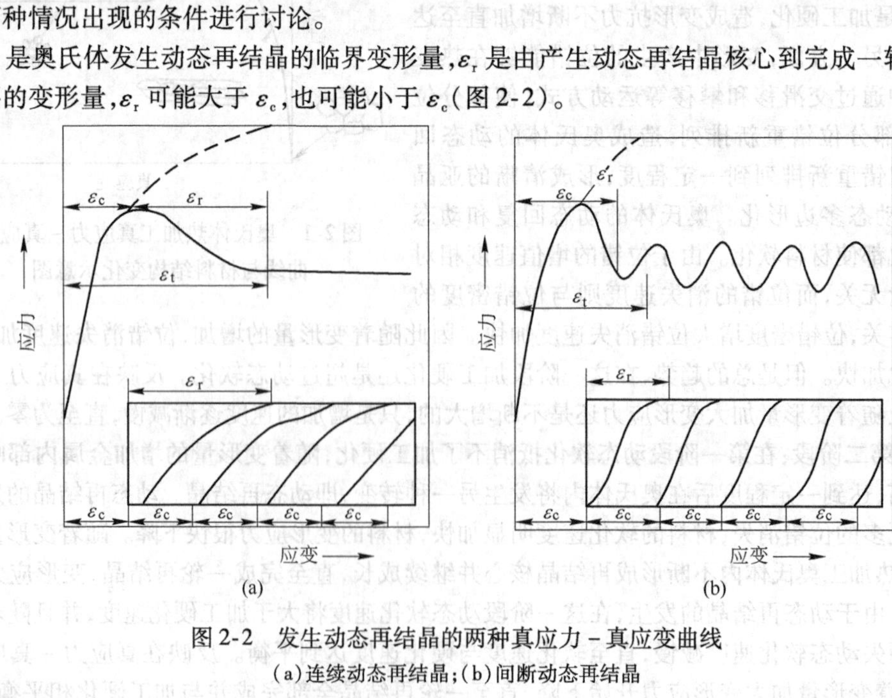

图 2-2　发生动态再结晶的两种真应力－真应变曲线
（a）连续动态再结晶；（b）间断动态再结晶

当 $\varepsilon_c < \varepsilon_r$ 时发生连续动态再结晶。动态再结晶发生后，随着变形的继续，一方面再结晶继续发展，另一方面新形成的再结晶晶粒又开始承受变形，这两个过程同时在进行。由于 $\varepsilon_c < \varepsilon_r$，所以在奥氏体晶粒全部完成第一轮再结晶之前，最先形成的那些第一轮再结晶晶粒的变形量就已达到了发生动态再结晶的临界变形量 ε_c，开始发生第二轮的动态再结晶。以此类推，即在奥氏体内几轮的再结晶同时发生，每一轮的再结晶又同时处在变形的不同阶段。奥氏体内各个晶粒的变形量不同，有的近于零，有的接近 ε_c，因此有的刚开始新一轮动态再结晶，有的已接近结束。其结果反映出一个平均近似不变的应力值，这就出现了连续动态再结晶。

当 $\varepsilon_c > \varepsilon_r$ 时发生间断动态再结晶。由于 ε_r 较小，一旦动态再结晶发生后不需要太大的变形量，奥氏体就完成了第一轮的动态再结晶。而此时已再结晶的晶粒内新承受的变形量，都达不到发生新一轮动态再结晶的临界变形量，因而还不能立即发生第二轮动态再结晶，只有再继续变形使晶粒内的变形量达到 ε_c，第二轮动态再结晶才开始发生。在两轮再结晶之间，由于动态回复抵消不了加工硬化，应力值就会上升。在真应力－真应变曲线上出现波浪形式，这种情况下动态再结晶是间断进行的。

工艺参数（变形温度 T 和变形速度 $\dot{\varepsilon}$）对 ε_c、ε_r 都有影响，只是 T、$\dot{\varepsilon}$ 对 ε_r 的影响比对 ε_c 的影响大。也就是说，当 T 高或 $\dot{\varepsilon}$ 低时，出现非稳态变形，间断动态再结晶。反之，出现稳态变形，连续动态再结晶。图 2-3 所示的 Q235 钢的真应力－真应变曲线也证明了这点。

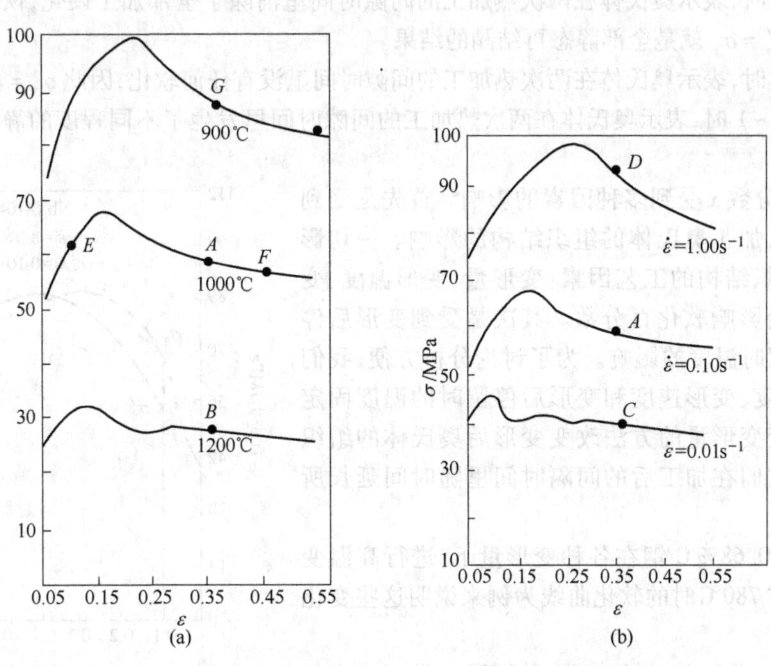

图 2-3 Q235 钢变形条件对真应力－真应变曲线的影响

（a）变形温度的影响，变形速度 $\dot{\varepsilon}=0.1\text{s}^{-1}$；

（b）变形速度的影响，变形温度 $T=1000℃$

不同的材料在热加工条件的变形范围内，所作出的真应力－真应变曲线不一定都有三个阶段。目前，通常将那些不出现真应力峰值的材料，判断为在加工条件的变形范围内没有发生动态再结晶。

2.2 热变形间隙时间内钢的奥氏体再结晶行为

热加工过程中的任何阶段,包括发生完全动态再结晶,都不能完全消除奥氏体的加工硬化,这就造成了材料组织结构的不稳定性。在热加工的间隙时间里,或热加工后在奥氏体区的冷却过程中,材料的组织结构将继续发生变化,力图消除加工硬化组织,使材料的组织结构达到稳定状态。这种变化仍然是回复、再结晶过程。但是它们不是发生在热加工过程中,所以叫做静态回复、静态再结晶。

静态回复、静态再结晶能否完全消除加工硬化?我们以 Nb 钢的热加工变形真应力-真应变图(图 2-4)来说明。当热加工变形达到 ε_1 时,对应的应力为 σ_1,这时如果停止变形,并恒温保持一段时间 τ 后再变形,就会发现奥氏体的变形抗力有不同程度的降低,降低的程度与停留时间 τ 的长短、停留前的变形量 ε_1、变形速度 $\dot{\varepsilon}$ 有关。如果以 σ_y 及 σ_1 分别表示奥氏体的屈服应力及达到变形量 ε_1 时的应力,以 σ'_y 代表变形后恒温保持 τ 时间后再次发生塑性变形的应力值,则 σ'_y 总是低于或等于 σ_1。我们以在两次变形间奥氏体软化的数量:$(\sigma_1-\sigma'_y)$ 与 $(\sigma_1-\sigma_y)$ 之比,称为软化百分数(或称软化率),以 x 表示之,则:

$$x=(\sigma_1-\sigma'_y)/(\sigma_1-\sigma_y) \tag{2-3}$$

当 $x=1$ 时,表示奥氏体在两次热加工的间隙时间里消除了全部加工硬化,恢复到变形前的原始状态,$\sigma'_y=\sigma_y$ 就是全部静态再结晶的结果。

当 $x=0$ 时,表示奥氏体在两次热加工的间隙时间里没有任何软化,因此 $\sigma'_y=\sigma_1$。

当 $x=0\sim1$ 时,表示奥氏体在两次热加工的间隙时间里发生了不同程度的静态回复与静态再结晶。

软化百分数 x 受到多种因素的影响。首先是受到变形停止时,加工奥氏体的组织结构的影响。一切影响奥氏体组织结构的工艺因素:变形量、变形温度、变形速度,都会影响软化百分数。其次是受到变形后停留时间、停留时温度的影响。为了讨论分析方便,我们先将变形温度、变形速度和变形后停留时的温度固定不变,用改变变形量的方法改变变形后奥氏体的组织结构,讨论它们在加工后的间隔时间里随时间延长所发生的变化。

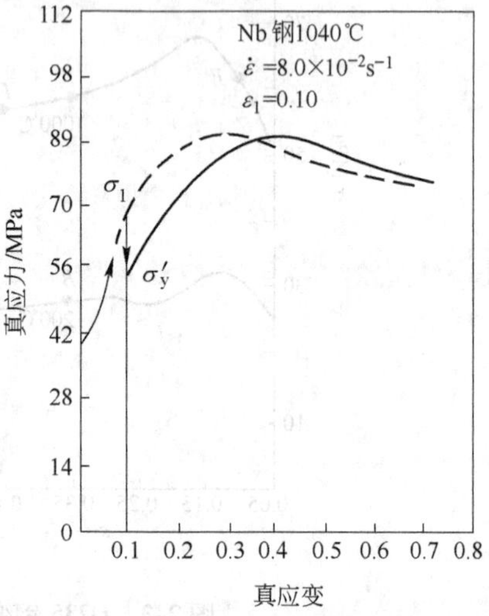

图 2-4　奥氏体在热加工间隙时间里真应力-真应变曲线的变化

我们以 0.68% C 钢在各种变形量下,进行高温变形后,保持在 780℃时的软化曲线为例来说明这些变化(图 2-5)。

(1) 当 ε 远小于 ε_L 时(a 点,a 曲线)。曲线 a 表示了两次变形间隔时间里软化的情况与软化的速度。曲线 a 表明变形一停止软化就立即发生,随着时间的延长软化百分数增大,当达到一定程度软化停止,这个过程大约在 100s 内完成。这时仅仅软化了 30%,还有 70% 的加工硬化不能消除。这种变化有如冷加工的退火阶段,称为静态回复。静态回复可以部分减少位错,未消除的加工硬化对下次的变形有迭加作用。如果这是最后一次变形,那么在急冷下来的相变组织中仍能继承高温变形的加工硬化结构。

（2）当 $\varepsilon_L<\varepsilon<\varepsilon_E$ 时（b 点，b 曲线）。曲线 b 表明第一阶段的静态回复用了100s时间，软化率达到45%。如果继续保持高温，经过一段潜伏期后即进入第二阶段的软化，即静态再结晶。静态再结晶可以使软化百分数达到 $x=1$，全部形成了新的无位错晶粒。如果再次变形，真应力－真应变曲线恢复到原始状态。这里把产生静态再结晶的最小变形量 ε_L 称为静态再结晶的临界变形量。

（3）当 $\varepsilon_E<\varepsilon<\varepsilon_W$ 时（c 点，c 曲线）。曲线 c 表示变形在动态再结晶开始后的某一个阶段后的软化情况。曲线被分为三个阶段。第一个阶段是静态回复阶段；第三个阶段是经过一个潜伏期后的静态再结晶阶段；中间那段可以认为是由于原来动态再结晶核心的继续长大，这个过程几乎不需要潜伏期，可以称为次动态再结晶或亚动态再结晶，其特点像没有潜伏期的静态再结晶。

（4）当 ε 在变形应力的稳定阶段，即 $\varepsilon>\varepsilon_W$ 时（d 点，d 曲线）。d 点表示变形应力超过最大应力达到正常应力部分，动态再结晶晶粒维持一定的大小和形状，此时加工硬化率和动态再结晶的软化率达到平衡，在这种变形量下停止变形，保持变形的高温，材料的软化过程如 d 曲线。在动态再结晶的基础上软化开始，由于动态再结晶的组织中有不均匀位错密度，变形一停止马上就进入静态回复阶段，接着就是次动态再结晶阶段。曲线 d 上不出现平台，只出现拐点，这也表明次动态再结晶不需要潜伏期。由于这阶段的热加工变形量很大，发生的动态再结晶核心很多，形变停止后这些核心很快继续长大，生成无位错的新晶粒，消除全部加工硬化，所以不发生静态再结晶的软化过程。

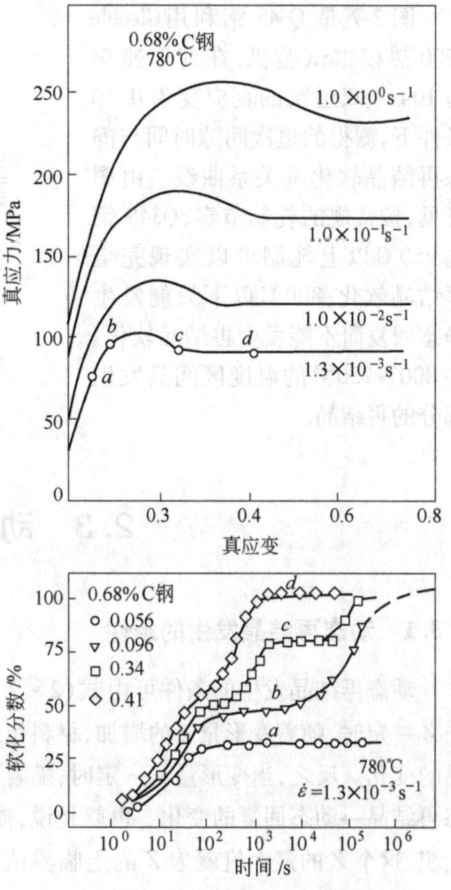

图2-5 软化行为受应变量影响曲线

（○、▽、□、◇为真应变值）

以上是钢成分一定、形变温度一定、形变速度和变形后停留时间温度一定时，几种不同的形变量在两次变形的间隙时间里发生的软化过程和奥氏体软化的几种基本类型。这些规律适用于不同的钢种和加工温度，可以用图2-6表示。

Ⅰ区表示静态回复软化，Ⅱ区表示亚动态再结晶软化，Ⅲ区表示静态再结晶软化，阴影区 $ABCD$ 是"禁止带"，表示在小于 ε_L 的变形量下变形，在变形的间隔时间里只发生静态回复，局部地区由于形变引起晶界迁移而产生粗大晶粒，这是不希望发生的。（注：在停留时间足够的前提下，图2-6中 B 点的变形量对应于静态再结晶的临界变形量 ε_L，点 F 对应于发生亚动态再结晶的变形量 ε_E，点 E 对应于只发生静态回复和亚动态再结晶的变形量 ε_W）

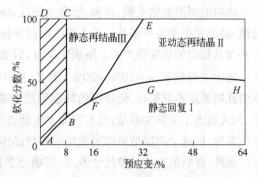

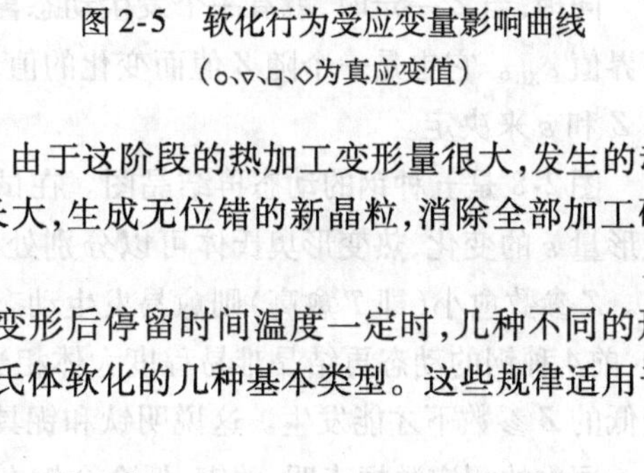

图2-6 形变量与三种静态软化类型的关系

图 2-7 是 Q345 钢利用 Gleeble 1500 热模拟试验机，在变形速率为 $10s^{-1}$、双道次的真应变为 0.36 条件下，测得的道次间隙时间与静态再结晶软化率关系曲线。由图可见，按常规的轧制节奏，Q345 钢在 950℃ 以上轧制可以实现完全再结晶软化；800℃ 以下只能发生静态回复而不能发生再结晶软化。在 800 ~ 950℃ 的温度区间只发生部分的再结晶。

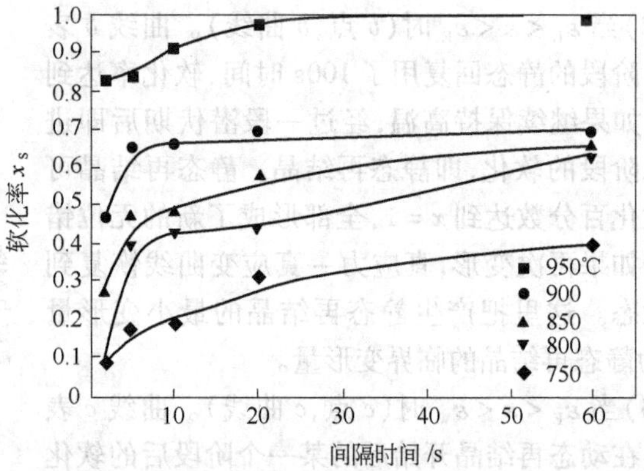

图 2-7 试验钢道次间静态再结晶软化曲线

2.3 动态再结晶的控制

2.3.1 动态再结晶发生的条件

动态再结晶发生的条件可由式(2-2)中的温度补偿因子 Z 和变形量 ε 之间的关系决定。当 Z 一定时，随着变形量 ε 的增加，材料组织发生由动态回复→部分动态再结晶→完全动态再结晶的变化。反之，当变形量 ε 一定时，随着 Z 值变大，材料组织发生由完全动态再结晶→部分动态再结晶→动态回复的变化。也就是说，变形量 ε 一定时，在某一 Z 值以上将得不到动态再结晶组织，这个 Z 的最大值就为 Z 的上临界值 Z_{SL}。应该指出，Z_{SL} 值是随 ε 而变的，ε 愈大 Z_{SL} 也愈大。同理，当 Z 一定时，就有一个发生动态再结晶的最小变形量 ε，这个最小变形量就是 ε 的下临界值 ε_{XL}。它也是一个随 Z 值而变化的值，Z 值愈小 ε_{XL} 也愈小。因此动态再结晶能否发生，要由 Z 和 ε 来决定。

图 2-8 是五种钢的动态再结晶图。在试验条件下($\dot{\varepsilon} \approx 10s^{-1}$)由于变形温度(即 Z 参数)和变形量 ε 的变化，热变形奥氏体可以分别处于加工硬化、部分动态再结晶和完全动态再结晶状态。Z 参数愈小(即 T 愈高)则愈易发生动态再结晶，再结晶临界变形量就愈小。比较图 2-8 可知，前 4 种钢的动态再结晶难易程度大体相当，仅 12MnTiNb 钢的动态再结晶发生比较困难，要在较低的 Z 参数下才能发生。这说明钛和铌具有强烈阻碍动态再结晶的作用。

国内的测定数据表明，碳钢、低合金钢在 $\dot{\varepsilon} < 10s^{-1}$、$T > 1000$℃时，真应力-真应变曲线出现峰值，即能发生动态再结晶。图 2-9 给出两种钢的变形温度和应变速度对动态再结晶的恒变应力和与其相应的应变的关系。厚板轧制时，因变形速率大($\dot{\varepsilon} \approx 10 \sim 20s^{-1}$)，故 Z 值大，大于通常在一道次变形量下($\varepsilon \approx 10\% \sim 20\%$)的 Z_{SL} 值，因而不能发生动态再结晶。但近年来，热连轧带钢的轧制速度不断提高，使带钢的轧制温度升高，两道次间的间隙时间缩短也促使累计变形发生，大大增大了实际变形量，就有可能发生动态再结晶。在生产上，也把整个连轧阶段作为一个道次看待，把这个阶段结束时所发生的再结晶作为动态再结晶。

此外，材料的初始晶粒尺寸 D_0 也影响动态再结晶的产生。Z 一定时，D_0 愈小，愈能在较低的 ε 下产生动态再结晶。亦即随着 D_0 的减小，产生动态再结晶的加工范围变大(图 2-10)。

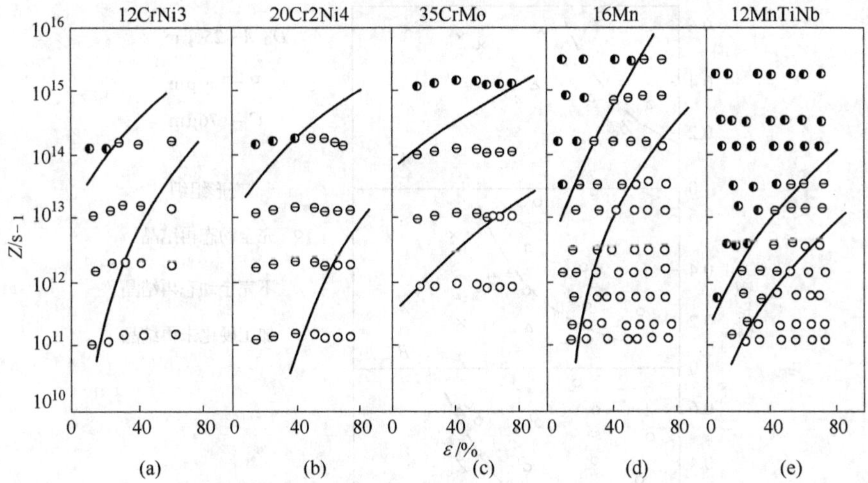

图 2-8 试验用钢的热变形奥氏体动态再结晶图

○完全再结晶奥氏体；⊖部分再结晶奥氏体；● 加工硬化奥氏体

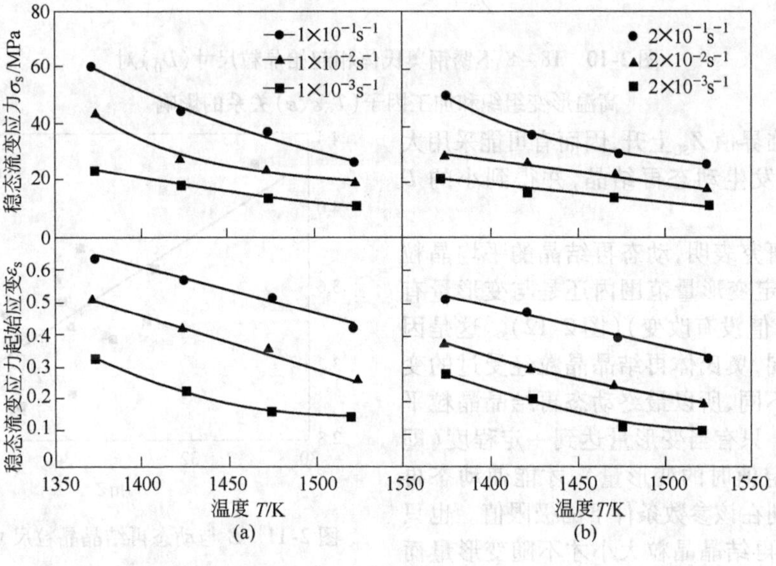

图 2-9 温度和应变速度对动态再结晶的流变应力的初始稳态流的影响

(a)0.09C－2.26Ni；(b)0.14C－1.45Mn

2.3.2 动态再结晶的组织特点

动态再结晶是一个混晶组织，其平均晶粒尺寸 D 只由加工条件 Z 来决定，Z 和 D 之间的关系符合 $Z=AD^{-m}$（或 $D^{-1}\propto \log Z$），如图 2-11 是 Q235 钢的 Z 参数与动态再结晶晶粒尺寸关系图。Z 愈大（即变形温度低，变形速率大）则 D 愈小。并且 D 与初始晶粒尺寸 D_0 无关。

然而，要实现动态再结晶，Z 值又必须小于 Z_{SL}。因此一切能提高 Z_{SL} 的因素都会给细化奥氏体动态再结晶晶粒提供更大的可能性。如增加变形量 ε、减小变形前奥氏体的晶粒尺寸 D_0 都为降低变形温度 T、增大变形速度 $\dot{\varepsilon}$ 来增大 Z 值提供了更大的空间。因而 ε、D_0 虽有变化，如果变形温度 T、变形速度 $\dot{\varepsilon}$ 不变，Z 值就不变，所得到的 D 是相同的。但是 ε、D_0 的变化可使发生动态

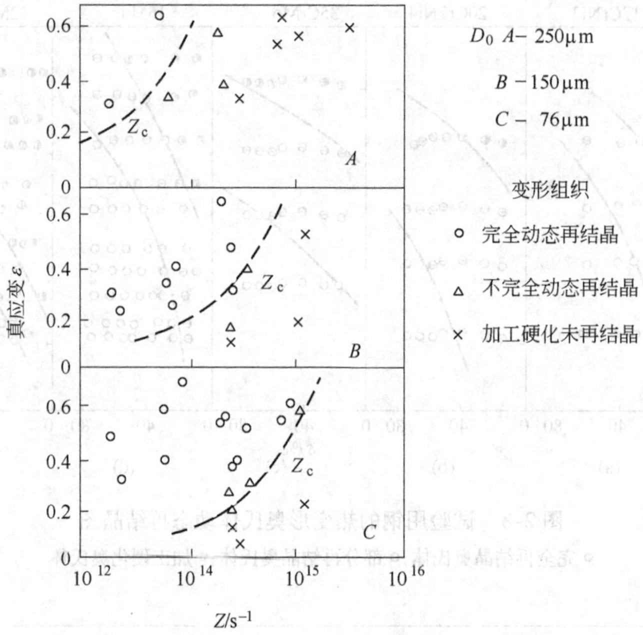

图 2-10 18－8 不锈钢奥氏体相起始晶粒尺寸(D_0)对高温形变组织和加工因子(T、$\dot{\varepsilon}$、ε)关系的影响

再结晶的上临界值 Z_{SL} 上升,因而有可能采用大的 Z 值仍能发生动态再结晶,并得到小的 D 值。

最近的研究表明,动态再结晶的平均晶粒尺寸 D,在一定变形量范围内还是与变形量有关的(虽然 Z 值没有改变)(图 2-12)。这是因为变形量不同,奥氏体再结晶晶粒经受过的变形周期次数不同,所以最终动态再结晶晶粒平均尺寸不同。只有当变形量达到一定程度(即应力达到稳定值时的变形量),才能使动态再结晶晶粒达到在该参数条件下的极限值。也只有这时,动态再结晶晶粒大小才不随变形量而变,仅取决于 Z 参数。

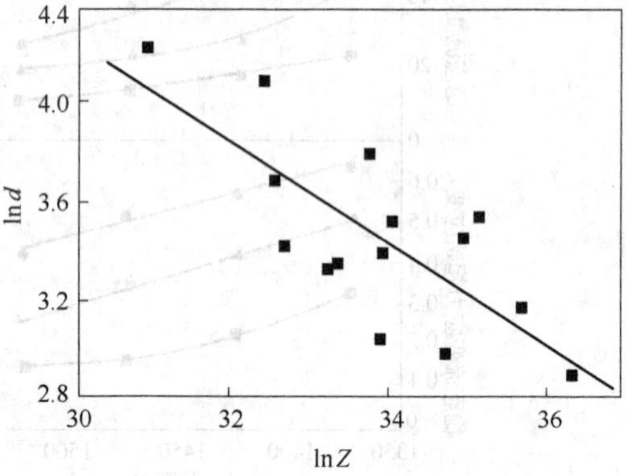

图 2-11 Z 与动态再结晶晶粒尺寸的关系

动态再结晶组织是存在一定加工硬化程度的组织。因此在平均晶粒尺寸相同时,动态再结晶组织比静态再结晶组织有更高的强度。

一般动态再结晶晶粒微细、等轴,特别是低温、高形变速度领域得到的晶粒,能长时间不成长。因此动态再结晶若能用于薄钢板的生产,将是晶粒细化、提高扩孔性的有效手段。

最近有研究报告指出,为获得具有超微细晶粒的薄钢板(铁素体的平均晶粒直径为 2μm),可采用添加多量微合金元素 Ti、降低坯料的加热温度的方法,抑制奥氏体晶粒的长大,在细小的原始奥氏体晶粒条件下(奥氏体晶粒直径大约在 50μm),即使在 850℃、$0.4s^{-1}$ 形变速度这样的低加工区域,也能实现动态再结晶(由图 2-13 可见,C 含量 0.07%、Ti 含量在 0.15% 以上,加热温度在 1150℃,850℃变形,其真应力－真应变曲线都有最大值,表明都发生了动态再结晶)。而大量 TiC 颗粒的存在有利于抑制奥氏体的长大和增加相变的形核点,因此相变后能得到超细的铁素体晶粒。

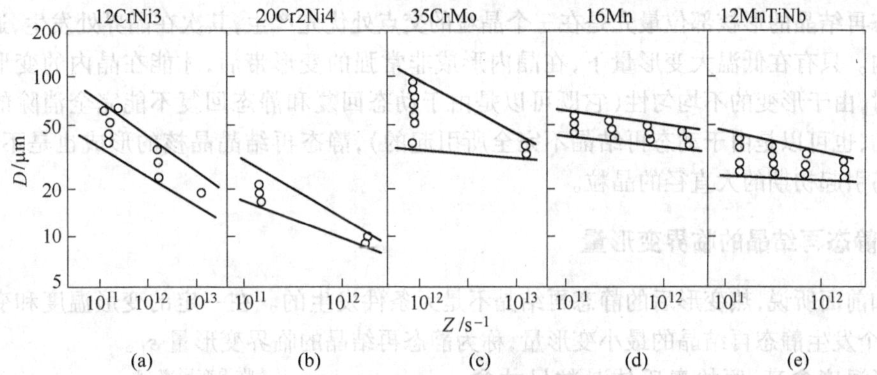

图 2-12 Z 参数对动态再结晶晶粒直径的影响

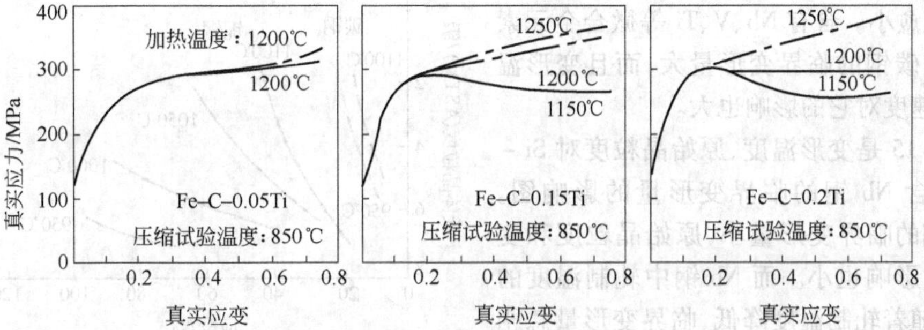

图 2-13 Ti 添加钢的热压缩真应力－真应变曲线

2.4 静态再结晶的控制

2.4.1 静态再结晶的形核机构

再结晶晶核由亚晶成长机构和已有晶界的局部变形诱发迁移凸出形核产生。在 Si－Mn 钢和 HSLA 钢（高强度低合金钢）中前一种机构起主要作用。

静态再结晶的驱动力是储存能，它是以机构缺陷所伴生的能量方式存在。影响储存能的因素分为两大类：一类是工艺条件，主要是变形量、变形温度、变形速度；另一类是材料内在因素，主要是材料的化学成分和冶金状态等。储存能随变形量的增加而增加，但其增加速率逐渐减慢，有趋于饱和的趋势（图 2-14）。变形温度的降低和变形速度的提高，都因使材料加工硬化程度增加而使储存能增加。在相同条件下变形的金属，储存能将随金属熔点的降低而减小（只有银例外）。使金属强化的第二相和固溶体中溶质含量的增加都使储存能增加。细晶粒比粗晶粒的储存能高。

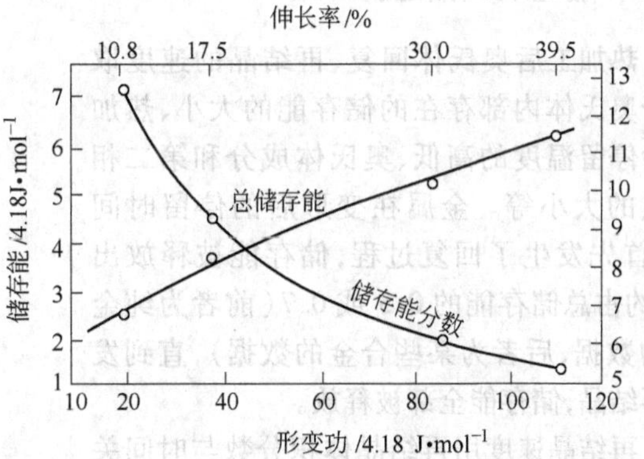

图 2-14 储存能和变形功之间的关系

静态再结晶的形核部位最先是在三个晶粒的交点处优先产生，其次在晶界处发生，通常不发生在晶内。只有在低温大变形量下，在晶内形成非常强的变形带后，才能在晶内的变形带上形核。同时，由于形变的不均匀性（它既可以是由于动态回复和静态回复不能完全消除的加工硬化引起的，也可以是由于动态再结晶不完全所引起的），静态再结晶晶核的形成也是不均匀的，因此容易引起初期的大直径的晶粒。

2.4.2　静态再结晶的临界变形量

正如前面所说，热变形后的静态再结晶不是无条件发生的。在一定的变形温度和变形速度下，有一个发生静态再结晶的最小变形量，称为静态再结晶的临界变形量 ε_L。

变形温度愈高、原始奥氏体晶粒尺寸愈小、变形后的停留时间愈长，静态再结晶临界变形量就愈小。含有 Nb、V、Ti 等微合金元素的钢比普碳钢的临界变形量大，而且变形温度、变形速度对它的影响也大。

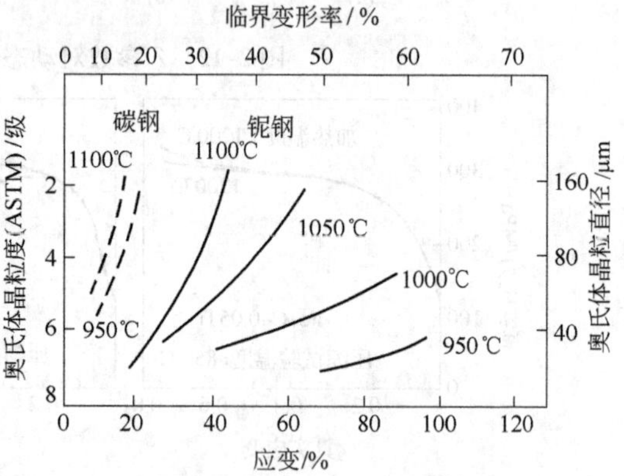

图 2-15　初始晶粒直径和轧制温度对再结晶所必需的临界变形量的影响

图 2-15 是变形温度、原始晶粒度对 Si－Mn 钢和含 Nb 钢的临界变形量的影响图。Si－Mn钢的临界变形量小，原始晶粒度和变形温度的影响也小。而 Nb 钢中轧制温度的影响大，随着轧制温度降低，临界变形量急剧增大，以至在 950℃以下静态再结晶实际上不可能发生。Nb 钢与 Si－Mn 钢相比，Nb 钢的再结晶临界变形量明显增大。

图 2-16 是 w_C0.135%、w_{Mn}0.61%、w_{Si}0.226% 的船板钢加热至 1050℃后，轧制温度、轧后停留时间对临界变形量影响图。

2.4.3　静态再结晶速度

热加工后奥氏体回复、再结晶的速度取决于奥氏体内部存在的储存能的大小、热加工后停留温度的高低、奥氏体成分和第二相质点的大小等。金属在变形后的停留时间里，首先发生了回复过程，储存能被释放出来，约占总储存能的 0.3 或 0.7（前者为纯金属的数据，后者为某些合金的数据），直到发生再结晶，储存能全部被释放。

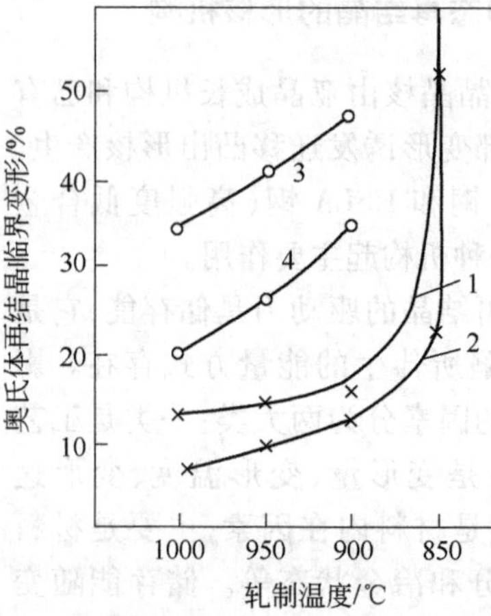

图 2-16　1050℃加热，在不同温度下轧制，轧后停留时间不同对奥氏体再结晶临界变形量的影响
1—再结晶开始曲线（轧后停留 2s）；2—再结晶开始曲线（轧后停留 20s）；3—再结晶终了曲线（轧后停留 2s）；4—再结晶终了曲线（轧后停留 20s）

再结晶速度用再结晶体积分数与时间关系曲线表示。图 2-17 给出 w_C0.2% 钢与低碳铌钢再结晶动力学曲线。其特征是经过一段潜伏期后，形成一条 S 形曲线，可见再结晶体积分数是随时间的延长而增加的，一般再结晶体积分数与时间的关系为：

$$\varphi = 1 - \exp(Kt^n) \tag{2-4}$$

式中，K 为常数；n 为与形变再结晶温度有关的一个常数；t 为恒温保持温度；φ 为再结晶体积分数。

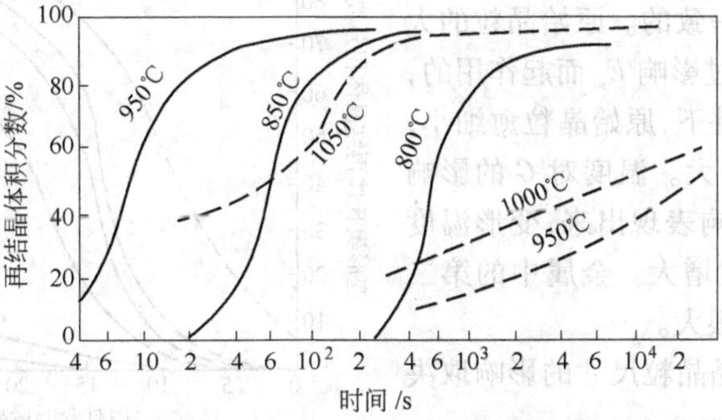

图 2-17 w_C0.2% 钢与 Nb 钢等温再结晶的动力学曲线
（实线为碳钢，虚线为铌钢）

当奥氏体成分一定时，增加变形量、提高变形温度、提高变形后的停留温度都将提高回复和再结晶的速度，而奥氏体中的微量元素将强烈地阻止再结晶的发生。从图 2-17 可见，当变形量为 30% 时，碳钢在大于 900℃ 下，静态再结晶在很短时间内就全部完成了；只有在变形温度小于 850℃ 时，静态再结晶速度才开始变慢。而 Nb 钢在 950℃ 以下，发生静态再结晶就相当困难了。该图还表明，当再结晶完成 50% 左右时，再结晶速度最快。

2.4.4 静态再结晶的数量

静态再结晶从开始到全部结束是一个过程。在此过程中，再结晶的数量是逐渐增加的。但增加的数量、速度将随变形量、变形温度和变形后的停留时间而变化。图 2-18 是含钛 16Mn 钢在 1000℃ 轧制和 850℃ 轧制时，不同停留时间下变形量对奥氏体再结晶体积分数的影响图。如果轧后停留时间相同，再结晶的体积分数与变形温度、变形量的关系如图 2-19 所示。奥氏体体积分数正比于变形量和变形温度。

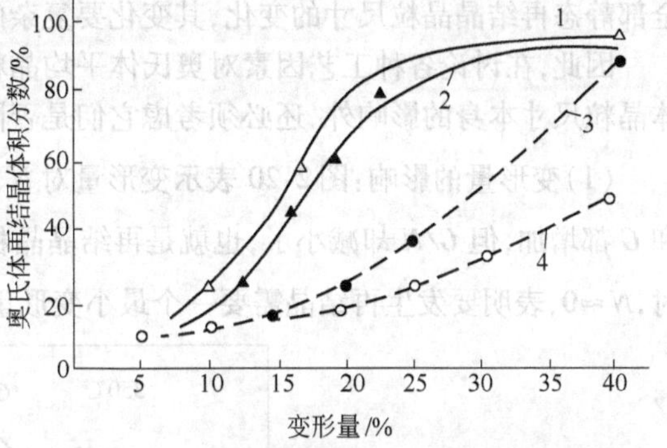

图 2-18 不同轧制温度、轧后空延时间下变形量对奥氏体再结晶体积分数的影响
1—1000℃轧钢、停留 15s；2—1000℃轧钢、停留 2s；
3—850℃轧钢、停留 15s；4—850℃轧钢、停留 2s

2.4.5 静态再结晶晶粒的大小

静态再结晶晶粒的尺寸 d 取决于静态再结晶晶核的形核速率 $\dot{N}$ 和再结晶晶粒的成长速度 G，它们之间存在以下的近似关系：

$$d = 常数(G/\dot{N})^{1/4} \tag{2-5}$$

式中，d 为再结晶晶粒中心之间的平均距离；G 以再结晶晶粒半径 R 随时间 t 的变化率 $\mathrm{d}R/\mathrm{d}t$ 来定义，$G = \mathrm{d}R/\mathrm{d}t$；$\dot{N}$ 以单位时间内形成的核心数除以尚未再结晶的金属体积表示。

而再结晶晶粒的成长速度可以写成：

$$G = BE_s/\lambda \tag{2-6}$$

式中，B 为晶界迁移率；E_s 为摩尔储存能。一切影响储存能和晶界迁移率的因素都影响晶粒的成长速度。如随变形量的增加 E_s 增加，所以 G 也增加，而且 G 随变形量的变化规律与 E_s 随变形量的变化规律是一致的。原始晶粒的大小对 G 的影响也是通过影响 E_s 而起作用的，在应变数值相等的条件下，原始晶粒愈细小，E_s 就愈大，G 值也就愈大。温度对 G 的影响也可以通过对 B 的影响表现出来，变形温度提高使 B 增大，G 也就增大。金属中的第二相析出对 G 的影响也很大。

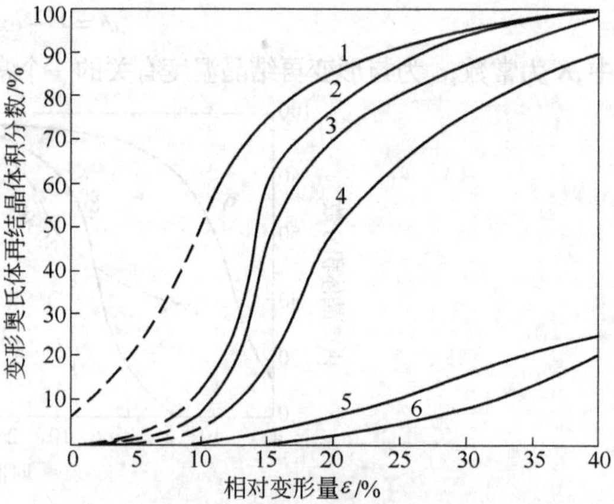

图 2-19　16Mn 钢相对变形量与变形奥氏体再结晶体积分数的关系

加热条件：1200℃，保温 10min。轧后立即淬水轧制温度 T_D（℃）：1—1100；2—1050；3—1000；4—950；5—900；6—850

各种因素对再结晶晶粒尺寸的影响取决于各个因素对 $\dot{N}$ 和 G 的影响的综合效果。可以定性地说，增加 $\dot{N}$，减小 G 可以得到细小的再结晶晶粒，其定量计算只能根据具体钢种的实测数据作统计处理，我们这里只能作定性的分析。

此外，静态再结晶从开始到结束是一个过程，在这个过程中各种工艺因素不仅影响再结晶晶粒的大小，同时也影响再结晶的数量，因而使变形的某个阶段（称为奥氏体部分再结晶区）中出现混晶组织（既有再结晶奥氏体，也有未再结晶奥氏体），其平均晶粒尺寸的变化就不能等同于全部静态再结晶晶粒尺寸的变化，其变化要复杂的多。

因此，在讨论各种工艺因素对奥氏体平均晶粒尺寸的影响时，除了要考虑它们对再结晶奥氏体晶粒尺寸本身的影响外，还必须考虑它们是否同时还影响到再结晶奥氏体的数量。

（1）变形量的影响：图 2-20 表示变形量对 $\dot{N}$、G 和 $\dot{N}/G$ 的影响。由图可见，变形量增加，使 $\dot{N}$ 和 G 都增加，但 $G/\dot{N}$ 却减小了，也就是再结晶晶粒变小了。同时还可以看到，当变形量小于 5% 时，$\dot{N}\approx0$，表明要发生再结晶需要一个最小变形量即临界变形量。

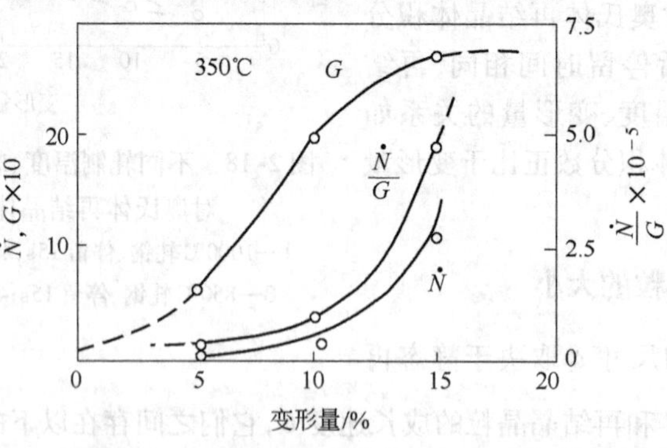

图 2-20　变形量对 $\dot{N}$、G 和 $\dot{N}/G$ 的影响

在轧制温度一定的条件下，变形后的奥氏体晶粒的平均晶粒尺寸随变形量的增大而减小。这一方面是由于奥氏体再结晶数量增加的结果（当在部分再结晶区变形时），另一方面是由于再结晶晶粒本身变小了。实验还表明，在大变形量下，变形量增大使再结晶晶粒细化的作用减弱，在 60% 以上的压下率下甚至没有细化作用，其极限值为 20 ~ 40μm。

图 2-21 是轧制温度、变形量对含铌 16Mn 钢奥氏体平均晶粒尺寸的影响。

在控轧控冷条件下，在 Q345 中厚板生产的工艺研究中发现，高温再结晶区的道次变形量过大（>30%），反而使奥氏体晶粒粗大。这是因为变形量越大，形变奥氏体的再结晶速率越大，晶粒长大的速度也越快，形成粗大的奥氏体晶粒。此外，当变形量达到一定数量后，在变形过程中还可能发生动态再结晶，动态再结晶的晶粒如在高温下缓慢冷却，它就无须孕育期并通过亚动态再结晶方式迅速长大成粗大的奥氏体晶粒。这是值得注意的。

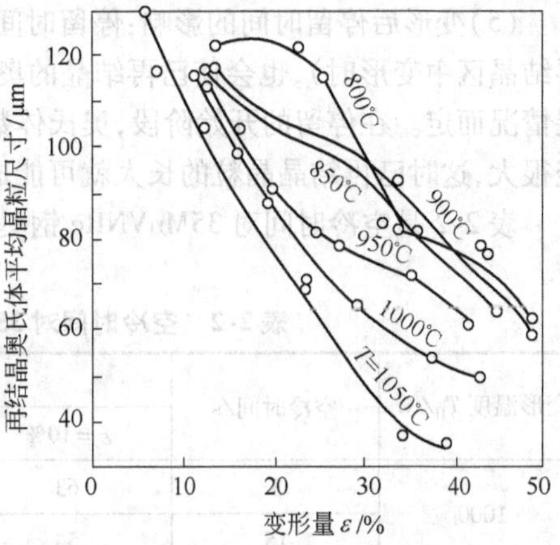

图 2-21　奥氏体平均晶粒尺寸与轧制温度、变形量的关系

（2）变形温度的影响：变形温度会改变变形后的储存能 E_s 及晶界迁移率 B，而影响 $\dot{N}/G$，降低变形温度会增加 $\dot{N}/G$，使再结晶晶粒细化。但变形温度对 $\dot{N}/G$ 的影响微弱，因此变形温度是晶粒大小的弱函数。

降低变形温度一方面会使再结晶晶粒细化；另一方面，同时又减少了奥氏体再结晶晶粒的数量（当在部分再结晶区中变形时），这两种对奥氏体平均晶粒尺寸相互矛盾的作用，使变形温度的影响变复杂。但由于变形温度是再结晶晶粒大小的弱函数，因此在部分再结晶区中轧制时，在多数条件下，变形温度对再结晶数量的作用就会大于对再结晶晶粒尺寸的作用。而精确的变化只有对具体钢种通过实验的方法来确定。

表 2-1 是 35MnVNRe 钢在不同变形温度和变形量条件下奥氏体的晶粒尺寸。

表 2-1　不同变形温度和变形量条件下奥氏体的晶粒尺寸

变形温度 T_D/℃	奥氏体晶粒尺寸/μm			
	$\varepsilon=10\%$	$\varepsilon=25\%$	$\varepsilon=40\%$	$\varepsilon=55\%$
1150	57	42	32	26
1100	68	39	30	25
1050	66	39	32	26
1000	63	37	30	25
950	65	34	32	26
900	68	65	55	28

（3）变形速度的影响：变形速度可以看成与变形温度有同样效果的因素。低变形速度相当于高变形温度；高变形速度相当于低变形温度。实际生产中，在一定设备条件下，变形速度变化不会很大，因而对奥氏体晶粒尺寸的影响不是主要的。

但有一点要提请注意，现代热连轧带钢轧机有很高的轧制速度，轧制速度提高会引起轧件温度提高，它们对奥氏体平均晶粒尺寸的作用是相反的，也使变形速度不能成为一个独立的控制因素。

（4）原始晶粒尺寸的影响：原始晶粒尺寸愈细，储存能愈大，N 与 G 都增大，但 N 增大比 G 快，所以再结晶的晶粒也愈细。奥氏体原始晶粒尺寸的影响随变形量的增大而逐渐减小，当变形量达到约 60% 以后，原始晶粒尺寸几乎对再结晶晶粒尺寸没有影响（图 2-22）。

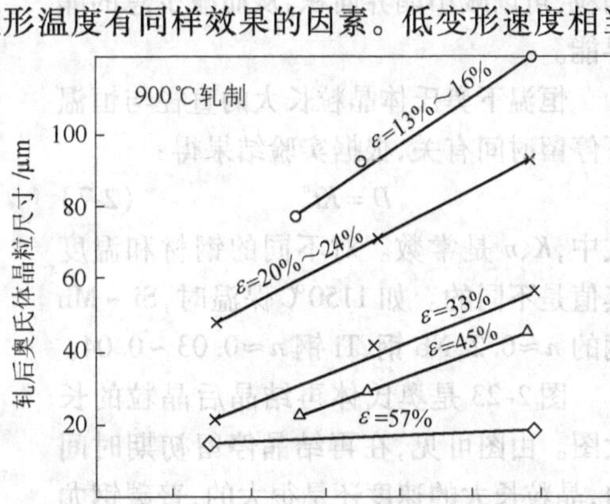

图 2-22　原始奥氏体晶粒尺寸对轧后奥氏体晶粒尺寸的影响

(5)变形后停留时间的影响：停留时间的延长既会增加奥氏体再结晶的数量（在奥氏体部分再结晶区中变形时），也会使已再结晶的奥氏体晶粒长大。因此，其结果将视奥氏体再结晶的发展情况而定。在停留的开始阶段，奥氏体数量的增加是主要的，而在后期，再结晶晶粒的数量已经很大，这时已再结晶晶粒的长大就可能成为主要的了。

表2-2是空冷时间对35MnVNRe钢奥氏体晶粒尺寸的影响。

表2-2　空冷时间对35MnVNRe钢奥氏体晶粒尺寸的影响

变形温度 T_D/℃	空冷时间/s	晶粒尺寸/μm			
		$\varepsilon=10\%$	$\varepsilon=25\%$	$\varepsilon=40\%$	$\varepsilon=55\%$
1000	3	63	37	30	25
	15	54	49	38	30
1150	3	57	42	32	26
	15	54	49	38	32

由表2-2可见，当变形量 $\varepsilon=10\%$，空冷时间增加后，虽有再结晶晶粒的长大，但再结晶的数量也在增加，而且是主要的，所以晶粒尺寸有所减小。而当变形量 $\varepsilon\geqslant 25\%$ 后，空冷时间增加，晶粒长大成为主要的，晶粒尺寸就有所增加。试验中还发现，当空冷时间超过15s后，晶粒尺寸几乎不随空冷时间而改变（试样表面温度已降至930℃左右）。

奥氏体再结晶完成后，在高温下继续停留，晶粒将会长大。这时晶粒长大的驱动力不是畸变能，而是由小晶粒长大成大晶粒，可以减小晶界面积，从而减少总的晶界能。

恒温下奥氏体晶粒长大的直径与恒温下停留时间有关，根据实验结果得：

$$D=Kt^n \tag{2-7}$$

式中，K、n 是常数。对不同的钢材和温度其值是不同的。如1150℃保温时，Si－Mn钢的 $n\approx 0.2$，Nb钢、Ti钢 $n\approx 0.03\sim 0.04$。

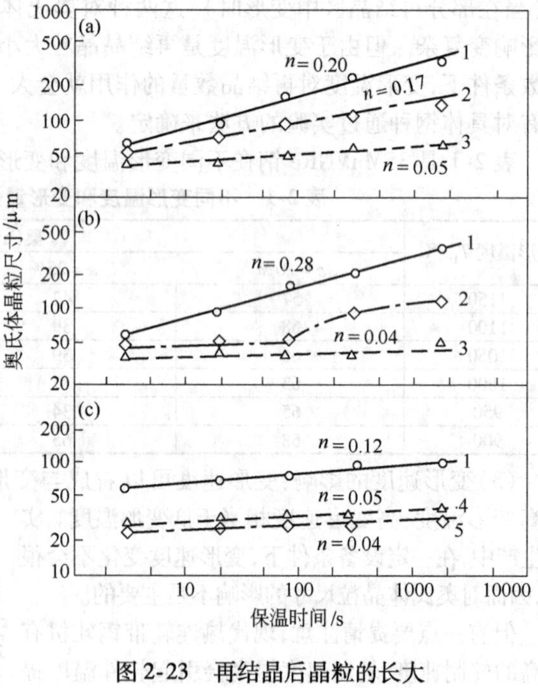

图2-23　再结晶后晶粒的长大

$w_C=0.16\%\sim0.20\%$，$w_{Mn}=1.34\%$，1250℃加热，形变70%后在各温度下保温。保温温度(a)1200℃；(b)1150℃；(c)1050℃
1—C－Mn钢；2—＋0.03Nb；3—＋0.019Ti；4—＋0.019Ti；5—＋0.03Nb

图2-23是奥氏体再结晶后晶粒的长大图。由图可见，在再结晶停留初期时间内，晶粒长大的速度还是很大的，普碳钢尤为显著。多道次轧制的道次间隔时间里和终轧后的空冷时间里再结晶奥氏体晶粒也会长大，因此在轧制规程制定中要给以注意。

(6)微量合金元素的影响：微合金元素在钢中以C和（或）N的化合物形式析出，一般都能使

$G/\dot{N}$ 减小，所以可以起到细化晶粒作用。溶于固溶体的微合金元素其作用主要在于它能吸附于界面，显著降低界面的活动性，阻止晶粒的长大，并同时还会引起形变储存能的增加，从而使 $\dot{N}$ 也增大。但是由于微合金元素，尤其是 Nb 有很强的抑制奥氏体再结晶作用，因而和不含微合金元素的钢相比，在同样的条件下，再结晶的数量减少，就会使奥氏体部分再结晶区的平均晶粒尺寸增大。

综上所述，从生产上控制奥氏体晶粒的角度来说，奥氏体动态再结晶与静态再结晶的主要差别在于：动态再结晶的晶粒度仅通过 Z 参数来控制，Z 值由变形温度和变形速度确定，而静态再结晶的晶粒度不仅受变形温度、速度的影响，还受变形量、原始晶粒尺寸、停留时间等多种因素的影响。

2.4.6 再结晶区域图

热变形后的组织随变形量、变形温度、变形速度等的不同变化很大。在以变形量为横坐标、变形温度为纵坐标的图上，可根据变形后的组织是否发生再结晶将图分成三个区域，即再结晶区（Ⅲ区）、部分再结晶区（Ⅱ区）和未再结晶区（Ⅰ区）。图 2-24 表示一道次轧制后钢的再结晶区域图。压下率大的部分发生完全再结晶，压下率低于再结晶临界变形量的部分只发生回复不发生再结晶，在这两者之间为部分再结晶区。产生部分再结晶的临界压下率和完成静态再结晶的临界压下率，随着变形温度的降低而加大。热变形后在静态再结晶区所得到的再结晶晶粒尺寸，随变形量的增大而细化，而受变形温度的影响较小。不同钢种、不同原始晶粒尺寸都会使这三个区域的位置发生变化。

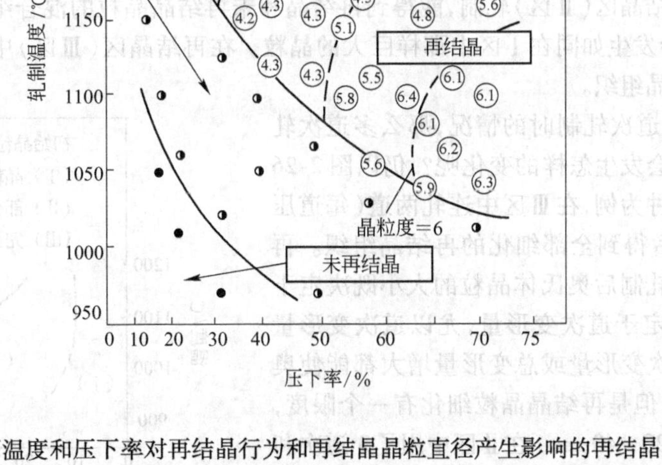

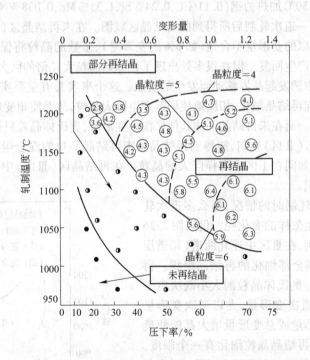

图 2-24 压下温度和压下率对再结晶行为和再结晶晶粒直径产生影响的再结晶区域图

根据对低碳钢奥氏体的再结晶过程研究结果，奥氏体动态再结晶一般在应变速率比较低、变形温度较高的情况下发生，当应变速率超过 $10s^{-1}$ 时，动态再结晶一般难以发生。而低碳钢奥氏体变形之后的静态再结晶过程进行的很快，发生再结晶的温度范围也比较宽，因此奥氏体的未再结晶区比较小，甚至认为碳锰钢在中厚板生产条件下不存在奥氏体未再结晶区。而 Nb、V、Ti 等强碳化物形成元素有抑制再结晶的作用，因而能不同程度的把临界压下率曲线移向大压下率方向（图 2-25）。

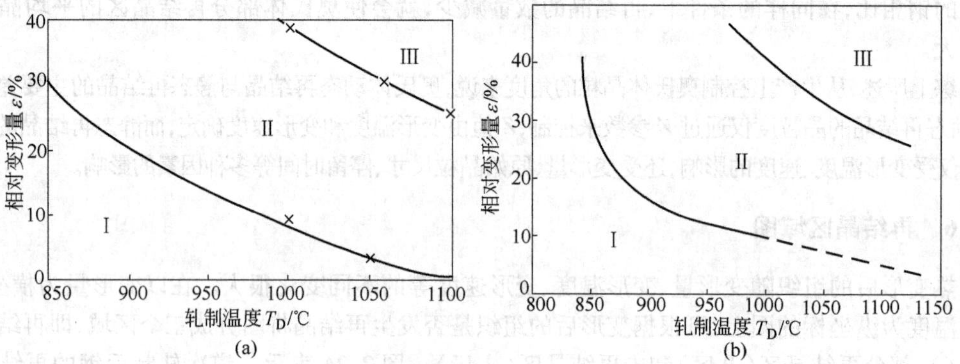

图 2-25　含铌 16Mn 钢和 16Mn 钢形变再结晶区域图的比较

（a）16Mn 钢加热温度 1200℃，保温 10min，轧后立即淬火；
（b）含铌 16Mn 钢加热温度 1250℃，保温 10min，轧后立即淬火
Ⅰ—未再结晶区；Ⅱ—部分再结晶区；Ⅲ—完全再结晶区

图 2-26 是在 1150℃加热的钢（0.11% C，0.24% Si，1.35% Mn，0.038% Nb），其平均原始晶粒直径 180μm，在给以一道次轧制后所得到的再结晶区域图。在未再结晶区（Ⅰ区）的较高温度区段中变形时，如果给以的变形量不合适（如 6% 的变形量），多数的晶粒将保持原形不变，只是释放了部分畸变能，即产生回复。但在很多处出现了比原始晶粒大几倍的巨大的晶粒，这是由于轻微的变形在局部地方诱发起晶界移动而发生的现象。这个事实具有重要实用意义，即在回复区给以压下不仅不引起再结晶细化，相反地使局部产生巨大晶粒，从而使相变后的铁素体组织粗大不均，力学性能变坏。而在未再结晶区的其他区段中变形时，奥氏体晶粒只被拉长而不发生再结晶。在部分再结晶区（Ⅱ区）轧制，能得到再结晶和未再结晶晶粒的混合组织，也就是部分再结晶组织，但不会发生如同在Ⅰ区中那样巨大的晶粒。在再结晶区（Ⅲ区）中轧制，所得到的全部是细小的再结晶组织。

以上是一道次轧制时的情况，那么多道次轧制时其组织又会发生怎样的变化呢？仍以图 2-26 中所使用的钢种为例，在Ⅲ区中连轧两道（每道压下率为 28%）后得到全部细化的再结晶组织。再结晶区多道次轧制后奥氏体晶粒的大小既决定于总变形量也决定于道次变形量，尤以道次变形量的作用大。道次变形量或总变形量增大都能使奥氏体晶粒细化，但是再结晶晶粒细化有一个限度，大约只能达到 20 ~ 40μm。在Ⅱ区中用了 3 道次和 5 道次连续压下，在 3 道次中每道压下 10% 得到再结晶和未再结晶的混合组织，而在 5 道次连续压下时（总压下率为 42%），却得到全部再结晶的组织。

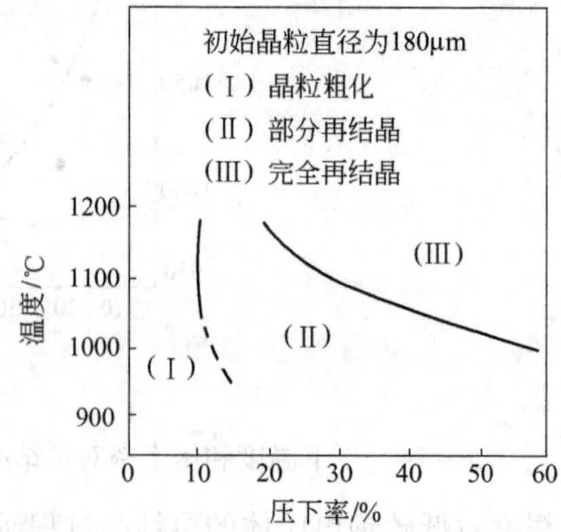

图 2-26　0.11% C、0.035% Nb 钢的再结晶行为
（1150℃加热后轧制，一道次）

如果轧制道次足够(总变形量足够),这个阶段得到的组织比较细而且整齐。但是还应该看到,在实际生产中,多道次轧制时,轧制温度时常是逐渐下降的,它是不利于再结晶进行的,因此仍有可能虽经多道次轧制,在Ⅱ区中有足够的总压下量,晶粒得到细化,但仍然得不到全部再结晶组织(表2-3)。在Ⅰ区中连续轧制时,如果变形温度较低,所给的变形量合适,那么全部晶粒都是未再结晶晶粒,它将随着轧制道次的增加(总变形量增加),晶粒拉长,晶内形变带逐渐增加并逐渐均匀。晶粒的拉长程度和变形带增加程度与在Ⅰ区中的总变形量成正比,而与道次变形量关系不大。但如果在Ⅰ区的较高温度段第一道次给以6%的变形量,产生了如前文中所说的巨大晶粒,那么之后即使以每道次6%的多道次压下,轧制5道(总压下率27%),也只能得到少数的再结晶晶粒,大部分是回复的晶粒和巨大晶粒的混合组织。即使7道次轧制(总压下率43%),可以看到一些再结晶,但是回复晶粒仍占主体。也就是说,如果在未再结晶区中因不恰当的工艺引发产生巨大的回复晶粒,这种巨大的晶粒在以后的轧制中很难消失,即使再连续给以部分再结晶区的压下量也很难消失。例如,每道压下率6%,轧制4道(总压下率22%),形成巨大的晶粒,对它若以14%压下率轧制1道(压下率共33%),则巨大晶粒原封不动的保留,其他晶粒再结晶细化。若以14%压下率轧制3道(压下率共50%),则大部分巨大晶粒细化,但到处仍可见到巨大晶粒的痕迹。

表2-3　含铌16Mn钢在部分再结晶区中多道次轧制时的再结晶体积分数的变化

道次	轧制温度/℃	道次变形量/%	再结晶体积分数/%	平均晶粒尺寸/μm
1	1020	14.3	81.2	34.43
2	995	13.8	63	44.5
3	970	13.0	48	29.9
4	950	11.0	42	27.5

正如前面所指出的,变形后延长停留时间会促进奥氏体再结晶的发生,因而也会使奥氏体再结晶区域图中的曲线向低温小变形方向移动。这是在使用奥氏体再结晶区域图时要注意的。

参考文献

[1]　焦金华等. 形变条件对 A_3F 钢变形抗力的影响. 钢铁,1993,5.
[2]　刘永铨. 钢的形变热处理. 北京:冶金工业出版社,1981.
[3]　田中 智夫. 制御压延技术の基础とその展开. 铁钢基础共同研究会高温变形部会,1980,3.
[4]　R. A. P. Djaic, J. J. Jonas. Met. Trans. 1973,4(3):621~625.
[5]　徐 洲等. 热变形奥氏体动态再结晶晶粒直径与变形参数间的关系. 钢铁,1988,10.
[6]　刘国勋主编. 金属学原理. 北京:冶金工业出版社,1980.
[7]　崔文暄等. 低碳钢控制轧制中的组织与性能. 北京钢铁学院学报,1980,4.
[8]　李曼云等主编. 钢的控制轧制和控制冷却技术手册. 北京:冶金工业出版社,1990.
[9]　小指 军夫. 钢的微合金化及控制轧制. 北京:冶金工业出版社,1984.
[10]　孙本荣等主编. 中厚钢板生产. 北京:冶金工业出版社,1993.
[11]　王有铭等. 微合金化16Mn钢的形变再结晶. 北京钢铁学院学报,中德计算机辅助工程(CAE)学术会议专辑(下册),1988,9:90.
[12]　濑户 一洋等著. 王 冰等编译. 动态再结晶超微细结晶化的高强度热轧钢板,国外金属加工,2003,24(2):43~45,48.

[13] 朱伏先等．控轧控冷条件下Q345中厚板的生产工艺研究．钢铁,2005,5:32~37.
[14] 完卫国等．热加工工艺对35MnVNRe钢奥氏体组织的影响．轧钢,2001,3:17~20.
[15] Noriki Fujita 等．通过动态再结晶使HSLA钢的铸态奥氏体晶粒细化．曾节胜译自"ISIJ International" 2003,(1):1063~1072. 钢铁译文集,2004,1:28~37.
[16] 翁宇庆等著．超细晶钢—钢的组织细化理论与控制技术．北京:冶金工业出版社,2003.
[17] 孙 影等．Q235钢的热变形特性．钢铁研究学报,2006,5:42~45,59.

3 在变形条件下的相变

关于在平衡条件下和过冷条件下的奥氏体转变问题，在金属学和热处理的有关课程中已讲过，因此这里主要是讲述由于变形使金属发生不同于通常先加热然后在不同冷却条件下发生的相变行为以及其后的变形问题。

为了描述和分析奥氏体向铁素体转变时铁素体的形核条件，引入了一个定量参数，即每单位体积中的界面 S_v，称为有效晶界面积，它包括奥氏体的晶粒边界、晶内的孪晶界和变形带，以表示相变时铁素体可能形核的地点。

3.1 变形后的奥氏体向铁素体的转变(A→F)

控制轧制的重要目标之一就是要获得细小均匀的铁素体组织。为此就必须了解不同加工形态的奥氏体向铁素体转变的机制，以及所获得的铁素体组织的特点。

3.1.1 从再结晶奥氏体晶粒生成铁素体晶粒

铁素体晶粒优先在奥氏体晶界上生成，一般在晶内不成核。所生成的铁素体既有块状(等轴)的，也有分布在奥氏体晶粒内部呈针状的先共析铁素体(魏氏组织铁素体)。钢中魏氏组织铁素体的形成会降低钢的韧性和塑性，因此希望低碳钢的热轧产品中尽量减少以致消除魏氏组织。

大量试验证明，钢中魏氏组织的形成主要取决于钢的化学成分、奥氏体晶粒大小和冷却速度。在亚共析钢中，最容易形成魏氏组织的含碳量范围为0.15%～0.5%。因为 $w_C < 0.15\%$ 的钢，块状铁素体的发展妨碍了魏氏组织的形成。而 $w_C > 0.5\%$ 的钢，网状铁素体形成后珠光体很快就形成了，也阻碍了魏氏组织的形成。再者，按照铌钢 > 普碳钢 > 钒钢的顺序，铌钢最容易生成魏氏组织。在成分一定时，奥氏体晶粒的大小和冷却速度决定了魏氏组织的生成。通常奥氏体晶粒小于5级(大于40μm)易于生成魏氏组织，增加冷却速度会促进魏氏组织的形成。

我们知道，加快冷却速度可以细化铁素体晶粒，从而改善材料的力学性能。但是这一规律的利用是有限制的，即以不产生魏氏组织为限。这个冷却速度就是形成魏氏组织的临界冷却速度，变形对魏氏组织铁素体的形成有抑制作用。冷却前的奥氏体晶粒愈小、低碳钢的含碳量愈低，临界冷却速度愈大。因此在热轧时，只有通过热轧工艺参数的控制，使奥氏体晶粒细化，才能既用适当的加快冷却速度的方法细化铁素体晶粒，又不至于导致魏氏组织的形成。图3-1表示含0.135%C的4C船板钢的热轧条件与所得到的魏氏组织的关系(轧后冷却速度为12℃/s)。当轧制温度相同时(900℃)，奥氏体化温度愈高，轧前奥氏体的晶粒尺寸就愈大，消除魏氏组织所必需的最低压下率就愈大。或者说在同样的压下率和轧制温度下，奥氏体化温度愈高所得到的魏氏组织的级别就愈高。当加热温度相同时(1050℃)，在奥氏体再结晶区轧制，消除魏氏组织所必需的最低压下率并不因轧制温度不同(如900℃和950℃)而有很大差别(压下率在23%～28%)，这是与再结晶后的奥氏体晶粒尺寸也不因轧制温度不同而有很大差异相一致的。

再结晶奥氏体生成的铁素体的重要特征之一是，随着奥氏体晶粒的细化，铁素体晶粒也按比例地细化。我们把转变前的奥氏体晶粒直径与转变后铁素体晶粒直径之比 D_A/D_F 称为转换比，

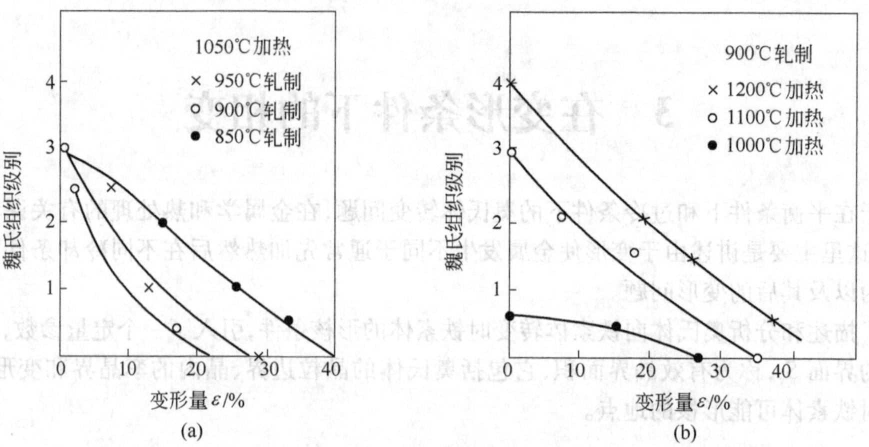

图 3-1　4C 船板钢的热轧条件与所得到的魏氏组织级别的关系

化学成分对转换比有影响。例如，在相同的奥氏体晶粒度下，含碳、锰较高的钢的铁素体较细，而含铌、钒钢又比不含铌、钒的钢的铁素体要细。此外，如图 3-2 所示，在奥氏体晶粒细化到 8 ~ 9 级以后，钢的转换比接近于 1。通常热轧通过形变再结晶可使奥氏体晶粒细化到 20 ~ 40μm，由其转变后的铁素体晶粒可细化到 20μm（8 级）。由图可见，奥氏体即使细化到 10 级，铁素体晶粒也只细化到 10.5 级（10μm）。因此，为了使铁素体晶粒进一步细化，必须在再结晶奥氏体的基础上再进行奥氏体未再结晶区的控制轧制。

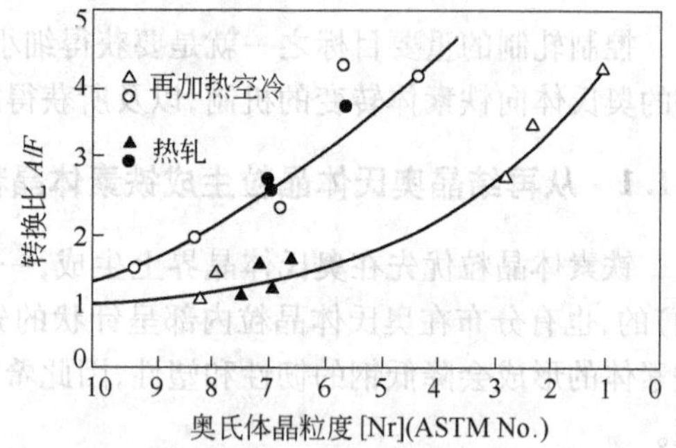

图 3-2　Si - Mn 钢转变前奥氏体晶粒度与转换比的关系

△▲：0.05% C；○●：0.1% C

3.1.2　从部分再结晶奥氏体晶粒生成铁素体晶粒

部分再结晶奥氏体晶粒由两部分组成：一部分是再结晶晶粒，另一部分是未再结晶晶粒。再结晶晶粒细小，在其晶界上析出的铁素体往往也较细小。而未再结晶的晶粒受到变形被拉长，晶粒没有细化，因此铁素体成核位置可能少，容易形成粗大的铁素体晶粒和针状组织。所以从部分再结晶奥氏体晶粒生成的铁素体是不均匀的，这种不均匀性对强度影响不太大，但对材料的韧性有较大的影响，因此是不希望的。

但是，如果在部分再结晶区进行多道次轧制，随着轧制道次增加，再结晶体积分数可能增大，直至最后形成全部均匀细小的奥氏体晶粒。或者最后虽未能达到奥氏体完全再结晶，但这时部分再结晶晶粒的平均晶粒尺寸减小以及晶粒中的未再结晶晶粒受到了比较大的变形，晶粒不仅被拉长，晶内还可能出现较多的变形带，成为铁素体新的形核点，因此转变后也能得到较细小的铁素体晶粒，整个组织的均匀性和性能都能得到改善。

3.1.3　从未再结晶奥氏体晶粒生成铁素体晶粒

在未再结晶奥氏体中变形时，产生了薄饼形晶粒，并且在晶内还有变形带和孪晶存在，使单位体积的有效晶界面积 S_V 增大，形变也使位错和其他缺陷增多，铁素体的形核位置增多。铁素体不仅在晶界上成核，而且在变形带上成核（有人把这点看成是控制轧制与传统轧制的本质区别）。在变形带上形成的铁素体晶粒细小（2～10μm），成点列状析出。在奥氏体晶界上生成的铁素体晶粒，在奥氏体晶粒的中间互相碰撞时就停止成长，即铁素体晶粒是以伸长了的奥氏体晶粒短轴尺寸之半终止其成长的。其结果就是，突破了单纯细化再结晶奥氏体晶粒而使铁素体细化的限度，得到了细小的铁素体晶粒。但是从变形带上转变的铁素体先行析出并且细小，而不在变形带上转变的铁素体，转变较晚并且比前者粗大。因此，在未再结晶区轧制，既有可能得到均匀细小的铁素体晶粒，也有可能得到粗细不均的混晶铁素体晶粒。这里的关键在于，能否在未再结晶区中得到大量均匀的变形带。未再结晶区的总变形量小，得到的变形带就少，而且分布不均。在总变形量相同时，一道次压下率愈大，变形带愈容易产生，而且在整个组织中容易均匀。为了保证获得细小均匀的铁素体晶粒，需要在未再结晶区的总压下率大于一定值，一般要大于45%。从奥氏体未再结晶区生成的铁素体可以小于5μm，达到12～13级。图3-3表示含铌钢在奥氏体未再结晶区总压下率55%的条件下，压下次数和道次平均压下率与含有变形带的有效晶界密度或含有变形带的奥氏体晶粒的比例的关系。形变对促进铁素体核心的增多，大大超过对铁素体晶粒长大速度的增长，从而细化晶粒。

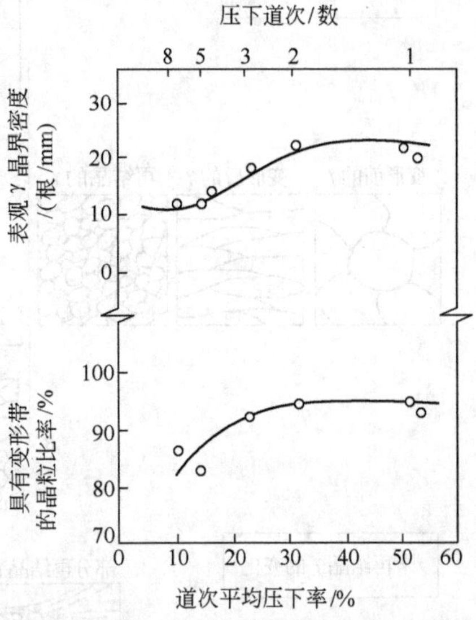

图3-3　铌钢在未再结晶区轧制时压下次数、道次平均压下率与变形带的关系

进一步的研究发现，当有效晶界面积相同时，由未再结晶奥氏体转变的铁素体晶粒直径比由再结晶奥氏体转变的铁素体晶粒细小，形变未再结晶奥氏体单位有效晶界面上的铁素体核心数目比未形变奥氏体高两个数量级。究其原因，有学者在实验中观察到，未再结晶奥氏体由于形变诱发晶界迁移，使晶界弓弯，弓弯晶界具有多的晶角晶边。由于晶角晶边的形核潜力大于晶界，从而使铁素体细化。另有研究者认为，形变奥氏体发生恢复，形成很细小的亚晶，形变诱导析出的第二相优先在亚晶界析出，在析出相上就容易形成铁素体核心，促进铁素体晶核产生，增多核心数目，从而细化晶粒。此外，还由于奥氏体晶界会发生应变集中，从而提高了晶界上铁素体的形核率。

在这个阶段中得到的材料强度仍然符合Hall－Petch公式：

$$\sigma_s = \sigma_{sh} + K_y d^{-1/2} \tag{3-1}$$

式中，σ_s 为材料的屈服强度，σ_{sh} 为通过合金成分而引起的固溶强化值，K_y 为常数，d 为铁素体晶粒直径。

也就是说屈服强度是由固溶强化和铁素体晶粒尺寸所决定的。

将上述的三种类型转变综合起来用图3-4表示，它定性的反映了，在低碳钢和加钒或铌的低碳钢中转变类型与轧制条件的关系。可将这些类型分为以下类型：

ⅠA型：如果热轧后奥氏体发生再结晶，并且在转变前粗化成小于或等于ASTMNo.5级的奥氏体晶粒，那么转变时容易形成魏氏组织铁素体和珠光体。形成魏氏组织的倾向在含铌钢中最强烈，其次是非合金钢，含钒钢最弱。

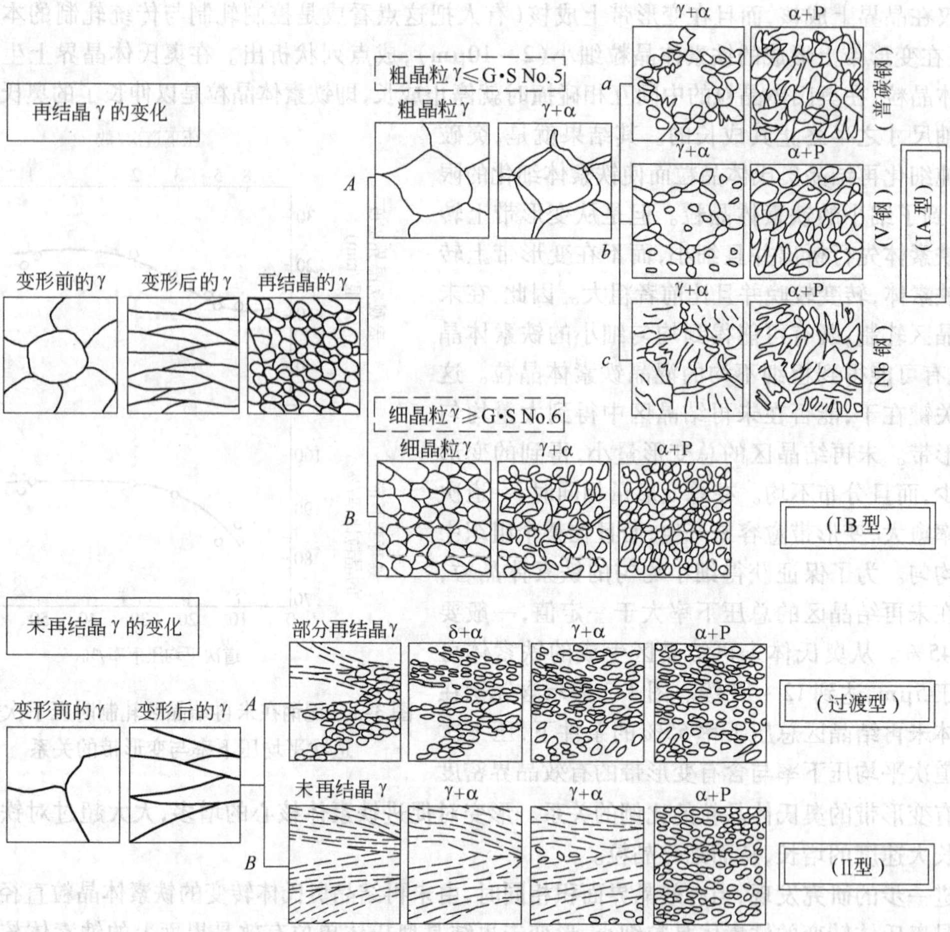

图3-4 热加工钢材的奥氏体向铁素体相变形态示意图

ⅠB型：如果热轧后奥氏体发生再结晶，在转变前奥氏体晶粒是ASTMNo. 6级或更细，则转变就按ⅠB型进行。铁素体晶核基本上在奥氏体晶界上形成，并获得具有等轴铁素体和珠光体的均匀组织。原始奥氏体愈细，转变后的铁素体也愈细。这就是再结晶型的控制轧制。

Ⅱ型：如果热轧温度低，热轧后变形的奥氏体晶粒不发生再结晶，则奥氏体向铁素体的转变将按Ⅱ型进行。可以认为，铁素体实际上在刚轧完后就在变形带边界处和晶界处成核，形成细小的等轴晶粒。随后在奥氏体晶内，也形成多边形的铁素体晶粒和珠光体。Ⅱ型转变中，不形成魏氏组织和上贝氏体。这就是未再结晶型的控制轧制。

过渡型：过渡型是介于Ⅰ型和Ⅱ型转变之间的一种转变。它是在奥氏体部分再结晶区中发生的转变。它有两种情况，一种是大部分奥氏体再结晶晶粒按着ⅠB型转变形成细小的铁素体和珠光体，而其余部分是未再结晶奥氏体晶粒，转变后形成魏氏组织和珠光体；另一种情况是，一部分变形量大的奥氏体未再结晶晶粒按Ⅱ型转变后，形成细小的铁素体和珠光体组织，而另一部分变形量小的奥氏体晶粒则转变成魏氏组织和珠光体。

按照上述分类，铁素体细化的程度将按Ⅱ型 > ⅠB型 > 过渡型 > ⅠA型变化，Ⅱ型的最细。

从分类的模型中不难看出，为获得细小的铁素体晶粒，采用ⅠB型和Ⅱ型是两种不同的方法，它们存在着各自合适的转变条件。图3-5是非合金低碳钢和含铌或（和）钒的低碳钢变形

75%时的轧制温度与转变类型之间的关系。在实际生产中,要想在一道次中达到75%的变形是不可能的。但是,在奥氏体未再结晶区中变形时,由于变形程度可以积累,因而可以经过多道次变形而达到75%甚至更大的变形量。在奥氏体再结晶区中,随着轧制温度下降,也可能通过多道次轧制使晶粒细化,达到与一道次变形75%同样的效果(这是通过多次的形变再结晶的结果,虽然其变形程度不等于各道变形程度的累积,但仍有一定程度的变形累积作用)。在奥氏体未再结晶区中,要进行多道次变形的前提条件是奥氏体未再结晶区的温度区间要大。这只有在含铌、钒、钛等微量元素的钢中才容易做到,而对于普通的低碳钢要实现Ⅱ型控制轧制就比较困难。

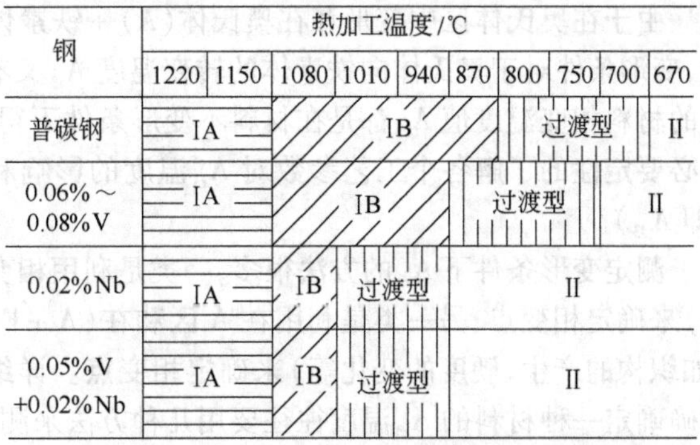

图3-5 非合金低碳钢和含Nb或V的低碳钢变形75%时的轧制温度与转变类型之间的关系

3.2 变形条件对奥氏体向铁素体转变温度 A_{r3} 和组织结构的影响

要发生相变就必须满足相变发生的热力学条件,即相变产生的方向应该是降低体系自由能变化的方向,即 $\Delta G<0$,其自由能方程如下:

$$\Delta G = -V(\Delta G_V - \Delta G_E) + \Delta G_s \tag{3-2}$$

式中,ΔG 为体系中的自由能变化;ΔG_V 为化学自由能变化;ΔG_E 为弹性自由能变化;ΔG_s 为新相形成的表面自由能变化;V 为体积。

式(3-2)表明,发生相变的体系化学驱动力的减少必须克服体系弹性能的增加和形成新相引起表面能的增加。在轧制时,特别在热轧过程中,钢材的塑性变形必然引起体系中有部分形变能不能释放和热弛豫。特别在现代热轧过程中,有一部分能量会保留在被变形的钢材中(约有5%~10%形变能被保存)。这部分形变能将引起体系的自由能变化,并转变为相变的驱动力,将这部分能量定义为 ΔG_D,最终降低了系统的自由能。这样式(3-2)就可以改写为:

$$\Delta G = -V(\Delta G_V - \Delta G_E) + \Delta G_s - \Delta G_D \tag{3-3}$$

ΔG_D 的引入,使体系的自由能发生变化,奥氏体的临界温度(A_{e3})也随之发生变化,A_{e3} 温度上升。被储存的形变能 ΔG_D 愈大,A_{e3} 温度上升愈高。同理,对于连续冷却条件下的铁素体相变温度 A_{r3} 也会因储存的形变能 ΔG_D 的增加而提高。

一切影响形变储存能的因素都会影响 A_{e3}、A_{r3} 温度(也有不少文献把这种因形变而引起变化的相变温度称为形变诱导相变温度,并以 A_{d3} 表示)。图3-6给出用计算方法作出的碳钢因形变储存能 ΔG_D 增加使 A_{e3} 线变化的示意图,该图表明,ΔG_D 增加 A_{e3} 温度增加,含碳量愈低,A_{e3} 温度增加愈多。

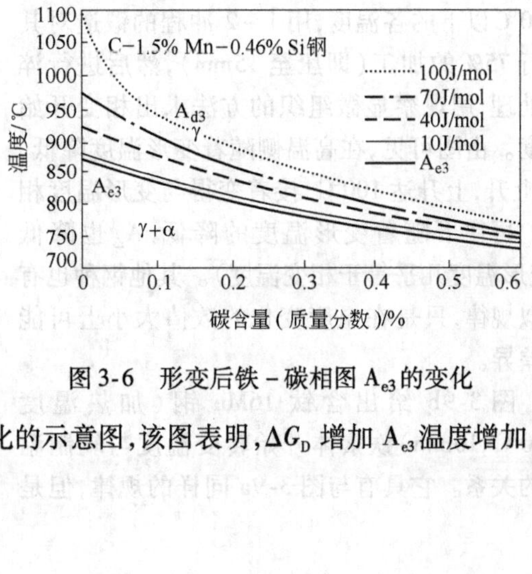

图3-6 形变后铁-碳相图 A_{e3} 的变化

由于在奥氏体区中变形和在奥氏体(A) + 铁素体(F)区中变形所得到的组织和性能是不同的,变形条件对于奥氏体向铁素体的转变温度 A_{r3} 又有不可忽视的影响。而通常在资料中,所列出的材料相变温度值 A_{r3} 都是在材料不变形条件下得到的。因此,为了更合理的制定变形工艺,有必要定性的了解各个工艺参数对 A_{r3} 温度的影响和掌握在变形条件下材料的相变温度值 A_{r3}(即 A_{d3})。

测定变形条件下 A_{r3} 的方法很多,一类是利用相变过程中材料发生的物理变化(如温度、体积等)来确定相变点;另一类是利用在 A 区和在(A + F)区中变形时,材料组织结构和性能的不同(如织构的产生、硬度的变化等)来确定相变点。详细的测定方法可参考有关文献。实际上,要准确确定一种材料的 A_{r3} 温度往往要用几种方法来测定,以便相互补充、验证。

3.2.1　变形条件对 A_{r3} 温度的影响

变形条件对 A_{r3} 的影响有两种情况。一种是在奥氏体再结晶区变形后,造成奥氏体晶粒的细化,从而影响 A_{r3} 温度。另一种情况是在奥氏体未再结晶区变形后,造成变形带的产生和畸变能的增加,从而影响 A_{r3} 温度。国内外研究较多的是后一类。根据我国的生产实际,下面介绍的材料将同时包括这两种情况对 A_{r3} 温度的影响。

一切变形条件的变化实质上都是影响到形变储存能的变化,进而影响相变温度的变化。

(1)加热温度的影响。加热温度的不同实际上也就是原始奥氏体晶粒尺寸的不同。总的趋势是原始奥氏体晶粒愈细,A_{r3} 温度就愈高(图 3-7)。但粗晶粒奥氏体的温度提高幅度可能大于细晶粒奥氏体温度的提高幅度(图 3-8)。

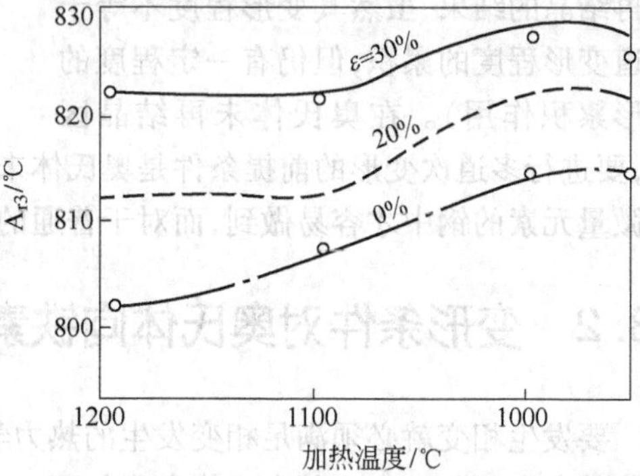

图 3-7　初始奥氏体晶粒度(加热温度)和变形量对 A_{r3} 温度的影响(轧制温度 900℃)

(2)轧制温度的影响:图 3-9a 是一张比较典型的研究结果图。它是将三种 ϕ30mm × 60mm 的铝镇静钢试样在 1250℃ 加热后,在 1220℃ 以下的各温度,用 1 ~ 2 冲程的锻造对其进行 75% 的加工(即压至 15mm),然后进行淬火处理,用观察显微组织的方法求出相变开始温度。由图可见,在高温侧随着变形温度降低,A_{r3} 上升,上升达 100℃,接着变得与变形温度相等。再往下随着变形温度的降低,A_{r3} 也降低(变形温度几乎等于相变温度)。其他钢种也有类似规律,只是在温度变化的数值大小上可能有差异。

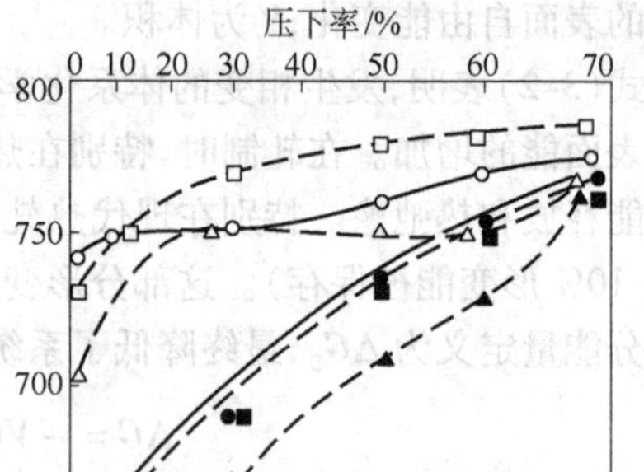

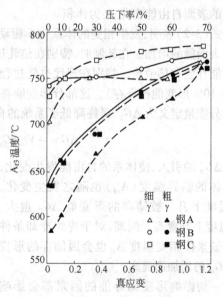

图 3-8　含铌钢中非再结晶区形变程度和初始晶粒尺寸对 A_{r3} 温度的影响

A 钢:0.11% C,1.62% Mn,0.12% Mo,0.03% Nb,0.02% V;

B 钢:0.06% C,1.62% Mn,0.3% Ni,0.041% Nb,0.03% V;

C 钢:0.11% C,1.42% Mn,0.03% Nb,0.03% V

图 3-9b 给出含钛 16Mn 钢(加热温度 1200℃,10min)铁素体开始转变温度与轧制温度的关系。它具有与图 3-9a 同样的规律,但是

由于变形量较小，轧制温度对 A_{r3} 的影响最大只有 20～50℃。

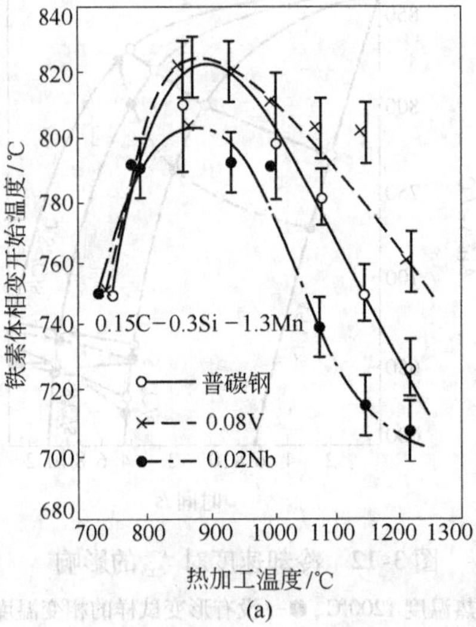

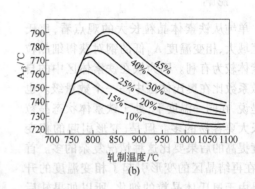

图 3-9　变形温度对 A_{r3} 温度的影响

(a)铝镇静钢；(b)含钛 16Mn 钢

(3)变形量的影响：图 3-10 是 Q235 钢不同变形量对 A_{r3} 温度的影响（该钢种在不变形条件下，在 10℃/s 的冷却速度下的 A_{r3} 温度为 780℃）。由图可见，随着变形量的增加，A_{r3} 温度增高。在较低变形量范围内（如变形量不大于 40%），变形量的增加引起 A_{r3} 的增高比较大（可达 30℃左右）。而在较高的变形量范围内，变形量的增加引起 A_{r3} 增加就比较小。

图 3-11 是含铌 16Mn 钢的变形量对 A_{r3} 温度的影响曲线。随着变形量增加，A_{r3} 增高，可达 40～70℃。图中还显示，在高温变形时，变形量对 A_{r3} 的影响较小，而在低温变形时，对 A_{r3} 的影响大，低温大变形时尤为突出，这是由于低温大变形产生大量的形变储存能的结果。

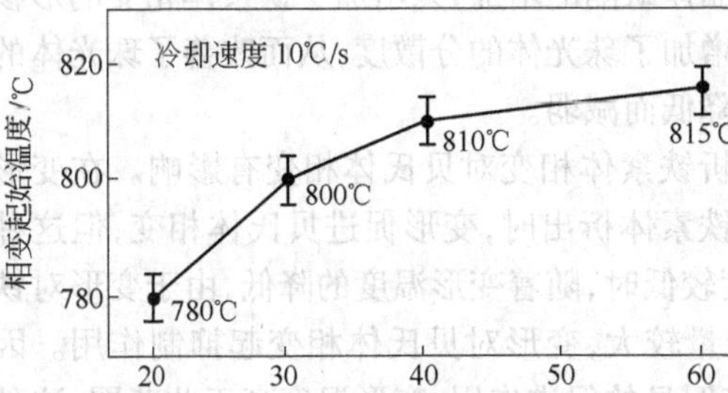

图 3-10　变形量与相变起始温度的关系

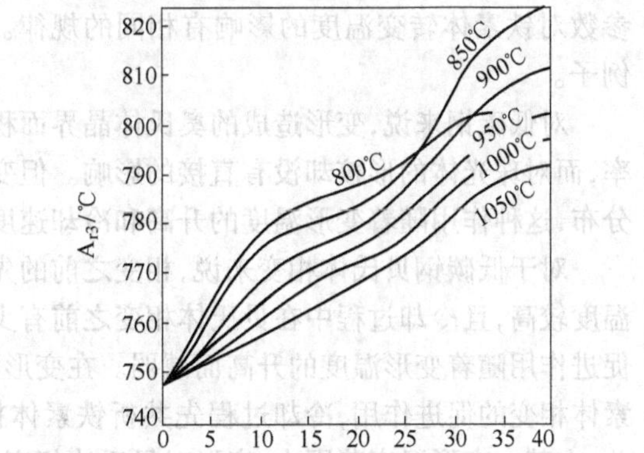

图 3-11　含铌 16Mn 钢的道次变形量与 A_{r3} 的关系

(加热温度 1100℃，20min)

(4)冷却速度的影响：图 3-12 是冷却速度对 4C 船板钢 A_{r3} 温度的影响。随着冷却速度的升高，A_{r3}下降。这个规律与没有变形时的影响是相同的。但是在同样的冷却速度下，变形使A_{r3}升高的影响是随冷却速度的升高而增大的。

3.2.2　相变温度 A_{r3}变化对组织结构的影响

单纯从铁素体晶粒长大的观点看，奥氏体区域大、相变温度A_{r3}低的钢对获得细晶粒铁素体较为有利。因为铁在铁素体区中的自扩散系数比在奥氏体区中高一个数量级。也就是说，在同一温度下，处于铁素体状态晶粒的长大要容易的多。但是，变形引起的相变温度提高的后果要比这种情况复杂的多。首先，在再结晶区的变形引起了相变温度的升高是由于奥氏体晶粒的细化，所以如果轧后能快速冷却不仅不会产生魏氏组织，而且由于铁素体成核率的增加，能使铁素体晶粒细化，并阻止了铁素体晶粒的过分长大。其次，对于奥氏体未再结晶区的变形（Ⅱ型控制轧制）是变形诱起铁素体的强制相变，使相变温度提高，C 曲线左移。这种相变温度的提高不会使铁素体晶粒粗化。这是由于轧制促进了相变，使铁素体晶粒成核率大大提高，形成了许多微细的铁素体，而且铁素体的体积分数也加大了，相应的珠光体数量减少了。

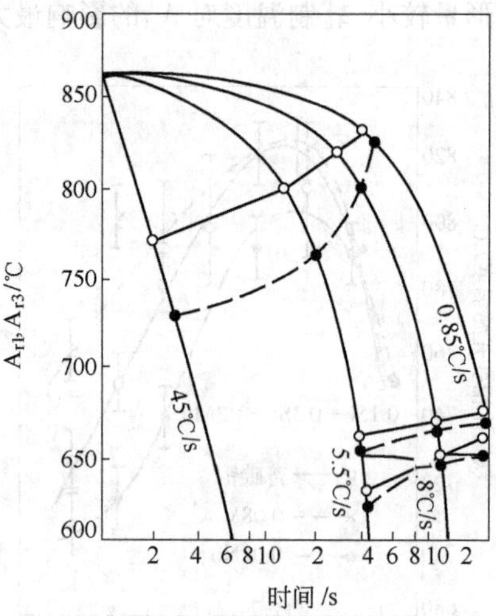

图 3-12　冷却速度对 A_{r3}的影响

（加热温度 1200℃，●—没有形变试样的相变温度；○—870℃轧制形变 30% 试样的相变温度）

3.3　变形条件对奥氏体向珠光体转变、奥氏体向贝氏体转变的影响

变形对奥氏体向珠光体转变动力学的影响方面，目前的研究结果比较一致的是变形使珠光体转变加速，从而使钢的淬透性变坏。并且变形参数对珠光体转变温度的影响大体与变形参数对铁素体转变温度的影响有相同的规律。但是，也有变形使珠光体转变温度下降的个别例子。

对低碳钢来说，变形造成的奥氏体晶界面积和晶体缺陷的增加，只增加了铁素体相变的形核率，而对珠光体的形核却没有直接的影响。但变形增加了珠光体的分散度，从而改善了珠光体的分布，这种作用随着变形温度的升高和冷却速度的降低而减弱。

对于低碳钢贝氏体相变来说，相变之前的先共析铁素体相变对贝氏体相变有影响。在变形温度较高，且冷却过程中在贝氏体相变之前有少量铁素体析出时，变形促进贝氏体相变，但这种促进作用随着变形温度的升高而减弱。在变形温度较低时，随着变形温度的降低，由于变形对铁素体相变的促进作用，冷却过程先共析铁素体析出量较大，变形对贝氏体相变起抑制作用。因此，在某一变形温度范围内，变形对贝氏体相变具有明显的促进作用，变形温度高于此范围，这种作用减弱；变形温度低于此范围，变形对贝氏体相变有抑制作用。因此，轧后冷却过程对贝氏体相变的控制，需要选择合适的终轧温度。

不同钢种在各种变形工艺条件下，对奥氏体向珠光体、贝氏体转变温度的影响，尤其是其具体值只能通过实验的方法来获得。

3.4 铁素体的变形与再结晶

随着轧钢设备能力的提高，现在的控制轧制已经不只是在奥氏体区（包括再结晶区和未再结晶区）中轧制，而是扩大到（A+F）两相区中进行热加工，有的甚至在铁素体、珠光体区中进行温加工。因此有必要对铁素体的热加工有所了解。

3.4.1 铁素体热加工中的组织变化

铁素体为体心立方结构，层错能较高，容易进行位错的攀移和交滑移过程。因此在热加工过程中易于发生动态回复，而且动态回复可以完全和应变硬化相平衡，从而使应变能难以达到使铁素体发生动态再结晶的水平，因而在热加工过程中一般是不易发生动态再结晶的。

图 3-13 是铁素体热加工的真应力－真应变曲线。在变形初期应力很快升高，随着变形量的增大，动态的软化使应力的增加速度减慢，当变形继续增大，应力达到一个稳定值后，变形虽继续增加，应力也不再继续增加。与奥氏体热加工的真应力－真应变曲线的最大不同就是不出现应力峰值，曲线上没有应力下降的一段，只有在变形速度很低时才会出现峰值，这属于特殊情况。

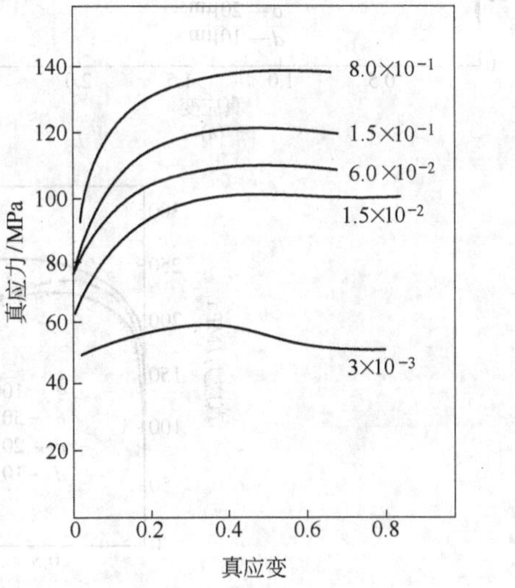

图 3-13 铁素体热加工的真应力－真应变曲线

从铁素体的真应力－真应变曲线就可以看出，铁素体加工时的动态软化方式是动态回复与动态多边形化，没有动态再结晶。即使在变形量达到很大时，铁素体晶粒愈来愈被拉长，但是晶内的亚晶仍为等轴的，并且亚晶的尺寸在应力的稳定阶段一直保持不变。这意味着在热加工过程中铁素体的亚晶不断的产生，又不断的原地消失，位错的增殖速度与消失速度保持平衡。

在应力达到稳定后，亚晶尺寸 d 在一定的变形条件下（T、$\dot{\varepsilon}$）是不变的。根据实验得到 d 与 T、$\dot{\varepsilon}$ 有以下关系：

$$d^{-1} = a + b\lg Z \tag{3-4}$$

式中，a、b 为常数；Z 为温度补偿变形速率因子。

温度高或变形速度低形成的亚晶尺寸粗大，而与变形量无关。但是当应力未达到稳定值之前，动态回复形成的亚晶尺寸与变形量是有关的，变形量增大亚晶数量增多，亚晶尺寸减小。

但 20 世纪七八十年代后已经有一些学者在研究中发现铁素体动态再结晶。G. Glove 等在研究高纯铁变形时，首次发现存在一个临界 Z 参数值 Z_c，$Z < Z_c$ 时发生动态再结晶，$Z > Z_c$ 时发生动态回复。又如对化学成分（质量分数，%）为：C0.171，S0.013，P0.017，Si0.09，Mn0.36，Cr0.02，Ni0.03，Cu0.01，Al0.025，Mo0.01 的钢，经加工后制成铁素体晶粒尺寸分别约为 100、50、20、10μm 的试样，然后在 700℃ 温度下，以 $10^{-3}\,s^{-1}$ 的应变速率变形，得到图 3-14 所示的典型的应力－应变曲线。由图可见，在低应变速率条件下，4 种原始晶粒尺寸的低碳钢的应力－应变曲线是存在明显应力峰的动态再结晶型曲线，而且是不连续动态再结晶。还有学者在 IF 钢的铁素体单相区中轧制时，也发现了铁素体动态再结晶现象，并且利用这一现象在单相铁素体的低温区进行轧制，成功获得了 1 ~2μm 的超细铁素体晶粒。在低碳钢的两相区中轧制时，在形变诱导析出的细小的铁素体上也发现有动态再结晶现象。虽然近年来对铁素体的动态再结晶进行了大量的研究，并且有了许多新的认识，但还有不少问题需作进一步的研究。

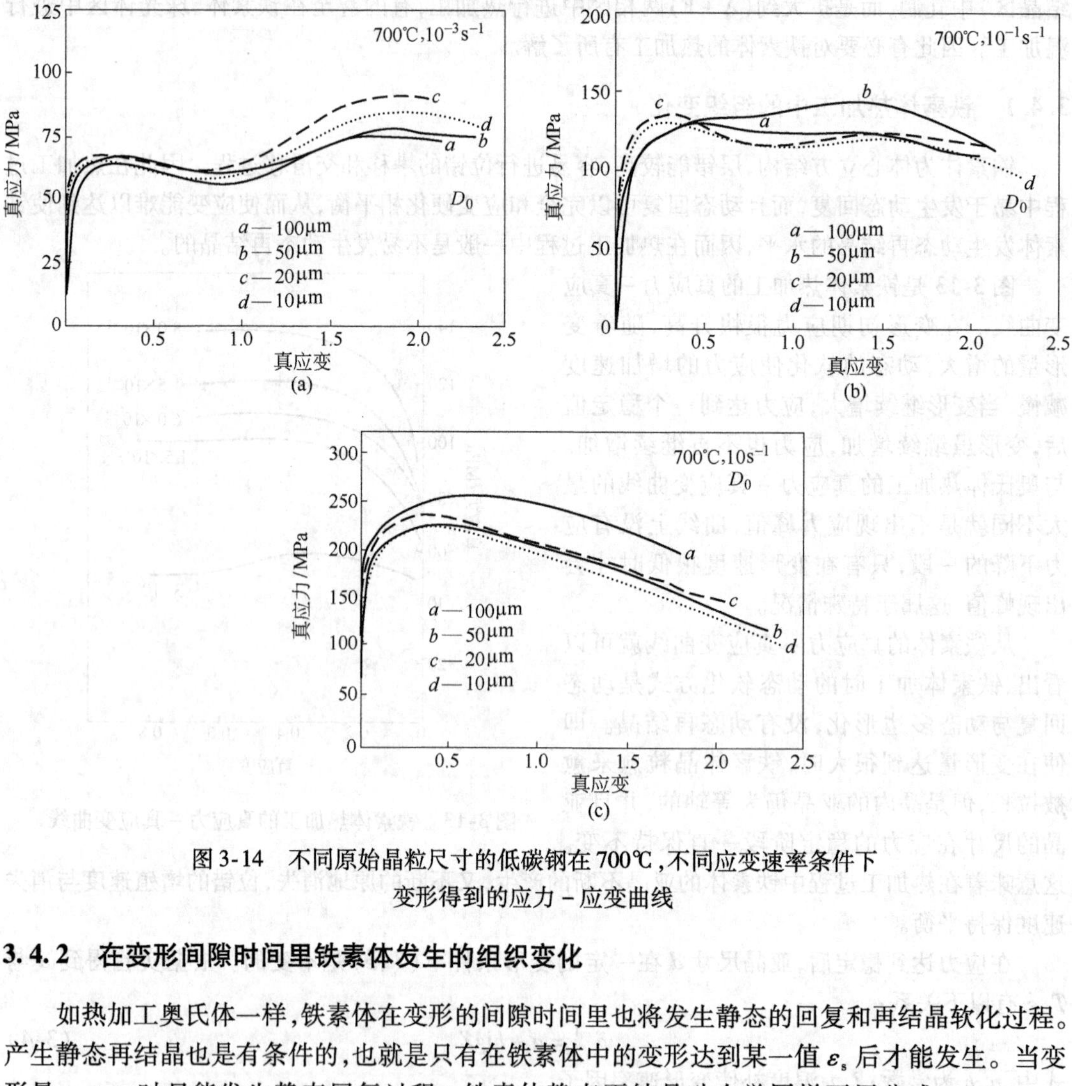

图 3-14　不同原始晶粒尺寸的低碳钢在 700℃，不同应变速率条件下变形得到的应力 - 应变曲线

3.4.2　在变形间隙时间里铁素体发生的组织变化

如热加工奥氏体一样，铁素体在变形的间隙时间里也将发生静态的回复和再结晶软化过程。产生静态再结晶也是有条件的，也就是只有在铁素体中的变形达到某一值 ε_s 后才能发生。当变形量 $\varepsilon < \varepsilon_s$ 时只能发生静态回复过程。铁素体静态再结晶动力学同样可用公式 $x = 1 - \exp(-kt^n)$ 来描述，即在同样的变形量下，随着温度升高或停留时间延长，再结晶体积分数都增加。并且变形量对静态再结晶也有影响，当 $\varepsilon < \varepsilon_{st}$（$\varepsilon_{st}$是流变应力达到稳定阶段时的最小应变量）时，随变形量的增加再结晶的驱动力不断增加，再结晶速度大大加快。当 $\varepsilon > \varepsilon_{st}$以后，随着变形量的增加，静态再结晶速度维持一定，不再变化。这是因为达到稳定阶段后，位错的增殖速度与位错的对消速度相平衡，再结晶的驱动力维持恒值的缘故（图 3-15）。

铁素体再结晶后的晶粒大小：形变可以细化铁素体晶粒。变形量增大，再结晶晶粒不断细化。当流变应力达到稳定值后，变形量对再结晶晶粒尺寸的作用逐渐减弱，直到最后不发生作用，再增加变形量也不能细化铁素体晶粒，如图 3-16 所示。

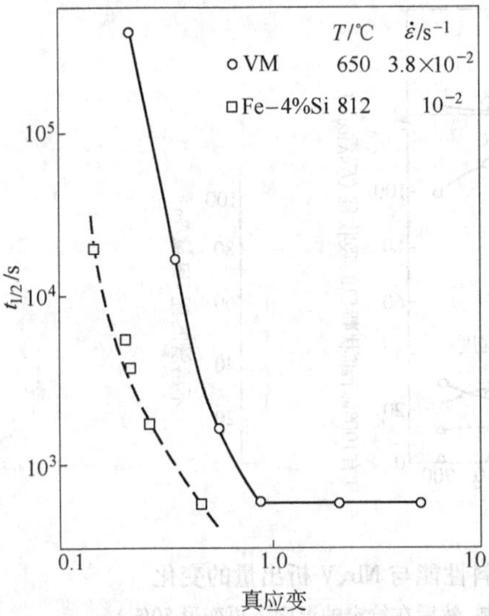

图 3-15 应变量对铁素体静态再结晶50%所需时间的影响

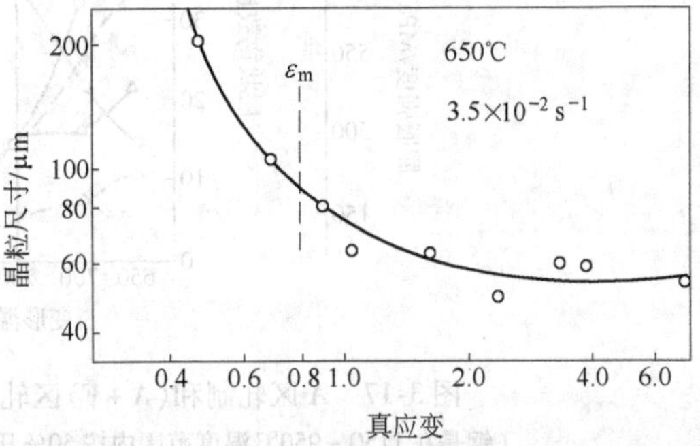

图 3-16 应变量对铁素体再结晶晶粒大小的作用

3.5 在两相区(A + F)轧制时组织和性能的变化

在传统的控制轧制中,两相区轧制时,轧件温度是在 A_{r3}温度以下,也就是两相区中既有未发生转变的奥氏体也有先共析铁素体。在两相区轧制时奥氏体和铁素体都将发生变化,变形的奥氏体如同在奥氏体未再结晶区中变形那样,变形后铁素体仍然优先在变形带上和晶界上成核,转变成细小等轴铁素体。而两相区变形前容易出现粗大的各向异性长大的"枝状"形貌的先共析铁素体,使形变组织难以控制。被变形的铁素体当变形量小时(变形量小于10%),晶粒内部位错增高,产生小的亚晶。随着变形量的增加,铁素体晶粒被拉长,晶内的亚晶更细小,数量增多,位错密度更高。因此两相区轧制的组织是一个既有未再结晶变形奥氏体转变的等轴细小铁素体晶粒,还有被变形的细长的具有亚晶结构的变形铁素体以及极细小的珠光体组成的混合组织。同时在低温区变形也促进了含铌、钒、钛等微量合金化钢中碳化物的析出(形变诱导析出)。

显然在两相区轧制中,析出物的增加,铁素体亚晶量多且细小,位错密度增高等都有利于使屈服强度增加,但是两相区轧制会引起织构,增加了强度的方向性,并使高阶冲击能(韧性状态下的冲击能 E_{SA100})有所降低。

图 3-17 给出了在奥氏体未再结晶区轧制和在(A + F)两相区轧制时铌、钒析出物的数量、屈服强度、韧性断口为100%的能值(高阶冲击能)的变化。图 3-18 给出了普碳钢在(A + F)两相区轧制时变形量对材料性能的影响。

为达到在两相区轧制以提高材料的强韧性的目的,在两相区要有一定的变形量(一般为20%左右)。

应该指出,材料在进入两相区轧制前的历程,即在奥氏体再结晶区变形还是在奥氏体未再结晶区变形,变形量的大小等,对两相区轧制后材料的性能是有影响的。

由此可见,材料在未再结晶区轧制和在(A + F)两相区轧制时,给予轧材各项性能的影响是不同的,因此通常笼统地以某个温度(如 950℃)以下的变形量多少或终轧温度高低作为轧材的

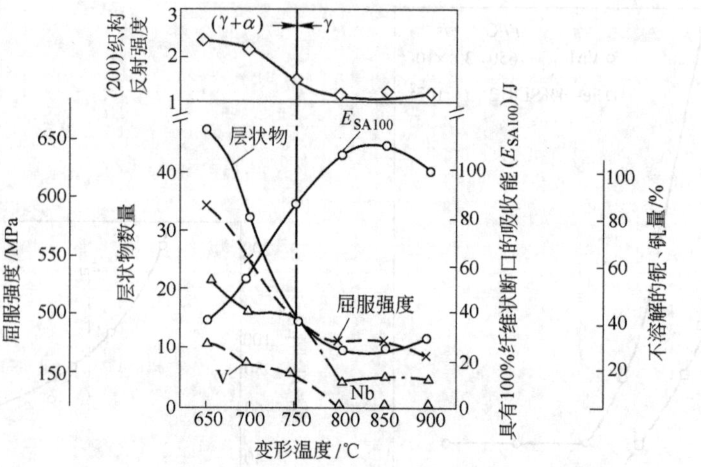

图 3-17 A 区轧制和(A+F)区轧制时材料性能与 Nb、V 析出量的变化

(钢是在 1150~950℃温度范围内按 50% 压下率轧制,然后在给定的温度下再变形 50%)

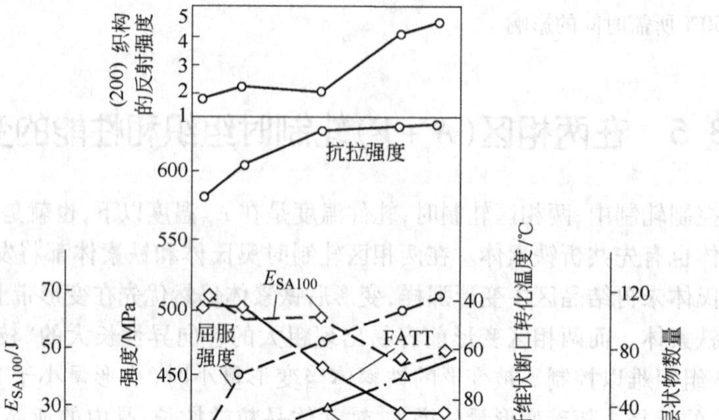

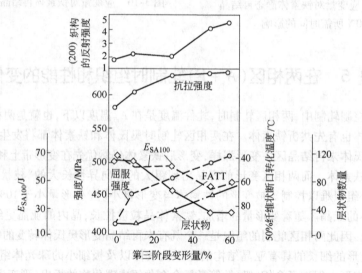

图 3-18 两相区轧制时压下率对性能的影响

(普碳钢,在 1070℃和 1020℃经两道次轧制,总压下率为 62.5%,冷到 850℃又以 50% 的压下率轧制,然后冷到 710℃再按给定的压下率轧制)

强度和韧性的函数是不完全适当的。

此外,为了进一步提高钢材性能,近期又试验了 A 区、(A+F)区以及在 F 区都进行一定量的变形的轧制工艺。这种工艺使铁素体在更低的温度下变形,铁素体加工硬化程度大,晶内位错密度更高,亚晶数量增多,亚晶尺寸更细,除具有晶界强化和沉淀强化的机制外,亚晶与位错强化愈来愈突出。这种工艺的韧性转化温度也很低,这是由于铁素体在低温变形形成了有利的{111}<110>位向的织构。织构的出现使强度呈现方向性。

综上所述,控制轧制由于轧制的温度、变形量、变形速度等工艺参数不同,可以分别在奥氏体再结晶区、奥氏体未再结晶区和(A+F)两相区中进行。在这三个区中轧制时发生的组织和物理性能变化如表 3-1 所示。

表 3-1　控制轧制三个阶段的组织和物理性能变化

	温　度	显微组织	强　度			缺　口　韧　性			
			屈服强度	加工硬化	析出硬化	转变温度	E_{SA100}	析出物的数量	(100)织构
第Ⅰ阶段	≥950℃再结晶 A 区	A 由于反复的再结晶而细化 $d_{\gamma}=20\sim40\mu m$	低（取决于晶粒尺寸）	~0	~0	高（取决于晶粒尺寸）	高	无	无
第Ⅱ阶段	950℃～A_{r3} 不发生再结晶的 A 区	A 晶粒被拉长，导入变形带和位错使 F 晶粒细化	低（取决于晶粒尺寸）	~0	~0	低（取决于晶粒尺寸）	高	微量	无
第Ⅲ阶段	< A_{r3}（A + F）区	A 晶粒不再进一步细化，析出硬化和(100)织构的产生	高（晶粒尺寸和其他的影响）	少量	大量	极低（晶粒尺寸和其他的影响）	低	大量	形成

在获得细小的奥氏体晶粒后，如果通过加速冷却能使转变向着低温方向推移，那么这种较低的转变温度，就能提高晶核形核几率并降低晶界运动性能，从而使铁素体晶粒尺寸减小。除了采用快速冷却方法外，一定的合金元素如 Mo、Mn 或溶解的微合金元素也能使转变温度降低，导致晶粒的进一步细化。

为了能充分发挥铁素体晶粒细化的实际效果，钢材的含碳量必须很低，因为随着含碳量的提高，细化铁素体的效果就减小，而珠光体量的增多却会恶化材料的低温韧性。因此控制轧制的钢种的含碳量最高为 1.5%，多数钢种的含碳量低于 0.1%，这类钢为少珠光体钢或无珠光体钢。但是为了获得更高强度的钢材而采用的高温淬火工艺，它所得到的组织是奥氏体的低温转变产物——马氏体或中温转变产物——粒状贝氏体，其含碳量当然会超过上述界限。图 3-19 表示钢的显微组织及控轧工艺对钢的屈服强度和脆性转化温度的影响。

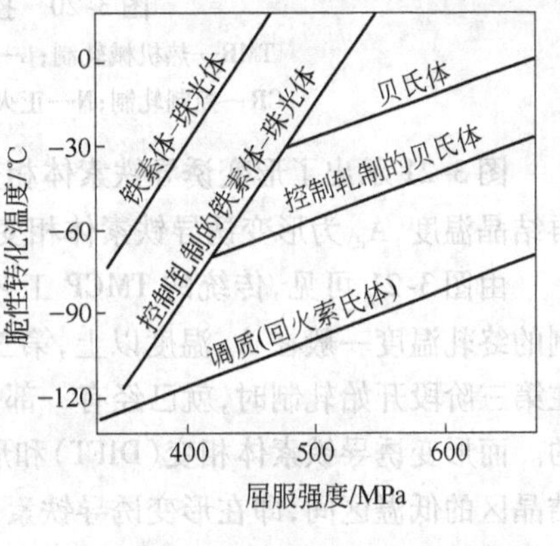

图 3-19　钢的显微组织及控轧工艺对钢的屈服强度和脆性转化温度的影响

3.6　超细晶化钢生产中控轧控冷工艺的特点

对于数量众多的结构钢而言，强度、韧塑性、可焊性是其最重要的也是最基本的使用性能。以细化晶粒为主要目的的控轧控冷工艺为改善这些性能提供了有效的技术途径。但按传统控轧控冷工艺生产的低碳钢其细化晶粒的尺寸一般约为 10～20μm。按照 Hall－Petch 关系式，如果能将晶粒细化一个数量级，材料就可以在不大损失韧塑性的条件下，使其强度提高一倍。要实现这个超细晶化的目的就需要在轧制工艺、化学成分设计、冶炼的洁净度等各方面的共同努力。20世纪80年代以后,我国无论在冶炼装备方面还是在轧钢设备能力方面都有了很大进步,为以细晶化和析出强化为主要目的的控轧控冷技术的发展提供了有力的保证。在此基础上,我国科学工作者根据不同的钢种成分研究开发了形变诱导(强化)铁素体相变钢、低(超低)碳贝氏体钢和针状铁素体钢,其中都充分利用了控轧控冷生产工艺的优势。

3.6.1 形变诱导(强化)铁素体相变钢

图3-20给出的是传统的控轧控冷工艺的各种类型。由图可见,TMCP轧制是在奥氏体再结晶区和(或)在奥氏体未再结晶区进行,奥氏体向铁素体的转变是发生在形变之后的冷却过程中。其特点是形变和相变是分离的,它们分别发生在不同的温度和时间阶段。

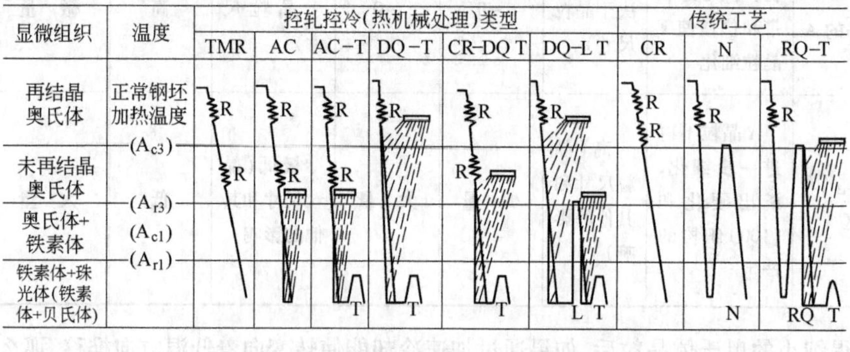

图3-20 控轧控冷与传统工艺比较示意图

TMR—热机械轧制;L—L处理(中间淬火);R—热轧;AC—加速冷却;
CR—控制轧制;N—正火;DQ—直接淬火;RQ—传统加热淬火;T—回火

图3-21示出了形变诱导铁素体相变工艺与传统控轧控冷工艺关系的示意图。图中T_{nr}为未再结晶温度,A_{d3}为形变诱导铁素体相变的上限温度,A_{r3}为亚共析钢冷却时的上临界点。

由图3-21可见,传统的TMCP工艺在进行三阶段轧制时,第二阶段的奥氏体未再结晶区轧制的终轧温度一般在A_{d3}温度以上,第三阶段的(A+F)两相区轧制的温度在A_{r3}温度以下。因此在第三阶段开始轧制时,就已经有一部分先共析铁素体存在,这部分的转变也是形变与相变分离的。而形变诱导铁素体相变(DIFT)和形变强化铁素体相变(DEFT)的轧制温度却在奥氏体未再结晶区的低温区间,即在形变诱导铁素体相变温度A_{d3}和未变形奥氏体的相变温度A_{r3}之间(在大多数情况下,A_{d3}温度在A_3温度之下,但在微合金钢和大应变速率下,也可能出现A_{d3}高于A_3的现象)。因此其相变(低碳钢中$\gamma \rightarrow \alpha + P$)主要发生在变形过程中,而不是变形后的冷却过程中,两者几乎同步进行。所以其变形都是在实际的两相区中进行。

图3-22是形变强化相变工艺的示意图。由图可见,形变强化相变的变形温度范围虽然也和DIFT一样是在$A_{d3} \sim A_{r3}$间(在多道次轧制时终轧温度也可能降到A_1以上),但它是在奥氏体未再结晶区轧后快速冷却后进行的,因此铁素体相变是在大的奥氏体温度过冷与形变双重条件下发生的。

由于DIFT和DEFT这两种工艺是工艺参数有区别而本质相同的过程,所以也可以用"形变诱导(强化)铁素体相变"加以综合表述。从加工上来说,形变诱导(强化)铁素体相变其本质还是两相区(F+A)轧制。

DIFT(DEFT)的相变有其特点,它是以形核为主的快速动态相变,它有比传统的轧后冷却

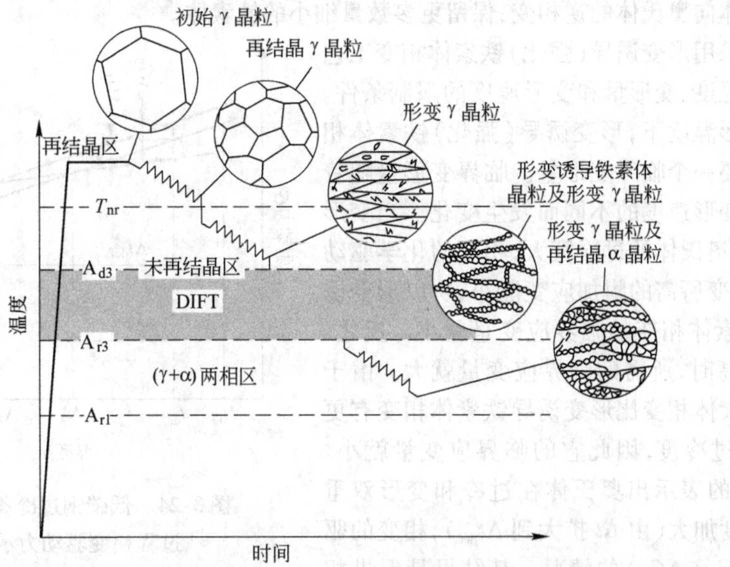

图 3-21 形变诱导铁素体相变与传统 TMCP 的关系

γ→α相变或再结晶的临界核心尺寸小的多的临界核心尺寸(图3-23),形变中反复形核起到晶粒细化及组织的均匀化的作用,因此新生的铁素体相具有超细晶特点。在一般低碳素钢中,铁素体的平均晶粒尺寸在生产条件下可达到5μm,而在实验室条件下,可达到1μm左右,在微合金钢中由于有M(C,N)存在就会阻碍新生的α长大,在生产条件下也能达到1~2μm。

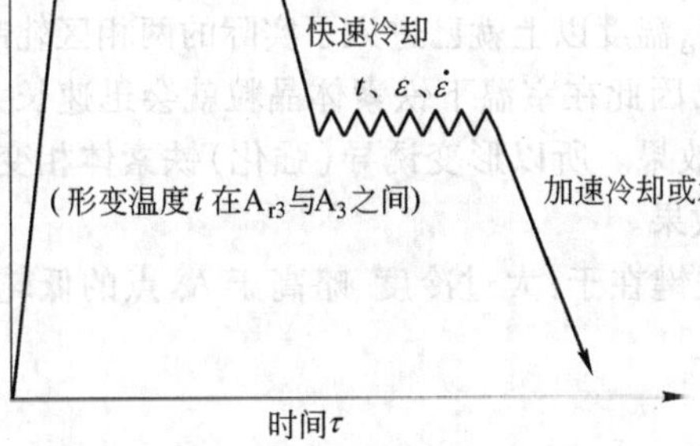

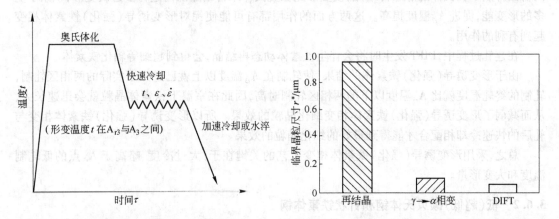

图 3-22 “形变强化相变”工艺示意图

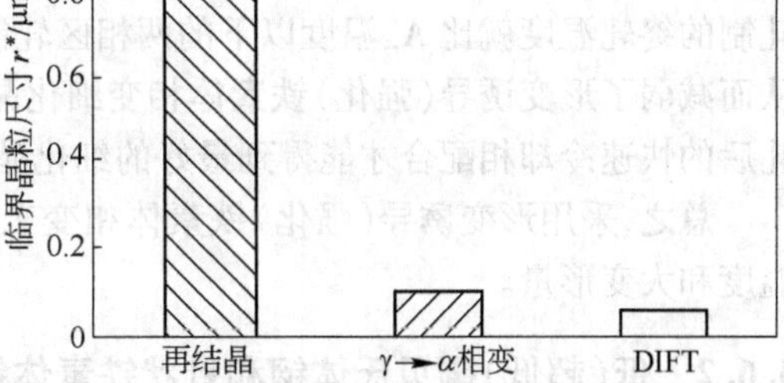

图 3-23 不同过程的临界晶粒尺寸(r^*)比较

形变诱导(强化)铁素体相变所获得的铁素体与在传统控轧控冷的两相区轧制时所获得的铁素体虽然都是等轴的,但前者晶粒内有渗碳体析出,晶界也有渗碳体,而后者晶粒内部很干净,多数晶粒是由大量的亚晶组成,具有回复的形貌特征。

由于形变诱导(强化)铁素体相变都是在A_{e3}附近及以下一定温度范围内施以大的变形量,所以组织中均存在超平衡数量的铁素体,并且这一现象在高温形变的条件下更明显。因此在变形后的等温时间里将出现超平衡数量铁素体向奥氏体的逆相变。此时铁素体数量虽有所减少,但仍大大超过平衡数量。而低温条件下超平衡数量铁素体的数量及其细小的晶粒尺寸可以保持相当长的时间。因此低温变形的形变强化铁素体相变工艺及变形后的快速冷却,都可以减少以至消除铁素体向奥氏体的逆相变，保留更多数量细小的铁素体。

低碳钢采用形变诱导（强化）铁素体相变工艺存在着变形温度、变形量和变形速度的限制条件。在一定的变形温度下，形变诱导（强化）铁素体相变的发生需要一个临界变形量。临界变形量随着变形温度和变形速度的不同而发生变化。当变形温度较低时，奥氏体的过冷度大，相变的化学驱动力大，因而相变所需的附加应变能小，所以形变诱导（强化）铁素体相变的临界应变量就小。反之，当变形温度高时，所需的临界应变量就大。由于形变强化铁素体相变比形变诱导铁素体相变有更大的奥氏体过冷度，因此它的临界应变量就小。图 3-24 示意的表示出奥氏体在过冷和变形双重作用下过冷度加大（由 Δt 扩大到 Δt_{def}），相变的驱动力加大（$\Delta G_t + \Delta G_D$）的情况。其结果是促进相变的进行并获得细小的铁素体晶粒。

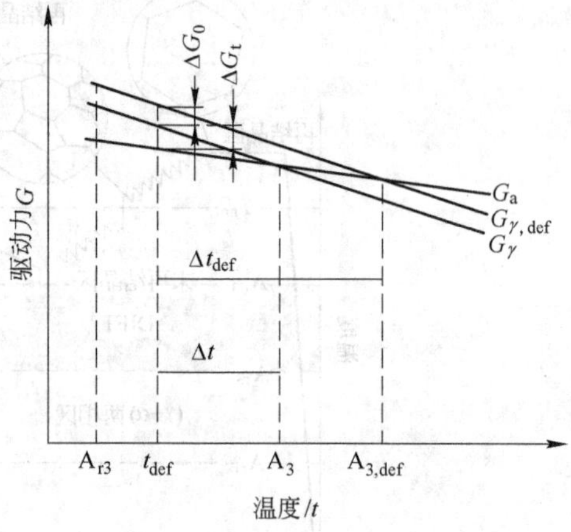

图 3-24　低碳钢过冷奥氏体形变过程相变驱动力示意图

钢的化学成分对形变诱导（强化）铁素体相变也有影响。如固溶铌不利于 DIFT（DEFT）的进行，而铌的沉淀析出有利于 DIFT（DEFT）的进行。在实际生产中，铌的存在状态是可以通过生产工艺的改变来调整的。加热温度的高低决定铌的固溶量，而多道次轧制可以促进 Nb（C，N）的诱导析出，使固溶铌含量减少，从而使固溶铌对铁素体相变的不利作用大大缓解。同时 Nb（C，N）的析出抑制了奥氏体的静态再结晶，使变形能在奥氏体未再结晶区内进行多道次变形，积累了更多的形变能，促进 A_{r3}温度提高。这两方面的作用都有可能使铌对形变诱导（强化）铁素体相变起到有利的作用。

在连轧过程中，DIFT 发生时将会伴生铁素体动态再结晶，会得到超细等轴化铁素体。

由于形变诱导（强化）铁素体的结果，使轧制在 A_{r3}温度以上就已进入了实际的两相区轧制，轧制的终轧温度就比 A_{r3}温度以下的两相区轧制时高，因此在室温下铁素体晶粒就会迅速长大，从而减弱了形变诱导（强化）铁素体相变细化晶粒的效果。所以形变诱导（强化）铁素体相变与轧后的快速冷却相配合才能得到最好的细化晶粒的效果。

总之，采用形变诱导（强化）铁素体相变工艺的关键在于：大过冷度、略高于 A_{r3}点的低轧制温度和大变形量。

3.6.2　低（超低）碳贝氏体钢和针状铁素体钢

在微合金钢中，低（超低）碳贝氏体（LCB）钢和针状铁素体（A. F）是两类极有前景的钢类。它在强度提高的同时保持了高韧性。这类钢的超细化不是铁素体晶粒细化（它不是 α + P 组织了），而是充分利用形变诱导析出和中温控制。从变形工艺上来说，其实质还是微合金碳、氮化合物的析出阻碍了奥氏体的再结晶，产生了奥氏体未再结晶轧制和轧后的冷却控制过程。

低（超低）碳贝氏体钢和针状铁素体钢在组织特征、形成机理等方面目前尚无统一结论，难以区分，因此也有学者从使用对象角度把工程机械类中厚板钢的显微组织定为低（超低）碳贝氏体，而把管线钢类板材的显微组织定为针状铁素体。

低（超低）碳贝氏体钢和针状铁素体钢的轧制工艺都是采用奥氏体再结晶区 + 奥氏体未再结晶区轧制工艺，然后再进行不同的控制冷却工艺。

3.6.2.1 低(超低)碳贝氏体钢

低(超低)碳贝氏体钢由于其冷却速度不同、形成的过程不同,因而在形貌、亚结构、位错密度等均不尽相同。低(超低)碳贝氏体钢的显微组织有贝氏体板条、板条束、粒状贝氏体等。其中粒状贝氏体是由板条状铁素体和板条间呈方向性分布的马氏体 - 奥氏体(M - A)小岛组成的,是在中温区较低温度下等温或较快冷却时形成的。

低(超低)碳贝氏体钢的碳含量目前已降到0.05%左右,通常冷却条件下,不会产生渗碳体,传统意义上的铁素体/渗碳体组织已经不复存在。因此碳的危害,渗碳体对贝氏体韧性的影响等问题已完全消除,钢材焊接性能极佳,焊接时的热影响粗晶粒区,在各种冷却条件下都可得到极高韧性的贝氏体组织,钢板冲击转变温度可以降到 -60℃左右,韧性明显高于普通的低合金高强度钢。但是低碳却造成钢的强度损失。因此低碳贝氏体钢的高强度只能通过其他方法来获得,主要是高位错密度贝氏体的细化和析出强化。

为了能使低碳贝氏体钢能有高的强度并保证材料的良好韧性,在低碳贝氏体的生产加工中有三点关键:

(1)合理的成分设计,特别是微量铌和钛、钒、硼、铜、锰等元素的合理应用。它们能起到抑制奥氏体再结晶、扩大奥氏体未再结晶区以细化晶粒和提高钢材淬透性、提高析出强化效应的作用。

(2)先进冶金技术的应用以保证低成本大量地生产低(超低)碳钢,降碳、降硫、降磷,去除多余的氧氮含量,从而提高钢材的韧性。

(3)控轧控冷技术的全面应用以细化相变前的奥氏体晶粒,进而细化贝氏体晶粒和其他的强韧化效果。其要点为:

1)选择较低的加热温度(一般在1200℃以下),以抑制奥氏体晶粒长大,但要保证仍能有足量的微合金元素固溶于奥氏体中,以便利用 NbN 和 TiN 析出物抑制奥氏体的再结晶。

2)在奥氏体再结晶区的反复再结晶使奥氏体晶粒充分细化,甚至可以达到10μm 左右,为下一步贝氏体晶粒的细化做好组织准备。

3)在奥氏体未再结晶区进行多道次的累积变形,总压下率大于65%,可在奥氏体晶粒内产生大量的位错亚结构和形变带,后者既能促使贝氏体转变时大量形核,又能抑制贝氏体铁素体针的长大。

4)尽可能地降低终轧温度(一般控制在700℃左右)和提高轧后冷却速度,促使奥氏体晶粒内的位错亚结构的有效遗传和阻止析出颗粒粗化,以便充分发挥它们的强化作用。

对这类钢,我国的科学工作者还提出了弛豫 - 析出控制相变技术(RPC),以进一步细化板条贝氏体组织。它是将在奥氏体未再结晶区热轧后具有高密度位错的组织状态,在轧后高温阶段适当停留一段时间,高密度位错就会在无外力条件下适当弛豫,弛豫的位错通过运动及相互作用形成细化的位错胞状结构并发展形成了超细化组织。同时高温保持也让 M(C、N)更充分的析出,既钉扎和稳定了胞状结构和组织,也起到了析出强化的作用。

弛豫适当时间后,快速冷却,以完成相变过程,最终获得超细化的板条贝氏体组织。图 3-25 是这种技术的工艺示意图。这类钢的典型钢种贝氏体相变温度在各种冷却速度下都在600℃左右,因此在弛豫时间内不会发生相变,并在同一块钢板的不同部位虽有不同的冷却速度却能得到比较相似的贝氏体组织。

3.6.2.2 针状铁素体钢

作为第二代管线用钢,针状铁素体用以生产 X60 ~ X90 级别的管线钢。有研究证明,针状铁素体比超细晶铁素体有更高的耐应力腐蚀抗力,它在冷成形过程中有较大的加工硬化能力,可以抵消包申格效应引起的强度损失。

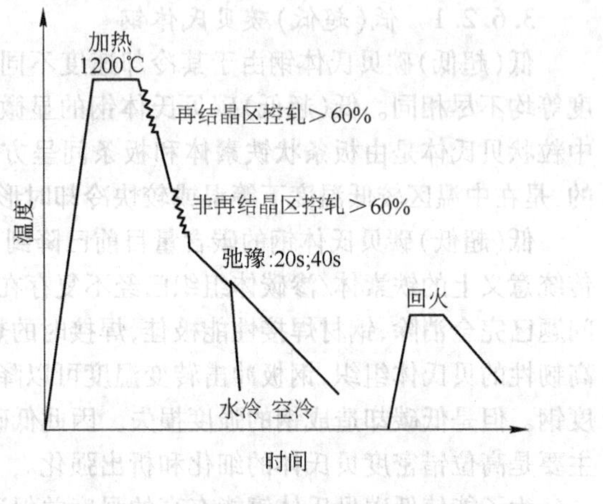

图 3-25 弛豫－析出控制相变技术(RPC)示意图

与低(超低)碳贝氏体钢一样,针状铁素体钢的强化机制主要也是高位错密度的针状铁素体的细化和微合金元素的碳、氮化合物的析出。

为了获得细的针状铁素体组织,从粗轧开始,就要对轧制温度、轧制后冷却等按照超细化要求给予系统控制。对合金元素和洁净度的要求也要充分考虑。

化学成分对针状铁素体组织有显著影响,Mo 及 Nb、Ti 等微合金元素能推迟铁素体、珠光体相变,使获得针状铁素体的临界冷却速度降低,扩大了针状铁素体形成的冷却速度范围。其中钼的影响最为显著,锰也有与钼类似的作用。Nb、Ti 有抑制奥氏体再结晶的作用和析出强化的作用。Si、V 能促进多边形铁素体的形成,对针状铁素体形成不利。

碳是钢中的重要元素。碳含量的增加使针状铁素体向板条铁素体转化,过低的碳含量与钼的加入虽使铁素体和珠光体相变显著推迟,但使组织向超低碳贝氏体转化。从试验结果看,高 Mn、低 Si 及 Mo－Nb、Ti－Nb－Mo 系可抑制铁素体转变,有利于获得针状铁素体组织。

为获得针状铁素体组织的管线钢,还需要采取合适的控轧控冷工艺。其工艺要求是:在奥氏体再结晶区进行粗轧,给以大的道次变形量,以便得到细小均匀的奥氏体晶粒。然后在再结晶温度以下、A_{r3}温度以上的温度区间进行精轧,在精轧阶段尽可能给以大的累积变形量,并在 A_{r3}左右终轧,之后冷却速度控制在 15～30℃/s,终冷温度控制在 400～550℃之间。

也有研究者对上述两类钢(低碳贝氏体、针状铁素体钢)的加工工艺作了进一步的试验研究,开发了控轧后的“回火”工艺,即在控轧后,再进行高温回火(600℃左右)。其目的不仅使组织均匀化和性能稳定化,更能使 M(C,N)进一步析出,可以在不牺牲塑性的前提下,提高钢的抗拉强度和屈服强度。下面的表 3-2,表 3-3 是这两类钢回火处理前后的力学性能比较。

表 3-2 低碳贝氏体钢经 4 种不同工艺处理后的力学性能

化学成分		0.05% C－1.6% Mn－0.3% Si－0.04% Nb－0.25% Mo－0.4% Cu－0.2% Ni		
性　能		σ_s/MPa	σ_b/MPa	δ_5/%
工　艺	TMCP	565	800	20
	调　质	619	655	19
	RPC 轧态	690	869	16
	RPC＋高温回火	816	851	17

表 3-3 针状铁素体钢经两种不同工艺处理后的力学性能

化学成分		0.037% C－0.24% Si－1.58% Mn－0.052% Nb－0.03% V－0.018% Ti－0.02% Cr－0.22% Cu－0.13% Ni－0.033% Al－0.0007% S－0.0032% O－0.0028N			
性　能		σ_s/MPa	σ_b/MPa	冲击功/J	δ_5/%
工　艺	轧制态	650～570	630～670	300～330	23～27
	回火态	680～710	730～780	280～300	22～26

参 考 文 献

[1]　崔文暄等．低碳钢控制轧制中的组织与性能．北京钢铁学院学报，1980，4.

[2]　崔文暄等．钢的控制轧制及形变热处理．鞍山市金属学会，1980，4.

[3]　韦光等．奥氏体部分再结晶区多道次变形组织变化规律的研究．钢铁，1989，8.

[4]　桥本 保．制御压延技术の基础とその展开．铁钢基础共同研究会高温变形部会，1980，3.

[5]　福田 实等．鉄と鋼 58(1972)13.

[6]　福田 稔等．钢的微合金化及控制轧制．北京：冶金工业出版社，1984.

[7]　王有铭等．直接测定热轧中金属相变温度的方法．钢铁，1982，6.

[8]　Y. E. Smith, et al. Spec. Tech. Publ. 480, Application of modern metallographic techniques, ASTM 1970.

[9]　北京钢铁学院压力加工教研室控制轧制小组．变形对低碳钢过冷奥氏体相变温度的影响．钢院资料室，1981，4.

[10]　李曼云等．钢的控制轧制和控制冷却技术手册．北京：冶金工业出版社，1990.

[11]　王有铭等．形变对低碳钢过冷奥氏体相变温度的影响．钢铁，1982，8.

[12]　T. M. 胡金杜尔恩等．钢的微合金化及控制轧制．北京：冶金工业出版社，1984.

[13]　田中 智夫等．钢的微合金化及控制轧制．北京：冶金工业出版社，1984.

[14]　田中 智夫．川崎制铁技报，Vol. 16(1974) 4.

[15]　R. A. P. Djaic, J. J. Jonas. Met. Trans. 1973，4(3)：621～625.

[16]　王有铭等．低合金钢热轧变形奥氏体的相变．北京钢铁学院学报，中德计算机辅助工程(CAE)学术会议专辑(下册)，1988，9.

[17]　雷廷权等．钢的形变热处理．北京：机械工业出版社，1979.

[18]　翁宇庆等．超细晶钢—钢的组织细化理论与控制技术．北京：冶金工业出版社，2003.

[19]　齐俊杰等．微合金化钢．北京：冶金工业出版社，2006.

[20]　杨王玥等．低碳钢形变强化相变的特征．金属学报，2004，2：135～140.

[21]　石 勤等．低碳钢晶粒细化初探．钢铁研究，2005，5：55～58.

[22]　王慧敏等．变形速率对普碳钢中形变诱导铁素体相变的影响．钢铁研究学报，2005，4：51～54.

[23]　李龙飞等．原始晶粒尺寸对低碳钢中铁素体动态再结晶的影响．金属学报，2004，2：141～147.

[24]　孙新军等．变形诱导 γ→α 相变中组织演变的基本特点．微合金化技术，2003，1：14～22.

[25]　陈健就等．现代化宽厚板厂控制轧制和控制冷却技术．宝钢技术，1999，2：13～16，21.

[26]　邓素怀等．Nb 的析出对变形诱导铁素体相变的影响．钢铁，2005，7：64～67.

[27]　东 涛等．我国低合金钢及微合金钢的发展、问题和方向．钢铁，2000，11：71～75.

[28]　陈 颖等．低碳钢在形变作用下产生的超平衡数量铁素体．钢铁，2006，12：56～59.

[29]　王慧敏等．普通碳素钢超细晶微观组织的特征分析．钢铁研究学报，2006，10：45～48，62.

4　微合金元素在控制轧制中的作用

微合金钢通常是指合金元素总含量小于0.1%的钢。这类钢由于使用合金元素不多，钢的生产成本增加少，但却能大大的改善钢材的性能，因此受到重视并被广泛应用。在控制轧制中，使用最多的微合金元素是铌、钒、钛。这些元素在元素周期表中的位置比较接近，都与碳、氮有较强的结合能力，形成碳化物、氮化物和碳氮化物。它们最能满足控制轧制对微合金元素的要求。这些要求是：应能在加热温度范围内具有部分溶解或全部溶解的足够的溶解度，而在钢材加工和冷却过程中又能产生特定大小的析出质点，以满足加热时能阻碍原始奥氏体晶粒长大；在轧制过程中能抑制再结晶及再结晶后的晶粒长大；在低温时能起到析出强化的作用。

钢中加入微量合金元素后，在一般的热轧条件下，可以提高钢的强度，但却使韧性变坏。只有在采用控制轧制工艺后，才能使钢材的强度和韧性都得到改善。从表4-1中看到，不含铌和钒的碳锰钢经控制轧制后，屈服强度 σ_s 由 313.9MPa 提高到 372.7MPa，FATT 由 +10℃ 降到 -10℃，而加入铌并采用一般常规轧制工艺后，屈服强度 σ_s 可达 392.4MPa，而 FATT 上升到 +50℃。如采用控轧工艺，含铌钢可使屈服强度 σ_s 达到 441.3MPa，FATT 下降到 -50℃。加钒或铌钒同时加入也有类似的趋势。这也表明，添加微量合金元素的钢材需要采用控轧工艺，而控轧工艺也需要微量合金元素。

表4-1　常规轧制与控制轧制性能比较

钢的成分/%	常规轧制		控制轧制	
	σ_s/MPa	FATT/℃	σ_s/MPa	FATT/℃
0.14C+1.3Mn	313.9	+10	372.7	-10
0.14C+0.03Nb	392.4	+50	441.3	-50
0.14C+0.08V	421.8	+40	451.1	-25
0.14C+0.04Nb+0.06V			490.3	-70

4.1　微合金元素在热轧前加热过程中的溶解

4.1.1　铌在奥氏体中的溶解

铌是控制轧制中最常用的微量元素。由于氮与碳的比例对奥氏体及铌的碳氮化合物是类似的，铌的碳化物和铌的氮化物相互溶解，其碳当量为 C+(12/14)N。

在一定温度下，铌的溶解度随碳或碳当量而变化，碳含量降低，铌的溶解度增加，随加热温度提高溶解度也提高，如图4-1所示。因此希望综合考虑化学成分、加热温度和控制轧制之间的关系。

铌在碳锰钢中的一般溶解度关系可用下式表示：

$$\lg[Nb][C] = -6770/T + 2.26 \tag{4-1}$$

$$\lg[Nb][C+12/14N] = -6770/T + 2.26 \tag{4-2}$$

$$\lg[Nb][N] = -8500/T + 2.80 \tag{4-3}$$

$[M]$为微合金元素的固溶量（质量分数%）。

锰含量的变化对铌的溶解度有影响，锰促进铌向奥氏体中固溶，加入约3%锰可使铌在1150℃的固溶量等于在无锰钢中1280℃时的固溶量，使80%的铌溶入奥氏体中。

这些公式不是唯一的，其他的学者也提出了一些其他的公式。

由于铌在控制轧制中的作用与其在奥氏体状态下的存在形式有关，因此可以根据铌微合金化钢的化学成分和对其性能的要求采用不同的奥氏体化条件。

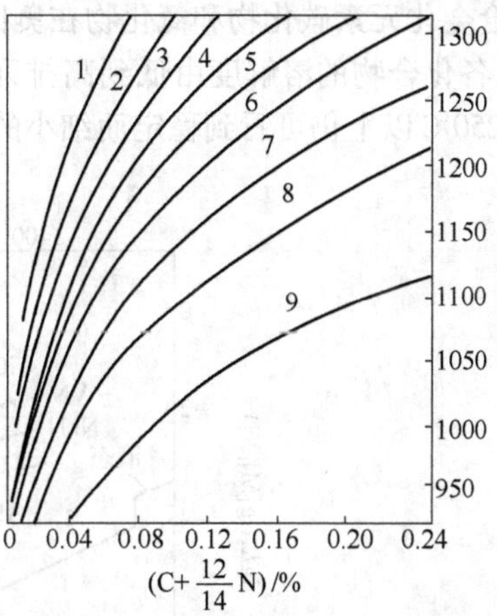

图4-1 在奥氏体中的碳氮化铌的溶解度曲线

1—0.14%Nb；2—0.10%Nb；3—0.08%Nb；4—0.06%Nb；5—0.05%Nb；6—0.04%Nb；7—0.03%Nb；8—0.02%Nb；9—0.01%Nb

4.1.2 钒在奥氏体中的溶解

钒在碳锰钢中的一般溶解度关系可用下式表示：

$$\lg[V][N] = -8830/T + 3.46 \quad (4\text{-}4)$$

$$\lg[V][C] = -9500/T + 6.72 \quad (4\text{-}5)$$

钒的溶解与锰含量有一定关系，可按下式计算：

$$\lg[V][N] = -8830/T + 3.46 + 0.12\%\text{Mn} \quad (4\text{-}6)$$

每增加1%锰可使钒增加30%溶解量。

关于钒的碳化物在奥氏体中的固溶情况研究表明，钒的碳化物在900℃时就全部固溶于奥氏体中了，其溶解度比Nb(C、N)大得多。

4.1.3 钛在奥氏体中的溶解

钛在一般碳锰钢中的溶解度关系可用下式表示：

$$\lg[Ti][C] = -7000/T + 2.75 \quad (4\text{-}7)$$

$$\lg[Ti][N] = -15200/T + 3.9 \quad (4\text{-}8)$$

这表明碳化钛在碳锰钢中的溶解度与Nb(C、N)的溶解度相似。

图4-2表明铌、钒、钛的溶解度与碳及氮含量的关系。

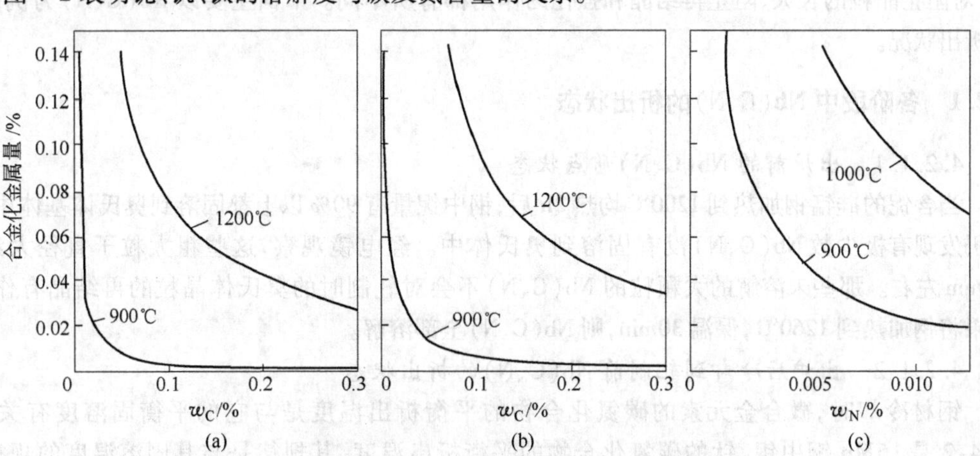

图4-2 在不同温度下碳化铌、碳化钛和氮化钒在钢中的溶解度

(a)碳化铌；(b)碳化钛；(c)氮化钒

微合金化元素碳化物和氮化物在奥氏体中的溶解度如图 4-3 所示。由图可见,在轧制温度范围内,各化合物的溶解度由低到高排列为:TiN、AlN、NbN、TiC、VN、NbC、VC。TiN 是最难溶解的,在 1250℃以上仍可看到稳定而细小的颗粒。

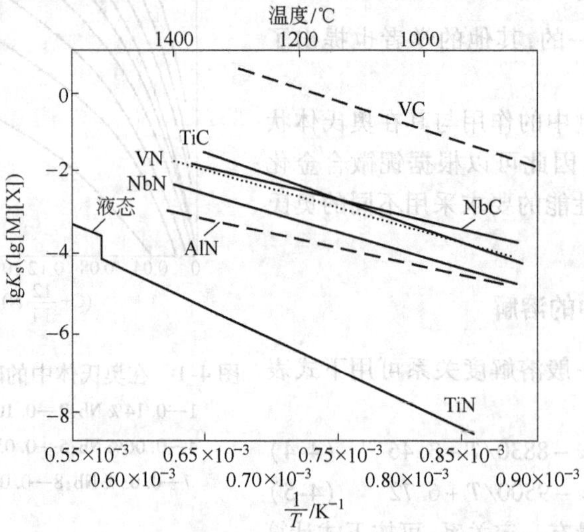

图 4-3　微合金化元素碳化物和氮化物在奥氏体中的溶解度

4.2　控制轧制过程中微量元素碳氮化合物的析出

采用控制轧制法生产低合金钢时,为了得到理想的强度与韧性配合的综合性能,就必须掌握晶粒细化和析出强化这两个因素,了解它们的变化规律,尤其是微量合金元素在其中的作用。影响析出的主要工艺因素包括:加热温度,即奥氏体化温度;变形条件,包括变形温度、变形量、变形速度、轧制道次等;材料中其他成分的影响等。

试验结果表明,在加热到奥氏体化温度以后,从试料出加热炉到轧制之前、控制轧制过程中、轧后直到相变温度及以后的冷却过程的各个不同阶段中,碳氮化物的析出速度、析出量、颗粒大小,对阻止晶粒的长大、阻止再结晶和强化的作用都有所不同。下面主要以 Nb(C、N)为例研究其析出状况。

4.2.1　各阶段中 Nb(C、N)的析出状态

4.2.1.1　出炉前的 Nb(C、N)质点状态

当含铌的硅锰钢加热到 1200℃均热 2h 后,钢中铌量有 90% 以上都固溶到奥氏体基体中了,但仍发现有极少数 Nb(C、N)没有固溶到奥氏体中。经电镜观察,这些粗大粒子直径大约在 100nm 左右。那些未溶解的大颗粒的 Nb(C、N)不会对轧制时的奥氏体晶粒的再结晶有作用。如果将钢加热到 1260℃,保温 30min,则 Nb(C、N)全部溶解。

4.2.1.2　出炉后冷却到轧制前 Nb(C、N)的析出状态

钢材冷却时,微合金元素的碳氮化合物的平衡析出温度是与它的平衡固溶度有关的。表 4-2 是 16Mn 钢中铌、钛的碳氮化合物的平衡析出温度,其规律是与其固溶温度的规律一致的。

表 4-2　16Mn 钢在不同相阶段析出物的析出规律

析 出 物	平衡析出温度/K	相 阶 段
$TiC_{0.03}N_{0.97}$	1771	固、液两相区
TiN	1745	固、液两相区
$NbC_{0.73}N_{0.27}$	1402	奥氏体
NbC	1369	奥氏体
NbN	1282	奥氏体
AlN	1265	奥氏体
TiC	1235	奥氏体

它们的析出量同样与它们的平衡固溶度积有关。铌、钒、钛的碳氮化物的溶解－析出有着不同的特性。不同微合金化物的过饱和度－温度关系曲线如图 4-4 所示。在某一温度下的过饱和度愈大,其析出量就愈大。

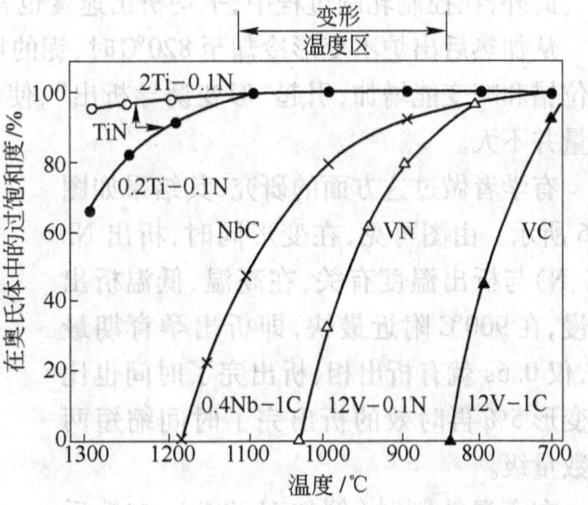

图 4-4　不同微合金化的沉淀势能

当含铌钢加热到 1200℃以后,分别冷却到 1050℃、930℃和 820℃时,钢中析出的 Nb(C、N)数量与 1200℃时的未固溶的 Nb(C、N)量没有多大差别,也就是说,在轧制前这一阶段时间中,并没有从固溶奥氏体中析出多少 Nb(C、N)。这是因为碳氮化物相从固溶体中析出的动力学决定于晶核的形成条件、合金元素的扩散速度、过冷度和内应力(畸变能)等因素。

从图 4-5 中看到,未变形的奥氏体中 Nb(C、N)析出很慢,在 900℃的孕育时间至少在 10^3s,从未变形的奥氏体中析出的 Nb(C、N)质点也很大,可达 100～30nm,其大小与析出温度有关。

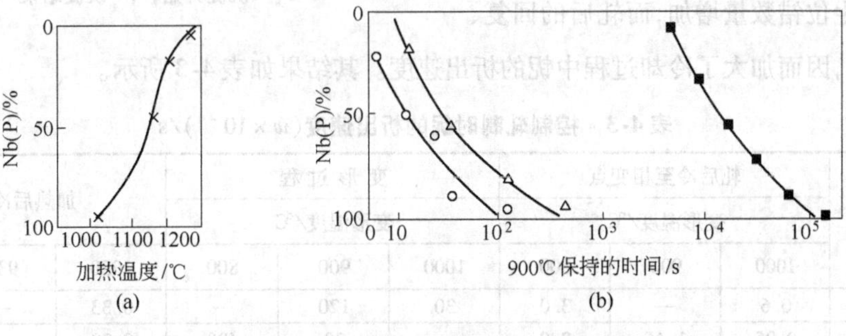

图 4-5　钢中析出 Nb 量与变形量和变形后停留时间的关系

Nb(P):在沉淀相中的 Nb 量占钢中 Nb 量的百分数

■为未变形的奥氏体;△为变形量 43%;○为变形量 73%

4.2.1.3　变形奥氏体中 Nb(C、N)的析出状态

在变形中析出 Nb(C、N)的过程是动态析出过程。只有当变形速度很低的情况下,才能产生这种析出相。另外在变形过程中析出的碳化物也难以和变形后快速冷却下析出的碳化物区分开。变形后停留时间里的析出为静态析出过程。

变形使微合金碳氮化物在奥氏体中的溶解度积降低,也就是过饱和度加大,使析出量加大,而且析出温度越高,这种差异就越大。

从图4-5中可以看到,变形使钢中Nb的析出大大加快,而且随着变形后停留时间的延长,析出量不断增加。在900℃变形后,析出的质点非常小,为3~5nm,而在900~1000℃析出的Nb(C、N)质点大小与变形量无关(变形量20%~30%之间),而与变形温度、保温时间有关。在900~1000℃析出的Nb(C、N)约为5~12.5nm,在1000~1200℃之间析出的Nb(C、N)约为11.5~27nm。

一般看来,在热轧短时间内Nb(C、N)析出量是不大的。但是如延长轧后停留时间,例如轧后将试样冷却到相变温度前并淬水,此时试样中的Nb(C、N)析出量很多。在实际生产中很难达到平衡沉淀,这是由于完成析出反应需要时间,而生产的道次间隔时间不能满足这个要求。

此外,在控制轧制过程中,平均析出速度也各不相同。

从加热后出炉不变形冷却至820℃时,铌的析出速度很小。即使在变形过程中,由于产生大量位错和畸变能增加,引起"形变诱导析出",使铌析出速度增大,但也由于变形时间短,实际析出量并不大。

有学者做过这方面的研究,其结果如图4-6所示。由图可见,在变形同时,析出Nb(C、N)与析出温度有关,在高温、低温析出都慢,在900℃附近最快,即析出孕育期最短,仅0.6s就有析出相,析出完了时间也比预变形5%再时效的析出完了时间缩短两个数量级。

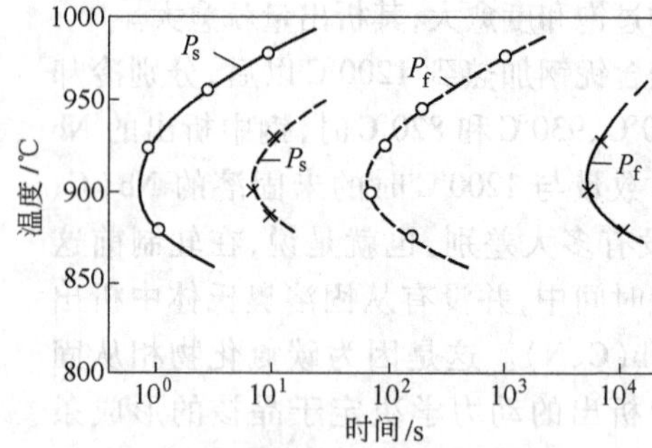

图4-6 0.036% Nb钢(0.05% C)温度-时间动力学曲线

○—动态析出;×—预变形5%再时效 $\dot{\varepsilon}=1.4\times10s^{-1}$;
P_s—沉淀开始;P_f—沉淀结束

在高温轧制时(例如1000℃),在轧后冷却到相变温度的过程中,铌的平均析出速度不大,其原因认为是变形产生的位错和畸变能由于回复和再结晶而消失,不能再为铌原子和碳原子提供析出场所。随着轧制温度降低,产生位错数量增加,而轧后的回复、再结晶缓慢,因而加大了冷却过程中铌的析出速度。其结果如表4-3所示。

表4-3 控制轧制时铌的析出速度($w\times10^{-4}$)/s

钢号	轧后冷至相变点			变形过程			加热后冷至/℃		
	变形温度/℃			变形温度/℃					
	1000	900	800	1000	900	800	1050	930	820
B	0.6	—	3.0	30	120	—	0.33	—	0.92
C	0.95	1.46	8.0	—	30	480	0.33	—	1.19
D	1.0	1.25	19.5	180	450	810	2.3	2.0	2.5
E	1.15	1.6	9.3	30	60	330	0.33	0.37	0.79
F	1.0	1.7	12.6	—	—	390	—	1.10	0.4
G	0.8	1.0	10.5	—	—	600	—	0.37	0.92

注:各钢号除含铌量外,其他成分大致相同(0.036% C,1.18% Mn,0.02% Si)。

在轧后冷却过程中,铌的析出速度主要取决于铌的过饱和度、变形温度和变形量。随变形温度降低或变形量加大其析出速度增大。

高温轧制后（再结晶区轧制，如1050℃），Nb（C、N）颗粒的析出部位是沿奥氏体晶界析出，而在晶内析出很少，颗粒直径在20nm左右。低温轧制后（未再结晶区轧制，如900～800℃），由于奥氏体未发生再结晶，具有较高畸变能，位错密度高，因而加速了碳和铌的扩散速度，Nb（C、N）颗粒的析出部位既在晶界上也在晶内和亚晶界上，故颗粒细小，直径在5～10nm。此冷却过程中Nb（C、N）的析出量约占其总量的25%～30%左右，控制轧制就是应用这种微细的Nb（C、N）析出质点固定亚晶界而阻止奥氏体晶粒再结晶，达到细化晶粒的目的。

4.2.1.4　在奥氏体向铁素体转变过程中和在铁素体内Nb（C、N）的析出状态

热轧后的钢材在冷却过程中将发生奥氏体向铁素体和珠光体的转变过程。由于碳、氮在奥氏体中的固溶度都远远大于在铁素体中的固溶度，而且在铁素体中的固溶度随着温度下降急剧降低。因此当A→F相变发生时，微量元素的碳氮化物立即达到高度过饱和，产生快速析出。而位错、界面和其他晶体缺陷处则是析出最有利的位置。这些碳氮化物的析出有两种状态：一种是随着奥氏体向铁素体的转变，奥氏体和铁素体之间的界面逐渐向奥氏体内推进，而析出总是紧贴在相界面上成列状沉淀析出，相界面不断推进，列状沉淀析出就形成一排排有规则的新析出相，这种析出状态称为相间析出（或相间沉淀）；另一种是无规则的在位错线上和基体上沉淀析出（称为一般析出）。观察表明，无规则的一般沉淀析出是主要的、常见的，而列状的相间析出很少见，更未见只有相间析出的现象。

这些析出颗粒的大小和排间距受轧后冷却速度、转变完成温度和转变完成时间的影响。冷却速度大，析出温度就低，相间沉淀的排间距就小，析出质点也小，长大也慢。析出时间长，质点长大。如铌钢在830℃析出，经5min后，质点为30nm，而在800℃时，虽在小于10s时就开始析出第二相，但是经过1h后质点才长大到5～10nm，在720℃时，质点只有4～8nm。当以1℃/s左右的速度冷却时，其大小为5～10nm，析出的排与排之间距离为5～10nm。

相变后剩余在铁素体中的固溶铌将在铁素体中继续析出。在这种条件下，Nb（C、N）质点由于临界核心尺寸很小，质点长大速度缓慢，所以质点很细小，一般小于5nm。其质点大小决定于冷却速度。如采用冷却速度小于0.5℃/s的缓冷，到600℃时淬水，萃取碳复型薄膜在电镜下观察，可见到相当数量的微细析出物长大到10nm左右。而当冷却速度为1℃/s时，析出质点长大倾向不明显。一直冷却到室温，还有10%～15%左右的铌未从铁素体中析出。

在铁素体区析出的这些化合物，由于颗粒细小有强烈的析出强化作用，使得析出强化成为微合金化钢中仅次于晶粒细化的一种强化手段。但当在铁素体区中冷却速度过快时，碳氮化物的析出量达不到平衡转变时的析出量，降低了析出强化的效果。因此在控轧控冷时，就要合理确定快冷的终冷温度，然后空冷、缓冷甚至保温，以保证微合金碳氮化合物在铁素体区中的沉淀析出。

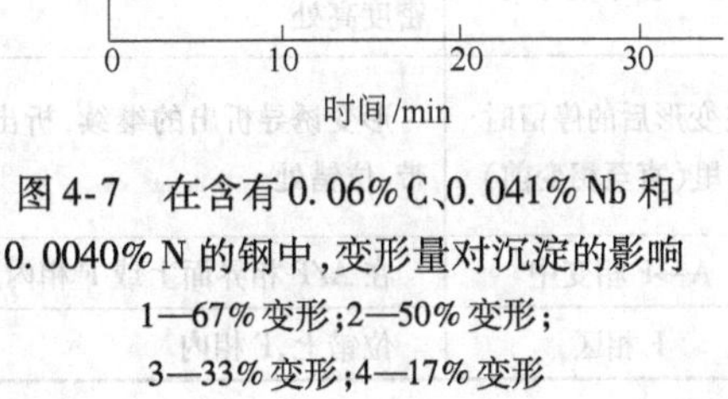

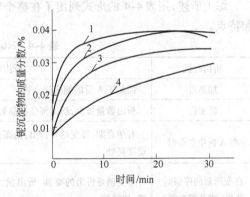

图4-7　在含有0.06%C、0.041%Nb和0.0040%N的钢中，变形量对沉淀的影响

1—67%变形；2—50%变形；3—33%变形；4—17%变形

4.2.2　影响Nb（C、N）析出的因素

（1）变形量和析出时间对Nb（C、N）析出量的影响如图4-7所示。随着变形量增加，析出量增加；随时间加长，析出量也增加。在大变形量条件下，析出量开始随时间增长而增加，但很快达到饱和。

(2)变形温度的影响如图 4-8 所示。在未再结晶区轧制时与在再结晶区轧制时,如析出量相等,则前者所需时间短。因为在未再结晶奥氏体中具有高的畸变能,位错密度高,加速了碳和合金元素的扩散,亚晶又是第二相形核的有利位置,因而加速第二相析出。当在同一条件下,析出量一定时,在高温等温时间短。大量试验结果表明,各种微合金碳化物在铁素体中沉淀的最大形核率温度约为 600℃;最快沉淀温度约为 700℃,最快沉淀温度下,微合金碳化物在铁素体中的沉淀完成时间约为 50s,沉淀开始时间约为 0.5s,最大形核率温度下则分别为 2000s 和 20s。

(3)钢的成分变化对 Nb(C、N)析出的影响如图 4-9 所示。不同成分的钢随析出时间增加,析出量都增加,但钢的成分不同,析出量不同。

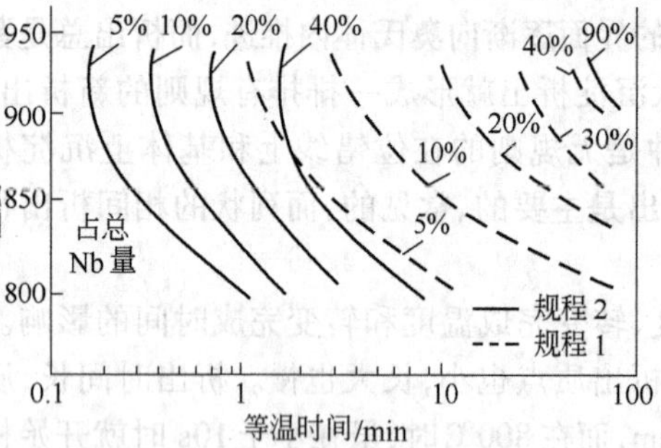

图 4-8　温度 - 时间动力学曲线、形变对沉淀动力学的影响
(规程 1:在 A 再结晶区变形、A 发生了再结晶;规程 2:附加有 A 未再结晶区变形、A 未发生再结晶)

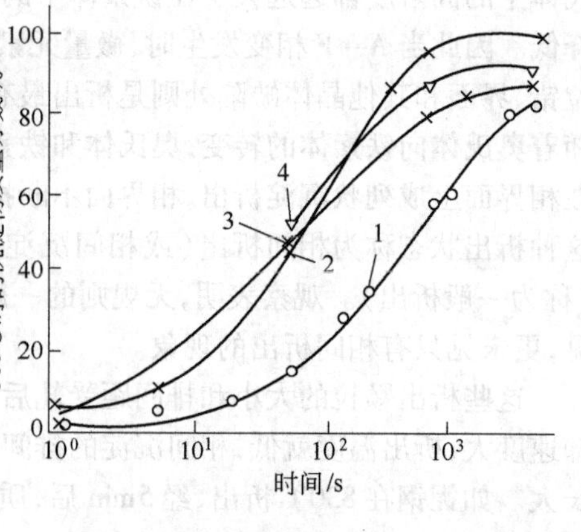

图 4-9　铌钢经 50% 变形后在 900℃时的沉淀图

曲线	钢号	铌质量分数/%	氮质量分数/%	碳质量分数/%	钼质量分数/%
1	76320	0.04	0.003	0.19	—
2	D43	0.04	0.008	0.10	—
3	D45	0.05	0.005	0.12	0.23
4	32675A	0.045	0.006	0.10	0.17

综上所述,用表 4-4 的形式列出了在整个轧制、冷却过程中 Nb(C、N)的析出部位、质点大小和特点。

表 4-4　Nb(C、N)析出特点

析出时机	析出物特点	质点大小/nm
加热后	固溶于 A 后的剩余化合物	>100
轧制前	析出数量很少,析出部位在晶界	30 ~ 100
在 A 区中变形时	有孕育期,形变诱导析出,动态析出,析出数量少,析出部位在位错密度高处	5 ~ 7
在变形后的停留时间里(直至相变前)	形变诱导析出的继续,析出量大,主要析出在晶界、亚晶界、变形带、位错处	~ 20(在 A 再结晶区变形后);5 ~ 10(在 A 未再结晶区变形后)
A→F 相变中	在 A/F 相界面上或 F 相内成列状沉淀和无规则沉淀	5 ~ 10
F 相区	位错上,F 相内	<5

4.3　微合金元素在控制轧制和控制冷却中的作用

4.3.1　加热时阻止奥氏体晶粒长大

随着加热温度的提高及保温时间的延长,奥氏体晶粒变得粗大。而粗大的奥氏体原始晶粒增加了轧制细化奥氏体晶粒的困难,对钢材最终的力学性能不利。加入铌、钒、钛等元素可以阻止奥氏体晶粒长大,即提高了钢的粗化温度,如图4-10所示。

由于微量元素形成高度弥散的碳氮化物小颗粒,可以对奥氏体晶界起固定作用,从而阻止奥氏体晶界迁移,阻止奥氏体晶粒长大。从图4-10看到,当铌、钛含量在0.10%以下时,可以提高奥氏体粗化温度到1050~1100℃,作用明显,而且钛的效果大于铌的效果。钒含量小于0.10%时,阻止晶粒长大的作用不大,在950℃左右奥氏体晶粒就开始粗化了。当铌和钒含量大于0.10%时,随合金含量的增多,粗化温度继续提高,当含量达到0.16%时则趋于稳定,粗化温度不再提高。此时含铌钢的粗化温度为1180℃,含钒钢为1050℃。如在钢中同时加入铌和钒则可进一步提高钢的粗化温度。

钢中含铝使奥氏体晶粒粗化温度保持在900~950℃,当含铝量超过0.04%时反而会使奥氏体粗化温度降低。这是由于钢中含氮量有限,当含铝量过多时,没有足够的氮与铝形成氮化铝,过剩的铝溶入奥氏体中,这种以原子状态存在的铝反而对奥氏体晶粒长大起促进作用。

图4-11是在加热过程中,各类微合金化钢奥氏体晶粒的长大倾向。由图可见,钛有最强的阻止加热奥氏体晶粒长大的作用,铌次之。

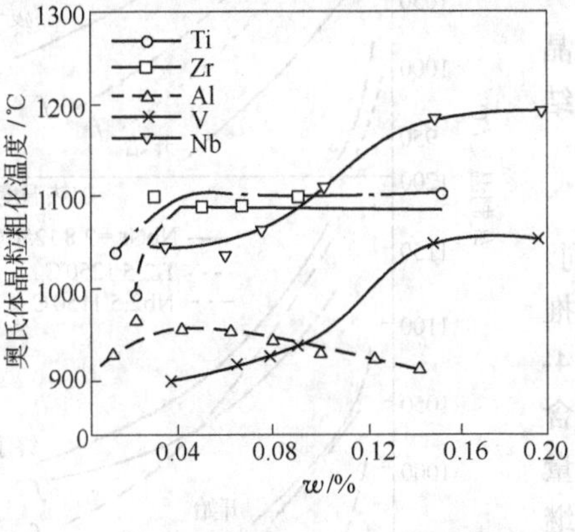

图4-10　碳化物及氮化物形成元素的含量对奥氏体晶粒粗化温度的影响

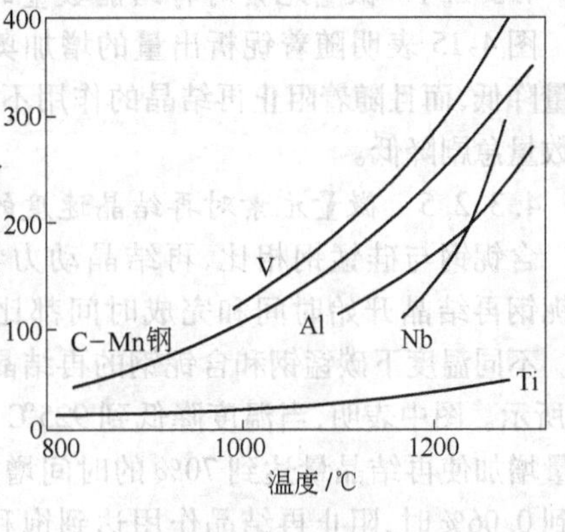

图4-11　加热过程中各类微合金化钢奥氏体晶粒长大倾向

4.3.2　抑制奥氏体再结晶

微量元素对奥氏体再结晶的作用是影响奥氏体再结晶的临界变形量、再结晶温度、再结晶速度以及再结晶的晶粒大小。

4.3.2.1　*微量元素对动态再结晶临界变形量的影响*

比较成分不同的三种钢在1000℃的($\dot{\varepsilon}=3\times10^{-3}s^{-1}$)真应力-真应变曲线(图4-12)。在形变速率和形变温度相同的条件下,三种钢的峰应变以Q235钢最小,为0.18,铌钢为0.35,Nb-V钢的应变最大,达到0.48。可见在普碳钢中加入微合金元素以后,由于微合金元素原子的固溶阻塞及拖曳作用以及微合金元素碳氮化合物的动态析出，显著阻滞形变奥氏体的动态再结晶。

如果按 $t=\varepsilon_p/\dot{\varepsilon}$ 确定动态再结晶开始时间，式中 ε_p 为动态再结晶临界变形量，$\dot{\varepsilon}$ 为变形速率，则可算出图 4-12 中，三条曲线所对应的动态再结晶开始时间分别为 60s（Q235）、110s（Nb 钢）和 160s（Nb－V 钢）。由此可见，合金元素对形变奥氏体再结晶的阻滞作用是显著的。

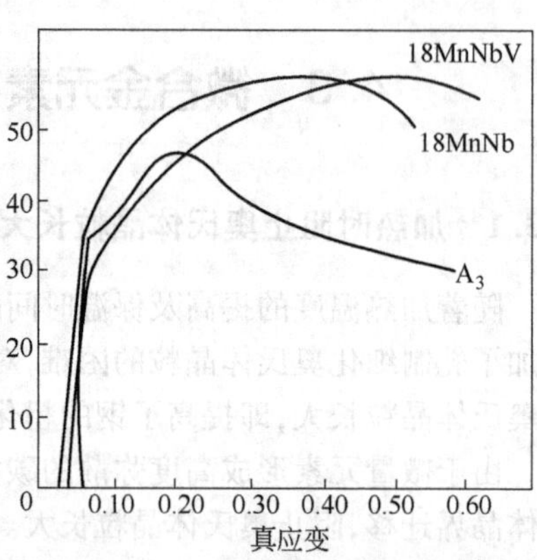

图 4-12　试验用钢 1000℃变形时真应力－真应变曲线

4.3.2.2　微量元素对静态再结晶临界变形量的影响

铌和钛加入硅锰钢后，对再结晶开始和终了线（在再结晶区域图中）的影响如图 4-13 所示。两条曲线所包围的区域为部分再结晶区。铌、钛的加入使曲线向右上方移动，扩大了奥氏体未再结晶区，即推迟了奥氏体再结晶的进行。铌的作用大于钛的作用。

4.3.2.3　微量元素对再结晶温度的影响

图 4-14 是各种微合金元素对再结晶温度的影响图。由图可见，微量元素的添加都能提高奥氏体再结晶停止温度，Nb 与 V、Ti、Al 相比，铌对抑制奥氏体晶粒长大倾向和抑制奥氏体再结晶的作用是最有效的。

4.3.2.4　微量元素对再结晶数量的影响

图 4-15 表明随着铌析出量的增加奥氏体再结晶数量降低，而且随着阻止再结晶的作用不断加大，再结晶数量急剧降低。

4.3.2.5　微量元素对再结晶速度的影响

含铌钢与硅锰钢相比，再结晶动力学曲线不同。含铌钢再结晶开始时间和完成时间都比不含铌钢推迟。不同温度下碳锰钢和含铌钢的再结晶速度如图 4-16 所示。图中表明，当温度降低到 925℃以下时，随含铌量增加使再结晶量达到 70% 的时间增加，当含铌量达到 0.06% 时，阻止再结晶作用达到饱和状态。再继续增加，含铌量对延长再结晶时间的作用不明显。此时发生再结晶比较困难，达到 70% 再结晶的时间在 100～1000s。当在 1000℃以上时，随着含铌量的增加，对再结晶速度的影响不显著，只使达到 70% 再结晶所需时间稍有增加。

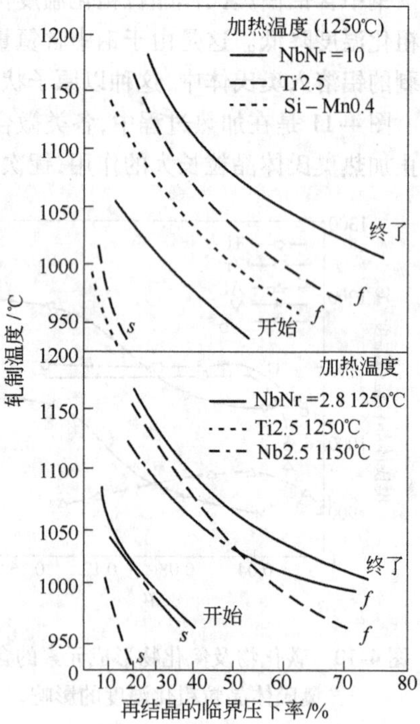

图 4-13　添加元素对再结晶所必需的临界压下率的影响

4.3.2.6　微量合金元素对再结晶晶粒大小的影响

图 4-17 表明含铌钢与不含铌钢在同样条件下再结晶晶粒大小的差异。含铌钢的再结晶晶粒小于不含铌钢的再结晶晶粒。

同时，质点的析出量对奥氏体晶粒大小也有影响。以含 0.055% C，1.17% Mn，0.19% Si，0.042% Nb，0.026% Al 的钢为例。加热温度为 1200℃，保温 1h，加热后连续轧制 4 道次，累计变

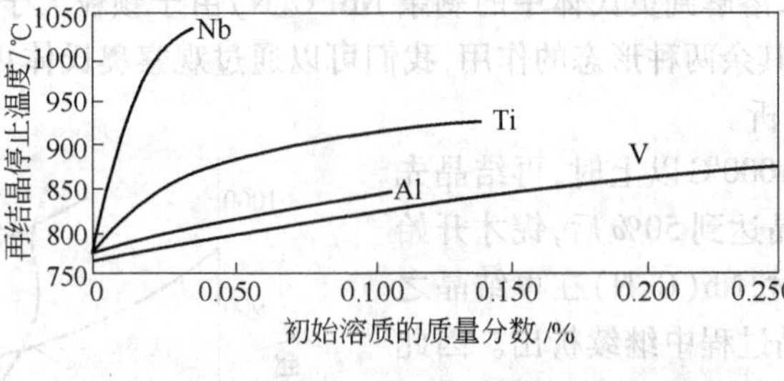

图 4-14 各种微合金元素对再结晶温度的影响

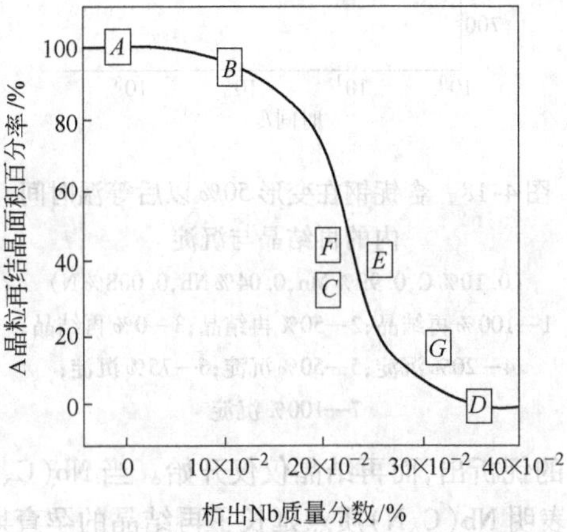

图 4-15 1000℃终轧后 A 晶粒再结晶面积百分率与析出 Nb 量的关系

（A→G;代表不同钢种 均热处理:1200℃，2h;压下率:60%;1 道次）

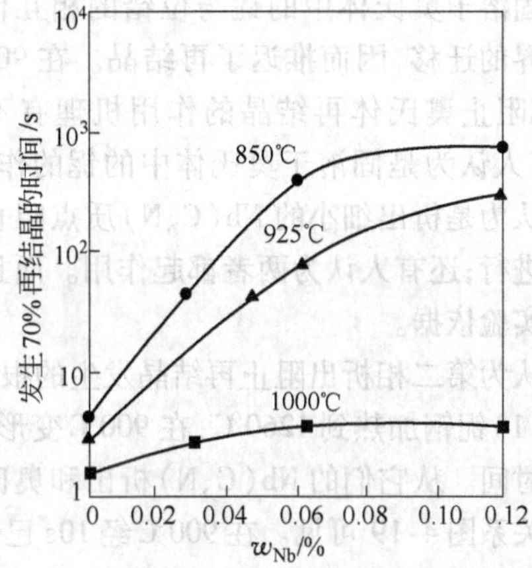

图 4-16 铌对含有 0.05% C,1.8% Mn 钢再结晶速度的影响

形量为 43%，终轧温度为 1050℃，发现奥氏体晶粒的再结晶先于 Nb(C、N)的沉淀析出。若在此终轧后缓冷(冷却速度不大于 0.5℃/s)，则再结晶奥氏体晶粒明显长大。如多轧 1 道次，共轧 5 道次，累计变形量为 53%，终轧温度为 1025℃，则 Nb(C、N)的析出开始转为优先于奥氏体再结晶的开始。之后在 1000 ~900℃保温过程中，随着 Nb(C、N)析出体积分数的增加，奥氏体晶粒开始长大的时间推迟。

4.3.2.7 微量元素抑制奥氏体再结晶作用机理

前面已经谈到铌在奥氏体中以三种形式存在：加热时尚未固溶到奥氏体中的 Nb(C、N)；固溶到奥氏体中的铌；加热时固溶，轧制过程中又从奥氏体中重新析出的 Nb(C、N)。这三种形态中哪一种能阻止奥氏体的再结晶呢？在轧制的不同阶段是不同的。

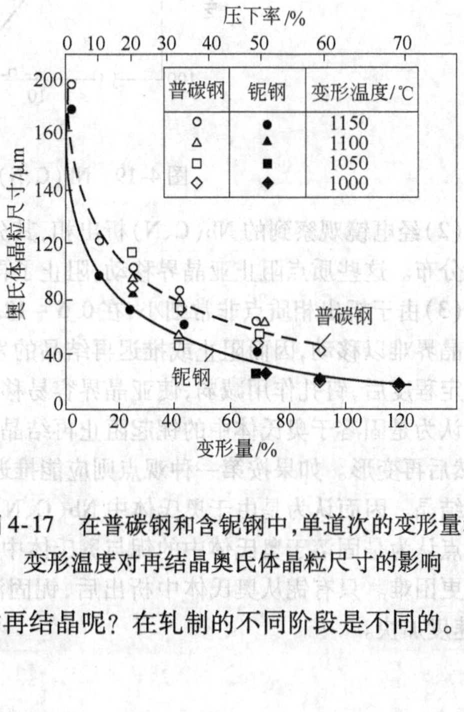

图 4-17 在普碳钢和含铌钢中，单道次的变形量和变形温度对再结晶奥氏体晶粒尺寸的影响

一般认为,加热时未溶解到奥氏体中的剩余 Nb(C、N)由于颗粒大于 100nm,显然不能阻止再结晶的发生与发展。其余两种形态的作用,我们可以通过观察奥氏体再结晶的发生与 Nb(C、N)的析出先后关系来分析。

从图 4-18 中可见,1000℃以上时,再结晶先于铌的析出发生,再结晶达到 50% 后,铌才开始析出。而在 900℃以下时,Nb(C、N)在再结晶之前已经析出,并在再结晶过程中继续析出。因此人们认为在 1000℃以上,铌阻止再结晶的原因是由于固溶于奥氏体中的铌与位错的相互作用阻止晶界的迁移,因而推迟了再结晶。在 900℃以下,铌阻止奥氏体再结晶的作用机理有不同看法:有人认为是固溶于奥氏体中的铌的作用;亦有人认为是析出细小的 Nb(C、N)质点阻止再结晶的进行;还有人认为两者都起作用。而且都有一些实验依据。

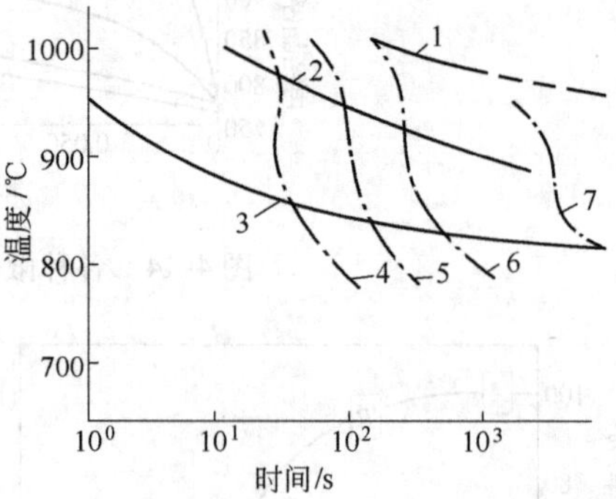

图 4-18 含铌钢在变形 50% 以后等温时间内的再结晶与沉淀

(0.10% C,0.99% Mn,0.04% Nb,0.008% N)

1—100% 再结晶;2—50% 再结晶;3—0% 再结晶;4—20% 沉淀;5—50% 沉淀;6—75% 沉淀;7—100% 沉淀

认为第二相析出阻止再结晶发生的根据是:

(1)铌钢加热到 1260℃,在 900℃变形,等温不同时间。从它们的 Nb(C、N)析出和奥氏体再结晶关系图 4-19 可见。在 900℃经 10s 已经有 50% 的铌析出,而再结晶仅仅开始。当 Nb(C、N)几乎全部析出后,静态再结晶的数量才剧烈增加,这表明 Nb(C、N)质点延长了再结晶的孕育期。

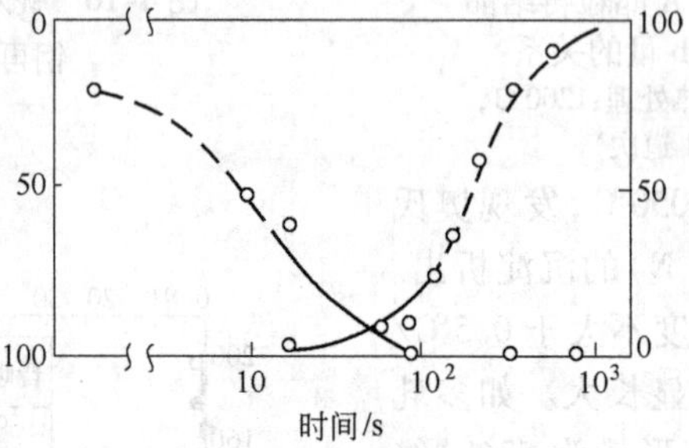

图 4-19 Nb(C、N)析出与再结晶的关系

(2)经电镜观察到的 Nb(C、N)析出相,其分布特点是近似沿奥氏体热加工"回复"形成的亚晶界分布。这些质点阻止亚晶界移动,阻止了再结晶。

(3)由于析出相质点非常细小,在 0.5 ~ 12.5nm,这些细小的 Nb(C、N)钉扎了奥氏体亚晶,使亚晶界难以移动,因而阻止或推迟再结晶的发生。随着时间的延长,Nb(C、N)质点长大,粗化到一定程度后,钉扎作用减弱,使亚晶界容易移动,再结晶可以发生。

认为是固溶于奥氏体中的铌起阻止再结晶作用的实验证明:预先使 Nb(C、N)由奥氏体中析出,然后再变形。如果按第一种观点则应能推迟再结晶发生,而事实表明结果正相反,反而加快了再结晶。因而认为是由于奥氏体中 Nb(C、N)的析出减少了奥氏体中的含铌量所造成的。这种观点认为是固溶于奥氏体中的铌与奥氏体中的缺陷交互作用使奥氏体更稳定,再结晶的核心形成更困难。只有铌从奥氏体中析出后,铌固溶量降低了才能发生再结晶,并使再结晶数量增多,速度加快。

第三种观点认为两种铌的状态都对奥氏体再结晶起作用。

由上面的叙述可见，钢材在热轧过程中，组织上会发生奥氏体再结晶和形变诱导析出两种变化，而两者间既互相有关联，又是生产者都要加以控制的。图4-20是这两个过程的示意图。图4-20a和b是再结晶开始点（R_s）和析出开始点（P_s，在有形变时被诱导，提前至P'_s发生，这就是形变诱导析出）的单个过程图，图4-20c是它们相互制约后的变化。分析这个过程，可分为3个区：①区只发生奥氏体再结晶控轧；②区先发生γ再结晶，然后在再结晶晶界处析出；③区先析出，再结晶延迟，发生未再结晶区轧制。从这个分析不难看出，一切使图4-20b中析出开始点曲线左移的因素，都能提高③区的温度，即扩大了奥氏体未再结晶区。

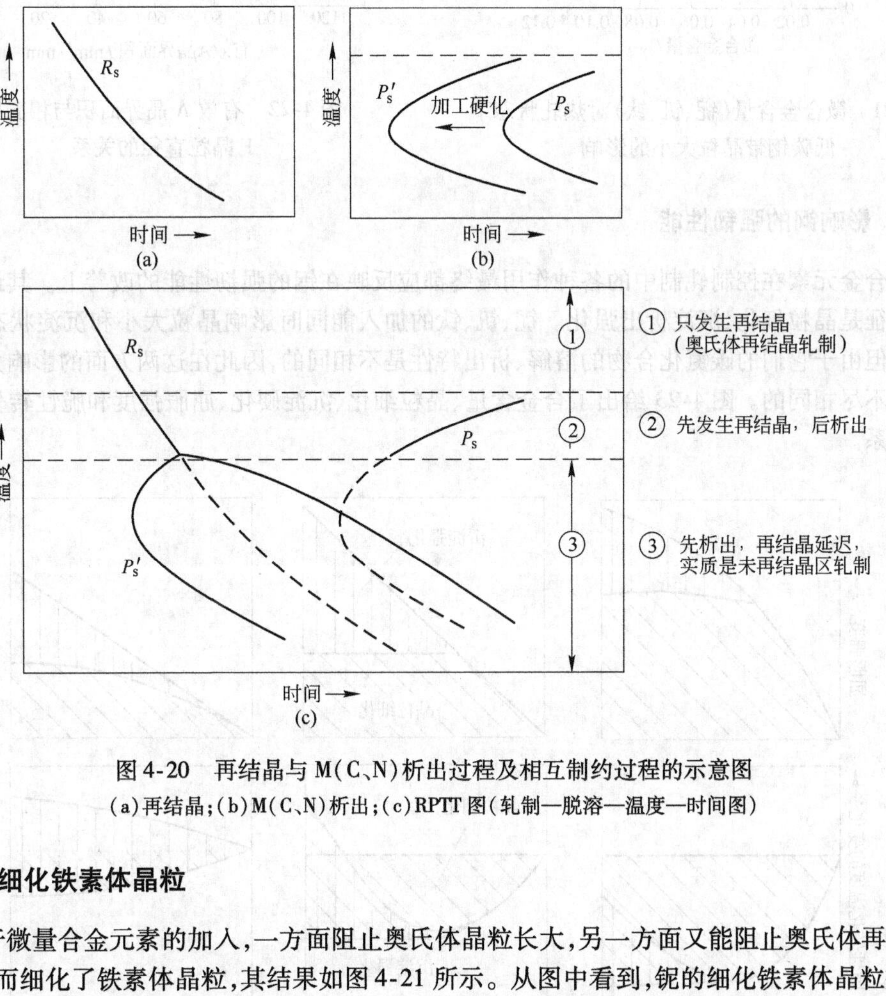

图4-20 再结晶与M(C、N)析出过程及相互制约过程的示意图

(a)再结晶；(b)M(C、N)析出；(c)RPTT图（轧制—脱溶—温度—时间图）

4.3.3 细化铁素体晶粒

由于微量合金元素的加入，一方面阻止奥氏体晶粒长大，另一方面又能阻止奥氏体再结晶的发生，因而细化了铁素体晶粒，其结果如图4-21所示。从图中看到，铌的细化铁素体晶粒效果最为明显，钛次之，钒最差。而且随含铌量的增加，开始效果显著，当含铌量达到0.04%以后，随含铌量的增加，铁素体晶粒基本不变，含钛量的饱和值为0.06%，钒为0.08%。

在低温奥氏体区变形后，若能析出0.01% Nb(C、N)就可完全抑制住奥氏体再结晶的发生，并且使有效晶界面积达到$90mm^2/mm^3$，具有这样有效晶界面积的奥氏体，相变后可以得到平均ASTM10.6级的铁素体晶粒。而且随着Nb(C、N)析出量的增多，阻止再结晶能力加强，有效晶界面积增多，使铁素体晶粒变细（图4-22）。

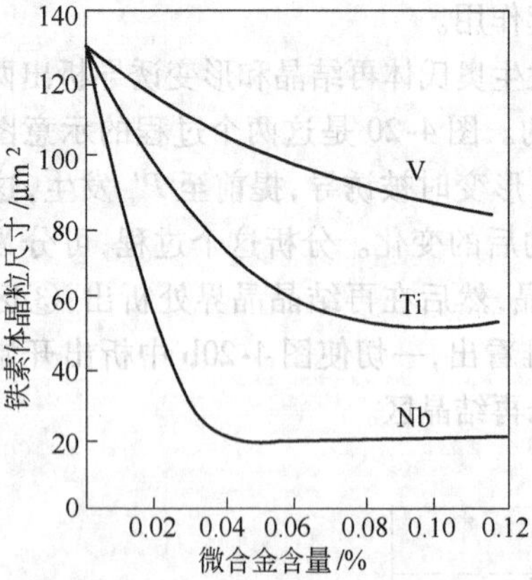

图 4-21　微合金含量(铌、钒、钛)对热轧状态下低碳钢带晶粒大小的影响

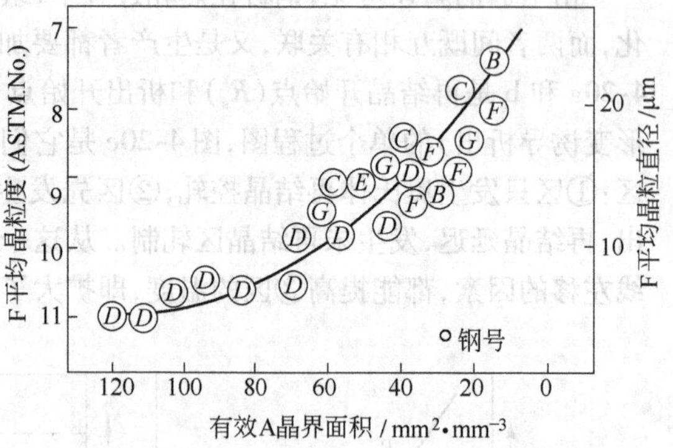

图 4-22　有效 A 晶界面积与相变后 F 晶粒直径的关系

4.3.4　影响钢的强韧性能

微合金元素在控制轧制中的各种作用最终都应反映在钢的强韧性能的改善上。其最重要的组织特征是晶粒细化、沉淀析出强化。铌、钒、钛的加入能同时影响晶粒大小和沉淀状态这两个因素。但由于它们的碳氮化合物的溶解、析出特性是不相同的,因此在这两方面的影响大小和特点又是不尽相同的。图 4-23 给出了合金含量、晶粒细化、沉淀硬化、屈服强度和脆性转化温度之间的关系。

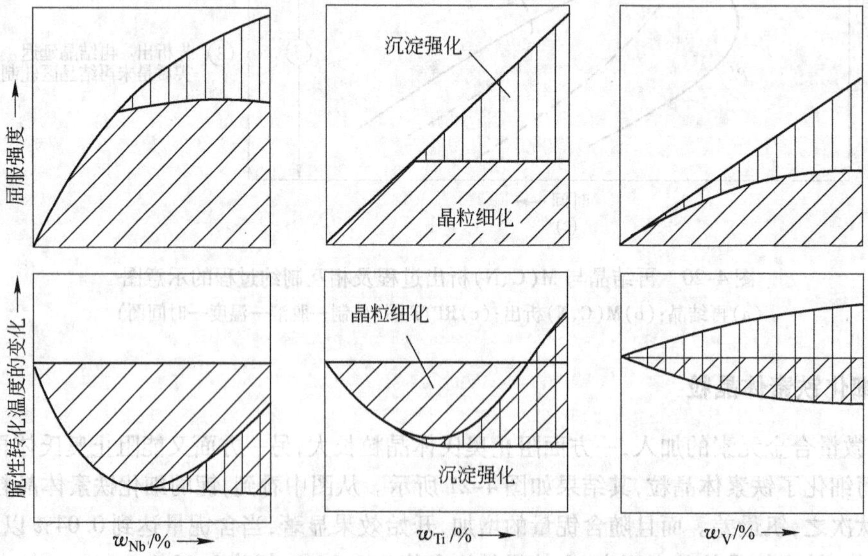

图 4-23　在热轧低碳钢带中,产生晶粒细化和沉淀强化的合金含量与强度的增量、脆性转化温度的变化之间的相互关系示意图

4.3.4.1　铌的影响

在控制轧制时,铌产生显著的晶粒细化和中等的沉淀强化。铌的最突出作用是抑制高温变

形过程的再结晶，扩大了奥氏体未再结晶区的范围，非常有利于实施控制轧制工艺，因此细化铁素体的效果最明显。铌含量小至万分之几就很有效，铌添加量（质量分数）超过0.04%后，铁素体的晶粒尺寸基本不变，但由于析出强化的增大，使强度有明显的增大。

当前由于炼钢水平的提高，钢中碳含量降低，从而提高了铌在奥氏体中的固溶量。高含量的铌（其质量分数提高到0.10%左右）在加热过程中可阻止奥氏体晶粒的粗化，延迟其再结晶过程，可以显著提高形变奥氏体的再结晶温度，扩大了奥氏体未再结晶温度区域，因而可以在相对较高的轧制温度下进行多道次、大累积变形量的奥氏体未再结晶区轧制，达到通常要在低温轧制才能得到的细化晶粒的效果。采用这种高含铌钢成分体系的生产工艺，形成了管线钢的高温轧制技术（HTP），生产出X80管线钢。

4.3.4.2　钛的影响

由图4-3可见，TiN和TiC的溶度积相差很大，TiN的溶度积很小，即使再加热到1400℃时，也仍然存在非常细小的微粒（<20nm），显示出强的抑制奥氏体晶粒长大的作用，而且在后续的过程相当稳定。而TiC有与Nb(C、N)相当的溶度积，起着与Nb(C、N)相似的控制奥氏体再结晶和析出强化的作用。因此，钛可同时具有加热时阻止奥氏体晶粒长大、控制奥氏体再结晶和析出强化的作用。但只有在Ti、C、N各元素含量的比例合适时才能同时满足各方面的要求。Ti含量在0.01%～0.02%，过低的Ti就没有足够的TiN阻止晶粒的粗化，过高的Ti将导致粗大的液态析出TiN，也不能阻止晶粒的长大。w_{Ti}/w_N理想化学配比为3.4左右，超出这个比例时，钢中TiN的粒子显著粗化，TiN的晶粒细化作用减弱，多余的钛会与碳结合形成TiC，随着含钛量的增加，TiC在低温下形成细小而弥散的颗粒析出，起到强烈的沉淀强化效果，因而提高产品的强度，但是晶粒细化却是中等的。当钢中的氮含量超过钛氮的理想化学配比时，钉扎作用最有效，增氮使TiN的稳定性提高，未溶解的TiN阻碍奥氏体晶粒长大，细化γ晶粒，相变后铁素体晶粒也细小。图4-24是含钛0.010%的钛钢，当钢中氮含量达到$(100\sim160)\times10^{-4}\%$时，钢中$w_{Ti}/w_N$接近或低于1:1，此时TiN有效地控制晶粒长大的粗化温度提高到1300℃以上。此外，如果加入钛的百分比足够高，钢中的钛还能与硫形成塑性比MnS低得多的硫化钛，从而降低MnS的有害作用，改善钢的纵横性能差。和等级相同的铌钢相比，钛钢的热轧或退火产品的抗脆性能力较低。对于厚规格的常化板，钛和镍结合是最有利的。但钛是化学性质很活泼的元素，如果[O]较高，钛的收得率很不稳定，合金化效果很难控制。

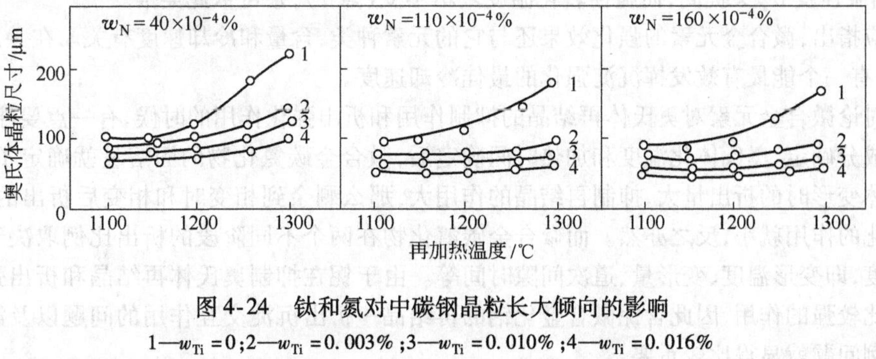

图4-24　钛和氮对中碳钢晶粒长大倾向的影响

1—$w_{Ti}=0$；2—$w_{Ti}=0.003\%$；3—$w_{Ti}=0.010\%$；4—$w_{Ti}=0.016\%$

4.3.4.3　钒的影响

氮含量对含钒钢的影响很大。低氮的情况下，析出相以碳化物为主，随着氮含量增加，析出相逐渐转变成以氮化物为主。当氮含量高达$w_N\approx0.02\%$时，在整个析出温度范围，就会全部析出VN或富氮的V(C、N)。由图4-3可见，VN在γ中的溶解度比VC几乎低两个数量级，其在γ

中的溶解度和 NbC 相当。VC 或 V(C、N)在 900℃以上,可以完全溶于 γ 中,因此它的主要作用是在 γ→α 转变过程中的相间析出和在铁素体中的析出强化。相间析出的温度比较高时,析出部位首先是在晶界上,随着温度降低,析出相变细,并可在铁素体基体内形核。而 VN 或富氮的 V(C、N)可以起到抑制 γ 再结晶和阻止 γ 晶粒长大的作用,从而使铁素体得到了细化。还可以在铁素体内析出,起到析出强化的作用。

总之,钒能产生中等程度的沉淀强化和比较弱的晶粒细化,而且是与它的质量分数成比例的,氮加强了钒的效果。可用钒的沉淀强化和铌的晶粒细化结合使用。

此外,当钒单独加入钢中时,钒能促进珠光体的形成,还能细化铁素体板条,因此钒能用来增加重轨的强度和汽车用锻件的强度。碳化钒也能在珠光体的铁素体板条内析出沉淀,从而进一步提高了材料的硬度和强度。

综上所述,由于铌、钒、钛的碳氮化物的溶解、析出情况各不相同,因而对晶粒的细化、奥氏体的再结晶、析出强化等的作用强弱是不同的。钛的氮化物是在较高温度下形成的,并且实际上不溶入奥氏体,故这种化合物只是在高温下起控制晶粒长大作用。钒的氮化物和碳化物在奥氏体区内几乎完全溶解,因此对控制奥氏体晶粒不起作用,钒的化合物仅在 γ→α 转变过程中或之后产生析出强化。钛的碳化物和铌的碳化物、氮化物既可在奥氏体较高温度区内溶解,也可在低温下重新析出,因此既可以抑制奥氏体再结晶以细化铁素体晶粒,又可起析出强化作用。

4.3.4.4 微合金元素的复合作用

铌、钒、钛是控制轧制、控制冷却中最常用的微合金元素,其中尤以铌为首选的元素。但这些元素单独添加时,有时不能满足生产使用的要求,而这些元素复合添加时,却能收到很好的效果。图 4-25 表示铌和钒复合加入的作用。它综述了铌和钒对多边形铁素体为基的钢板强度和冲击韧性转变温度的综合影响。随着碳含量的变化,曲线位置会有些变化。从图中看到,当钢中无钒时,随着含铌量增加,$\Delta\sigma_s$ 增加,而 FATT 下降。加入钒后,$\Delta\sigma_s$ 增加,但 FATT 提高,即韧性变坏。但加入少量钒时,可使 FATT 基本不变,而 $\Delta\sigma_s$ 得到提高。因此可根据对钢材的性能要求采用不同的铌、钒含量组合。

图 4-26 表明几种元素的综合作用。以 0.09% C,0.03% Si 钢中加入 0.03% Nb 为基础。当加入 0.04% V 时,屈服强度 σ_s 提高,脆性转化温度亦提高,即韧性变坏(点 4)。再加入 0.2% Cr,屈服强度 σ_s 进一步提高,脆性转化温度有所降低,从 -45℃降至 -55℃(点 3)。当再加入 0.3% Ni 时,屈服强度 σ_s 又提高,而脆性转化温度基本不变(点 1),余可依此类推。

还应指出,微合金元素的强化效果还与它的元素种类、含量和冷却速度有关。在一定的元素成分下,有一个能最有效发挥沉淀强化的最佳冷却速度。

在讨论微合金元素对奥氏体再结晶的抑制作用和析出强化作用的时候,有一点要注意,当一个钢的成分确定、奥氏体化温度和加热时间确定后,微合金碳氮化物的固溶量就确定了。因此,在奥氏体变形时的析出量大,抑制再结晶的作用大,那么剩余到相变时和相变后析出的量就少,析出强化的作用就小,反之亦然。而微合金碳氮化物在两个不同阶段的析出比例取决于变形的工艺制度,即变形温度、变形量、道次间隙时间等。由于铌在抑制奥氏体再结晶和析出强化两方面都有比较强的作用,因此含铌微合金化钢的再结晶—析出沉淀交互作用的问题以及第二相的析出比例问题就显得比较重要。

此外,微合金元素对焊接性能也有影响。首先,是由于微合金化钢采用控制轧制工艺时,可以在减少碳当量的同时,保持或提高钢的强度,从而提高了钢的焊接性能;其次,微合金元素的加入会与钢中的氧、氮、硫等元素结合,减少了这些元素对焊接的不利影响;第三,有些元素的化合物颗粒,如 TiN 在高温下仍不溶解,可以阻止焊接热影响区晶粒的长大,提高焊接性能。在焊接金属中,Nb含量0.01%~0.05%,V含量高达0.10%可提高韧性,这是由于减少了先共析铁素体的缘故。铌或钒的含量较高也可能产生不利影响,特别是当冷却速度低或发生回火时。

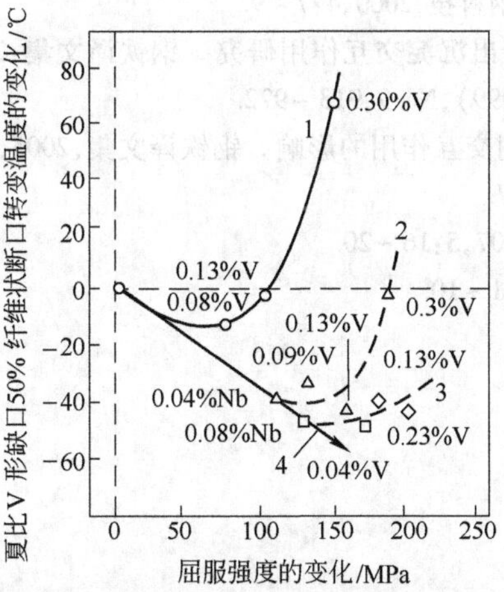

图4-25 铌和钒对20mm厚的控制轧制钢板屈服强度和缺口韧性的影响(用夏比V形缺口,50%纤维状断口转变温度来测量)

1—无Nb;2—0.04%Nb;3—0.08%Nb;4—无V

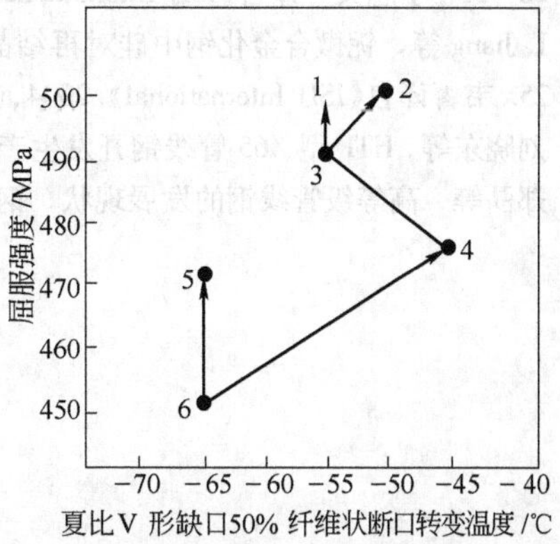

图4-26 钒、铬、铜、镍和钼对在1180~760℃温度范围内进行控制轧制的15.4mm厚钢板屈服强度和夏比V形缺口,50%纤维状断口转变温度(FATT)的影响

(所有钢板的基本成分为0.09%C、1.35%Mn、0.30%Si)

1—0.03%Nb,0.15%Cr,0.04%V,0.03%Ni;

2—0.03%Nb,0.04%V,0.20%Cr,0.20%Cu

3—0.03%Nb,0.04%V,0.20%Cr;

4—0.03%Nb,0.04%V

5—0.03%Nb,0.02%Mo;

6—0.03%Nb

参考文献

[1] M. L. 拉弗朗斯等. 钢的微合金化及控制轧制. 北京:冶金工业出版社,1984.

[2] L. 迈耶等. 钢的微合金化及控制轧制. 北京:冶金工业出版社,1984.

[3] 崔文暄等. 钢的控制轧制及形变热处理. 鞍山市金属学会,1980,4.

[4] 唐国翌等. 热机械过程不同阶段09MnVTiN钢微合金碳氮析出物的特征. 钢铁,1993,5.

[5] T. M. 胡金杜尔恩等. 钢的微合金化及控制轧制. 北京:冶金工业出版社,1984.

[6] 宋维锡编. 金属学(修订版). 北京:冶金工业出版社,1989.

[7] 小指 军夫等. 钢的微合金化及控制轧制. 北京:冶金工业出版社,1984.

[8] C. Dachi et al. AIME,(1976).

[9] 田中 智夫等. 钢的微合金化及控制轧制. 北京:冶金工业出版社,1984.

[10] M. 科恩等. 钢的微合金化及控制轧制. 北京:冶金工业出版社,1984.

[11] J. P. 奥顿. 钢的微合金化及控制轧制. 北京:冶金工业出版社,1984.

[12] 苏辉等. 利用高温应力法研究Ti含量和冷却速度对中碳微合金化钢沉淀强化效应的影响. 钢铁研究学报,1991,3(1).

[13] 白玉光等. 微合金元素铌对钢动态再结晶的影响. 钢铁,1991,11.

[14] 孙本荣. 钢铁,1982,1:32~37,31.

[15] 齐俊杰等. 微合金化钢. 北京:冶金工业出版社,2006.

[16] 岳尔滨等．低合金高强度钢中氮化物和碳化物析出热力学．钢铁研究学报,2007,1:35~38.
[17] 陆匠心等．一种 Nb－Ti 微合金钢微合金碳化物析出行为的研究．钢铁,2005,9:69~72.
[18] 杨作宏等．微合金元素 Ni、V、Ti 在钢中的作用．酒钢科技,2000,4:7~9.
[19] S. F. MEDINA 等．两种中碳微合金化钢再结晶－析出沉淀交互作用研究．钢铁译文集,2001,2:26~35. 李忠义．译自《ISIJ International》. Vol. 39(1999),No. 9,913~922.
[20] L. Jiang 等．铌微合金化钢中硅对再结晶和沉淀之间交互作用的影响．钢铁译文集,2005,1:19~25. 韦菁译自《ISIJ International》. 2004,(2),381~387.
[21] 刘晓东等．HTP 型 X65 管线钢开发生产．宽厚板,2007,5:16~20.
[22] 郑磊等．高等级管线钢的发展现状．钢铁,2006,10:1~10.

5　中高碳钢控制轧制特点

控制轧制工艺在热轧钢板生产中，尤其是在低碳微合金钢中，对提高强韧性有明显效果，因此得到飞速发展。但是对于中高碳钢为主的圆钢及线材等情况就不完全相同了。中高碳钢由于碳含量较高，冷却后生成的组织为铁素体和珠光体，并以珠光体为主。随着含碳量的增加，珠光体的比例也随之增加，直至全部为珠光体组织，继而出现珠光体和渗碳体组织。这些组织中铁素体和珠光体的比例、铁素体晶粒的大小、珠光体片层粗细和球团大小以及渗碳体的形貌等决定了钢材的性能，而这些组织又决定于加工条件及冷却条件。

5.1　中高碳钢奥氏体的再结晶行为

5.1.1　铌、碳对中高碳钢奥氏体再结晶临界变形量的影响

0.43% C，1.4% Mn 钢和 0.40% C，1.38% Mn，0.023% Nb 钢加热到 1200℃，于 900～1100℃ 范围内，以 1 道次 11%～50% 压下率轧制，轧后立即急冷，其奥氏体再结晶情况如图 5-1、图 5-2 所示。比较两个图，可说明铌对中高碳钢的影响。图 5-2 中表明，加入铌后，再结晶开始线和完成线随变形量的增加都比不含铌钢的温度高 50～70℃。这就表明，在中碳钢中，也存在添加铌可以延迟奥氏体再结晶的情况，这结果是与低碳钢一样的。

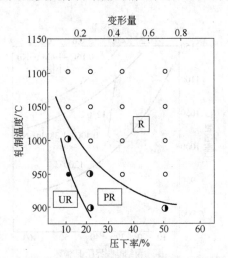

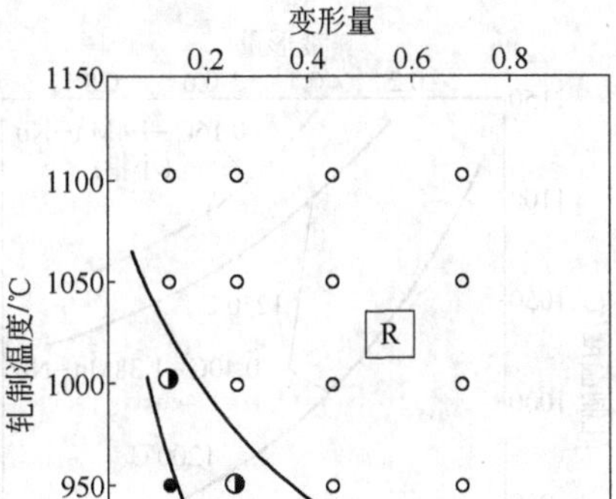

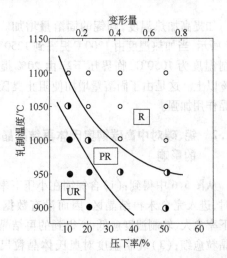

图 5-1　0.43% C，1.4% Mn 钢，A 晶粒再结晶行为
（1200℃加热后，轧制 1 道次，原始 A 晶粒度为 ASTM1 级）
R—再结晶区域；PR—部分再结晶区域；UR—未再结晶区域

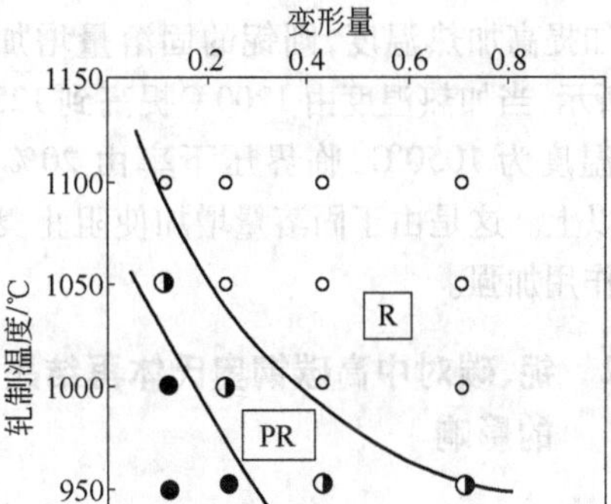

图 5-2　0.40% C，1.38% Mn，0.023% Nb 钢的
A 晶粒再结晶行为
（原始 A 晶粒度为 ASTM2.5 级）

对比不同含碳量的影响，图 5-1 与图 5-3（其普碳钢成分为 0.18% C，1.4% Mn），两者再结晶临界压下率曲线大致相同，表明碳含量对奥氏体的再结晶行为影响不大。从图 5-4 还可看出，不含铌钢碳含量在 0.20%～0.80% 的范围内变化时，临界压下率基本无差别。但加入铌后，随着碳含量的减少，发生再结晶的温度和临界压下率升高。说明含碳量本身虽对再结晶的影响不大，

但加入铌后，对低碳钢的影响大。这是因为含铌钢中碳量的多少决定了铌的固溶量。碳增加则铌的固溶量减少，根据公式：

$$\lg[Nb][C] = (-6770/T) + 2.26 \tag{5-1}$$

因而轧制时 NbC 析出量减少，阻止再结晶作用小。

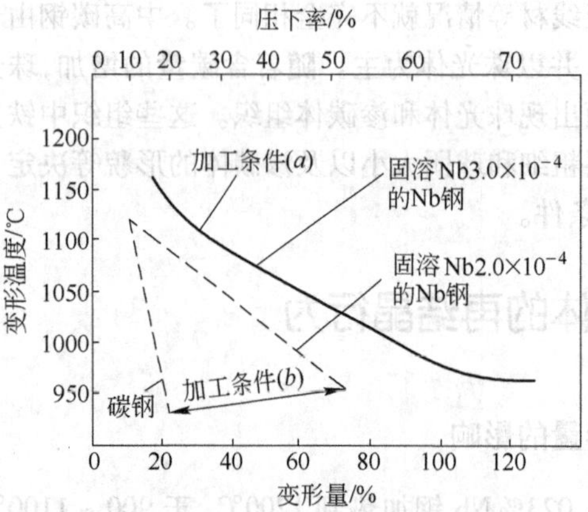

图 5-3　Nb 钢固溶量和加工温度对再结晶终了所要求的临界压下率的影响效果

(a)1150℃、60min 的固溶处理；

(b)和(a)处理相同，但在轧制前需要保温 30min

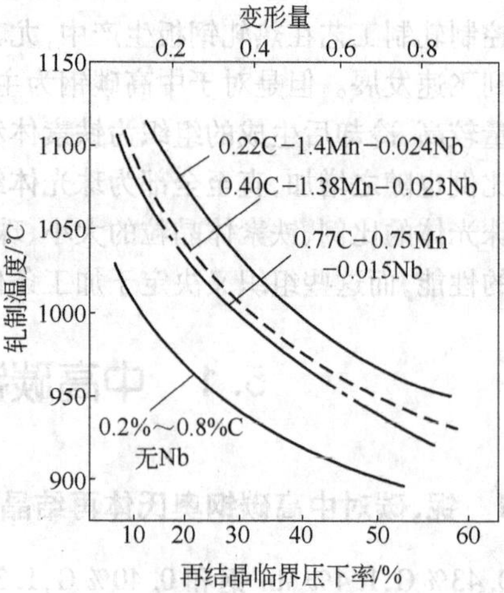

图 5-4　C 含量对 Nb 钢与不加 Nb 钢临界压下率的影响

如提高加热温度，则铌的固溶量增加。如图 5-5 所示，当加热温度由 1200℃ 提高到 1250℃ 时，轧制温度为 1050℃，临界压下率由 20% 提高到 40% 以上。这是由于固溶量增加使阻止奥氏体再结晶作用加强。

5.1.2　铌、碳对中高碳钢奥氏体再结晶晶粒度的影响

从图 5-6 中得到：(1) 含铌钢在小压下率和低温时，进入完全未再结晶区，因而没有数据；(2) 压下率愈大、轧制温度愈低，所得到的再结晶奥氏体晶粒愈细；(3) 轧制温度对奥氏体晶粒尺寸的影响较小，而压下率的影响较大；(4) 在同一工艺条件下，加入铌的中碳钢比不加铌的中碳钢的再结晶晶粒细。

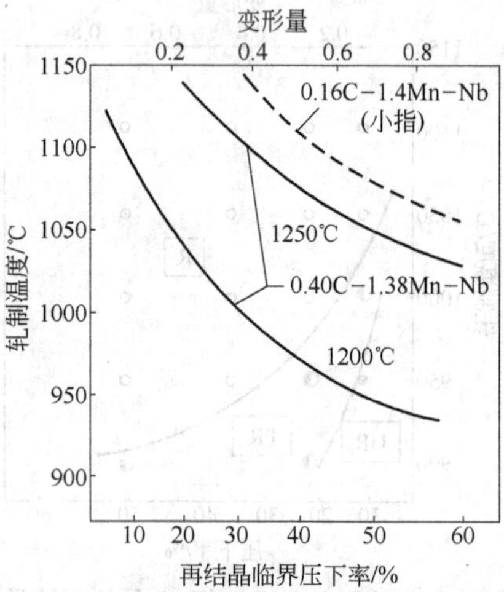

图 5-5　轧制前加热温度对 0.4% C，1.38% Mn，0.023% Nb 钢临界压下率的影响效果

对加铌钢和不加铌钢，含碳量为 0.2% ~ 0.8% 范围内的钢，在再结晶区域内实施一道次轧制，所得到的奥氏体再结晶晶粒度与压下率的关系如图 5-7 所示。结果表明，再结晶奥氏体晶粒度几乎不受碳含量的影响，其尺寸大小由压下率和是否添加铌所决定。再结晶量的增加成为奥氏体晶粒细化的重要原因。

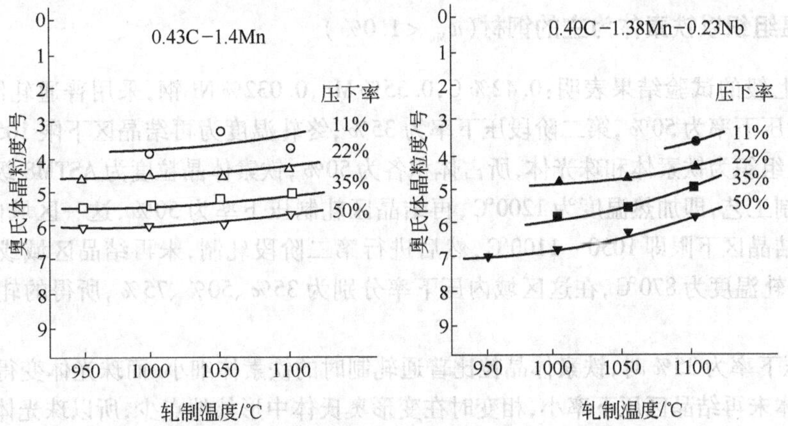

图5-6　压下率、轧制温度对中碳钢(加Nb和不加Nb)
轧制后再结晶晶粒度的影响效果

图5-8是轴承钢在控温轧制工艺中,不同轧制温度下,变形量对奥氏体再结晶量的影响。该图表明,奥氏体再结晶量受到变形温度和变形量明显的影响,在900℃以上时,变形温度对奥氏体再结晶量的影响趋于缓慢上升,变形温度达到950℃时,奥氏体再结晶量达到100%。而在900℃以下轧制时,变形温度降低,奥氏体再结晶量急剧下降。变形量在30%以下,轧制温度由900℃降至850℃,奥氏体再结晶量急剧降低到8%。

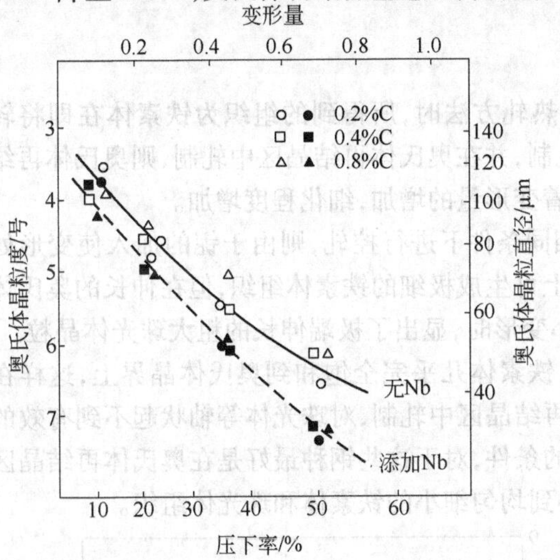

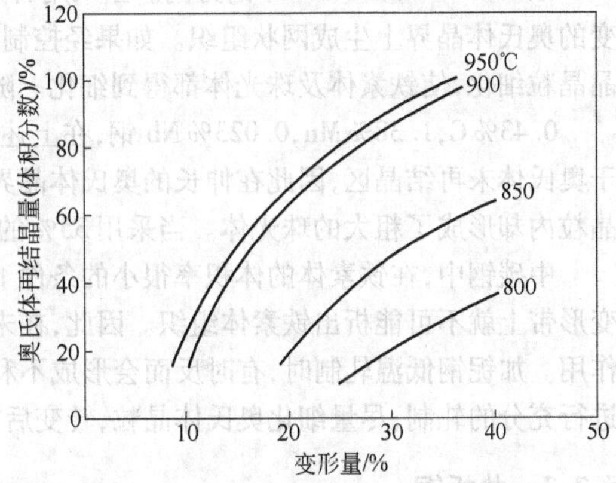

图5-7　压下率对含Nb和不含Nb中高碳钢轧制后
再结晶A晶粒度的影响效果

图5-8　变形量与奥氏体再结晶量的关系

5.2　中高碳钢控制轧制钢材的组织状态

碳钢轧材在常温时的组织随着含碳量的不同分为亚共析钢、共析钢和过共析钢。它们的过冷奥氏体转变机理、动力学、转变产物的组织性能主要决定于转变温度,即过冷度,同时与变形奥氏体的成分和组织形态有关。

由于铁素体和珠光体组织比例不同、形态不同,对钢材性能有很大差异。下面按其不同的组织情况分别予以讨论。

5.2.1 常温组织以铁素体为主的钢材（$w_{Mn}<1.0\%$）

日本井上毅的试验结果表明：0.42% C，0.55% Mn，0.032% Ni 钢，采用普通轧制（1200℃加热，第一阶段压下率为50%，第二阶段压下率为35%，终轧温度为再结晶区下限 1050～1000℃）时，所得常温组织为铁素体和珠光体，所占体积各为50%，铁素体晶粒度为 ASTM8 级。同一种钢采用控制轧制工艺，即加热温度为1200℃，再结晶区轧制压下率为50%，这一区域内，最后一道温度靠近再结晶区下限即 1050～1100℃，然后进行第二阶段轧制，未再结晶区域或部分再结晶区域轧制，终轧温度为870℃，在这区域内压下率分别为35%、50%、75%，所得的轧后常温组织分别为：

（1）当压下率为35%时，铁素体晶粒比普通轧制时的铁素体细小，而珠光体变得粗大。这是由于在奥氏体未再结晶区压下率小，相变时在变形奥氏体中形核地点少，所以珠光体沿变形拉长的奥氏体形成，变得粗大；

（2）当压下率为50%时，为部分再结晶区轧制，铁素体和珠光体基本上都得到均匀细化。这是由于在未再结晶奥氏体中形成了一定数量的变形带而引起的结果；

（3）当压下率为75%时，由于未再结晶奥氏体中导入变形带增多，铁素体晶粒组织更细化、均匀，晶粒度达到 ASTM12～13 级。由于铁素体形核点增多、分散，因而珠光体也细化。

因此，对中碳钢来说，如 Mn 含量在1%以下，钢材的主体为铁素体，就认为与低碳钢一样，仍是铁素体细化机理在起作用。

5.2.2 常温组织以珠光体为主的钢材

以 0.43% C，1.40% Mn 钢为例。当采用普通热轧方法时，所得到的组织为铁素体在即将转变的奥氏体晶界上生成网状组织。如果经控制轧制，并在奥氏体再结晶区中轧制，则奥氏体再结晶晶粒细化，使铁素体及珠光体都得到细化。随着变形量的增加，细化程度增加。

0.43% C，1.38% Mn，0.023% Nb 钢，在上述相同条件下进行控轧，则由于铌的加入使变形处于奥氏体未再结晶区，因此在伸长的奥氏体晶界上可生成极细的铁素体组织，但在伸长的奥氏体晶粒内却形成了粗大的珠光体。当采用35%的小变形时，显出了极端伸长的粗大珠光体晶粒。

中碳钢中，在铁素体的体积率很小的条件下，铁素体几乎完全饱和到奥氏体晶界上，这样在变形带上就不可能析出铁素体组织。因此，在未再结晶区中轧制，对珠光体等轴状起不到有效的作用。加铌钢低温轧制时，有时反而会形成不利的条件，对于这些钢种最好是在奥氏体再结晶区进行充分的轧制，尽量细化奥氏体晶粒，转变后得到均匀细小的铁素体和珠光体组织。

5.2.3 共析钢

如碳含量进一步增高成为共析钢那样的高碳钢时，其组织就转变成单一的珠光体组织了。

与低碳钢控制轧制的效果完全不同，共析钢的控制轧制只是珠光体球团得到细化。由于珠光体球团尺寸决定于奥氏体晶粒尺寸，随着奥氏体晶粒尺寸减小，珠光体球团直径变小（图 5-9）。

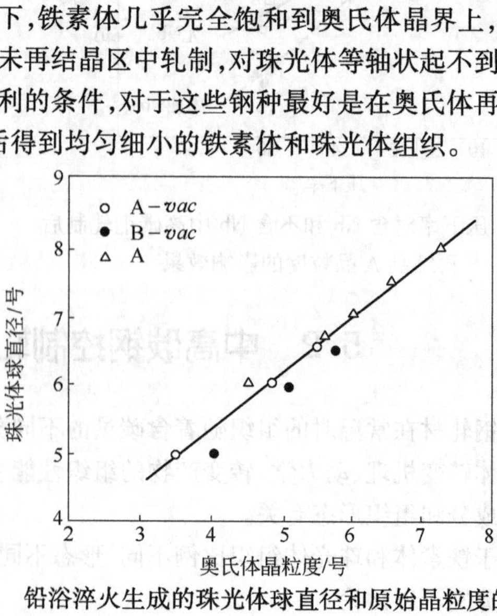

图 5-9 铅浴淬火生成的珠光体球直径和原始晶粒度的关系

同样,对于过共析钢亦希望在奥氏体再结晶区轧制,使奥氏体晶粒细小,这样一方面可使珠光体球团变小,同时亦使析出的网状碳化物变薄。

5.3 中高碳钢的组织与性能的关系

5.3.1 中高碳钢组织对性能的影响

(1)对强度的影响:包括珠光体和铁素体的影响。

影响珠光体强度的最重要因素是珠光体的片层间距,其关系如下:

$$\sigma_s = \sigma_0 + (K_y/1.41) I_0^{-1/2} \tag{5-2}$$

$$\sigma_{0.2} = 26.9 - 6.1\lg(I_0) \tag{5-3}$$

式中 σ_0 ——纯铁强度,MPa;

$\sigma_s, \sigma_{0.2}$ ——材料的屈服强度,MPa;

I_0——珠光体片层间距,Å;

K_y——系数,MPa/Å$^{-1/2}$。

综合各种强化因素的影响,铁素体 - 珠光体钢屈服强度和抗拉强度,可分别用下式表示:

$$\sigma_s = 15\{f_F^{1/3}(2.3 + 3.8w_{Mn} + 1.13d^{-1/2}) + (1 - f_F^{1/3})(11.6 + 0.25S_0^{-1/2}) + 4.1w_{Si} + 27.6w_{N^{1/2}}\} \quad \text{MPa} \tag{5-4}$$

$$\sigma_b = 150\{f_F^{1/3}(16 + 74.2w_{N^{1/2}} + 1.18d^{-1/2}) + (1 - f_F^{1/3})(46.7 + 0.23S_0^{-1/2}) + 6.3w_{Si}\} \quad \text{MPa} \tag{5-5}$$

式中 f_F——铁素体体积分数;

d ——铁素体晶粒的平均直径,mm;

S_0——珠光体平均片层间距,mm;

w_N, w_{Si}, w_{Mn}——分别为氮、硅、锰的质量分数,%。

由图 5-10 可见,N 和 Si 对屈服强度的影响与铁素体、珠光体含量无关,而 Mn 的影响却与铁素体对屈服强度影响有相同的趋势,即在低碳成分的钢中的作用大,在中高碳成分的钢中作用变小。而珠光体数量较少时,珠光体对屈服强度影响很小,只在中高碳成分钢中,珠光体的作用才占主要地位。

钢中含有 100% 珠光体时,珠光体片层间距 S_0 对强度的作用就会明显显示出来。S_0 愈小,强度愈高。因为中高碳成分的铁素体-珠光体钢正火温度为 1100℃,在此温度下,铌、钛碳化物在奥氏体中的溶解度极小,因而在转变过程中,由它们造成的沉淀强化可以不计。含钒钢在正火时,钒的碳化物溶入奥氏体中稍多,但其沉淀强化作用也只及低碳钢中作用的一半。

(2)对塑性的影响:根据日本山田的研究证明,珠光体球直径愈小,断面收缩率愈大,如图 5-11所示。珠光体片层间距愈小,延展性也愈好。

(3)对韧性的影响:中高碳铁素体-珠光体钢的韧性可通过细化晶粒、降低 Si 量和 N 量来保证。固溶强化和珠光体数量的增多都对冲击韧性有害,但细化珠光体球团却可改善钢的韧性,珠光体团界是裂纹扩展的障碍。用回归分析算出的各强化因素对冲击值转变温度 ITT 影响的公式如下:

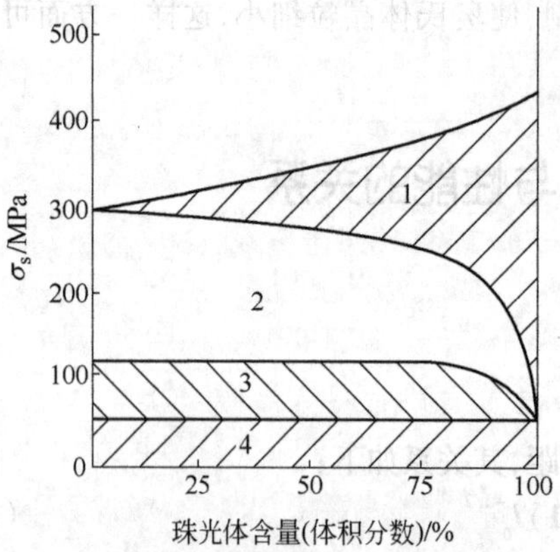

图 5-10　不同珠光体含量下各种强化机构对屈服强度的影响

（钢中含 0.9% Mn，0.3% Si，0.07% N）

1—珠光体；2—铁素体；3—w_{Mn} + 铁素体晶格抗力；4—w_{Si+N}

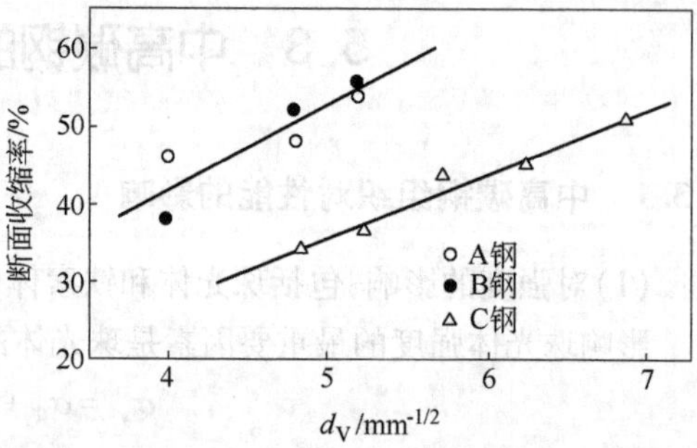

图 5-11　球状珠光体直径(d_V)和断面收缩率关系

$$\mathrm{ITT} = f_F(-46 - 11.5d^{-1/2}) + (1 - f_F)(5.6S_0^{-1/2} - 335 - 13.3P^{-1/2} + 3.43 \times 10^6 t) \quad ℃ \tag{5-6}$$

式中　f_F——铁素体体积分数；

d——铁素体晶粒的平均直径，mm；

S_0——珠光体平均片层间距，mm；

P——珠光体球团平均大小，mm；

t——珠光体中渗碳体片厚，mm。

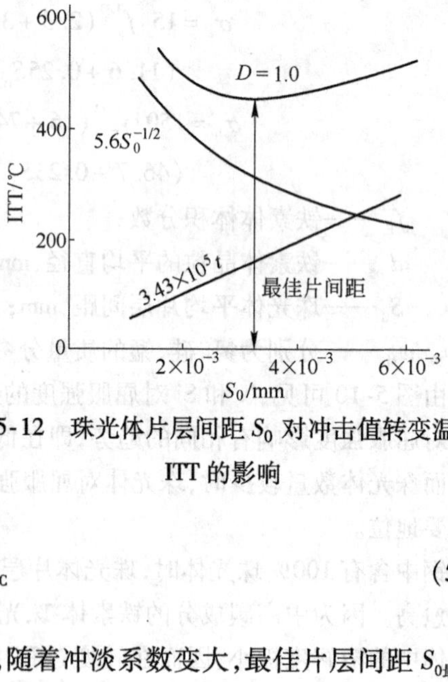

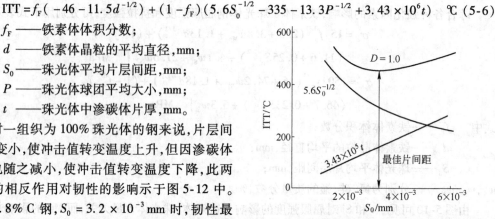

图 5-12　珠光体片层间距 S_0 对冲击值转变温度 ITT 的影响

对一组织为 100% 珠光体的钢来说，片层间距 S_0 变小，使冲击值转变温度上升，但因渗碳体厚度也随之减小，使冲击值转变温度下降，此两因素的相反作用对韧性的影响示于图 5-12 中。图中 0.8% C 钢，$S_0 = 3.2 \times 10^{-3}$ mm 时，韧性最好。片层间距 3.2×10^{-3} mm 为最佳片层间距 $S_{0最佳}$。由于接近共析成分的钢冷却较快时能得到 100% 珠光体，因此可引入珠光体碳分冲淡系数 D：

$$D = 0.8f_P / w_C \tag{5-7}$$

式中　f_P——珠光体体积分数。

亚共析钢形成伪共析时，$D > 1$，而过共析钢 $D < 1$，随着冲淡系数变大，最佳片层间距 $S_{0最佳}$ 也增大，即：

$$S_{0最佳} = 6.7 \times 10^{-6}(D - 0.12)^{2/3} \tag{5-8}$$

最佳片层间距增大，脆性转化温度降低，钢的韧性变好。

5.3.2　控制轧制中组织性能的变化

中高碳钢控制轧制和普通轧制材的抗拉强度(σ_b)和屈服强度(σ_s，对于高碳钢一般用 $\sigma_{0.2}$)与碳含量的关系如图 5-13a 所示。控制轧制条件是在第二阶段给予 50% 压下率。由图可知，含碳量在 0.2% ~0.3% 时，控制轧制所得的 σ_b、σ_s 都高。显示出和以前数据相同的倾向，这是由于铁素体晶粒细化的结果。但是，随着碳量增加，组织中珠光体量增多，$w_C>0.4\%$ 的钢通过控制轧制，σ_b 反而降低；$w_C>0.8\%$ 的钢通过控制轧制，σ_b、σ_s 都比普通轧制的低。其韧性、塑性的比较结果如图5-13b所示。由图可见，含碳量在0.2%～0.8%范围内，控制轧制材的脆性转化温度都低。其降低值对于0.2%C钢约降低70℃，0.8%C钢约降低30℃。表明中高碳钢通过控制轧制韧性有很大改善，含碳量愈低改善的程度愈大。另外，碳含量在0.2%～0.8%范围内，控制轧制材的断面收缩率比普通轧制材的大，含碳量愈高，差值愈大。延伸率则两者相差不大，对0.4%C钢控轧材略低，而对0.8%C钢，控轧材略高。

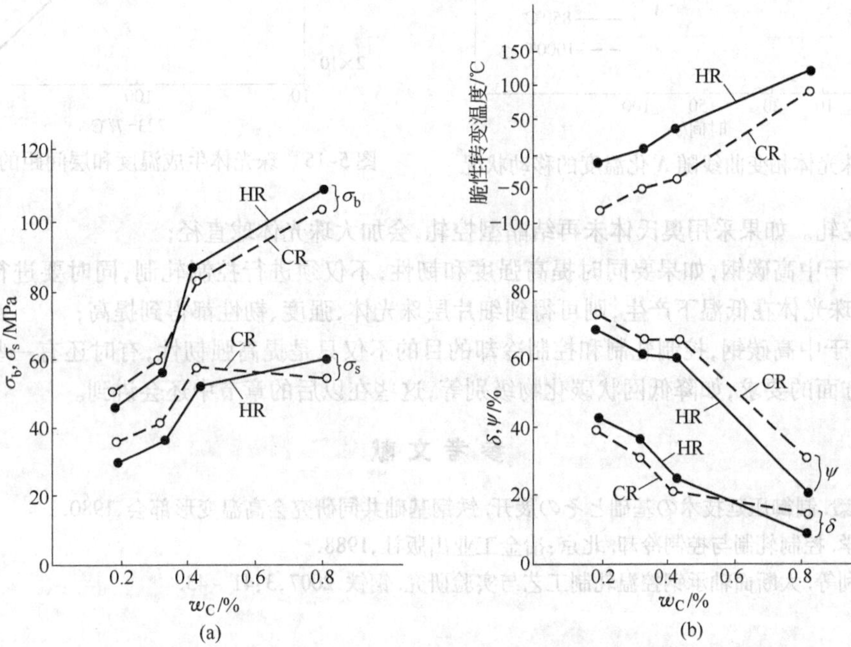

图5-13 碳含量对控制轧制(CR)材与普通轧制(HR)材组织性能的影响

(a)对抗拉强度和屈服强度的影响；(b)对脆性转变温度、伸长率和断面收缩率的影响

下面进一步分析其原因，随着奥氏体晶粒细化，珠光体球细化，这点在前面已经讲过。同时，由于奥氏体化温度愈低、奥氏体晶粒愈细、晶界面积愈大，珠光体成核点就愈多。珠光体开始转变线和终了转变线都向时间短的一侧移动，并向高温侧移动，如图5-14所示。其结果是在同样的冷却条件下，奥氏体愈细，珠光体愈容易在高温下生成，也就是过冷度愈小，所得到的片层间距愈大，如图5-15所示。因此，控制轧制后空冷条件下，所生成的珠光体与普通轧制所得的珠光体相比，片层间距可能增加，因此在珠光体比例比较大或为主的中高碳钢材中 σ_s、σ_b 就会降低。同理，塑性也决定于两个因素：由于珠光体球减小，塑性得到提高，同时由于片层间距加大，塑性降低，最终的结果取决于这两个因素的迭加。

从以上结果可以得到以下看法：

(1)以铁素体为主的钢，以细化铁素体晶粒来提高强度和韧性，不论采用何种控制轧制方法，都可以在不同程度上达到目的；

(2)以珠光体为主的钢，通过控制轧制会使强度降低、韧性提高。其强度降低的原因是由于珠光体片层间距加大，而韧性改善的原因是由于珠光体球直径减小；

(3)要达到珠光体球直径减小，必须细化奥氏体晶粒。因此对于珠光体为主的钢，必须采用

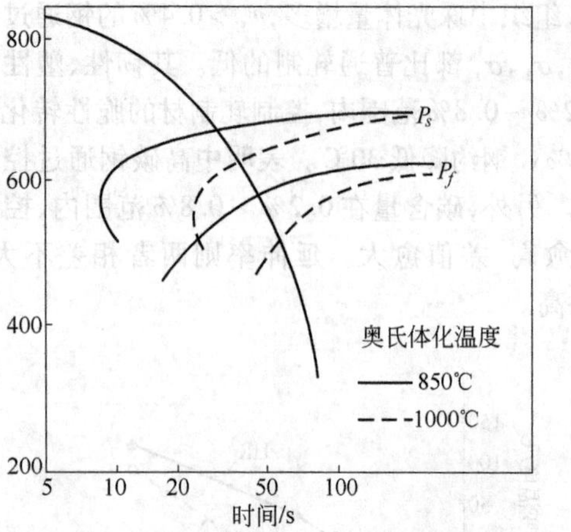

图 5-14　珠光体相变曲线随 A 化温度的移动状况

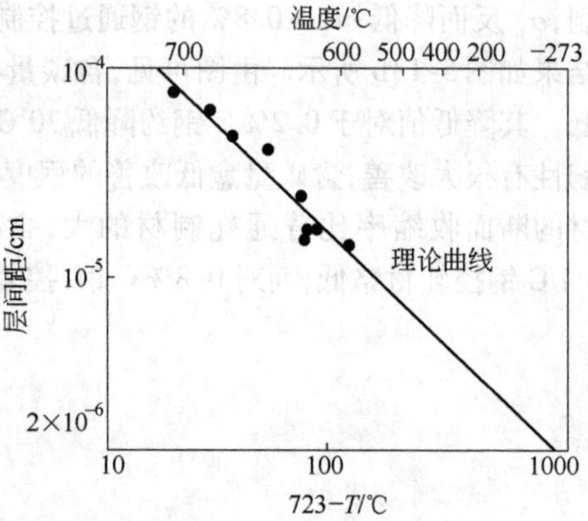

图 5-15　珠光体生成温度和层间距的关系

再结晶型控轧。如果采用奥氏体未再结晶型控轧，会加大珠光体球直径；

（4）对于中高碳钢，如果要同时提高强度和韧性，不仅须进行控制轧制，同时要进行轧后控制冷却，使珠光体在低温下产生，则可得到细片层珠光体，强度、韧性都得到提高；

（5）对于中高碳钢，控制轧制和控制冷却的目的不仅只是提高强韧性，有时还有一些其他性能及组织方面的要求，如降低网状碳化物级别等，这些在以后的章节中还会讲到。

参考文献

[1]　井上 毅. 制御圧延技术の基础とその展开. 铁钢基础共同研究会高温变形部会，1980.

[2]　王占学. 控制轧制与控制冷却. 北京：冶金工业出版社，1988.

[3]　李胜利等. 大断面轴承钢控温轧制工艺与实验研究. 钢铁，2007，3：41 ~ 43.

6　控轧条件下钢的变形抗力

金属的变形抗力是设计、选择轧钢设备、制定轧制工艺制度中不可缺少的重要因素。而在控制轧制中尤为重要,它往往成为采用典型控制轧制工艺的限制因素。这是因为在控制轧制中通常需要有低的轧制温度和大的变形量,引起控轧过程中钢材组织的各种变化促使变形抗力提高。这就很容易超过轧钢设备的安全值。因此为了满足现代控制轧制生产工艺的需要,新建和改造的轧钢设备普遍都提高了设备能力。以宽厚板轧机为例,轧机单位板宽的轧制压力已从过去的10~15kN/mm升高到现在的20~25kN/mm,相应的最大许用轧制力也由40MN升高至96MN,主电机功率和扭矩分别增至18000kW和3MN·m以上。这就从根本上解决了控制轧制中轧机能力不足的问题。

6.1　影响控轧条件下钢的变形抗力的组织因素

传统的变形抗力计算都是以加热后的材料在1道次变形下,并只考虑轧制温度和道次变形量为条件的。当它被用于多道次变形中时,忽略了变形造成的材料组织变化给随后道次变形的变形抗力造成的影响,但是这种忽略是允许的。这是因为在传统轧制中,轧制温度较高,因此轧件在道次的间隙时间里可以将变形产生的大部分组织变化恢复过来。而在控制轧制中由于变形温度低,变形产生的组织变化就不能忽略了。这些组织变化的影响归纳起来有以下几方面:

(1)奥氏体晶粒细化的影响。控制轧制中广泛采用在奥氏体再结晶区中反复进行形变—再结晶,使晶粒细化,导致变形抗力升高。

图6-1给出的是含0.08% C,0.2% Si,1.5% Mn钢给以不同的加热温度以获得不同的奥氏体晶粒尺寸,然后都在900℃下以10.3s^{-1}的速度用不同的变形量变形,得到不同奥氏体晶粒尺寸与屈服强度的关系。曲线表明,奥氏体ASTM晶粒度从0级细化到8级,屈服强度值可相差20%。而奥氏体再结晶区的反复形变—再结晶可使晶粒细化到20~40μm,相当于ASTM6~8级,因此晶粒细化的影响就必须考虑了。

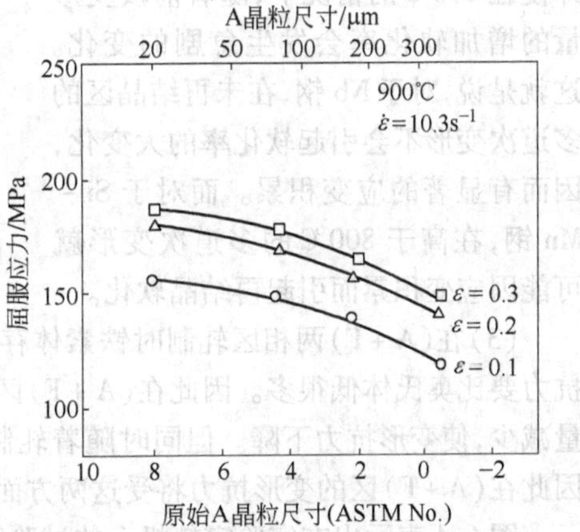

图6-1　奥氏体中晶粒尺寸对屈服强度的影响

(2)上道次残余变形的影响。一切有碍于奥氏体发生静态再结晶的因素(如形变温度、形变速度、形变量、微量合金元素、形变间隙时间、形变前晶粒的大小等)都会使残余变形量增加,使变形抗力增大。所有各种原因造成的残余变形的程度都可用软化百分数(软化率)来表示。

图6-2a和图6-2b分别是Si-Mn钢和含0.03% Nb钢的软化率随变形温度和间隙时间而变化的曲线。三个变形阶段,每个阶段的变形量都是10%。曲线表明,变形温度愈高,间隙时间愈长,软化率值愈大。图中直线斜率改变的点就是发生回复向再结晶的转变点。在第三道次变形时,出现斜率改变点的温度低于第二道次变形时出现斜率改变点的温度,这是由于后者的有效应

变增加的缘故。铌的存在使再结晶奥氏体开始温度升高。

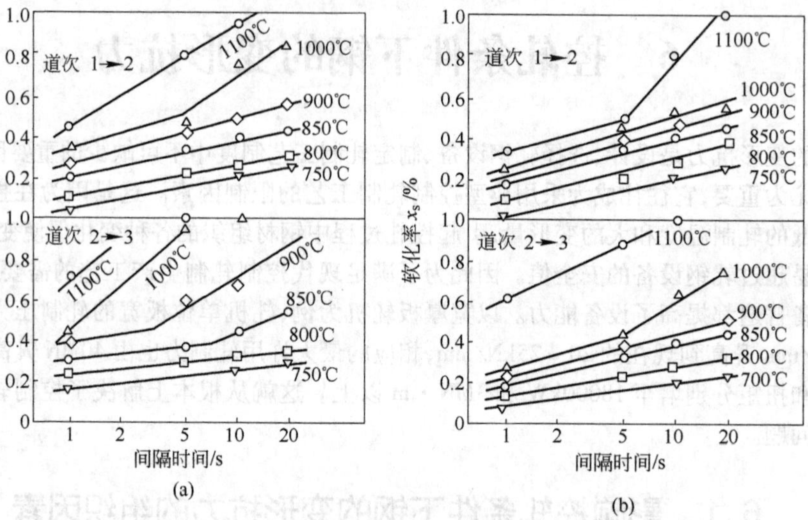

图 6-2　三道次变形时变形温度、变形间隔时间对奥氏体再结晶软化率的影响

(a) Si－Mn 钢；(b) 0.03% Nb 钢

图 6-3 所示为多道次变形时前段变形量对 Nb 钢和 Si－Mn 钢软化率的影响。如图所见，对 Nb 钢来说，在 900℃以下软化率随前段变形量的增加也只有微小的变化，而对于 Si－Mn 钢，即使在 800℃的情况下，随着前段变形量的增加软化率会发生急剧的变化。这就是说，对于 Nb 钢，在未再结晶区的多道次变形不会引起软化率的大变化，因而有显著的应变积累。而对于 Si－Mn 钢，在高于 800℃的多道次变形就可能因应变积累而引起再结晶软化。

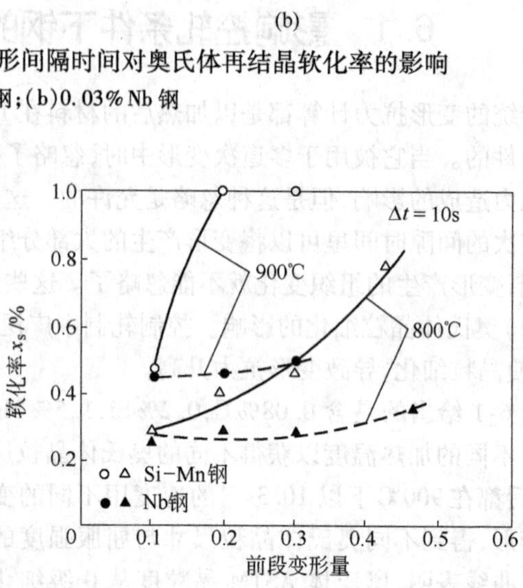

图 6-3　前段变形量对 Si－Mn 钢和 Nb 钢软化率的影响

(3) 在(A＋F)两相区轧制时铁素体存在的影响。众所周知，在同一温度下，铁素体的变形抗力要比奥氏体低很多。因此在(A＋F)区中轧制时，随着轧制温度降低，铁素体量增加，奥氏体量减少，使变形抗力下降。但同时随着轧制温度降低奥氏体和铁素体本身的变形抗力在升高。因此在(A＋F)区的变形抗力将受这两方面的综合影响。

图 6-4 表示出在实验室轧机上的试验结果。试验在广泛的轧制温度范围内，研究了相转变对轧制压力的影响，道次压下率为 10%。从试验结果可以明显看出，在 A_{r3} 温度附近轧制压力显著降低，之后随着轧制温度降低，虽然铁素体量不断增加，但轧制压力却不断升高，而且其值落在单相区铁素体加工时的轧制压力延长线上。以上试验是在单道次轧制时的结果。当多道次轧制时，在道次间隙时间里，变形的铁素体与奥氏体一样也会发生完全的或不完全的软化，甚至完全不发生软化。这将取决于变形温度、变形量、间隙时间、道次的多少(即变形前的组织状况)以及微合金元素抑制铁素体的软化作用等诸多因素。从而最终影响在(A＋F)两相区中轧制时的轧

制压力。

(4)热连轧时变形积累和形变热的影响。在带钢热连轧机上轧制时,道次间的间隔时间非常短,变形的累积效果将会从更高温侧开始。间隔时间在0.5s以下,392MPa级低碳钢和Si－Mn钢在900℃以下变形时,仅发生回复过程。即使在1000℃以下变形,Si－Mn钢也仍然有较低的软化率。这就表明即使是不含Nb、V等微量元素的钢材,在高速轧制时也会从较高温度侧开始发生变形累积效果。

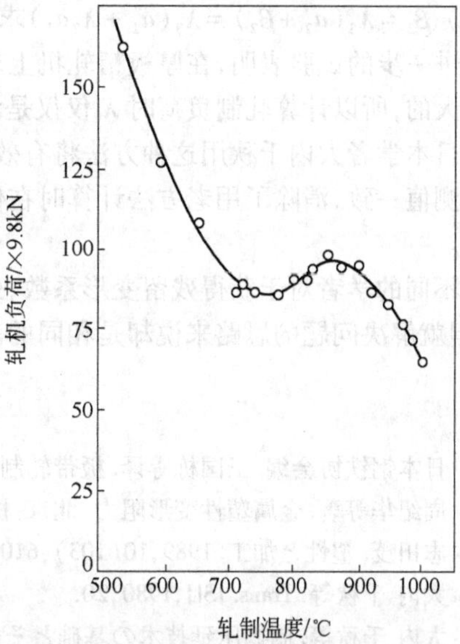

图6-4 不同轧制温度对轧机负荷的影响

但是在高速轧机上轧制时,轧制过程近似于绝热的加工过程,再加上道次间隙时间短,因而轧件的升温是明显的。加工升温的结果可能使组织发生软化。因此在热连轧机上轧制时,就必须同时考虑形变积累和形变升温这两个影响变形抗力的因素。

6.2 考虑变形累计效果时的变形抗力计算

要有一个较准确的计算各道次变形抗力的公式,前阶段变形的变形累积效果是必须考虑的。其基本思路是:利用以变形量、变形速度和变形温度为函数的变形抗力公式为基础,用考虑了累积残留变形的有效变形项代替原变形抗力公式中的变形量项,求出考虑变形累积效果时的变形抗力。这种方法类似于冷轧的变形抗力计算时将前道次应变处理成残余积累的方法。

以厚板轧机上控制轧制所产生的累计效果为例。

当i道次上的压下变形为a_i时,至i道次时的残留积累变形为β_i,i道次的有效变形ε_i则为:

$$\varepsilon_i = a_i + \beta_i \tag{6-1}$$

其残余变形系数λ_i则为:

$$\lambda_i = \beta_1/\varepsilon_{i-1} = \beta_i/(a_{i-1} + \beta_{i-1}) \tag{6-2}$$

λ值应在0～1间变化。当$\lambda = 1$时,在道次之间就完全没有回复($\beta_i = \varepsilon_{i-1}$)。当$\lambda = 0$时,就完全软化($\beta_i = 0$)。$i$道次上的有效变形的一般式可用下式表示。

$$\varepsilon_i = a_i + a_{i-1}(\lambda_i) + a_{i-2}(\lambda_{i-1}\lambda_i) + \cdots + a_2(\lambda_3\lambda_4\cdots\lambda_i) + a_1(\lambda_2\lambda_3\cdots\lambda_i) \tag{6-3}$$

λ值是成分和轧制条件的函数,可经三段压缩试验给以定量化。图6-5为三段压缩试验的应力－应变曲线,各段的变形量分别为a_1、a_2、a_3,其相应的变形应力为σ_1、σ_2、σ_3,残留变形系数λ_2、λ_3是根据一般压缩试验求得的$\sigma = f(\varepsilon)$式计算的,即求出满足$f(a_2 + \beta_2) = \sigma_2$时的$\beta_2$,就可得$\lambda_2 = \beta_2/a_1$。同样$\lambda_3$可先求满足$f(a_3 + \beta_3) = \sigma_3$时的$\beta_3$。根据式

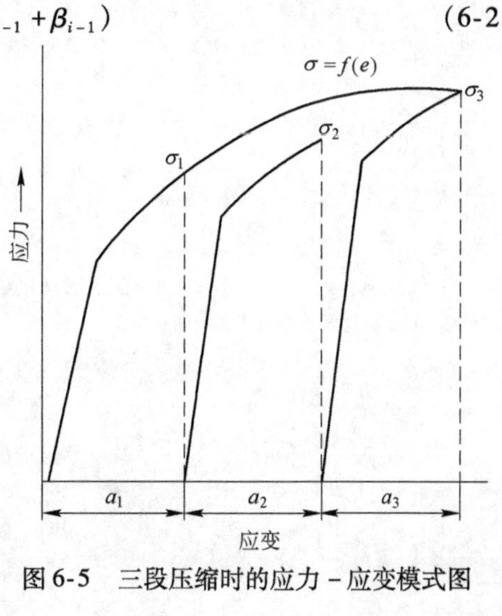

图6-5 三段压缩时的应力－应变模式图

(6-3)，$\beta_3 = \lambda_3(a_2 + \beta_2) = \lambda_3(a_2 + \lambda_2 a_1)$求得 λ_3。

进一步的试验表明，在厚板精轧机上轧制时，残余变形系数 λ 对轧制间隙时间的依赖关系是不大的，所以计算轧制负荷时 λ 仅仅是温度的函数。

日本学者大内千秋用这种方法将有效变形量代入美坂公式和志田公式计算所得的轧制负荷与实测值一致，消除了用老方法计算时在低温区域中计算值偏低和随轧制温度降低偏差扩大的情况。

不同的学者对于获得残留变形系数，残余变形量的方法以及计算轧制压力的公式都不尽相同，但就解决问题的思路来说却是相同的。这里不一一介绍。

参考文献

[1] 日本钢铁协会编. 王国栋等译. 板带轧制理论与实践. 北京：中国铁道出版社，1990.

[2] 周纪华等著. 金属塑性变形阻力. 北京：机械工业出版社，1989.

[3] 志田茂. 塑性と加工. 1989，10(103)：610～617.

[4] 大内 千秋等. Trans. ISIJ，1980，20.

[5] 大内 千秋等. 制御压延技术の基础とその展开. 日本铁钢共同研究协会高温变形部会编，1983，3.

[6] 由本等. 鉄と鋼. 67(1981)，2，A49.

[7] 斋藤等. 鉄と鋼. 67(1981)，2，A45.

[8] 森川 博文. 制御压延技术の基础とその展开. 日本铁钢共同研究协会高温变形部会编，1983，3.

[9] 李正生等. 低碳锰铌钢两道次热变形的变形抗力. 钢铁研究学报，1989，3：29.

7　钢材控制冷却理论基础

热轧钢材轧后冷却的重要目的是为了改善钢材最终的组织状态，提高钢材性能，即在不降低钢材韧性的前提下提高其强度。此外，控制冷却还能缩短热轧钢材在控轧过程中和轧后的冷却时间，提高轧机生产能力。就其基本原理来说，控制冷却除了能防止奥氏体晶粒长大，从而细化铁素体晶粒外，还能减少网状碳化物的析出量、降低其级别、保持其碳化物固溶状态，以达到固溶强化的目的，同时减小珠光体球团尺寸，改善珠光体形貌和片层间距，从而改善钢材性能。通过调整控制冷却的冷却速度、冷却温度等工艺参数还可以使钢材获得除铁素体－珠光体组织以外的其他组织，如粒状贝氏体、马氏体等，以满足用户对钢材的不同性能要求。

轧后控制冷却使用的冷却介质可以是气体、液体以及它们的混合物。其中以水最为常用。具体的冷却方法因产品品种、轧后冷却目的不同而异。

7.1　钢材水冷过程中的物理现象

7.1.1　水冷时的沸腾换热现象

根据 Zumbrunnen 提出的冷却水冲击平板时的换热区域划分为单相强制对流区、核态沸腾和过渡沸腾区、膜状沸腾区、小液态聚集区和空冷辐射区。图 7-1 是普通层流水流落到热钢板表面上的传热情况示意图。冷却水到达热钢板表面后，在水流下方和几倍宽度的扩展区域内，形成具有层流流动特性的单相强制对流区域，也称为射流冲击区域。该区域内，由于流体直接冲击换热表面，使流动边界层和热边界层大大减薄，从而提高热/质传递效率，因此换热强度很高。随着冷却水的径向流动，流体逐渐由层流向湍流过渡，流动边界层和热边界层厚度增加，同时接近平板的冷却水由于被加热开始出现沸腾，形成范围较窄的核态沸腾和过渡沸腾区域。该区域由于沸腾气泡的存在，带走大量热量，因此仍可有较高的换热强度。随着加热面上稳定蒸汽膜层的形成，钢板表面出现膜状沸腾区，在该区域内，由于热量传递必须穿过热阻较大的汽膜，因此其换热强度远小于前两个区域的换热强度。随着流体的沸腾汽化，在膜状沸腾区之外，冷却水在表面聚集形成不连续的小液态聚集区。小液态聚集区的水最终或被汽化，或从钢板的边缘处流下，裸露的钢板就直接向空气中辐射热量。这里描述的是在一块钢板的不同部位上有不同的传热现象。

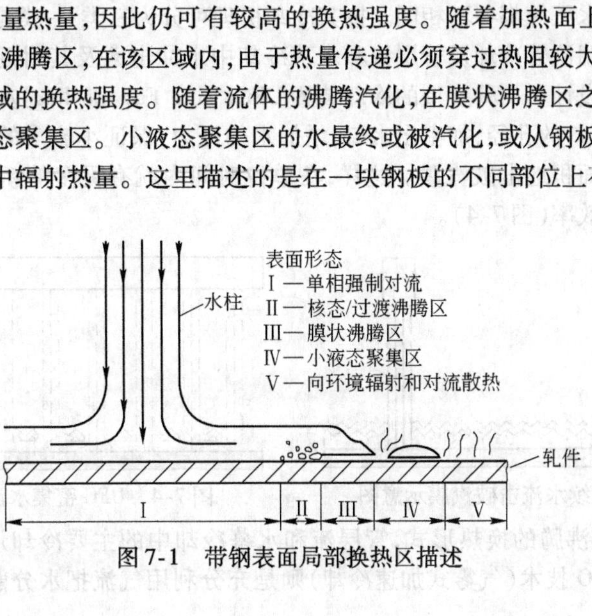

图 7-1　带钢表面局部换热区描述

高温钢材的水冷却归纳起来可以有三种主要的方法，即喷水冷却（包括小水滴的雾状冷却和大水滴的喷水冷却等）、连续水流冷却（包括水幕冷却和管层流冷却等）、浸水冷却（包括湍流管冷却和水槽冷却等）。

当把一块赤热的钢浸入水中时，传热系数遵循图 7-2 的关系。在初接触时，钢和水之间的巨大温度差引起迅速的热传导，可是由于钢块表面迅速形成隔热的蒸汽层，即"膜状沸腾"，结果出现一段低导热时期。此后钢件逐渐冷却，待至蒸汽不再稳定地附着在钢件表面时，钢和水重新接触而进入"核沸腾"期，此时产生很大的热传导。随后钢件逐渐变冷，不久就更冷，热传导再次降低。这里描述的是静态的情况，而实际生产中，不仅钢材是运动的，水也是流动的，有时还是很剧烈的流动。如在棒线材生产中广为应用的湍流管。"动"的结果就使钢材表面不易形成蒸汽膜，从而提高了冷却能力。

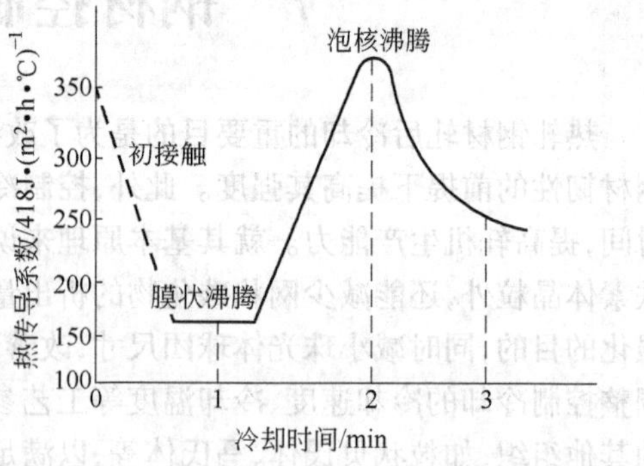

图 7-2　热钢块置入水中时传热系数的变化规律

喷水冷却的水是不连续的水滴或连续的水流（紊流），当水流最初冲击到热钢材表面时，由于有很大的冷却水过冷度，热传导（冷却能力）非常大并迅速形成一层膨胀的蒸汽层，而随后喷来的水滴为这层蒸汽所排斥。此时热传导效果降低，钢材不能很好冷却。

连续水流冷却（幕状或管状层流冷却）是以低压的水流连续冲击在一个特定的面上，该表面很难形成稳定的蒸汽膜，表面温度迅速下降。结果在冲击点上产生气泡沸腾，而且这一气泡沸腾区迅速扩展。当冷却水均匀地喷在钢的整个表面时，其边缘在两个方向上受到冷却，边缘的冷却比中心快些，因此气泡沸腾从边部开始逐渐向中心扩展。因此层流冷却有高于一般喷水冷却的冷却能力。但是无论是管层流冷却还是水幕冷却，其击破汽膜的范围都是有限的，仅限于在连续水流正下方的局部区域内，而在这个区域外，在钢板和冷却水之间的界面上仍然有大面积的汽膜存在。因此限制了冷却能力的进一步提高（图 7-3）。

热轧钢材生产中使用了各种冷却装置，这些冷却装置结构形式、尺寸，冷却设备与轧件之间的距离、角度，水量、水压等都各不相同。按其冷却机理可分为三类：一类是单相强制对流换热形式，当前广泛使用的湍流管冷却及管层流和水幕冷却中水冲击区及其附近的小范围属此类。近年比利时 CRM 研究设计了一种新型的冷却装置 UFC（Ultra Fast Cooling）亦属此，其要点是：减小管状冷却每个出水管口的孔径，加密出水口，增加水的压力，保证小流量的水流也能有足够的能量和冲击力，能够大面积地击破汽膜。这样，在单位时间内就有更多的新水直接作用于钢板表面，大幅度提高换热效率（图 7-4）。

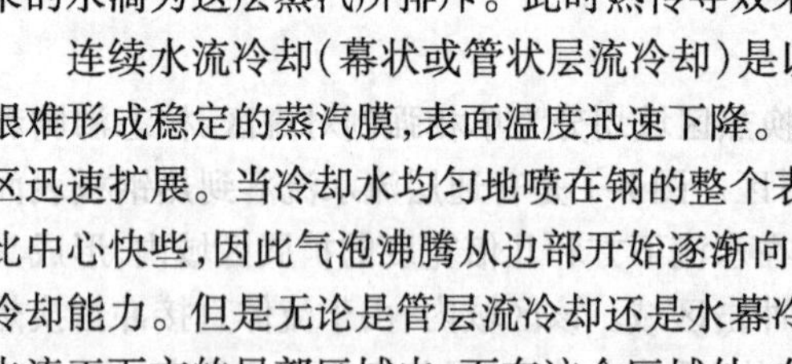

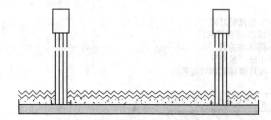

图 7-3　管层流连续水流击破汽膜示意图

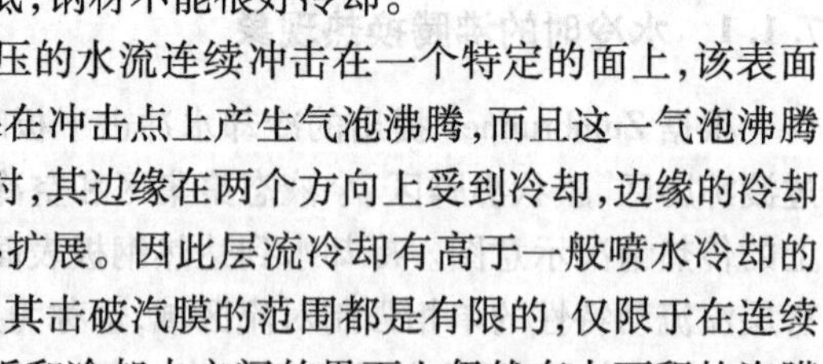

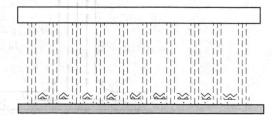

图 7-4　UFC 密集水流击破汽膜示意图

第二类是采用膜沸腾的换热形式，管层流和水幕冷却中的主要冷却形式属此。法国 BERTIN 公司开发的 ADCO 技术（气雾式加速冷却）则是充分利用气流把水分散成液滴，并带到整个钢板表面形成气流膜层，利用不断更新的气流膜层使钢板均匀冷却，采用恒冷却通量控制。

第三类是核沸腾换热形式，最近日本 JFE 公司开发的 Super－OLAC 冷却技术，能够在整个板带冷却过程中实现核沸腾冷却。冷却水从离轧制线很低的集管顺着轧制方向以一定的压力喷射到板面，将水与钢板表面之间形成的蒸汽膜和板面残存水吹扫掉，在钢带表面形成“水枕冷却”，（水枕冷却是指高密集的冷却集管，用高水压增加水流量，在钢板表面产生一个湍流拌水层的冷却方式，图 7-5）从而达到钢板和冷却水之间的完全接触，避开了过渡沸腾和膜态沸腾，实现了全面的核态沸腾，提高了钢板与冷却水之间的热交换，达到较高的冷却能力。而且提高了钢板冷却的均匀性。图 7-6 是在各个冷却温度阶段 Super－OLAC 冷却技术实现了核态沸腾和常规水冷条件时其换热能力的比较。显然前者有更高的冷却能力。

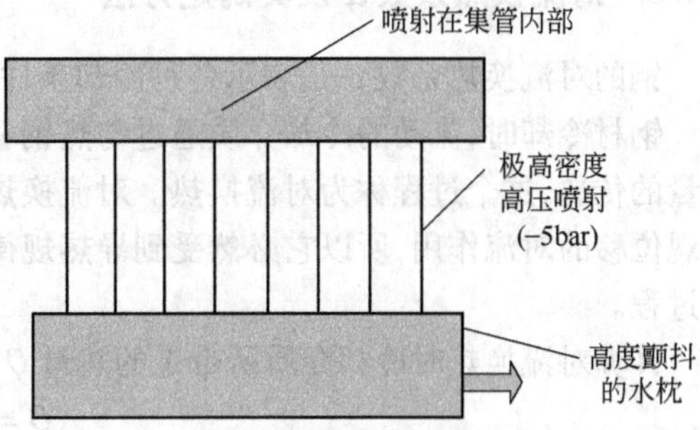

图 7-5　MULPIC 水枕系统原理

7.1.2　相变热释放现象

钢在高温奥氏体区进行轧制，随后在冷却过程中，由面心立方结构的奥氏体组织状态向体心立方结构的铁素体组织状态转变，钢发生体积膨胀，同时释放出相变热。这种相变热释放的温度范围和释放的热量主要受钢的化学成分和冷却速度的影响。在图表和手册中所给出的表观比热容和热含量是处于平衡状态的值。而钢材在实际冷却过程中的转变现象却符合 CCT 曲线图。低碳钢在冷却过程中的表观比热容和平衡状态下的表观比热容的对比如图 7-7 所示。

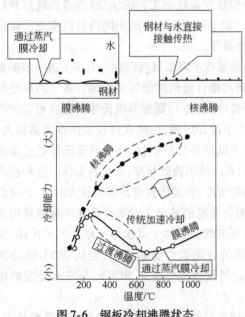

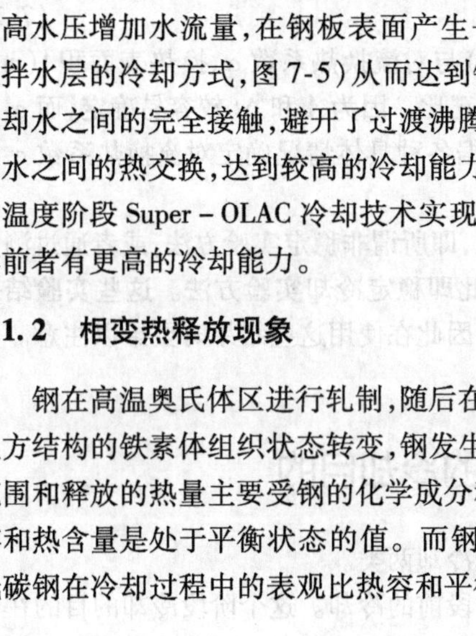

图 7-6　钢板冷却沸腾状态

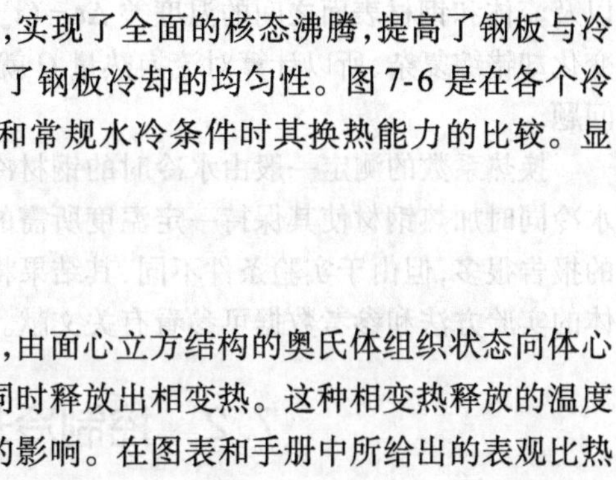

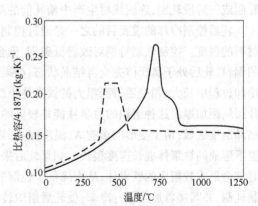

图 7-7　在冷却过程中和平衡状态下低碳钢的表观比热容（包括相变热）
（虚线为冷却过程中的表观比热容，实线为平衡状态下的表观比热容）

当计算冷却过程中的热传导或根据测量值计算换热系数时，必须谨慎处理相变热。

7.1.3　对流换热系数 α 及其确定方法

钢的对流换热系数 α 是表示各种冷却条件的冷却能力的重要指标。

钢材冷却时，流动的冷却介质通过与热钢材表面的接触，利用两者之间温度的不同，产生了热量的传递，这个过程称为对流换热。对流换热既具有流体分子间的微观导热作用，又具有流体宏观位移的对流作用，所以它必然受到导热规律和流体流动规律的支配，因而是一种复杂的热传递过程。

计算对流换热时冷却介质所带走的热量 Q，迄今还采用牛顿冷却公式，即：

$$Q = \alpha A \Delta t \tag{7-1}$$

式中，α 为对流换热系数（$W/(m^2 \cdot ℃)$）。热流量 Q（W）与对流换热系数 α、换热表面积 A（m^2）以及流体和钢材表面之间的温度差 $\Delta t = (t_w - t_f)$（℃）成正比。因为 A 和 Δt 较容易确定，而 α 的变化却错综复杂，所以计算对流换热量 Q 就变成如何根据各种具体情况确定对流换热系数 α 的问题。

换热系数的测定一般由水冷时的钢材冷却曲线求出，即所谓非稳定实验方法，或者通过测定水冷同时加热钢材使其保持一定温度所需的热量求出，此即稳定冷却实验方法。这些实验结果的报告很多，但由于实验条件不同，其结果将不相符合。因此在使用这些结果时要给以注意。具体的实验方法和参考数据可参看有关文献。

7.2　控制冷却各阶段的冷却目的

泛指的控制冷却包括轧制中间阶段的冷却和轧后的冷却两类。

轧制中间阶段的控制冷却通常指的是在轧制精轧阶段前的冷却。这个阶段冷却的目的在于控制精轧阶段轧件的轧制温度和终轧温度。它对于保证控制轧制工艺的实现（或者提高控制轧制水平）是很重要的。冷却方式可采用空冷或水冷。如中厚板生产中的中间待温以实现两阶段轧制或三阶段轧制，连续线材生产中精轧前的穿水冷却等。

轧后控制冷却的重要目的之一是通过控制冷却能够在不降低材料韧性的前提下进一步提高材料的强度。控制轧制特别对改善低碳钢、低合金钢和微合金钢材的强韧性最有效。高温终轧的钢材，轧后处于奥氏体完全再结晶状态，如果轧后慢冷（空冷），则变形奥氏体就会在相变前的冷却过程中长大，相变后得到粗大的铁素体组织。由于冷却缓慢，由奥氏体转变的珠光体粗大，片层间距加厚。这种组织的力学性能是较低的。对于低温终轧的钢材，终轧时奥氏体处于未再结晶温度区域，由于变形的影响 A_{r3} 温度提高，终轧后奥氏体很快就相变，形成铁素体。这种在高温下形成的铁素体成长速度很快。如果轧后采用的是慢冷，铁素体就有足够的长大时间，到常温时就会形成较粗大的铁素体，从而降低了控制轧制细化晶粒的效果。对微合金高强度钢采用控制轧制，并紧接着加速强行冷却，使轧后组织转变为更细的铁素体 + 贝氏体或单一的贝氏体，屈服强度更高，韧性和焊接性也更好。以海上平台用的含铌微合金钢为例，经从 800℃ 强冷到 550℃（冷却速度 15℃/s），比一般控温轧制的钢板的屈服强度可提高 50MPa，与正火处理的相比，约可提高 150MPa。

对于中、高碳钢和中、高碳合金钢轧制后控制冷却的目的是防止变形后的奥氏体晶粒长大，降低以致阻止网状碳化物的析出量和降低级别，保持其碳化物固溶状态，达到固溶强化目的，减小珠光体球团尺寸，改善珠光体形貌和片层间距等，从而改善钢材性能。

还有一些钢材则是利用轧后快冷实现在线余热淬火或表面淬火自回火,之后又发展了形变热处理。这些工艺既能节约能源、缩短生产周期,又能提高钢材性能。

由此看来,控制冷却后的钢材性能取决于轧制条件和冷却条件。轧材冷却之前的组织取决于控制轧制工艺参数(其中也包括中间冷却对轧制工艺的影响),而控制冷却的条件(开冷温度、冷却速度、终冷温度等)对相变前的组织和相变后的相变产物、析出行为、组织状态都有影响。因此为获得理想的控制冷却钢材的性能,就要将控制轧制和控制冷却很好的结合起来。

一般可把轧后控制冷却过程分为三个阶段,即一次冷却、二次冷却和三次冷却(空冷)。三个冷却阶段的冷却目的和要求是不同的。

一次冷却是指从终轧温度开始到相变开始前的这段温度范围内的冷却控制。这段冷却的目的就是控制相变前奥氏体的组织状态,为相变做组织上的准备。一般来说,快冷开始的温度越接近终轧温度,细化变形奥氏体和增大有效晶界面积的效果越明显。

二次冷却是指从相变开始到相变结束这段温度范围内的冷却控制。二次冷却的目的就是通过控制冷却速度和冷却终止温度来控制相变过程,以保证快冷后得到钢材所要求的金相组织。图7-8是含 Nb 钢和 Si - Mn 钢轧后以不同的冷却速度冷却后的相变组织状态。以含 Nb 钢为例,经一次冷却后,二次冷却分别采用空冷(曲线 *a*)、4℃/s 和 10℃/s(*b* 和 *c* 曲线)三种冷却速度,在 600℃以后进行空冷。最后曲线 *a* 得到 F + P 组织,曲线 *b* 得到 F + B 组织,曲线 *c* 得到少量铁素体和大量贝氏体组织。以上平均冷却速度是在 780 ~ 600℃范围内求得的。

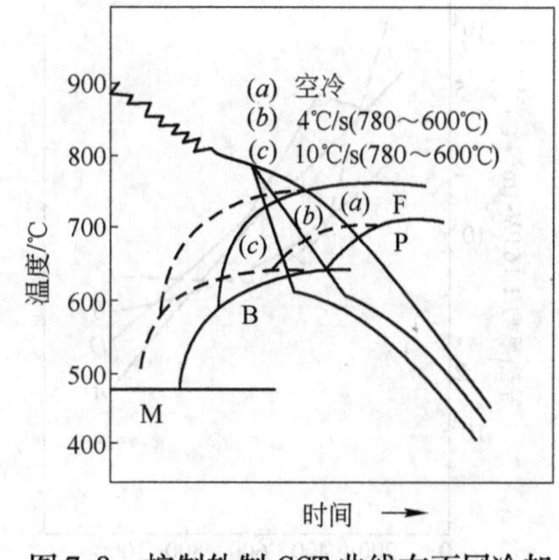

图 7-8 控制轧制 CCT 曲线在不同冷却速度时的组织形态
(实线:Nb 钢;虚线:Si - Mn 钢)

三次冷却(空冷)是指相变后至室温范围内的冷却。对于低碳钢,相变全部结束后,冷却速度对组织没有影响。而对于含 Nb 钢,在空冷过程中会发生碳氮化物析出,对生成的贝氏体产生轻微的回火效果。对于高碳钢或高碳合金钢,相变后空冷时将使前一阶段快冷时来不及析出的过饱和碳化物继续弥散析出。如相变后仍采用快速冷却工艺,就可以阻止碳化物析出,保持其碳化物固溶状态,以达到固溶强化的目的。

控制冷却设备的选择以该阶段的冷却目的为依据,根据产品的形状特点、性能要求,考虑设备冷却能力的大小和范围、冷却的均匀程度、冷却能力调整的难易、耗水(气)的多少、对水质的要求、冷却能力的稳定性、设备维修难易等因素加以选择。在这些诸多因素中,冷却能力(包括冷却速度的大小和范围)和冷却的均匀性往往是首先要考虑的。每一种冷却方式的冷却速度的大小和范围是不一样的,每种冷却方式又都各有优缺点,如图 7-9、图 7-10 所示。不同的冷却方式在同样水量下可有不同的冷却能力(图 7-11,图 7-12),也就是水的利用效率是不同的。例如,一般喷雾冷却的传热系数在(50 ~ 100) × 1.163W/(m^2 · ℃),喷射冷却的传热系数范围较大,为(100 ~ 10000) × 1.163W/(m^2 · ℃),通常使用范围为(300 ~ 7000) × 1.163W/(m^2 · ℃),而自然冷却时的传热系数只有(40 ~ 110) × 1.163W/(m^2 · ℃);UFC 对于厚度为 1.5mm 和 4.0mm 的带钢,当水流密度为 60 ~ 70L/(m^2 · s)时,冷却速度可分别达到 1000℃/s 和 380℃/s,温降能达到 600℃;日本水岛厂采用 Super - OLAC 系统,厚度 20mm 钢板的最大冷却速度达到 65℃/s。

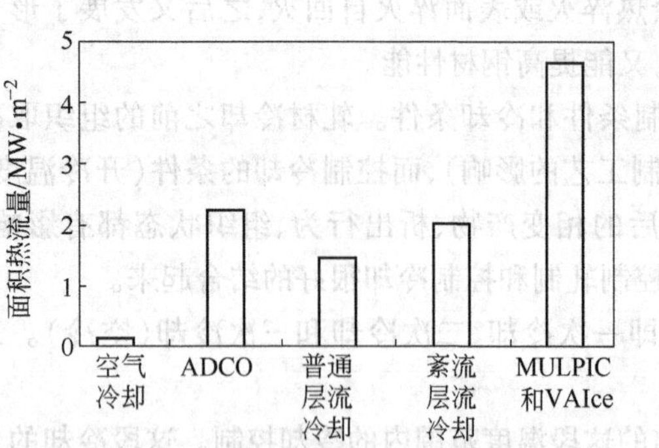

图 7-9　不同冷却系统的面积热流量

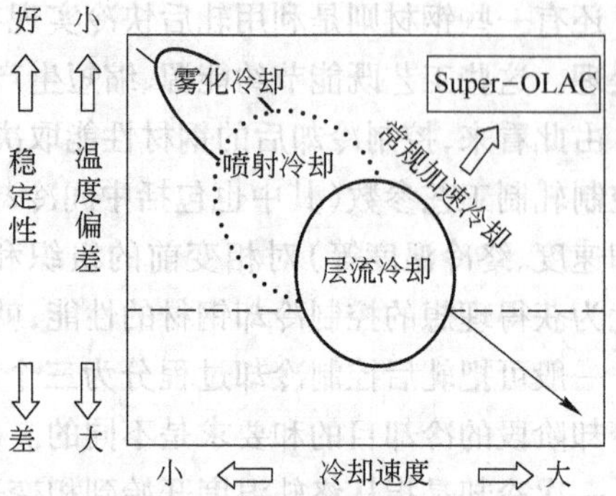

图 7-10　各种冷却形式的比较

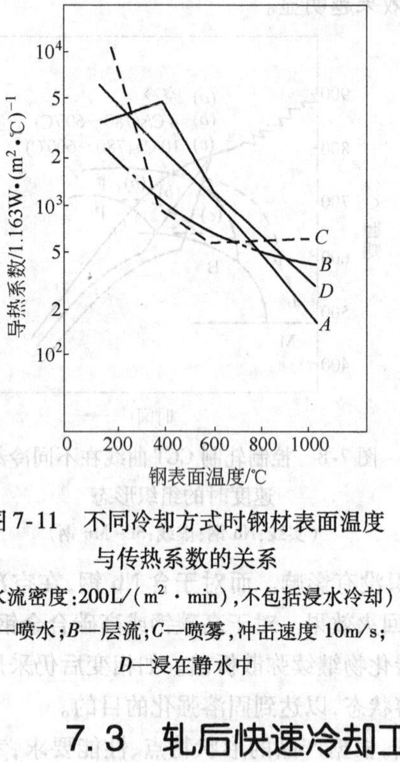

图 7-11　不同冷却方式时钢材表面温度与传热系数的关系

（水流密度:200L/(m^2 · min),不包括浸水冷却）

A—喷水;*B*—层流;*C*—喷雾,冲击速度 10m/s;

D—浸在静水中

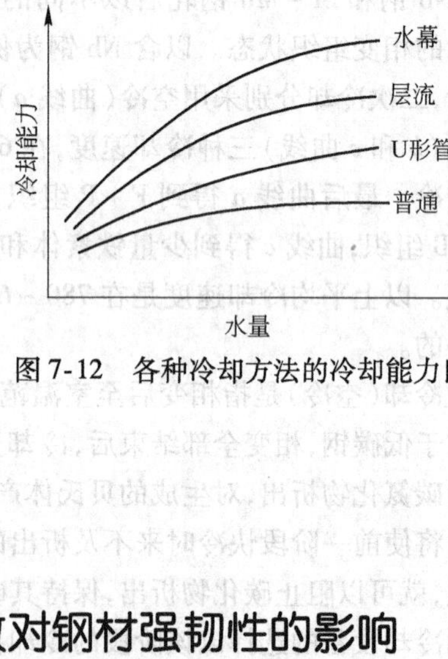

图 7-12　各种冷却方法的冷却能力比较

7.3　轧后快速冷却工艺参数对钢材强韧性的影响

控制冷却材的强韧化程度主要取决于铁素体晶粒的粗细、珠光体片层间距大小、贝氏体量的多寡和碳、氮化物的析出量。而这种组织的变化又与材料的成分、轧后冷却工艺相关。

7.3.1　轧后冷却速度的影响

轧件在轧后的平均冷却速度可用下式表示:

轧件冷却速度 =（轧件开冷温度 - 轧件终冷温度）/冷却时间

以 Si - Mn 钢和含 Nb - V 的高强度管线用钢种为例。控制轧制坯料厚度为 130mm,加热温度为 1200℃ 和 1100℃,在 900℃ 以下的累计压下率为 70%,终轧温度为 800℃,终轧厚度为 20mm。轧后快速冷却采用喷雾冷却设备,精轧后从 780℃ 快速冷却到 600℃,在这一冷却范围内,平均最大冷却速度为 12℃/s。其后空冷至常温。快速冷却材的力学性能与冷却速度的关系如图 7-13 和图 7-14 所示。

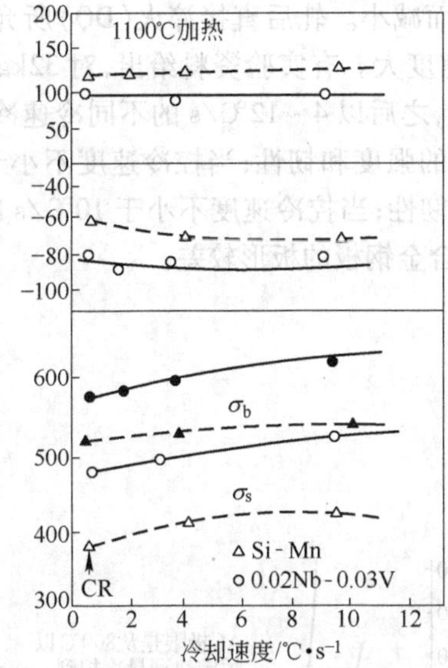

图 7-13 冷却速度对 Si - Mn 钢,0.02% Nb - 0.03% V 钢力学性能的影响
VT_s—脆性转化温度;VE_s—冲击功

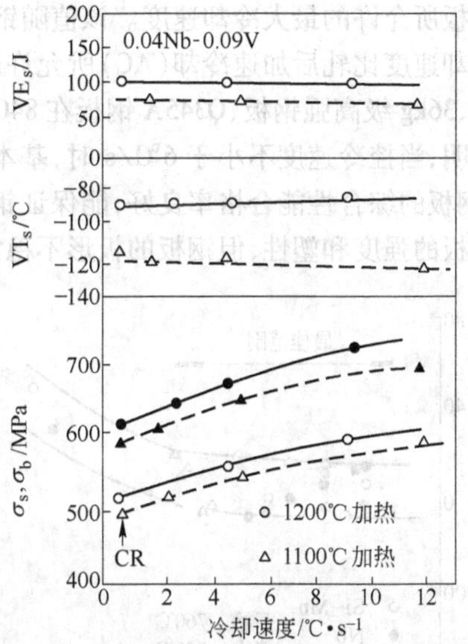

图 7-14 冷却速度对 0.04% Nb - 0.09% V 钢力学性能的影响
VT_s—脆性转化温度;VE_s—冲击功

由图 7-13、图 7-14 可见,无论 Si - Mn 钢和含 Nb - V 钢,在不同的加热温度下,强度都随冷却速度提高而提高。在加速冷却时,随着冷却速度的增加,相变温度下降,铁素体生核速度 $\dot{N}$ 增大,铁素体的形核点多,大的冷却速度也抑制了铁素体晶粒的长大,因而能得到更为细小的铁素体组织,从而提高了材料的强度。加速冷却也会使一些钢材(如含 Nb、V 钢)产生贝氏体,而生成的贝氏体的细化程度受有效界面面积值 S_v 和奥氏体组织均匀性的影响。S_v 值是刚进入未再结晶区轧制之前的奥氏体晶粒直径 d 和未再结晶奥氏体区累计压下率 ε 的函数。为抑制粗大贝氏体生成,d 必须均匀细化,ε 增大使奥氏体晶粒拉长,变形带增多,生成的贝氏体就细化。冷却速度加大,铁素体弥散析出,割断了奥氏体,相变后得到更细的贝氏体。但是过高的冷却速度,譬如大于 15℃/s,冷却的停止温度降到 500℃ 以下,就仅在奥氏体晶界和变形带周围少量生成铁素体,结果没有使贝氏体细化弥散,反而使粗大贝氏体的体积分数增加,同时也会显著增加贝氏体的生成量,使材料的强度增加的速度变大,而韧性恶化。

钢的快速冷却在使钢材的强度发生改变的同时,也使韧性发生改变。由图 7-13、图 7-14 可见,在实验的冷速范围内,随着冷却速度增加,韧性指标稍有下降。这是由于控制轧制材在轧后冷却中,冷速提高使铁素体、贝氏体都得到了细化,因而对钢材韧性的影响不大。这正是控轧控冷工艺的特点和优点。但是如果轧制后得到奥氏体混晶组织,那么水冷后会得到铁素体的混晶组织和粗大的贝氏体,使韧性下降,提高冷却速度并不能改变这种状况。

图 7-15 在更大的冷却速度范围内给出类似的结果。从图中可知,冷却速度在 5 ~ 15℃/s 范围内,在强度提高的同时,脆性转变温度基本保持不变。随着冷却速度的进一步加快,强度提高的同时,脆性转变温度急剧上升,韧性恶化。

正如上面所提到的,过高的冷却速度会使粗大贝氏体增加,使材料韧性恶化。

还应该指出:在确定快冷速度时,还必须考虑不均匀冷却给材料性能和外形造成的不利影响,特别是对中厚钢板,过高的冷却速度使钢板心部与表面产生很大的温差,造成很大的应力,甚至在钢板表面产生裂纹,大大降低了钢板的冲击韧性。图 7-16 给出由快冷技术生产出性能合格的钢板所允许的最大冷却速度。该值随钢板厚度增加而减小。轧后直接淬火(DQ)所允许的最大冷却速度比轧后加速冷却(AC)所允许的最大冷却速度大。有实验资料给出,对 32kg 级高强钢板、36kg 级高强钢板、Q345A 钢板在 840 ~ 880℃终轧,之后以 4 ~ 12℃/s 的不同冷速冷却。结果证明,当控冷速度不小于 6℃/s 时,基本能保证钢板的强度和韧性;当控冷速度不小于 8℃/s 时,钢板的综合性能合格率良好,能保证钢板的强度和韧性;当控冷速度不小于 10℃/s 时,能保证钢板的强度和塑性,但钢板的板形不稳定,特别是低合金钢板的板形较差。

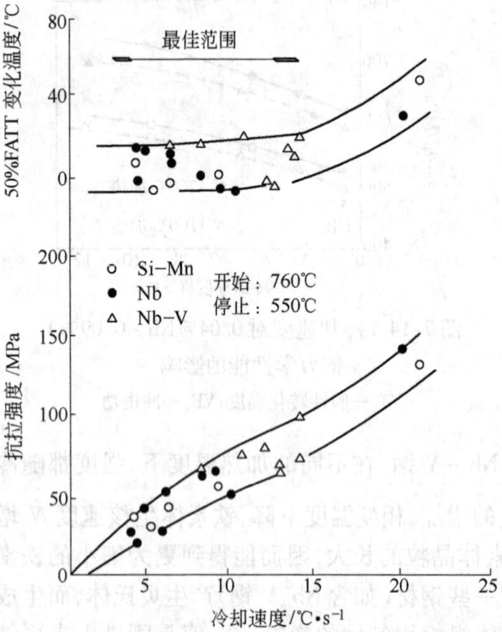

图 7-15 轧后加速冷却速度对钢板力学性能的影响

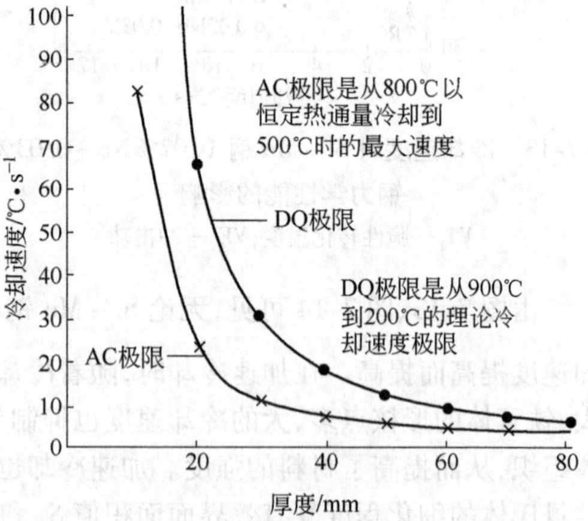

图 7-16 最大冷却速度与钢板厚度的关系

控冷材的特点之一是 VT_s 在 -100℃以下的高韧性时,发生的层状撕裂也极少,相反,控轧材在低温的夏比冲击实验断口上发生明显的层状撕裂现象。它发生的几率随终轧温度的降低和在(A + F)两相区轧制而增大。在同一终轧温度下,控冷材中层状撕裂发生的几率比控轧材有减少的趋势。层状撕裂产生的原因除了{100}(011)织构发达之外,也可能是由于产生了珠光体带状组织、沿轧制方向拉长的 MnS 夹杂物、铁素体混晶组织等。这些因素都会使板厚方向的韧性恶化,各方向的韧性差异扩大,层状撕裂发生的几率增加。而控冷材中珠光体带状消失,得到贝氏体组织,使层状撕裂减少,因而钢材具有高韧性和高强度。

7.3.2 轧后开冷温度的影响

在通常情况下,开冷温度应尽量接近终轧温度,一方面是为了防止在终轧至开冷的这段间隙时间内奥氏体晶粒的长大,导致快冷后的组织粗大。另一方面,高的表面温度可以提高整个冷却区的平均冷却速度,也有利于组织的细化。因此,开冷温度实际上受到终轧温度的影响。开冷温度(终轧温度)的变化影响材料的强度和韧性。如低碳钢在 A_{r3} 以上终轧快冷可得到晶界型铁素体和大量贝氏体组织,其中贝氏体铁素体呈板条状。当终轧温度降至 A_{r3} 以下时得到组织为等轴铁素体和一定量的贝氏体。前者塑、韧性较高,后者强度较高,综合性能良好。但最近的研究发现,对一些低碳(或超低碳)微合金贝氏体钢,在奥氏体未再结晶区终轧后,在高温下停留适当时间再快冷,可以得到更细小的组织(即在前面第3章中所述的弛豫-析出-控制相变技术)。参看图7-17,由图可见,停留时间在50~60s之内时,组织随停留时间的延长显著细化,在60~300s之间,组织细化速度减慢,停留时间大于300s后,随停留时间的延长组织迅速粗化。

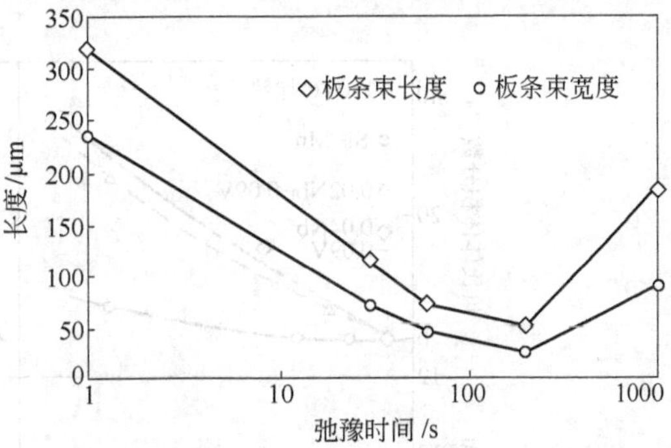

图7-17　试验钢弛豫-析出-控制(RPC)工艺的组织细化

7.3.3　轧后快速冷却终冷温度的影响

在控制冷却中终冷温度是一个很重要的控制指标。它是设备冷却能力、冷却区长度、轧件移动速度的函数。在被广泛采用的通过型冷却设备中,当轧件尺寸和冷却时间(由冷却区长度和轧件移动速度决定)不变时,终冷温度的高低就反映了轧件冷却速度的大小,间接反映了轧件相变产物的类型和数量。快冷停止后的空冷中,钢材自身的回火温度对贝氏体、马氏体的强度有影响,而回火温度是直接与终冷温度有关的。因此为了保持轧件在长度方向上性能的均匀,就要保持轧件在全长上终冷温度一致。通常情况下,轧件头尾段的终轧温度是较低的,导致开冷温度、终冷温度降低。在生产中为减少钢板头尾的温差,采用随钢板在辊道上的位置变化而用快速的开闭阀门来调节水流量的办法。

终冷温度过高表明设备的冷却能力不够,它是因冷却速度不够或(和)冷却时间不够所造成的,因此轧件的组织没有被充分细化,没有达到控制冷却的目的。

反之,终冷温度过低表明轧件冷却过度,有可能在轧件中产生一些低温转变产物,导致材料韧性的恶化。

图7-18为加速冷却终冷温度对C-Mn钢、含Nb钢钢板抗拉强度和脆性转变温度的影响。从图可知,抗拉强度随着终冷温度的降低而升高,在600~500℃温度范围内变化较小。终冷温度在450℃以上时,脆性转变温度保持不变,而在450℃以下时,脆性转变温度急剧升高,同时强度也上升。

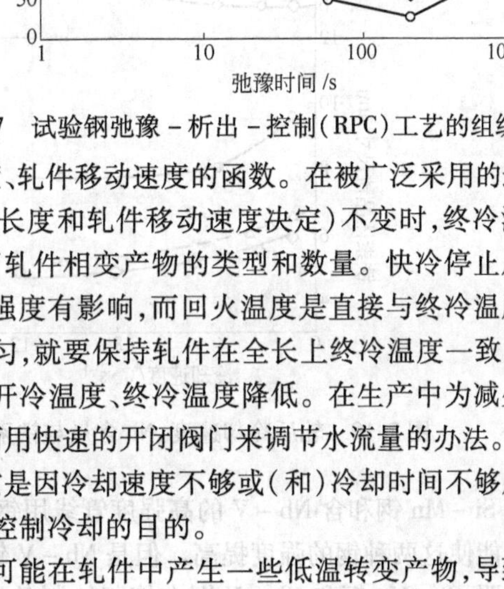

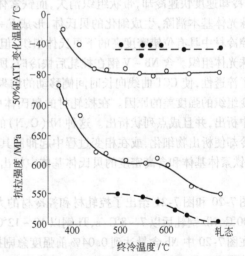

图7-18　轧后加速冷却终冷温度对钢板力学性能的影响

○—0.12%C,1.45%Mn,0.03%Nb　●—0.13%C,1.3%Mn

冷却开始温度760℃,冷却速度6~8℃/s

7.3.4　Nb、Ti等微合金含量的影响

从图7-19中看到,轧后冷却速度和含Nb量与铁素体晶粒尺寸和贝氏体体积分数的关系。铁素体晶粒直径随冷却速度而变化。各种钢在4℃/s以上的冷却速度下,铁素体晶粒直径基本不变,贝氏体数量在Nb-V钢中,随冷却速度加大明显增多,而在Si-Mn钢中,贝氏体数量即使在10℃/s也是很少的。随Nb含量增加,铁素体晶粒细化,当含Nb量超过0.04%时,铁素体晶粒基本不再细化,贝氏体数量也不再增加。从图中也可以看到,在各种Nb含量下,控轧控冷材的铁素体晶粒尺寸都小于控轧材。这种组织上的变化导致材料在性能上的相应变化。

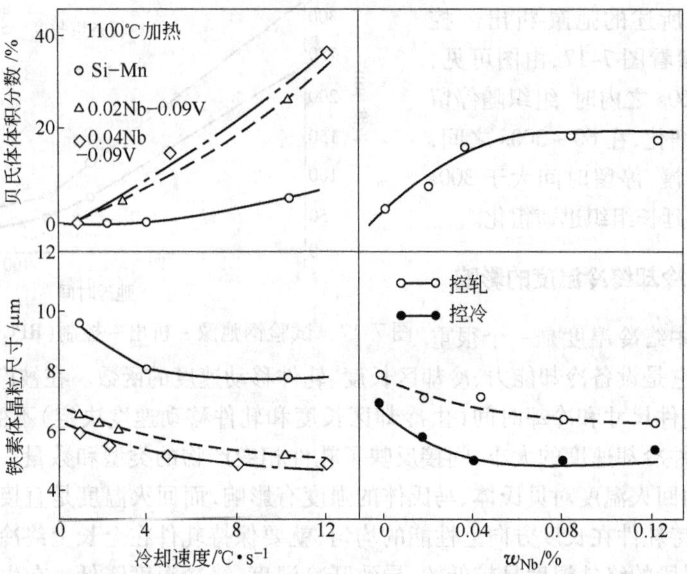

图 7-19 轧后冷却速度、Nb 含量与铁素体晶粒尺寸和贝氏体体积分数的关系

从 Si－Mn 钢和含 Nb－V 的高强度管线用钢的性能比较看(图 7-13、图 7-14),控制轧制后的快冷能使这两种钢的强度提高。但是 Nb－V 钢的抗拉强度(σ_b)的提高比 Si－Mn 钢略大些。经验表明,Si－Mn 钢和 Nb－V 钢在控制轧制条件下都能观察到珠光体带状组织。如果轧后用 4℃/s 冷却速度快速冷却,带状组织消失,而铁素体组织更细化。在 10℃/s 冷却速度时,Nb－V 钢中珠光体基本消除,生成细化的贝氏体,形成 F＋B 的双相组织。经薄膜电镜观察发现 Nb－V 钢的控冷材中具有位错密度高的下贝氏体组织,但是 Si－Mn 钢中贝氏体很少,呈现出微细而分散的珠光体组织。含 Nb－V 钢在控轧后快冷时,所得到的 F＋B 双相组织是奥氏体中固溶的 Nb 提高了淬透性,使 CCT 曲线向长时间侧移动的结果。这被认为是 Si－Mn 钢和 Nb－V 钢所得到的相变组织的强度差的原因。在控轧材的奥氏体中,固溶 Nb 的大部分在奥氏体向铁素体相变过程中析出,并且成点列状析出。这种 Nb(C、N)的析出物越是在高温析出颗粒越粗大,而轧后控制冷却使析出物细化,或在相变过程中起抑制其析出的作用。在快速冷却停止后的空冷过程中,在铁素体基体和含高密度的贝氏体基体中析出的 Nb(C、N)数量增多,增强了固溶强化的作用。

图 7-20 和图 7-21 给出了控轧材和控冷材的力学性能随 Nb、Ti 含量不同的变化。加热温度为 1100℃,Nb 钢轧后以 7～8℃/s,Ti 钢以 10～12℃/s 的冷却速度进行冷却。

在图 7-20 中 Nb 含量达到 0.04% 前强度急剧提高,其后呈现出饱和倾向。此时控轧材和控冷材的强度差是 50～60MPa。一般认为强度随含 Nb 量不同而变化及控轧材、控冷材的强度差是受加热温度使 Nb 固溶量变化、相变前奥氏体组织变化引起相变组织变化以及快速冷却使贝氏体生成量变化等多种因素影响的结果。控冷材的 VT_s 在各种含 Nb 量条件下与控轧材相比都有所改善。Nb 含量高的条件下,VT_s 的改善是由于初期奥氏体晶粒细化、抑制粗轧中的再结晶奥氏体晶粒长大、随着奥氏体再结晶温度的上升在未再结晶奥氏体区的累计压下率增大等原因引起奥氏体组织细化的结果。另外,由于控冷材在不同 Nb 含量条件下,相变组织比控轧材更细化,因而具有更高的韧性。

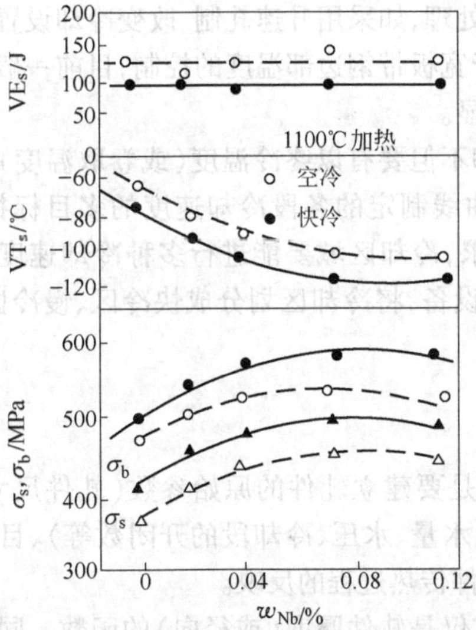

图 7-20 Nb 含量对控轧材和控冷材力学性能的影响

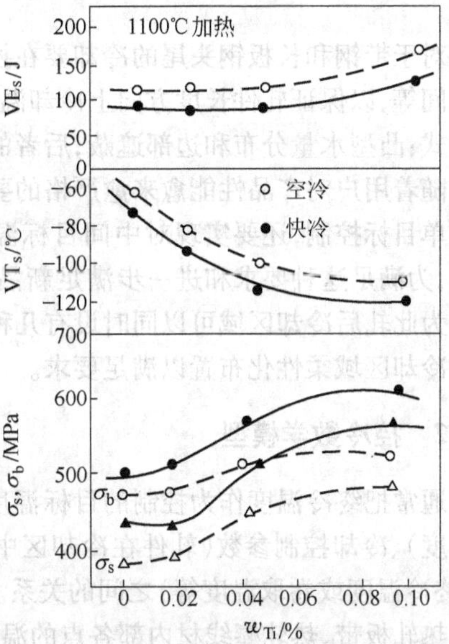

图 7-21 Ti 含量对控轧材和控冷材力学性能的影响

在图 7-21 中，在 $w_{Ti}=0.02\%$ 时，Ti 和钢中 N 结合，在凝固过程中在奥氏体高温区形成 TiN。这些 TiN 在加热时不固溶于奥氏体中，因此控轧材和控冷材中 Ti 达到 0.02% 左右前，强度变化都很小。Ti 含量超过 0.02% 后，TiN 的固溶和再析出都促使组织和强度发生变化。控轧材和控冷材的强度差值，当 Ti 量在 0.02% 时是 20 ~ 30MPa，超过 0.02% 时是 50 ~ 90MPa。在图 7-21 中还可见，VT_s 随 Ti 含量增加而下降，在 0.05% 以上时呈现饱和的倾向。在同一 Ti 含量的条件下，控冷材的 VT_s 表现出比控轧材更优异的值。Ti 量在 0.02% 左右时，由于 TiN 促使初始奥氏体晶粒细化和抑制粗轧中奥氏体晶粒长大，所以相变组织变得均匀且微细化，改善了 VT_s。Ti 含量更高时，韧性的提高取决于 Ti 抑制奥氏体静态再结晶的效果。在高含 Ti 量条件下改善 VT_s，取决于 Ti 对 MnS 的形态控制效果。

7.4 控制冷却中的控制策略和数学模型

7.4.1 控制冷却策略

为保证控制冷却后钢材的性能，在钢材冷却时必须控制好各个冷却参数，即开冷温度、终冷温度（或卷取温度）、冷却速度、冷却时间。其中开冷温度通常是由终轧温度决定的，也是控冷开始时轧件的原始温度，终冷温度（或卷取温度）是控冷的结果（因变量），它是由控制冷却的其他几个冷却参数决定的。因此在控冷中能调节的因素（主变量）是冷却速度和冷却时间。而决定冷却速度和冷却时间的则是冷却水量、水压、冷却段长度和轧件的运行速度。在生产中就是根据开冷温度来调节冷却水量、水压、冷却段长度、轧件运行速度使轧件达到终冷温度（或卷取温度）要求的温度范围，同时也满足冷却速度的工艺要求。

由于控制冷却是在线冷却，冷却工艺参数的控制必须保证不影响生产过程的正常进行。因此目前国内的热轧板带钢厂的轧后冷却都采用前馈、反馈和自适应控制系统。它能够满足生产要求。

对于带钢和长板钢头尾的冷却要在控制上作特殊处理,如采用升速轧制、改变冷却设置的开闭时间等,以保证轧件长度方向上冷却温度均匀。对于宽板带钢边部温度的控制,目前一般有两种方式:凸型水量分布和边部遮蔽,后者的效果比较明显。

随着用户对产品性能愈来愈严格的要求,轧后冷却不但要有以终冷温度(或卷取温度)为目标的单目标控制,还要实现对中间目标温度、按 CCT 曲线制定的各段冷却速度的多目标控制。因此,为满足这种要求和进一步满足新品种开发的要求,冷却区域要能进行多种冷却速度的冷却。为此轧后冷却区域可以同时设有几种不同的冷却设备,将冷却区划分成快冷区、慢冷区等,即对冷却区域柔性化布置以满足要求。

7.4.2　控冷数学模型

通常把终冷温度作为控制的目标温度。数学模型是要建立轧件的原始参数(轧件尺寸、开冷温度)、冷却控制参数(轧件在冷却区中的前进速度、水量、水压、冷却段的开闭数等)、目标参数(终冷温度或卷取温度等)之间的关系。其本质是轧件传热过程的反映。

热轧板带、热轧棒线材内部各点的温度可以简化成仅是轧件厚度(或径向)的函数。同时轧件的温度还随着冷却时间的变化而变化。轧件的温度变化是由于轧件表面与周围介质(空气、水、汽等)之间的辐射、对流、传导的热量损失以及金属的部分变形能转换成热能所引起的。轧件内部的热量则是通过金属的导热传递到轧件表面,再由轧件表面传递给周围介质,从而引起轧件内各点的温度变化。因此,从传热的角度可以将热轧件的冷却过程简化成一维非稳态无内热源(不考虑相变热时)或有内热源的传热问题。

根据傅里叶定律,轧件内部热量传递的导热微分方程是单位时间内通过厚度为 dX 的微元层的导热热量 Q 与当时的温度变化率 λdt 及传热面积 F 成正比,即:

$$Q = -F\lambda dt/dX \tag{7-2}$$

式中,λ 是比例系数,又称导热系数,单位为 W/(m · K),负号表示热量的传递方向与温度的升高方向相反;Q 是单位时间内通过某一给定面积的热量,称为热流量,单位为 W。

根据轧件形状不同、传热方向数(维数)不同,可列出轧件在不同方向上的微元体热量方程,但多维导热的情况较为复杂。虽然傅里叶定律对于多维情况仍然适用,但还要以能量守恒定律作为基础,建立每个单元体的热平衡关系式,这样建立起来的数学关系式称为导热微分方程式。按照能量守恒定律,在无内热源、稳态的条件下,导入微元体的热流量总和应该等于导出的热流量总和,即可建立起导热微分方程的基本形式:

$$\partial^2 t/\partial X^2 = 0 \tag{7-3}$$

但是导热微分方程本身还不能给出各种特定条件下,物体内的温度分布(温度场)。这种具体的温度分布是由方程的解提供的。而要使导热微分方程有一定的解,除了有导热微分方程外,还要有定解条件,也就是说轧件内部的具体温度分布与轧件周围的环境有关。

定解条件包括初始条件和边界条件。初始条件是指导热现象开始时物体内部温度分布情况。边界条件是指物体边界上的热状况。从实际传热过程来看,边界上的热状况可分为:辐射热交换、对流热交换和导热交换三种。

轧件表面与周围介质之间进行的热传递关系根据传热方式不同而异。如轧件在水中冷却时,轧件表面与环境(冷却水)进行对流换热,按照能量守恒定律,在单位时间内物体内部与边界以导热方式进行换热的换热量等于物体边界与环境以对流方式进行换热的换热量,用数学式表示成:

$$-\lambda(\partial t/\partial n)_w = \alpha(t_w - t_f) \tag{7-4}$$

式中　α——物体与周围流体间的对流换热系数，W/(m·K)；

λ——物体的导热系数，W/(m·K)；

t_f——流体温度，℃；

t_w——物体边界温度，℃。

在非稳态导热时，式中 α、t_f 均为时间函数。

将上面建立起来的导热微分方程和边界条件联立求解后就可知道轧件的温度随时间的变化规律，进而建立起计算机数学模型。求解的方法有两类。一类是理论解，它是以数学分析为基础求解导热定解问题，它可以得到用函数形式表示的解，但在许多时候，轧件形状或边界冷却条件的复杂性，使理论解无法进行。一类是数值解，常用的数值解法有有限差分法和有限元法，它是将轧件划分成小单元体，每个单元体遵循能量守恒定律，使一个连续体离散化，用一系列代数方程代替微分方程，通过数学运算求得各单元体的瞬间温度。目前已有一些通用的商业软件可以帮助我们进行数值计算(如 ANSYS 有限元分析软件)。但用这两种方法建立起来的数学模型，在建模过程中都涉及到对流换热系数，而对流换热系数是与冷却设备的结构形式、冷却工艺参数、轧件温度等因素有关，其值要用实验方法才能获得。数学模型在控制过程中要反复进行迭代计算，对计算机的计算能力、存储能力要求比较高。20 世纪 60 ~ 70 年代产生了统计模型，它是在生产中直接下载钢种、规格与冷却水状态(水量、喷水组态)和轧件温度，建成经验表进行控制。这种方法简单易行，但其精确程度依赖于对钢种、规格、速度、冷却控制粒度等层别数据的划分和工厂实际经验的积累。同时某个工厂使用的经验表，由于生产条件的不同，很难直接移植到其他工厂。因此，人们综合了这两种模型的优点，开发了统计理论模型，这些模型在实际生产过程中都取得了比较好的控制效果。

尽管如此，在生产中也仍然存在着控制温度超差的问题，特别是厚规格产品，一般认为，这是由于水冷区对流换热系数因影响因素多而复杂，很难准确确定。因此，目前国内外普遍采用数学模型与神经网络相结合的办法来提高温度的控制精度。

随着控轧控冷技术的发展，控制冷却也从单一的控制终轧温度(或卷取温度)发展到还要控制冷却过程的各个阶段(冷却路径)的冷却速度、冷却温度，进而发展到组织性能的控制。为此在冷却线上需要增加温度检测装置、相变检测装置来监控整个冷却过程，并通过相关的数学模型进行控制。而对于组织性能的控制，目前在组织性能的预报工作上经过多年的努力，在板带钢上已经能通过钢板的温度场模型计算比较准确地预报整个轧制、冷却过程轧件的组织变化，进而预测轧件最终的性能。然后根据预报结果调整相关的工艺、控制参数以满足用户的要求。而且轧件性能的预测也已从离线模型预测发展到在线性能控制。

有关数学模型的建立、轧制过程工艺参数的控制、轧件性能预测等都是很专业性的问题，因此，若想深入了解和掌握它们请参看有关书籍和文献。

此外，控制冷却技术在 20 世纪 70 年代末，尝试发展为直接淬火及回火工艺，用以开发生产高强度钢板。直接淬火的实质是热轧终了轧件处于奥氏体组织时，通过急冷处理使轧件组织产生相变马氏体和贝氏体，起到细化晶粒改善韧性的作用。直接淬火技术可由 Super - OLAC、感应加热等直接淬火设备及在线回火设备组成。用该设备可以生产强度为 570 ~ 780MPa 的高强度钢板。

参 考 文 献

[1]　杨世铭编. 传热学(第二版). 北京：高等教育出版社，1987.

[2] 宋佩莼等编. 板带钢生产工艺学. 西安:西安交通大学出版社,1989.
[3] 新日铁的冷却方法和设备的研究、发展和改进. 新日铁技报,1978,12.
[4] 日本钢铁协会编. 王国栋等译. 板带轧制理论与实践. 北京:中国铁道出版社,1990.
[5] 韦光等. 水幕冷却高温钢板对流换热系数的研究. 钢铁,1994,1.
[6] 石皎. 相似理论在棒材湍流冷却中的应用研究:[学位论文]. 北京:北京科技大学,1988.
[7] 刘峰. 高温钢板喷雾冷却时的冷却特性和传热系数. 钢铁研究学报,1990,2.
[8] E. A. Mizikar. Iron Steel Eng. (1970)1.
[9] 佐佐木宽太郎等. 鉄と鋼,65(1979)1.
[10] 俞佐平编. 传热学(第二版). 北京:高等教育出版社,1988.
[11] 国冈计夫. スプしーの冷却能について. 鉄と鋼,62(1976)11.
[12] 热经济技术部会钢材强制冷却小组委员会编. 钢材的强制冷却. 日本鋼铁协会,1978.
[13] 三宅史等. 鉄と鋼,63(1977)11.
[14] 日本钢管技报. No. 88(1981).
[15] 大内 千秋等. 制御压延の加速冷却の机械的性质に及ぼす影响. 鉄と鋼,67(1981)7.
[16] 钱壬章等. 传热分析与计算. 北京:高等教育出版社,1987.
[17] 俞昌铭编著. 有限单元法在传热中的应用. 北京:科学出版社,1981.
[18] 刘高琪编. 温度场的数值模拟. 重庆:重庆大学出版社,1990,1.
[19] 王国栋,刘相华. 日本中厚板生产技术的发展和现状(一). 轧钢,2007,2:1~5.
[20] 高亮等. 轧后控制冷却工艺研究. 宽厚板,2003,5:19~20.
[21] 路素娟,黄欣秋. 中厚板轧后快速冷却技术. 宽厚板,2003,4:40~43.
[22] 孙决定等. 控制冷却技术在中厚板生产中的应用. 钢铁研究,2005,2:48~51.
[23] J. Chen, T. Nijhuis. 热轧机的新型冷却系统,钢铁,2005,11:84~86.
[24] 刘相华等. 超快速冷却装置及其在新品种开发中的应用. 钢铁,2004,8:71~74.
[25] 袁国等. 带钢超快速冷却条件下的换热过程. 钢铁研究学报,2007,5:37~39,43.
[26] 翁宇庆. 钢铁结构材料的组织细化. 钢铁,2003,5:1~11.
[27] 彭良贵等. 热轧带钢冷却技术的发展. 钢铁研究,2007,2:59~62.
[28] 刘俭等. 沙钢异地重建钢铁厂的自动化系统改造及宽厚板轧机的供货. 钢铁,2005,1:73~76.
[29] 陈键就等. 现代化宽厚板厂控制轧制和控制冷却技术. 宝钢技术,1999,2:10~16,21.
[30] 李龙等. TMCP 对低碳锰钢组织和强化机制的影响. 钢铁,2006,11:53~57.
[31] 唐荻等. 轧钢技术的现状和新发展. 钢铁,2007,11:1~4.
[32] 袁国等. 控制冷却在板带材开发生产中的应用. 钢铁研究学报,2006:1,1~5.

第二篇 控制轧制和控制冷却技术的应用

8 控制轧制和控制冷却技术在板带生产中的应用

控制轧制是形变热处理的一种形式,它首先在中厚钢板和热轧带钢生产中得到成功的应用。控制轧制和控制冷却相配合,在提高钢强度的同时,也改善了塑性和韧性,得到较高的综合力学性能。钢材性能的改善由以下三个组织因素所决定:(1)钢的组织细化;(2)碳化物的弥散强化;(3)获得多边形亚结构组织。

一般认为,第一个和第三个组织因素的作用更重要。晶粒的细化作用占强度提高效果的20%~30%,而获得细小分散的亚结构组织能在提高强度的同时仍保持高的塑性。而弥散强化作用一般不希望太大,因为弥散强化使强度提高的同时,使钢的塑性和韧性急剧降低。在控制轧制中,碳化物的弥散强化(析出)主要是作为细化晶粒的手段。

中厚钢板和带钢控制轧制和控制冷却工艺的主要参数是:钢的奥氏体化温度,即轧制前的板坯或钢锭的加热温度;轧制的温度制度;变形制度,其中包括各道次的压下量分配、在不同控轧阶段的各自累计变形量;各道次之间的停留时间和钢板或带钢的轧后冷却制度。对带钢来说,板卷的卷取温度和冷却制度也是很重要的。

设计和实施某一钢种的控制轧制和控制冷却工艺的技术条件主要有:

(1)掌握连铸坯的生产历史、尺寸规格、成分和组织状态;

(2)了解和掌握轧机、传动系统和主电动机的能力;

(3)具有所轧钢种变形条件下的变形抗力、奥氏体再结晶区域图和动态相转变曲线图。掌握钢在加热、控轧和控冷过程中钢的组织变化规律;

(4)有轧件的温度测定和控制手段;

(5)具有能满足钢材各阶段冷却速度要求的控制冷却装置;

(6)有稳定的工艺条件及相应的数学模型;

(7)计算机检测和控制系统。

8.1 控制轧制时板坯加热制度的选择

轧制钢板和带钢的原料主要是连铸坯,很少用轧坯和钢锭,坯料的轧制有冷装、热装和直接轧制三种方式。坯料的状态和加热温度对控制轧制制度及钢板的组织和性能是有影响的。因为加热温度、原始奥氏体晶粒大小、碳化物的固溶程度都直接影响变形过程中的再结晶状态、变形后的奥氏体晶粒尺寸以及碳化物的析出状态,从而影响热轧钢板的综合力学性能。

连铸坯轧前加热制度的选择,要考虑钢的化学成分、连铸坯的组织状态、对钢板组织和性能的要求、加热炉的生产能力和轧钢设备的能力。

以前,在轧机能力不太强的条件下,希望钢坯的加热温度高一些。但是近年来,由于轧钢设备能力的提高,控制轧制工艺的要求,适当降低连铸坯的加热温度对提高钢板质量、提高加热炉和轧机的产量、延长加热炉的使用寿命、降低板坯烧损和降低能耗都是有利的。

8.1.1　钢的化学成分与加热温度的关系

微合金化钢采用控制轧制工艺，有降低板坯加热温度的趋势。降低加热温度可以缩短轧制过程中中间待温的时间，提高轧机的生产率，同时也明显地改善控轧钢板的综合力学性能。

低合金高强度钢和微合金化钢的原始奥氏体晶粒尺寸，随板坯加热温度的降低而细化，如图 8-1 所示。

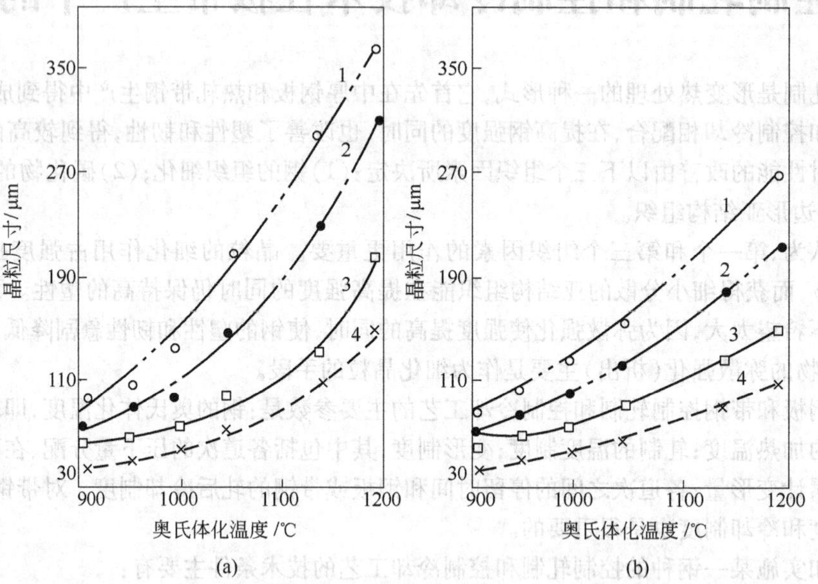

图 8-1　奥氏体化温度对 C－Mn 钢和含 V 或 Nb 钢的奥氏体晶粒(a)和铁素体晶粒(b)大小的影响
1—0.08% C，1.4% Mn 钢；2—0.08% C，1.4% Mn，0.06% V 钢；3—0.08% C，1.4% Mn，0.04% Nb 钢；
4—0.08% C，1.4% Mn，0.04% Nb，0.07% V 钢

从图 8-1 中看出，以 0.08% C 和 1.4% Mn 为基本成分，分别加入 V 或 Nb，或者复合加入 V 和 Nb 后，随加热温度的降低，钢的奥氏体晶粒尺寸细小，相变后的铁素体晶粒尺寸也相应细小。

轧前加热时，钢内发生三个过程：奥氏体相变、晶粒长大和碳化物的固溶。奥氏体晶粒大小与碳化物残余相颗粒固溶的程度有关，当碳化物质点全部固溶到奥氏体之后，奥氏体晶粒开始剧烈长大。钒的碳化物完全溶解的温度在 1050 ~ 1100℃。铌的碳化物完全固溶的温度在 1150 ~ 1200℃。不含 V 或 Nb 的 C－Mn 钢在所有加热温度条件下，都具有比含 Nb 或 V 钢粗大的晶粒。由图 8-1 可看出：板坯的加热温度由 1200℃ 降到 1000℃ 时，含 0.06% V 的钢奥氏体晶粒由 0.31mm 降到 0.11mm；含 0.04% Nb 的钢晶粒尺寸由 0.23mm 降到 0.08mm；含有 0.04% Nb 和 0.07% V 钢的晶粒尺寸由 0.15mm 降低到 0.05mm。

一般认为，在加热时碳化物的质点能阻止奥氏体晶界的移动，妨碍奥氏体晶粒的合并。低温加热可以减小奥氏体晶粒的长大，这是由于存在部分 Nb 或 V 的碳化物质点阻止奥氏体晶粒聚集和长大的作用。

8.1.2　加热温度对钢板强度的影响

B. N. 波戈尔热耳斯基等人研究了 C－Mn 钢，和加入不同含量的 V 和 Nb 的少珠光体低合金钢板坯的加热温度、终轧温度对钢板性能的影响。试验用钢如表 8-1 所示。

表 8-1　试验用钢的化学成分

炉　号	成分(质量分数)①/%					
	C	Mn	Si	Al	V	Nb
1	0.08	1.30	0.30	0.028	—	—
2	0.08	1.49	0.42	0.032	0.030	—
3	0.08	1.50	0.32	0.037	0.060	—
4	0.08	1.45	0.35	0.032	—	0.02
5	0.08	1.32	0.39	0.036	—	0.04
6	0.08	1.40	0.40	0.040	0.030	0.02
7	0.08	1.30	0.40	0.040	0.060	0.04

① 各炉号钢的成分均含有 0.02% ~0.025% S,0.02% ~0.025% P 和 0.006% N,残 Al 0.028% ~0.04%。

研究用钢是在试验室 60kg 感应电炉中冶炼,钢锭锻成板坯并轧成 11mm 的板材。加热温度为 1050℃和 1200℃,轧制道次变化在 5 ~8 道次,终轧温度在 700 ~950℃之间变化,最终道次压下率为 25%。

为了模拟带钢卷取时的冷却条件,钢板从轧制终了温度空冷到 600℃,然后以 50℃/h 的冷却速度从 500℃炉冷到 100℃,之后采用空冷。试验中只改变板坯的加热温度和终轧温度,其他工艺参数保持不变。试验结果如图 8-2 所示。

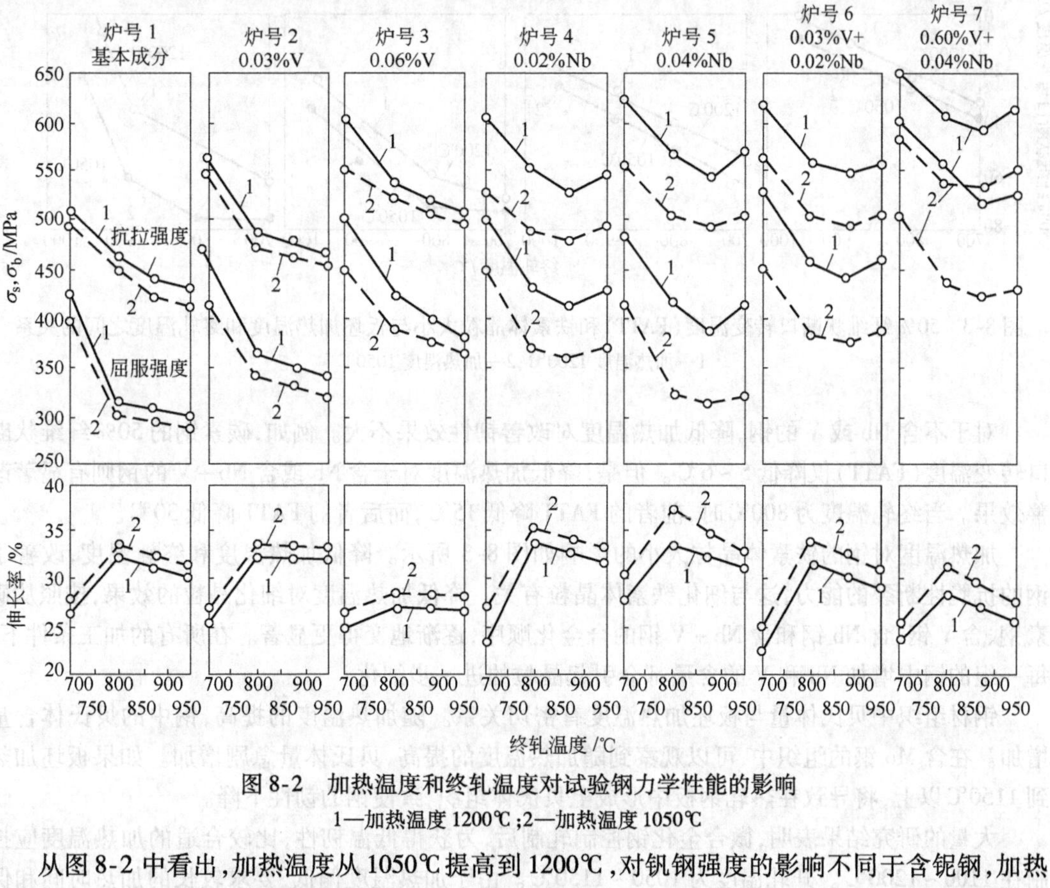

图 8-2　加热温度和终轧温度对试验钢力学性能的影响
1—加热温度 1200℃;2—加热温度 1050℃

从图 8-2 中看出,加热温度从 1050℃提高到 1200℃,对钒钢强度的影响不同于含铌钢,加热温度对含 Nb 钢的强度和塑性影响比较大。提高加热温度对不含 Nb 或 V 的 C - Mn 钢的抗拉强度和屈服强度影响不大。而加入 Nb 和 V 时，加热温度的提高明显提高钢的强度。在含 0.04% Nb 和 0.06% V 钢中屈服强度增加 88～118MPa。

通过提高加热温度而获得更高的强度，是由于 V 和 Nb 的碳氮化合物更多地固溶到奥氏体中，并在随后的轧制过程中和轧后冷却过程中析出的结果。这些钢随着加热温度的提高，伸长率稍有下降，但是，由于这些钢的伸长率都超过了 25%，仍达到标准要求。

8.1.3　加热温度对钢板韧性的影响

将加热温度从 1200℃ 降到 1050℃，促使钢的 50% 纤维状断口转变温度相应降低，如图 8-3 所示。

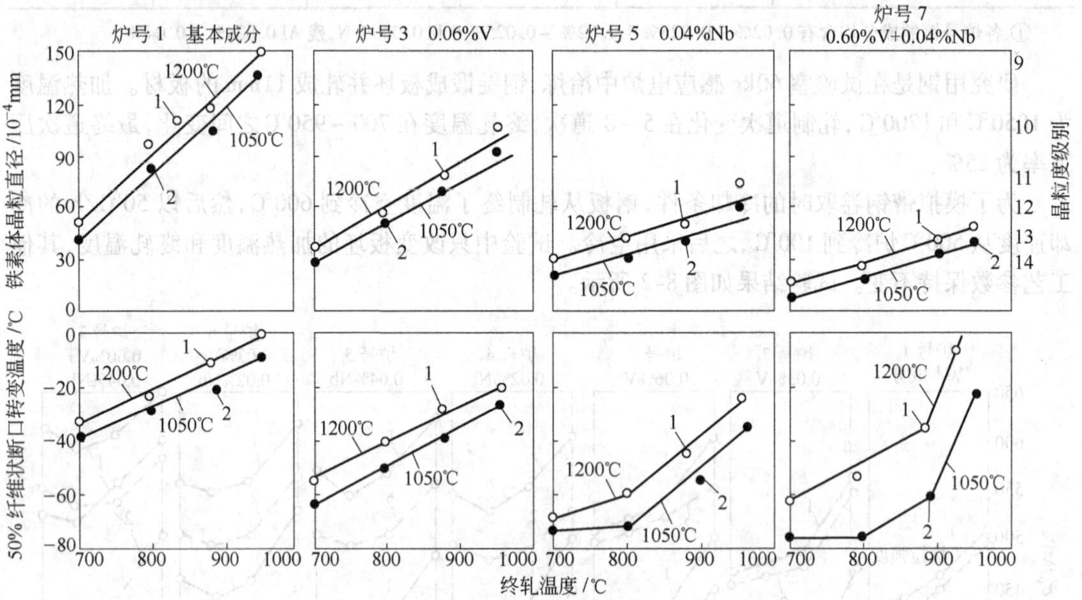

图 8-3　50% 纤维状断口转变温度（FATT）和铁素体晶粒大小与板坯加热温度和终轧温度之间的关系
1—加热温度 1200℃；2—加热温度 1050℃

对于不含 Nb 或 V 的钢，降低加热温度对改善韧性效果不大。例如，碳素钢的 50% 纤维状断口转变温度（FATT）仅降低 5～6℃。但是，降低加热温度对于含 Nb 或含 Nb + V 的钢则有显著改善效果。当终轧温度为 800℃时，前者的 FATT 降低 15℃，而后者的 FATT 降低 30℃。

加热温度对钢的铁素体晶粒大小的影响如图 8-3 所示。降低加热温度和终轧温度，改善了钢的抗脆性断裂的能力，这与细化铁素体晶粒有关。降低加热温度对细化晶粒的效果，按照从碳素钢、含 V 钢、含 Nb 钢和含 Nb + V 钢的合金化顺序，逐渐地变得更显著。在所有的加工条件下，每一组的钢中增加 Nb 和 V 的含量都会引起晶粒的进一步细化。

钢材组织中贝氏体量与板坯加热温度有密切关系。随加热温度的提高，钢中的贝氏体含量增加。在含 Mo 钢的组织中，可以观察到随加热温度的提高，贝氏体量急剧增加。如果板坯加热到 1150℃以上，将导致在热轧钢板中形成上贝氏体组织，致使钢的韧性下降。

大量的研究结果表明，微合金化钢控制轧制后，为获得低温韧性，比较合适的加热温度应控制在 1100～1200℃。开轧温度为 1050～1150℃。由于加热温度偏低，要求较长的加热时间和保温时间，因而采用步进式加热炉更为合适。

8.2 钢板和带钢控制轧制工艺的种类和特点

中厚钢板的普通热轧工艺是指坯料的加热温度一般高于1200℃,出炉后在高温区不间断地轧制到成品厚度,终轧温度偏高,多在950℃以上,变形制度不严格控制,轧后一般采用空冷,因而获得比较粗大的铁素体和珠光体组织,钢的力学性能偏低,特别是低温韧性很难达到要求。

根据热轧过程中变形奥氏体的组织状态和相变机制不同,将控制轧制划分为三个阶段,即在奥氏体再结晶温度区的控制轧制称为奥氏体再结晶型控制轧制;在奥氏体未再结晶温度区的控制轧制称为奥氏体未再结晶型控制轧制;在奥氏体和铁素体(A+F)两相温度区的控制轧制叫两相区控制轧制。也有人将这三种类型的控制轧制称为控制轧制的三个阶段,即依次为Ⅰ、Ⅱ和Ⅲ阶段。有关各阶段的组织变化机理在第一篇中已经介绍。

中厚板和带钢热轧时,既可以采用单一类型的控制轧制工艺,也可以采用两种或三种类型相配合的控制轧制工艺,其工艺示意图如图8-4所示。

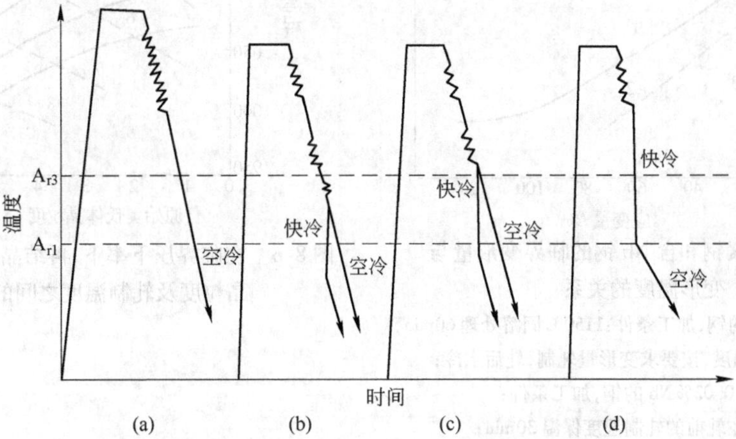

图8-4 各种类型的控制轧制及轧后快冷工艺示意图

(a)普通热轧工艺;(b)Ⅰ+Ⅱ+Ⅲ三阶段控制轧制和控制冷却工艺;(c)Ⅰ+Ⅱ两阶段控制轧制和控制冷却工艺;(d)高温再结晶型(Ⅰ型)控制轧制和控制冷却工艺

近年来,在生产超低碳超薄IF钢热轧板带时,又在铁素体区温度范围内轧制一定道次,轧后控冷,控制板卷的卷取温度。也可以将铁素体轧制称为铁素体控制轧制或第Ⅳ阶段。

采用什么类型的控制轧制工艺取决于钢的化学成分、对成品钢板的组织和性能的要求、轧机的设备条件和工艺水平以及对轧机产量的要求等。特别是轧机后面是否具备控制冷却设备、冷却设备能力的大小都直接影响到控制轧制工艺的选择。

8.2.1 奥氏体再结晶型控制轧制的特点

再结晶型控制轧制是在奥氏体变形过程中和变形后自发产生奥氏体再结晶的温度区域中进行轧制,变形温度一般在1000℃以上。根据钢中Nb含量的不同,要达到完全再结晶所需的临界变形量和变形温度如图8-5所示。从图中看出,碳素钢的再结晶临界变形量较小,对变形温度的依赖也小。而含Nb钢的再结晶临界变形量都很大,而且对变形温度的依赖也很大。临界变形量随可溶解的Nb含量的增大而加大。变形温度降低,临界变形量加大。变形温度越低,则临界变形量增大得越多。

原始奥氏体晶粒大小对再结晶的临界变形量也有影响。当轧制温度一定时，随原始奥氏体晶粒粗大而要求有较大的再结晶临界变形量。终轧温度越低，则临界变形量越大，含 Nb 钢表现得最为强烈。而碳素钢的再结晶临界变形量随温度的变化不大。

在奥氏体再结晶区，随道次变形量的加大，奥氏体再结晶后的晶粒细化。但是，当道次压下率达到 50% 以上时，晶粒细化的趋势减小，最后，晶粒尺寸达到一个极限值。对于含 Nb 钢来说，这个极限值大约为 20μm，如图 8-6 所示。而碳素钢则稍大些，大约为 35μm。在这两个钢种中，降低轧制温度都会得到较细的晶粒，但是，温度的作用是较小的，道次变形量影响较大。

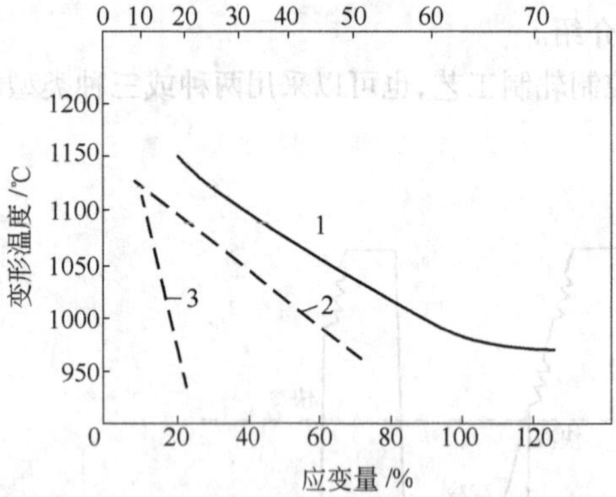

图 8-5 碳素钢和含 Nb 钢的临界变形量与变形温度的关系

1—含 0.03% Nb 的钢，加工条件：1150℃固溶处理 60min，空冷到变形温度，按要求变形量轧制，轧后水冷；

2—含 0.02% Nb 的钢，加工条件：同 1，但在轧前的轧制温度保温 30min；

3—碳素钢，加工条件：同 2

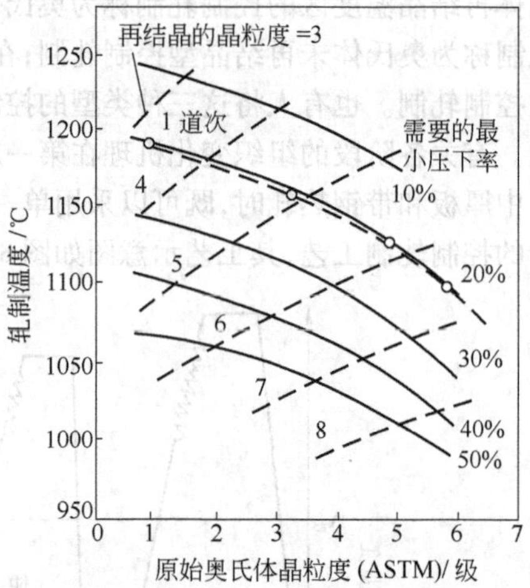

图 8-6 在临界压下率下，再结晶晶粒度与原始晶粒度及轧制温度之间的关系

在再结晶区轧制时，如果轧后停留时间加长，则再结晶晶粒长大，形成粗大的奥氏体晶粒。

在奥氏体区的高温区轧制时，在钢板的变形区内（小于 1s）一般只能发生不完全动态再结晶，形成粗大晶粒。而在轧后间隙时间内，发生奥氏体静态再结晶或次动态再结晶。如果在再结晶温度范围内，经多道次轧制，通过反复的静态再结晶或次动态再结晶，奥氏体晶粒必然细化到一个极限值。这是由于每一道次的变形量均超过静态再结晶临界变形量，反复再结晶细化晶粒，总压下率达到 50% ~60% 而得到的。

在奥氏体临界变形量以下变形，将发生部分再结晶或者由于应变诱发晶界迁移，而在奥氏体中出现少量特大晶粒，引起严重混晶现象。例如，某厂所轧制的 16MnR 容器板（0.17% C，0.6% Mn，0.02% S，0.029% P，0.40% Si 和 0.01% Ti）在 1200℃ 加热 10min 奥氏体化后，原始奥氏体晶粒为 91μm，900℃温度下以 10% 压下率轧制后立即淬水，在奥氏体中出现 250μm 以上的大晶粒，如图 8-7 和图 8-8 所示。出现这种特大晶粒后，采用延长轧后待温时间也不能消除这种现象。要想消除这种特大晶粒，必须在以后道次中采用更大的压下率，使其发生再结晶。这种方法是不易实现和比较困难的。这就是为什么要防止在部分再结晶区进行轧制的原因。

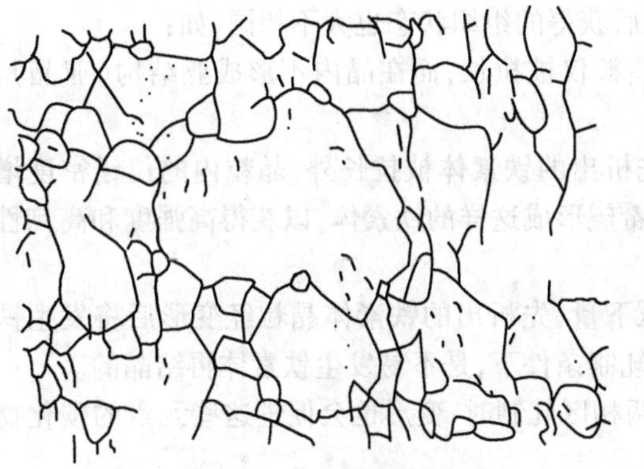

图 8-7　16MnR 钢轧后水淬的奥氏体组织(有粗大晶粒)100×
(1200℃加热 10min,900℃轧制,变形量 10%)

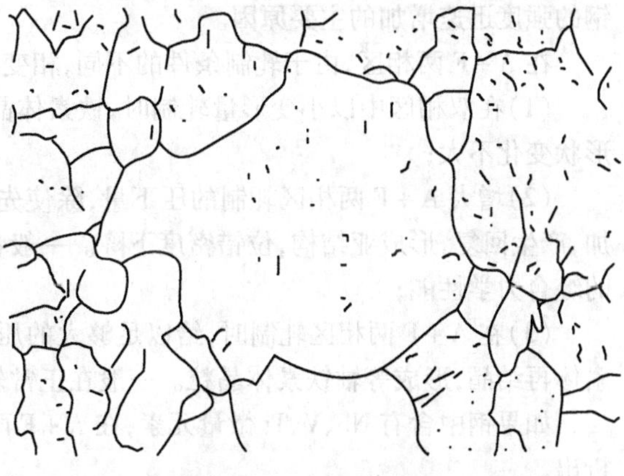

图 8-8　16MnR 钢轧后保温 15s 后水淬的奥氏体组织(有粗大晶粒)100×
(1200℃加热 10min,900℃轧制,变形量 10%,轧后停 15s 水淬)

轧制含钛 16MnR 钢,除 1100℃轧制外,在 1000～800℃轧制,道次变形量为 5%～10%,都存在有这种特大晶粒现象。为了避免特大晶粒的出现,在高温区必须保证道次压下率达到一定值,避免小压下量,促使奥氏体晶粒均匀细化。试验结果表明:在 950～1100℃轧制,道次变形量要大于 15%～20%,奥氏体晶粒的均匀性较好。随着轧制温度的降低,必须给以更大的道次变形量。

8.2.2　奥氏体未再结晶型控制轧制的特点

根据钢的化学成分不同,奥氏体未再结晶区的温度变化范围在 950～A_{r3}温度区间。未再结晶区轧制的特点主要是在轧制过程中不发生奥氏体再结晶现象。塑性变形使奥氏体晶粒拉长,在晶粒内形成变形带和 Nb、V、Ti 微量元素的碳氮化合物的应变诱发沉淀。变形奥氏体晶界是奥氏体向铁素体转变时铁素体优先形核的部位。奥氏体晶粒被拉长,将阻碍铁素体晶粒的长大,随着变形量的加大,变形带的数量也增多,而且在晶体内分布得更加均匀,这些变形带也提供了相变时的形核地点。因而,相变后的铁素体晶粒也更加均匀细小。

未再结晶区轧制导致钢的强度提高和韧性改善,这主要是由于铁素体晶粒的细化。随变形量的加大,钢的屈服强度提高,50%纤维断口脆性转变温度下降。

在拉长的奥氏体晶粒边界、滑移带等处优先析出 Nb、V、Ti 的碳化物颗粒。因为弥散颗粒在 A→F相变前主要沿原来奥氏体晶界析出,可以阻止晶粒长大。

在奥氏体未再结晶区,加大道次变形量使 A→F 相变的开始温度(A_{r3})提高;多道的累积变形量加大,也促使 A_{r3}温度提高。相变温度提高,导致相变组织中多边形铁素体数量增多,珠光体数量减少。

8.2.3　奥氏体和铁素体两相区控制轧制特点

一般是在奥氏体再结晶区、未再结晶区进行控制轧制后,在奥氏体向铁素体相变的 A+F 两相区的上限温度进行一定道次的轧制,使尚未相变的奥氏体晶粒继续变形、拉长,晶粒内形成新的滑移带,并在这些部位形成新的铁素体晶核。而先析出的铁素体晶粒,经变形后,使铁素体晶粒再结晶或晶粒内部形成大量位错、亚结构,引起强度提高和脆性转变温度降低。亚结构是引起钢的强度迅速增加的主要原因。

在 A + F 两相区，由于轧制条件的不同，相变后获得的组织状态也大不相同，如：

(1)在双相区中以小变形量轧制时，铁素体晶粒仅被拉长，而在晶内不形成亚结构(亚晶)，形状变化不大；

(2)增大 A + F 两相区轧制的压下量，除使先析出的铁素体被拉长外，晶粒内的位错密度增加，产生回复，形成亚结构，位错密度下降。一般希望形成这样的铁素体，以获得高强度和高韧性的综合力学性能；

(3)在 A + F 两相区轧制时，给以足够大的压下量，先析出的铁素体晶粒经变形后将发生铁素体再结晶，形成等轴铁素体晶粒。一般在正常轧制条件下，是不易发生铁素体再结晶的。

如果钢中含有 Nb、V、Ti 微量元素，在 A + F 两相区轧制时，变形也会促进这些元素的碳化物析出。

从 A + F 两相区控轧的特点可以看出，在这一区间的轧制道次和道次的变形量选择是很重要的。同时也看到，在两相区轧制后所得到的组织是不均匀的。

另外，必须指出：经过 A + F 两相区轧制的钢材性能不是简单地决定于这一阶段的轧制特点，而且与下列因素有关：

(1)进入 A + F 两相区轧制之前的轧制经历，即与前面的变形条件有关。因为在进入两相区之前的奥氏体组织是再结晶型控轧或未再结晶型控轧，或者采用两种控轧，所得到的奥氏体组织状态不同，晶粒大小不同，引起的 A_{r3} 相变温度高低不同，相变开始后，析出的铁素体晶粒大小、状态和数量也不同；

(2)一般来说，A + F 两相区的轧制温度稍低些，有利于提高钢板的强度。例如，日本森川博文的研究结果表明：在 A + F 两相区中的高温区进行轧制时，钢材的韧性最好，降低轧制温度，则韧性反而变坏，如图 8-9 所示。两种钢的轧制温度与强度和韧性的变化规律是一致的。

Si – Mn 钢，以及在这一基础上的含 Ti、含 V – Ti和含 Mo – V – Ti 钢在两相区的变形量和变形温度对屈服强度和脆性转变温度的影响规律如图 8-10 所示。

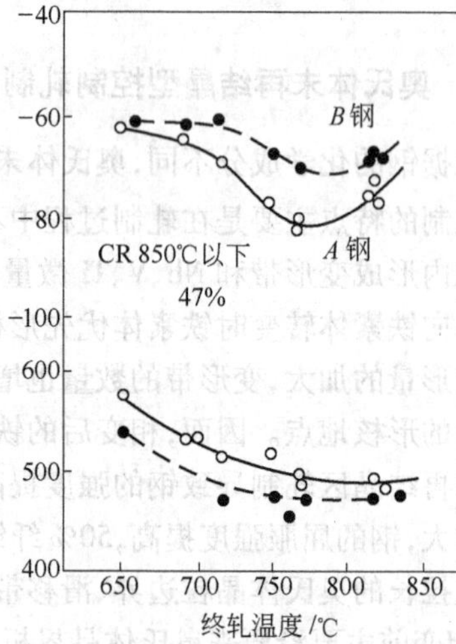

图 8-9 (A + F)两相区控轧时轧制温度和钢的性能关系

A 钢—铁素体 + 珠光体；*B* 钢—低碳贝氏体钢

(控轧条件：850℃以下，总压下率恒定为 47%)

图 8-10 中实线表示轧制温度一定，变形量增大时钢的强度与韧性的相应关系。虚线表示压下率一定时，随轧制温度的变化，钢的强度和韧性的相应关系。由于钢的成分不同，变形量和轧制温度对强度和韧性的影响是完全不相同的。一般来说，在 A + F 两相区的轧制温度越低，越有利于提高钢的强度。压下量越大，越有利于提高其韧性。但是，这种关系由于轧制条件的配合不同，变化是比较复杂的。从图中看出：轧制温度一定时，增大压下量，在小压下量阶段，出现明显强化，而韧性稍有降低。随着压下量的增大，强度增加越来越缓慢，达到一定变形量时，再加大变形量则韧性得到明显的改善。

(3) A + F 两相区的轧制在提高钢的强韧性的同时，钢材形成明显的织构，引起钢材的各向异性。

在奥氏体再结晶区控轧时，奥氏体晶粒取向是不规则的。相变后所得的铁素体取向也是不规则的。但是，在奥氏体未再结晶区控轧时，织构发达，形成{333}(113)~{554}(225)和{311}(011)~{211}(011)为中心的织构，并且在相变后的铁素体中将织构继承下来。由于变形产生非常发达的{100}(011)取向，织构产生，从而导致钢板有明显的各向异性。

图8-11为不同的控轧工艺对钢板各向异性的影响。从图8-11b中可看出，经两相区轧制时不同方向的性能。与轧制方向呈90°角方向的强度最大，平行方向次之。45°方向强度最低，而脆性转变温度最高，即韧性下降。在未再结晶区轧制后的钢材，各向异性相差较小，如图8-11a所示。

(4) A+F两相区轧制后，钢中形成强烈的织构，在冲击试样的断口上，平行于轧制面出现层状撕裂(Separation)。产生层状撕裂的原因，一般认为是沿钢板厚度容易压缩的{100}取向带和难以压缩的{111}取向带的塑性各项异性而引起的。而钢中的MnS经轧制后，沿轧制方向拉长也是形成层状撕裂的原因之一。但有人认为这是次要的。

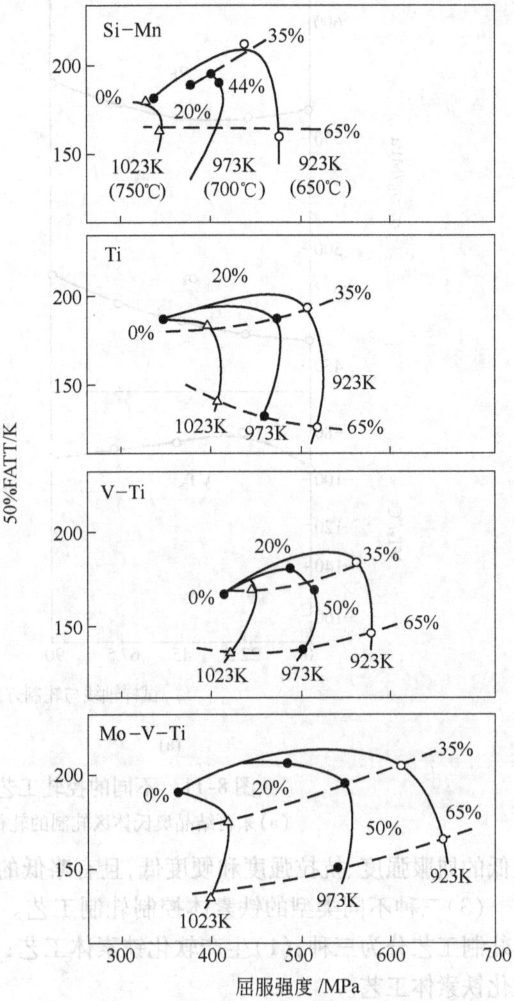

图8-10　(A+F)两相区的轧制条件对各种钢强度和韧性的影响

8.2.4　铁素体控制轧制的特点

铁素体控制轧制工艺是由比利时钢铁研究中心于20世纪90年代初开发成功的。主要目的是生产厚1.0mm以下超薄规格，有良好深冲性能的热轧板卷，取代部分冷轧产品。在比利时的Cockerill Sambre钢厂，用这一工艺生产的热轧带钢年产量达50万吨。美国LTV钢公司在1993年用铁素体控制轧制工艺生产薄带。在意大利Arvedi钢公司的ISP薄板坯连铸连轧机组采用这一工艺生产超薄规格热轧板卷。

国内的一些热连轧和薄板坯连铸连轧机组都具有采用铁素体控制轧制工艺生产IF钢的条件。

(1) 铁素体控制轧制及其特点。铁素体控制轧制是指轧件进入精轧前，必需完成奥氏体向铁素体的转变，使精轧过程完全在铁素体温度范围内进行。粗轧仍在奥氏体状态下完成。粗轧后轧件在快速冷却系统中快冷到A_{r3}(变形条件下应为A_{d3})以下，发生铁素体相变，形成铁素体，再进行铁素体轧制。在奥氏体再结晶区、未再结晶区的轧制条件对铁素体的轧前组织状态是有影响的。为了实现铁素体轧制，又降低变形抗力，钢中的碳含量应控制在0.04%以下。铁素体轧制工艺适用于超低碳钢、铝镇静钢和极低碳钢。

(2) 板带的组织和性能。采用铁素体轧制工艺生产的带钢组织是粗大的铁素体组织，具有

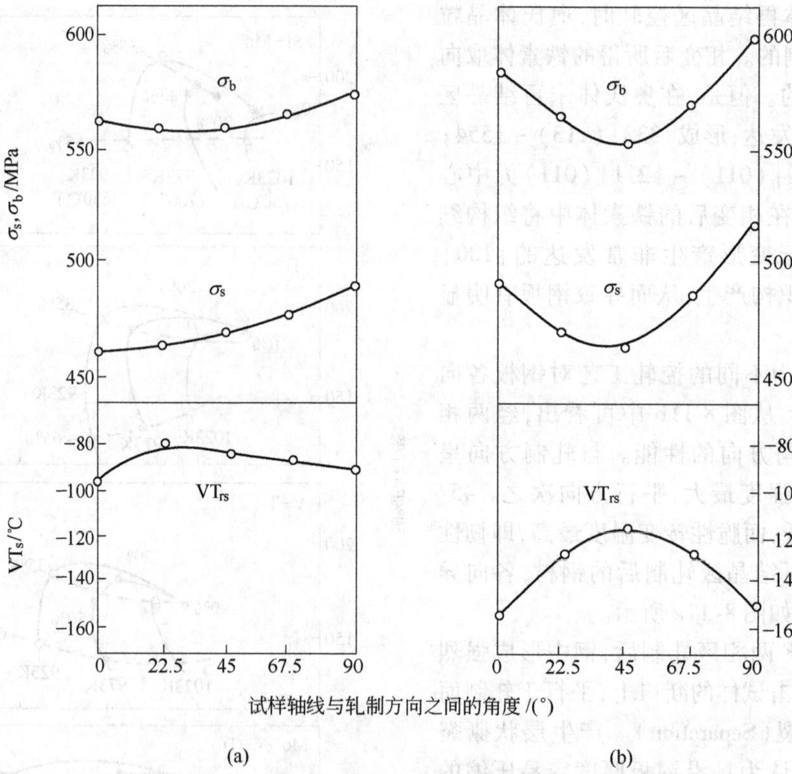

图 8-11 不同的控轧工艺对钢板的各向异性影响

(a)未再结晶奥氏体区轧制的轧材;(b)A+F 两相区轧制的轧材

较低的屈服强度、抗拉强度和硬度低,且有略低的 γ 值。

(3)三种不同类型的铁素体控制轧制工艺。根据轧后的冷却制度和板卷的卷取温度不同,其轧制工艺分为三种:(1)生产软化铁素体工艺;(2)生产完全再结晶铁素体工艺;(3)生产加工硬化铁素体工艺。

根据带钢的厚度、终轧温度和卷取温度的不同,形成三种铁素体轧制工艺具体的工艺参数和用途如表 8-2 所示。

表 8-2 三种铁素体轧制工艺参数和产品用途

组织状态	完全再结晶铁素体		软化铁素体	加工硬化铁素体
终轧温度/℃	>700		>700	<600
轧后冷却	空冷		中间冷速	快冷
卷取温度/℃	>700		650~700	<500
带钢厚度/mm	<2	>2	<1.5	<2
用 途	直接使用热带代替冷带	冷轧和退火	直接使用热带	退火后使用或冷轧、退火

(4)铁素体控制轧制工艺的制定包括两方面:温度制度和变形制度。

1)温度制度。铁素体轧制工艺为得到软的、粗大的组织,要求在低的温度范围进行奥氏体的变形:低温加热、低温轧制和高温卷取。比利时 Cockerill Sambre 钢厂进行铁素体轧制工艺,生产 0.8mm 薄带时所采用的温度制度如表 8-3 所示。

表 8-3　轧制 0.8mm 薄带时所采用的铁素体轧制温度制度

钢　种	加热温度/℃	粗轧温度/℃	精轧温度/℃	卷取温度/℃
1008/IF	1100	950	800～700	720,620
Nb	1300/1020	1000	870～600	—
IF	—	1050	840～500	—
超低碳钢	1100	—	830,860	700,650,600
超低碳钢	1150	—	780,750	700,650
超低碳钢	—	—	793	538

2）变形制度。在铁素体区域内的总变形量不应小于50%～60%，才有比较理想的铁素体轧制效果。采用铁素体轧制工艺生产 0.8mm 热轧板带精轧机组的轧制规程如表 8-4 所示。

表 8-4　0.8mm 热轧板带铁素体轧制工艺的精轧机组轧制规程

精轧机架	F_1	F_2	F_3	F_4	F_5	F_6	F_7
入口厚度/mm	55.00	23.27	9.62	4.81	2.56	1.54	1.04
出口厚度/mm	23.27	9.62	4.81	2.56	1.54	1.04	0.80
道次压下率/%	57.00	58.67	49.94	44.95	41.70	32.42	23.39
入口温度/℃	991	922	841	830	820	810	789
出口温度/℃	966	924	848	835	825	789	766
机架间冷却水/$m^3 \cdot h^{-1}$	0	80	272	0	0	0	0

（5）粗轧和精轧轧后的冷却制度。粗轧是在奥氏体区温度范围内进行，轧后要快冷，使奥氏体向铁素体转变。这就要求粗轧机与精轧机之间有一定的距离，并要安装有冷却装置。为了确保某些钢种钢坯进入精轧的高温度，需要设置保温罩等有关设备。

为了铁素体轧制后的钢带组织粗大、软化，要求在精轧机轧后的层流冷却段采用空冷，并采取相应的轧制速度，确保较高的板卷卷取温度。同时要考虑精轧机与卷取机之间的距离设置，满足卷取温度的要求。例如，德国 TKS 厂为满足铁素体轧制的要求，对卷取机作重点考虑：对于厚度大于 1.2mm 的带钢采用常规的地下卷取机；对于小于 1.2mm 的带钢采用近距离的旋转式卷取机，确保卷取温度。并且在 F_7 与近距离卷取机之间设置快速冷却装置，冷却水流量达 $3500m^3/h$。

根据钢种、带厚不同，各段所选取的冷却制度是不同的。

（6）其他相关工艺。在铁素体轧制过程中，由于轧辊和带钢之间的摩擦力使带钢在辊缝隙中的受力状态从纯压变成剪切状态，在带材的表面生成剪切织构，降低带钢的 γ 值，由于织构具有遗传性，将保留到后部深加工工序，带来不良影响。因而在采用铁素体轧制工艺时，一般采用润滑轧制工艺。在降低轧制压力的同时，提高轧机的可靠性和工艺稳定性。

第二代薄板坯连铸连轧生产线都采用或预留了铁素体轧制工艺。如我国珠钢、唐钢、马钢、攀钢、宝钢和包钢等连轧机组都具有采用铁素体轧制工艺的条件。

8.3　中厚钢板控制轧制和控制冷却工艺的应用

8.3.1　合理选择钢的化学成分

中厚钢板普通热轧工艺主要是保证产品的尺寸、几何形状、轧机的产量和轧钢设备的安全。一般都采用坯料高温加热，高温条件下轧制和高温终轧，轧后空冷。因而钢板组织粗大、综合力学性能不好。为了获得较好的综合力学性能，只能提高钢的碳当量，从而提高强度，但影响了钢的塑性、韧性和焊接性能。或者采用热处理工艺改善钢板性能，但又复杂了生产工艺，也浪费了能源。根据钢材控轧控冷的机理，可以看出：当低碳钢和微合金化钢采用控轧和控冷工艺时，要适当调节或降低碳当量，合理加入微量合金元素，可以明显地提高钢的综合力学性能。

根据钢板的组织性能和控轧控冷工艺要求，合理选择钢的化学成分，先决条件是静化钢质。近几年来，由于冶炼和连铸技术的进步，提供了优良的连铸坯，更有利于控轧控冷工艺的实现。

8.3.2　不同类型中厚板轧机所采用的控制轧制工艺

中厚钢板生产轧机按其轧机的型式可分为二辊式、三辊式和四辊式轧机。按轧机的布置形式又分为单机架和双机架布置。与轧机的形式配合，可组成三辊单机架、四辊单机架、二辊－四辊双机架、三辊－四辊双机架和四辊－四辊双机架轧机。三辊劳特式轧机由于轧机的能力小、轧制质量差，满足不了控轧的要求，目前已经被淘汰，多改造成四辊轧机。

根据轧机型式和轧机布置组成的不同、轧机和主电机能力的不同，所用坯料钢种、尺寸、规格和所轧的板厚不同，所采用的控轧工艺也有很大的差别。而且控制的要点和方法各不相同。下面根据轧机的不同型式，在考虑板型控制和板厚控制的要求下，介绍能够采用的控制轧制工艺原则。

8.3.2.1　单机架中厚钢板轧机所采用的控制轧制工艺

单机架轧机时，粗轧和精轧的控轧工艺都是在一个轧机上进行。为了缩短中间待温时间，可以采用两块或三块钢板交替轧制，在轧机的前面或后面辊道上坯料待温或快冷的方式进行不同类型的控轧。例如，首先将三块钢坯在奥氏体再结晶区温度进行控轧工艺，依次轧到中间厚度，送至轧机后辊道冷却（空冷或水冷）；将辊缝抬高，再将三块钢板返回机前辊道，达到未再结晶区温度后，再进行第二阶段的控轧或继续进行两相区的三阶段控轧工艺，轧成成品厚度。

四辊单机架中厚板轧机多采用奥氏体高温再结晶型和未再结晶型的两阶段的控轧工艺。为了增加变形奥氏体的再结晶数量，尽可能地达到完全再结晶，在轧机设备能力可能条件下，力争在高温条件下采用较大的道次压下量。为了缩短在部分再结晶区的待温时间，也可以在部分再结晶区的上限温度范围轧制一定道次，并适当延长轧后的停留时间，有利于发生再结晶和组织均匀化。当钢温降到950～980℃左右，进行机前或机后待温或快冷。钢温达到奥氏体未再结晶区的温度范围，进行第Ⅱ阶段控轧，采取低温大压下的原则，确保未结晶区的累计变形量大于50%～60%，有利于轧后奥氏体向铁素体相变形核，增加形核部位，达到细化铁素体晶粒和珠光体球团尺寸的目的。终轧温度应尽量控制在接近 A_{r3} 温度，防止晶粒长大，轧后立即相变。相变后按钢种和钢板厚度的不同，采用相应冷却速度的控制冷却工艺。

下面以舞钢4200mm单机架宽厚板轧机轧制Q370qD/Z25桥梁钢板的控制轧制工艺为例。

连铸坯的成分：$w_C \leqslant 0.17\%$，$w_{Mn}=1.2\% \sim 1.6\%$，$w_{Si} \leqslant 0.50\%$，$w_P \leqslant 0.025\%$，$w_S \leqslant 0.007\%$，$w_{Al_s} \geqslant 0.020\%$，$w_V \leqslant 0.080\%$，$w_{Nb} \leqslant 0.045\%$，$w_{C_{eg}} \leqslant 0.44\%$。

连铸坯最高加热温度1260℃，均热温度1200～1240℃。采用奥氏体再结晶型和未再结晶型两阶段控轧工艺。开轧温度1150～1200℃，到950℃以上待温。第Ⅱ阶段的开轧温度在900℃以下，开轧前几道采用大压下量，累计变形量在60%左右，终轧温度控制在800～880℃。为确保钢板性能的稳定，轧后钢板采用堆垛缓冷。

8.3.2.2　双机架中厚板轧机的控轧工艺

在双机架轧机轧制时，一般在粗轧机进行高温再结晶型控制轧制，轧件在送往精轧机的运输辊道上进行中间待温或中间水冷，达到未再结晶区温度的上限温度，再送入精轧机进行未再结晶区控轧，轧到成品厚度。如果再加上奥氏体和铁素体两相区的Ⅲ阶段控轧，则在奥氏体未再结晶区轧到中间厚度，送往机后快冷，相变析出一定数量铁素体，再进行两相区的控轧，轧至成品厚度。

为了平衡两架轧机的轧制节奏，提高轧机的产量，也可以采用粗轧轧制后，立即快速将轧件送到精轧机继续进行再结晶型控轧，之后，板坯再进行中间厚度的待温冷却或快冷。钢温降低到未再结晶区温度，再继续进行Ⅱ阶段控轧或加入第Ⅲ阶段的控轧，直到轧成成品厚度。

A 四辊－四辊双机架轧机的控轧工艺

济钢厚板厂四辊－四辊双机架生产 DH36 船板钢的控轧控冷工艺为：钢坯的加热温度(1150±20)℃，采用两阶段（Ⅰ和Ⅱ型）控制轧制工艺，粗轧机的开轧温度控制在(1100±20)℃，粗轧机的Ⅰ型控轧阶段总变形量控制在70%以上，停轧温度在950℃以上完成轧制。未再结晶区控轧在精轧机上进行，在900℃以下进行轧制，总变形量控制在50%～60%，终轧温度为(810±20)℃，轧后冷却速度控制在3.0～5.0℃/s，终冷温度控制在(650±20)℃。轧成的钢板厚度为16mm和20mm。

乌克兰伊里奇3000mm四辊双机架中厚板轧机按控制轧制工艺轧制(06～14)Mn2SiVNb钢板。成品厚度为5～25mm，板坯有两种：一种是连铸坯，尺寸为(200～315)mm×(1250～1900)mm×(2500～2800)mm，单重4.9～13.0t；另一种是板坯，其尺寸为(100～240)mm×(1100～1550)mm×(2500～2800)mm，板坯重为2.1～8.5t。

采用的控轧工艺是：步进式加热炉中加热到1050～1100℃，出炉后经17MPa高压水除鳞。在四辊粗轧机开轧温度为1000～1050℃，粗轧终轧温度为980℃，之后，在两个机架间的辊道上待温冷却。在精轧机开轧温度为奥氏体未再结晶的上限。当精轧机轧到成品厚度的3倍时，则每道压下率控制在15%～20%，轧制温度控制在800～750℃范畴内。所有厚度钢板的终轧温度为700～820℃。轧后可采用水冷或空冷到600℃。所轧钢板的 σ_b 达到900MPa，σ_s 达到750MPa，δ 为16%～24%，－40℃和－60℃的冲击功分别达到100J和60J。该厂又将控制轧制工艺和回火工艺相结合，即控轧的钢板在550℃进行3h的回火处理，使钢板的强度、塑性和韧性都有明显提高。

乌克兰亚速钢厂3600mm四辊双机架轧机采用控轧工艺生产17mm×2190mm×12000mm中板。钢种为07Mn2VNb，连铸坯尺寸为240mm×1550mm，连铸坯的加热温度为1150℃。在粗轧机上将连铸坯轧制9道，轧成48～50mm的轧件，粗轧的终轧温度为980～1000℃。之后，轧件在两机架间的辊道上游动待温到850～840℃，送入精轧机轧制8道次，轧至成品厚度，终轧温度为750～740℃，可见该工艺为三阶段的控轧工艺。控轧后的钢板性能为：$\sigma_b \geqslant 600$MPa，$\sigma_s \geqslant 470$MPa，$\delta \geqslant 23\%$，－15℃和－60℃的冲击功分别不小于70J和51J，－15℃的DWTT韧性断口大于85%。

目前国内外各厂中厚板轧机所采用的传统轧制和各种控制轧制工艺过程示意图，如图8-12所示。

B 二辊－四辊双机架轧机的控轧工艺

首钢3500mm二辊－四辊轧机采用控轧控冷工艺生产Q345中厚板，其工艺是：连铸坯加热温度1150℃，采用奥氏体再结晶型和未再结晶型控轧工艺。在二辊粗轧机上进行奥氏体再结晶型控轧、开轧温度1050℃，道次压下率控制在15%～20%，最大道次变形量≤30%，950℃停轧、待温或水冷。待温厚度为2～2.5倍的成品厚度。(880±20)℃送入四辊精轧机轧制，终轧温度为(820±20)℃。精轧的累计变形量控制在55%～66%。轧后钢板进行水幕下快冷，终冷温度为650～700℃，快冷速度为15～18℃/s。由于本钢种的奥氏体未再结晶区较小，所以900℃钢温进入精轧机时，前几道是处在部分再结晶区的下限范畴轧制，之后，再进行未再结晶型控轧，直到轧成成品。钢板组织为均匀细小的铁素体和珠光体。

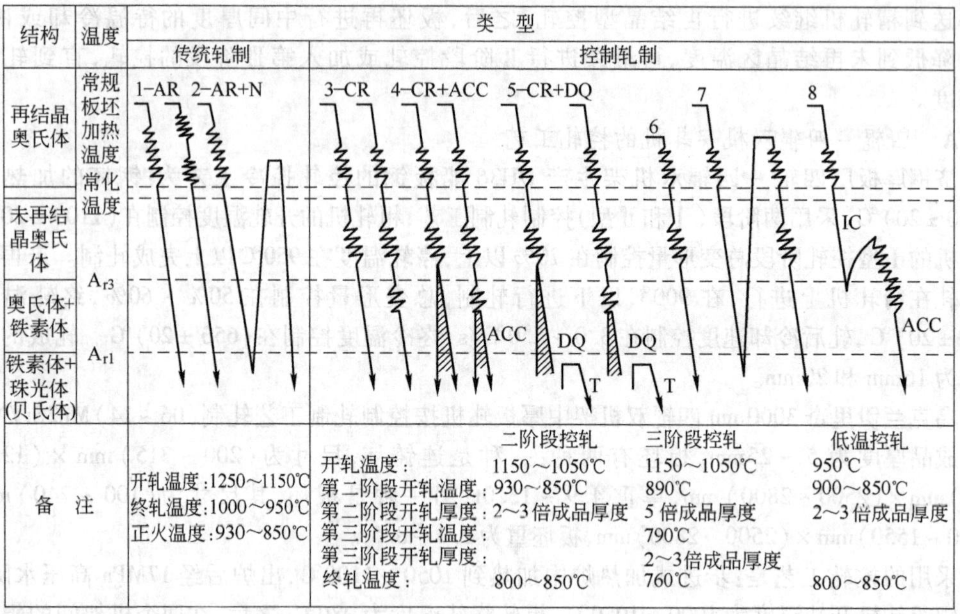

图 8-12 传统轧制和控制轧制工艺过程示意图

我国有几座 2300～2800mm 二辊－四辊双机架轧机,但由于轧机和轧后水冷条件的不同,所采用的控制轧制工艺也不相同。近年来,由于对轧机的改造和增加控制冷却设备,都可以采用控制轧制工艺,生产出各级别的造船钢板和海上采油平台用钢板、锅炉钢板、桥梁钢板、压力容器钢板和管线钢等。例如,某厂 2800mm 二辊－四辊双机架轧机生产 16MnR 压力容器钢板所采用的控制轧制工艺如下:

坯料加热温度不大于 1200℃,一般为 1150～1100℃,二辊粗轧机采用高温大压下快轧工艺,有利于变形奥氏体的完全再结晶。粗轧终了温度控制在 1000℃,二辊的道次变形率要大于 15%,粗轧的总压下率不小于 60%。轧成中间厚度,以下有两个控制轧制方案:

(1)轧后钢材待温或水冷,当钢温达到奥氏体部分再结晶区的下限温度区,送入四辊精轧机,开始几道在部分再结晶区的下限温度区轧制。道次变形量不要太大,防止大量发生部分再结晶。接着进入奥氏体未再结晶区温度,立即采用未再结晶型控轧工艺:880℃开轧,道次压下率为 15%～20%,累计压下率大于 60%。终轧温度为 830～820℃。

(2)粗轧后快速将钢板送至精轧机,在奥氏体的部分再结晶区上限温度区,钢温大于 950℃、轧制 2～3 道次、道次压下率大于 15%,以发生更多的再结晶数量。轧到成品的 2.5～3 倍的中间厚度,立即快冷到 880℃以下,进行奥氏体未再结晶型控轧,道次压下率在 15%～20%、累计压下率不小于 50%,终轧温度为 820～830℃。

轧后采用控制冷却,冷却速度大于 5℃/s,快冷终止温度 650℃左右。

8.3.2.3 控制轧制对轧机设备的要求

采用控轧工艺要求降低轧制温度和增大道次变形量,因此要求轧机能承受更大的轧制力,轧机能力的大小已成为能否实施控制轧制工艺和实施轧制工艺水平高低的关键条件。因此对轧机的要求是高刚度。目前,新设计辊身长度大于 4000mm 的机架,选用直径达 2400mm 的支承辊,牌坊立柱断面达到 10000～11000cm^2,单片牌坊重可达 380t 左右,轧机模数值达到 10000kN/mm;轧制力矩大,目前配备的主传动电机的输出力矩达(2×3000)～(2×4000)kN·m,额定功率不小于 2×10000kW，轧制速度不小于 6～7m/s；轧制压力大，轧机辊身单位长度轧制压力不小于 12～15kN/mm，目前最高单位轧制压力已达 25kN/mm，5000mm 以上轧机轧制压力达 100～130MN，单位轧制压力达 20～25kN/mm。

表 8-5 是我国部分中厚板轧机的单位轧制压力。新建的 2450～3000mm 四辊轧机刚度都达到 5000kN/mm 以上。这些轧机绝大多数都能实施控制轧制工艺，但控制轧制工艺水平不太高。轧机刚度均能满足控制轧制工艺要求。

表 8-5　我国部分中厚板轧机单位轧制压力

轧机名称	浦钢	酒钢	安钢	柳钢	邯钢	重钢
单位轧制压力/kN·mm^{-1}	14.28	19.60	17.90	17.90	14.30	12.25

8.3.3　中厚钢板的在线控制冷却

中厚钢板的在线控制冷却主要有：(1)轧制过程中各道次的轧件温度的控制。(2)轧后的控制冷却。

8.3.3.1　轧制过程中各道次的轧件温度的控制

轧制过程中各道次的轧件温度的控制是控制轧制的主要内容之一，也有叫控温轧制。根据轧制工艺的要求，利用机架间的冷却设备进行轧件温度的控制，特别是控轧各阶段的温度控制更为重要。

轧件中间冷却的方法主要有以下几种可行的方法：

(1)在轧机前后辊道上，轧件进行摆动待温；

(2)在主轧制线的侧面建立侧辊道，需要待温的轧件移到侧辊道上进行待温，如重钢五厂；

(3)在粗轧机后的辊道上设置快速冷却装置，使轧件进行快冷，缩短待温时间。

8.3.3.2　轧后的控制冷却

A　轧后控制冷却的目的

(1)控制钢材冷却过程中的组织状态，增大过冷度，降低变形奥氏体向铁素体和珠光体的相转变温度，以得到细铁素体和细片状珠光体组织；在不降低钢的韧性前提下进一步提高强度和综合力学性能；

(2)在奥氏体未再结晶区终轧后进行快冷，可以将变形奥氏体中的亚结构等强化机制保持到相变后的组织中，以提高钢材强度和低温韧性；

(3)在保证综合力学性能不降低的前提下，采用控制冷却工艺可以降低钢中碳当量或微合金元素，能够提高钢板的焊接性能、低温韧性和冷成型性；

(4)在钢板成分不变条件下，采用不同的轧后控冷工艺，可以生产出不同强度级别的钢板。或与控制轧制工艺相配合开发出性能更高的新的产品；

(5)轧后采用在线淬火工艺，可以简化工艺，节约能耗，降低成本。

控制冷却工艺必须与控制轧制工艺相配合，才能取得钢板的强韧化效果。

B　中厚钢板轧后控制冷却装置必须满足的要求

(1)能比较均匀冷却整块钢板(包括板宽、板长和板厚方向)，确保冷却均匀、组织均匀、钢板性能均匀；

(2)尽量减少快冷过程中钢板中引起较大残余应力和不均匀变形。要防止冷却钢板变形；

(3)保证有足够的钢板冷却速度，满足轧后快冷或直接淬火要求；

(4)能准确地控制、调整冷却速度和控制开冷及终冷温度；

(5)钢板上、下表面冷却水的流量比调整范围较大,而且调整时不破坏冷却状态;

(6)有比较短的冷却区长度;

(7)设备投资少,生产稳定,便于维修。

C　中厚钢板轧后的控冷装置种类和特点

中厚钢板控轧后的控制冷却设备的形式、冷却方式各不相同。目前国内外中厚钢板生产中,所采用的轧后冷却方式有:高压喷嘴冷却、普通管层流和高密度管层流冷却、水幕冷却、雾化冷却、板湍流冷却、辊式淬火冷却和无压(非约束型)淬火冷却、喷淋冷却、风冷、空冷和缓冷或堆冷。

轧后控制冷却是通过控制钢板轧后的冷却速度来控制所轧钢板的组织和力学性能的。冷却的方式不同,钢板的冷却速度不同。根据控冷工艺要求,既可以采用单一的冷却方式,也可以采用两种或多种冷却方式配合。

a　国外各种快冷装置的特点

国外各中厚钢板轧机所采用的轧后快速冷却设备的表示方法、主要参数和安装地点如表8-6和表8-7所示。

表8-6　加速钢板冷却系统的表示方法

冷却系统名称	冷却方法
ACP	加速冷却方法
ADCO	可调冷却
CLC	连续在线控制
CWC	水幕冷却
DAC	动态加速冷却
ICS	强冷却系统
KCL	神户制钢的控轧和加速冷却
MACOS	曼内斯曼加速冷却系统
MACS	多功能加速冷却系统
MULPIC	多功能间断式冷却
OLAC	在线加速冷却
WPC	水枕冷却
KONTCOOL	神钢加速冷却
ACC	快速冷却
DQ	在线淬火

表8-7　国外中厚板轧机轧后控制冷却装置和主要性能

序号	性能		日本钢管福山	川崎水岛	神户加古川	新日铁君津	住友鹿岛	德国迪林根	米尔海姆	杜依斯堡	敦刻尔克	塔兰托
1	名称		OLAC	MACS	KONTCOOL	CLC	DAC	MULPIC	MACOS	ICS	RAC (ADCO)	ACP
2	型式		非约束同时式	非约束同时式、DQ连续式	非约束同时式	非约束连续式	非约束连续式	非约束连续式	非约束连续式	非约束连续式	非约束连续式	非约束连续式
3	冷却方式	上部	层流	层流	层流	狭缝层流	层流	搅拌水机	水幕	层流	水雾	水幕
		下部	喷射	喷流	喷射	平喷射	喷射		水幕	喷射	水雾	水幕

续表 8-7

序号	性能	日本钢管福山	川崎水岛	神户加古川	新日铁君津	住友鹿岛	德国迪林根	米尔海姆	杜依斯堡	敦刻尔克	塔兰托
4	上下水比	1:(2~2.5)	1:(1.5~2.5)	1:(2~2.6)	1:(2~2.5)	1:(2~2.5)	1:2	1:(1.5~2)	1:2	1:(2~2.5)	1:1.5
5	集水管根数 上部	84	106	83	23	12		9	28		15
	集水管根数 下部	42		44	23	36		11	28		15
6	板边遮蔽	有	有	有	上下有	有	有	有	上下有	有	有
7	板速 /m·min^{-1}	~150	~150	~150	15~150	30~150	~120	3~90	~150	90	30~90
8	终冷温度 /℃	450~600	550	600	600	600	600	600	600	600	600
9	冷却段尺寸（宽×长） /m×m	4.5×44	5.34×40、DQ5.34×13	4.65×44.35	4.7×19.8	4.7×27、DQ4.7×14	4.7×30	5×12	3.6×30	5×22	4.7×26
10	最大水量 /m^3·h^{-1}	7200	上4000，下8000~12000，DQ14400	上2570，下6650~9220	11400	8200	12000	4500	12000	500~5000	11300
11	安装位置距轧机距热矫机 /m	26	19	53	79.8（在热矫后）	25	56 25	16.6 38	14.5 25	~20	~22
12	快冷品种	X52、X60、X65管线，HT50结构板	X70、X80管线，高强耐候板	船，管，海洋结构板，高强板	管板，HT50板	船，管板	管，船，桥，海洋结构，阀门板	管板	结构板	结构板	船板，结构板
13	冷却设备特点	设备长，钢板冷却均匀	有ACC、DQ两套设备	冷速可调范围大，设备长	设备在热矫后，板温低	有ACC和DQ两套设备	冷却快而均匀，可控性强	适合快冷薄板	冷却快，下面有遮板	汽雾冷却均匀	冷却速度快

b　国内一些中厚板轧机轧后控制冷却装置和性能

国内近些年来新建和改建的中厚钢板轧机有百余条生产线，多数轧机均设置有轧后控制冷却设备，但型式各有不同，冷却效果也不一样。现仅介绍几个中厚板轧机的轧后控冷装置和主要参数，如表 8-8 所示。

c　几种轧后快速冷却系统

几种轧后快速冷却系统的钢板冷却速度（800~500℃温度范围）对比，如图 8-13 所示。

从图 8-13 中看出，不同的冷却系统，冷却方法不同，冷却区长度和钢板厚度也不同，则钢板的冷却速度相差很大。

表 8-8 国内几个中厚板轧机的轧后控冷装置和主要参数

序号	性 能	宝钢 5.0m 厚板轧机	鞍钢 4.0m 厚板轧机	舞钢 4.2m 厚板轧机	酒钢 3.1m 中板厂	邯钢 3.5m 中板厂	台湾中钢 厚板厂
1	冷却方式	喷射和层流组合式	高密度管层流	高密度管层流	气水喷射	高密度管层流	管层流
2	型 式	连续式	连续式	连续式	连续式	连续式	连续和同时式
3	冷却段尺寸（宽×长）/m×m	5.0×30.4	4.0×26	4.2×27	(2.8)3.1×16	3.5×25	4.1×24.5
4	冷却钢板尺寸/mm	ACC，DQ10~100	ACC，8~50	ACC，DQ 12~80(250)；DQ，12~40	ACC，DQ 5~40	ACC，DQ 8~80(100)	ACC，DQ 5~50
5	安装位置	矫机前	矫机前	矫机前	矫机前	矫机前	矫机前
6	最大水量 /$m^3\cdot h^{-1}$	喷射段:7000，层流段:13000	8000~9000	1000~8000，实际用水 2000~15000	6000	12000	
7	开冷温度/℃			700~1000		700~1000	
8	终冷温度/℃			400~800	550~800，淬火达 200	450~900	
9	冷却速度 /℃·s^{-1}	板厚 20mm，35	3~40	30		3~25	

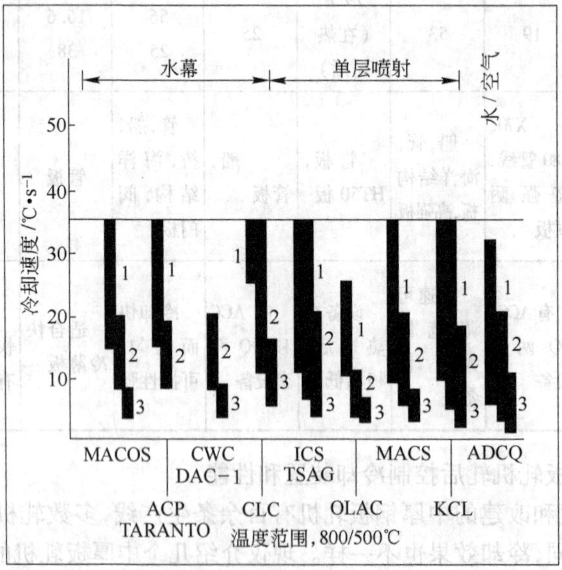

图 8-13 各种冷却系统的冷却速度对比

钢板厚度：1—10mm；2—20mm；3—40mm

水幕冷却装置按其流量大小和水幕数量多少，分为大水量、少水幕和小水量、多水幕两种配合。前者水量大、冷却效果强，但不易控制和调整，水冷区的长度比较短。而后者冷却效果平稳，利用多水幕的特点能比较灵活地调整冷却制度。但水冷区的长度比较长，水幕冷却在调整水量过小或过大时，会引起水幕的破坏，影响冷却效果。

普通管层流冷却，对钢板冷却比较缓和，冷却比较均匀，用微机控制水冷参数比较成熟。但耗水量较大，冷却区较长要求有较长的输出辊道。集管和U形管容易堵塞，维修管理费用高。

高密度管层流冷却是在普通管层流冷却方式的基础上进行改造，利用其构造简单，易于形成稳定的层流状态等优点，加大U形管的密度，结合中厚板的生产特点，调整宽度方向上的排列密度，能够适应各种宽度产品的冷却。其特点为：

(1)容易实现钢板上、下面的均匀冷却和沿宽度方向的均匀冷却。由于单根上集管的密度增加，使冷却能力提高，减少了冷却区长度，达到水幕冷却所需的冷却区长度；

(2)在冷却过程中，通过侧喷装置和集管的组数控制，使钢板在各集管间形成间隙冷却，从而控制钢板的组织性能及钢板的表面质量；

(3)设备结构简单，制作方便，喷嘴采用直径为10mm以上的圆管，不易发生堵塞，设备便于维修和管理；

(4)冷却设备重量轻，制造费用较低。

图8-14是水幕冷却、普通U形管层流冷却和高密度管层流冷却三种冷却装置的冷却能力的对比。

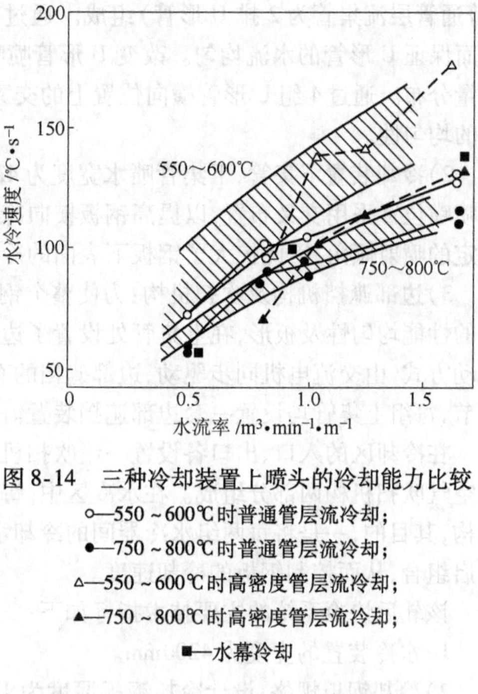

图8-14　三种冷却装置上喷头的冷却能力比较

○—550～600℃时普通管层流冷却；
●—750～800℃时普通管层流冷却；
△—550～600℃时高密度管层流冷却；
▲—750～800℃时高密度管层流冷却；
■—水幕冷却

水幕冷却，也称喷雾冷却、雾化冷却，冷却比较均匀，调节范畴大，可从水到雾，到风的冷却。可实现各钢种和不同板厚进行轧后控制冷却和淬火工艺要求。但是需要水和高压风两套系统，雾气较大，使周围设备易腐蚀，噪声大。目前我国酒钢中板厂的轧后冷却装置就采用水幕冷却工艺。

从图8-14中看出，高密度管层流冷却装置的冷却能力与水幕冷却装置的冷却能力相当。而设备结构简单、设备维护容易及投资等费用与水幕冷却相比较低。

下面简明介绍一下高密度管层流冷却系统的组成。

(1)冷却水处理系统：由冷水泵房、热水(回水)泵房及冷却塔组成。

(2)双高位中间水箱：为了向集管供水稳定采用双高位水箱，分别设置在车间外和冷却区旁，保证稳压、稳流并起到水量缓冲及排气的作用。车间外高位水箱最高水位为12m，最大容积250m³。冷却区旁的水箱为封闭式，水位高度为7m，容积为150m³。其主要作用是向上、下各集管分配水流，稳定水流量。

(3)高密度管层流冷却装置：轧后快冷区安装在轧机后，距轧机中心线38m左右，水冷区长27m，分设快冷区、冷却区和冷却调节区三部分。其中快冷区由6组上下集管为一对一的高密度管层流集管组成，集管间距为1m；冷却区由6组上下集管为一对二布置的高密度管层流集管组成，上集管的间距为2m；冷却调节区由3组上下集管为一对一的普通U形集管组成，集管间距为1m。在快冷区和冷却区，通过前、后集管的不同组合及辊道速度的调整，来完成对钢板的轧后快冷。冷却调节区的作用是对钢板温度进行微调，控制钢板的终冷温度。

为了保证上、下集管供水的稳定和均匀性，采用入水管上阶梯开孔方式及三级节流阻尼措施，确保集管末端的出口流速在要求的范围内，使集管全长水压均匀，从而保证U形管的水流均匀。这样水柱与钢板接触时，能产生良好的层流层，进而提高水的换热能力。根据计算，冷却厚80mm的钢板时，每组上集管的最大水量可达300m^3/h。

钢板的横向冷却采用了以下技术：

1)"强适应的钢板横向冷却曲线"技术，能在更大范围内，更准确地满足轧后钢板横向温度分布，在中间热两边冷情况下，钢板横向均匀冷却的要求；

2)"边部遮蔽强调控"技术，以控制钢板的横向变形；

3)"一直线"技术，以保证钢板横向等时控制。

另外，为控制钢板的上下变形，采用了"热流和水流耦合、解耦计算机模拟和物理调试"技术，保证了上下水量比的准确选择，为控制钢板的纵向变形，采用了"交叉布置"技术，以保证纵向水冷均匀。

1)冷却装置上集管：冷却装置上集管喷水宽度为4100mm，由内水箱、入水管和4排U形管(普通管层流集管为2排U形管)组成。通过在入水管上合理开孔，可使集管全长上水压均匀，从而保证U形管的水流均匀。改变U形管喷嘴的横向间距或喷嘴直径，可以得到中凸形的横向水量分布。通过4组U形管横向位置上的交叉配置，可以均匀横向冲击区，最终改善钢板横向冷却的均匀性。

2)冷却装置下集管：下集管喷水宽度为4200mm，由内水箱、入水管和4排圆管喷嘴组成。4排喷嘴位置采用交叉布置，以提高钢板横向冷却的均匀性。由于增加了喷嘴排数，而且喷嘴具有一定的喷射倾角，因此扩大了钢板下表面的冷却水冲击区，提高了钢板下表面的冷却能力。

3)边部遮挡机构及吹扫机构：为使整个钢板宽度冷却均匀，防止钢板边部过度冷却，影响钢板的性能均匀性及板形，在上集管处设置了边部遮挡装置。边部遮挡装置由钢板制成，采用齿轮传动方式，由交流电机同步驱动，边部遮挡的有效范围为1000～4100mm，可根据钢板的宽度进行调节，每组上集管均设置一套边部遮挡装置。

在冷却区的入口、出口各设置一组吹扫机构。由靠近冷却区的高压水吹扫机构和外层的压缩空气吹扫机构两部分组成。在水冷区中，每两组高密度层流冷却装置间，设置一组高压水侧喷机构，其目的，一是将每两组水冷器间的冷却水吹掉，以提高冷却效率；二是实现不同冷却集管的开启组合，从而控制钢板的冷却速度。

该轧后快冷系统的主要技术指标如下：

1)水冷装置的宽度为4200mm。

2)冷却钢板规格：设计冷却钢板厚度为12～80mm，实际可达12～250mm，冷却钢板最大宽度为4000mm。

3)可以采用轧后直接淬火工艺，直接淬火钢板厚度为12～40mm。

4)开冷温度为700～1000℃，终冷温度为400～800℃，钢板的冷却速度从3℃/s到最大冷却速度可达30℃/s以上。

5)水冷系统总供水能力为1000～8000m^3/h，由于采用两级水箱的调节作用，实际总用水能力为2000～15000m^3/h。

6)钢板的冷却温度控制精度在±15℃以内。

7)钢板上面和下面的冷却水比例为1:(2.0～3.0)。

(4)仪表检测及水量控制系统：仪表检测系统是由温度检测装置、金属检测器等组成。温度检测装置共三组，分别装在冷却区入口处(开冷温度检测)、冷却区出口处(冷却出口温度检测)

以及矫直机前(冷却返红温度检测)。

冷却水量控制系统采用每组集管单独控制方式,由流量检测装置、手动阀门、气动截止阀、电动流量调节阀等组成。吹扫装置的控制则分别由各自的控制阀门完成,侧吹系统由侧吹管路上的控制阀门进行控制。

(5)计算机控制系统:计算机控制系统是由工业控制用微机与基础自动化的 PLC 组成。工控机作为过程机和人机对话等操作,主要完成控冷模型的计算、水量和速度等参数的设定等功能,PLC 完成对水量速度等过程参数的控制。计算机控制系统具有自动方式、半自动方式、手动方式等操作方式。

该控制冷却系统在轧制生产中投产后,明显提高了钢板的质量,开发了新品种,提高轧机的产量,为中厚钢板控轧控冷和轧后在线淬火工艺的结合创建了有利条件。

d 控冷装置的布置位置和特点

轧后控制冷却的安装地点各有不同,也决定了快冷工艺的不同。

(1)多数中厚板轧机将轧后控冷装置安装在精轧机之后、热矫直机之前。布置方式有两种:一是控冷装置安装在精轧机之后,距热矫直机远;另一种是距热矫直机近。前者轧后可立即快冷,冷后钢板再进入热矫直机进行矫直,矫直速度可调,不受冷却时钢板移动速度影响。而后者则矫直速度受到钢板冷却时移动速度的影响,因为钢板矫直时钢板还在冷却。钢板冷却后进行矫直有利于钢板平直。

如果有在线淬火和快冷两种功能时,有的工厂将快冷装置放在淬火装置之前,如日本川崎水岛厂厚板轧机的多功能加速冷却系统。而有的工厂将淬火功能系统放在快冷系统的前面,如舞钢厚板轧机、宝钢厚板轧机等。

钢板轧后先快冷或在线淬火,后进行矫直,由于矫直温度过低,矫直力提高,则要求热矫直机的设备能力加大。

(2)快速冷却装置安装在热矫直机之后,即将钢板矫平之后,再进行快速冷却。这就要求钢板冷却均匀,不能再因冷却不均而造成钢板不平,因为无法再进行热矫平。这种布置如日本的八幡厂和君津厂。

e 控制冷却工艺对中厚钢板组织性能的影响

钢板控轧之后,采用控冷工艺之所以受到重视,是因为它比直接加热后的等轴奥氏体加速冷却能产生更大的强韧化效果。并且在进一步细化铁素体的同时,使珠光体分布均匀,消除带状珠光体组织,并且可以形成细贝氏体组织。

对于微合金化钢,改变轧后冷却速度对铁素体晶粒尺寸和贝氏体数量有明显影响,如图 8-15 所示。从图中看出,加大冷却速度铁素体晶粒尺寸减小,贝氏体含量增加。

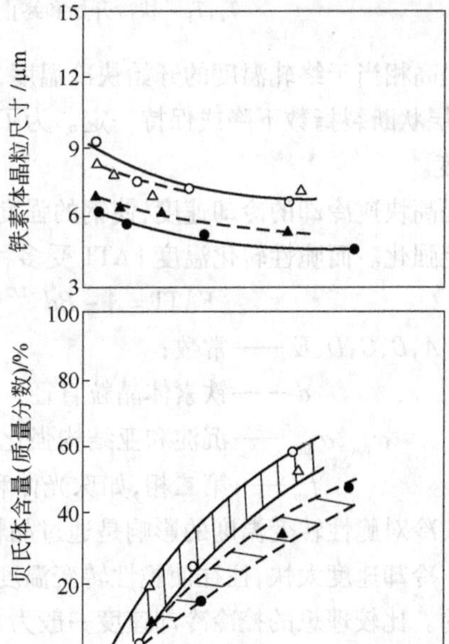

图 8-15 轧后冷却速度对微合金化钢的铁素体晶粒尺寸和贝氏体含量的影响

△—0.02% Nb-0.03% V;○—0.04% Nb-0.09% V;

○,△—1200℃加热;●,▲—1100℃加热

一般认为,控轧以后的快速冷却增加钢板的强度,而不损害脆性转化温度。脆性转化温

度的高低，取决于快速冷却以前的控制轧制效果。

小松（I. Kozasv）定性给出轧后控制冷却的工艺参数：开始快冷温度、快冷冷却速度和快冷终止温度对微合金化钢和低碳无珠光体钢性能的影响，如图 8-16 所示。

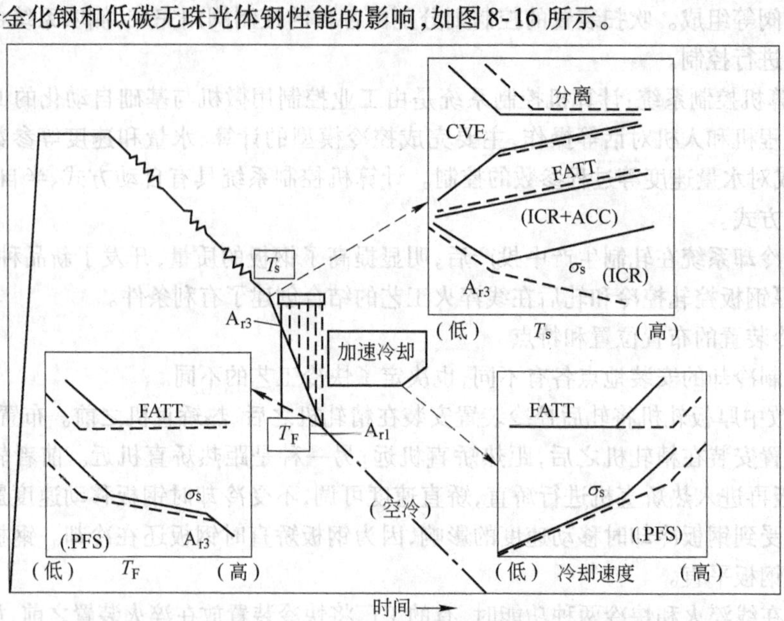

图 8-16　控制冷却工艺参数对钢板性能影响的示意图

PFS—无珠光体钢；ICR—强化控轧；ACC—加速冷却；FATT—脆性转化温度；CVE—冲击功；

T_s，T_F—快冷开始和终止温度；A_{r3}—奥氏体向铁素体转变温度

提高相当于终轧温度的开始快冷温度，则钢板的 σ_s 和 σ_b 值提高，50% FATT 温度提高，韧性变坏，层状断裂指数下降或保持一定。为了获得较理想的控制冷却效果，开始快冷温度必须高于 A_{r3} 温度。

提高快速冷却的冷却速度，使钢的强度增加。其原因是晶粒细化、贝氏体数量增多和碳化物的沉淀强化。而脆性转化温度 FATT 受多种因素的影响，如下式所示：

$$\mathrm{FATT} = A - Bd^{-1/2} + C\sigma_{ppt} + D\sigma_{dist} + Ef_{sp} \quad (^\circ\mathrm{C})$$

式中　A,B,C,D,E ——常数；

d ——铁素体晶粒直径；

σ_{ppt}，σ_{dist} ——沉淀和亚结构强化；

f_{sp} ——第二相，如珠光体和贝氏体的体积分数。

快冷对脆性转变温度的影响是通过晶粒细化而实现的。这一改善通常会被其他强化机制所恶化。冷却速度太快，往往使脆性转变温度升高，这是由于低温相变产物，如贝氏体数量增多而引起的。比较理想的控冷冷却速度一般为 5 ~ 15℃/s。

快速冷却的停止温度决定了生成贝氏体的数量，在停止快冷后的空冷中产生自身的温度回升，对贝氏体硬度有影响。强度随快冷停止温度降低而提高。对 C – Mn 钢和含 Nb 钢板，在 600 ~ 500℃ 的温度范围内强度变化不大。快冷停止温度在 450℃ 以上，钢的韧性变化不大，与控制轧制条件下钢板的韧性相同。而快冷停止温度在 450℃ 以下，则韧性急剧恶化。

不降低钢板韧性，而提高其强度的合适轧后快冷工艺是：快冷开始温度接近终轧温度，冷却速度为 3 ~ 15℃/s，快冷停止温度为 500 ~ 600℃。

8.3.4　中厚钢板控制轧制和控制冷却工艺的结合

8.3.4.1　控轧控冷工艺的结合

钢材热轧时受变形的作用，发生形变诱导相变使 A_{r3} 温度提高，特别是在奥氏体未再结晶区这种作用更大。由于相变温度提高，铁素体在高温下提前析出，并且很易长大，轧后再慢冷，则奥氏体和铁素体更易长大。因此，必须在控轧之后采用控冷工艺，控制变形奥氏体晶粒和相变后的铁素体晶粒长大，可以达到提高钢的强度而不损害钢板韧性的要求。如果控轧控冷工艺配合合理，可以进一步改善钢板的韧性。例如，降低终轧温度、适当增大冷却速度和提高快冷的终冷温度等措施均可提高钢的强韧性。

控轧后快冷前的钢板组织状态对控冷后钢板的组织性能有明显的影响。快冷前的钢板可以处在不同的组织状态，即使采用相同的冷却条件，其冷却效果也大不相同。如果快冷前奥氏体晶粒粗大（大于5级），则快冷后容易产生魏氏组织，使钢板韧性变坏。

中厚钢板生产中，控制轧制和控制冷却工艺的结合已经被广泛采用，形成了不同的生产工艺和特点。

日本钢管公司福山厂（NKK）的 Si－Mn 钢板，碳当量的下限为0.32%，使用高 Al、低 N、微量 Ti 以满足大线量焊接接头韧性的需要，在不同的控制轧制和控制冷却条件下生产 360MPa 高强度造船钢板，钢的化学成分如表 8-9 所示。采用的控轧和控冷工艺如表 8-10 所示。控轧和控冷后钢板的力学性能和冲击值如表 8-11 所示。所有钢板都达到 360MPa 的要求强度，并满足 A、D、E 级的韧性要求。

表 8-9　造船钢板钢的化学成分

钢	级别	厚度/mm	w_C/%	w_{Si}/%	w_{Mn}/%	w_P/%	w_S/%	w_{Nb}/%	w_{Ti}/%	酸溶 Al/%	$w_{C_{eq}}$/%
船板钢	A、D、E	25	0.13	0.34	1.31	0.018	0.006	—	0.011	0.044	0.36

表 8-10　采用的控轧控冷工艺

钢	级别	控制方法	厚度/mm	坯加热温度/℃	控轧，低于下列温度/℃，总压下率/% Ⅰ	Ⅱ	终轧温度/℃	控冷终止温度/℃
船板钢	A	控轧与在线快速冷却	25	1200	900,40		850	550
	D		25	1200	850,50		800	550
	E		25	1100	850,70	800,50	750	550

表 8-11　控轧控冷后钢板的力学性能

钢	级别	位置方向	力学性能 σ_s/MPa	σ_b/MPa	δ/%	夏比冲击功 VE－0℃/J	VE－20℃/J	VE－40℃/J	50% FATT/℃
A 级船板	A	纵向	396	534	26.2	194	124	56	－25
		横向	391	536	24.5	116	116	78	－16
D 级船板	D	纵向	395	538	28.2	256	180	85	－34
		横向	391	542	25.6	140	104	67	－22
E 级船板	E	纵向	404	536	29.2	260	271	199	－68
		横向	418	543	25.8	152	113	87	－48

以常化方法所生产的同一级别钢种，其金相组织为铁素体和片状珠光体，而经控制轧制和控制冷却工艺所生产的钢板为细晶铁素体和呈细小而均匀弥散状态的贝氏体组织，带状珠光体消失，从而提高了强度，表现出极好的低温韧性，这是比较典型的控制轧制和控制冷却相结合的工艺。

8.3.4.2 控制轧制与在线淬火工艺的结合

普通调质钢板都是轧后钢板冷却后，再重新加热、淬火和回火。而在线淬火是控轧后利用钢板的余热直接进行淬火。

在线淬火与再加热淬火在工艺上的最大差别是钢板淬火前的组织状态不同，控制轧制条件对淬火钢的性能有很大的影响。

(1)在奥氏体再结晶区终轧的控制轧制钢进行淬火时，由于奥氏体晶粒一般比再加热时的奥氏体粗大，合金元素尤其是碳氮化合物因轧制温度高而均匀地固溶于奥氏体中，使淬透性提高，因此淬火后能增加钢材的强度和韧性。

(2)在奥氏体未再结晶区终轧的控制轧制钢进行淬火时，钢材本身由合金元素决定的固有的淬火能力，对直接淬火后的钢材性能有决定性的影响。对于高淬火性能钢，淬火后由于加工热处理(TMT)效果(改善了马氏体的形貌)而使强度和韧性都得到提高。对于低淬火性能钢，淬火后由于奥氏体未再结晶区的变形促进了铁素体的析出，降低了淬火性能，使强度下降，韧性将视钢种情况有所改善或稍有下降。

在线直接淬火工艺所得的淬火组织比重新加热钢的组织更细小，提高了调质钢板的质量，同时节省了能源、简化了工艺，将成为今后的发展方向。

在线淬火后的钢板可以利用余热进行自回火，也可以离线回火。

日本福山厂的在线淬火和回火工艺于2004年5月投产，可以处理宽4.5m的钢板，轧后立即淬火，经热矫直后进行高频电加热，进行在线回火。日本神户厂轧后可以进行加速冷却和在线淬火工艺，直接淬火时启用1～4号冷却区，加速冷却时采用2～9号冷却区，为确保钢板的平直而采用约束辊。韩国浦项厂、敦刻尔克厂、迪林根厂、杜依斯堡厂、大分厂、八幡厂等中厚板厂都可以进行在线淬火和轧后控冷工艺。

我国的宝钢5m宽厚板轧机、舞钢4200mm厚板轧机、酒钢中板和台湾的中钢等厂都可以实现钢板的在线淬火工艺和控制冷却工艺。

在线淬火的开始淬火温度和冷却速度取决于对组织的要求，要得到马氏体组织则要从变形奥氏体温度直接淬火，之后再进行回火。如果要得到铁素体和马氏体的双相钢，则要在奥氏体和铁素体的双相温度区进行淬火。

在线淬火装置既可以作钢板的淬火用，也可以用作轧后控制冷却的一部分。根据在线淬火和控制冷却工艺要求，将淬火装置安放在精轧机之后，快冷装置之前较为合理。轧后可以立即淬火或控冷。

有关在线淬火的工艺则根据钢种、轧后的组织状态和钢板厚度的不同而不同。

8.3.5 典型专用中厚钢板采用的控轧控冷工艺

8.3.5.1 锅炉用钢板的控轧和控冷工艺

A 锅炉用中厚钢板的种类

锅炉用中厚钢板有以下三种：

(1)工业用锅炉钢板一般以20g、15MnVg和16Mng为主。板厚在6～80mm(个别达

210mm)，其中小于25mm用量最多。交货状态为热轧态、控轧控冷态和正火态。

(2)电站锅炉用钢板以19Mn6，12CMnV，BHW35，SA－299，SB－42，SB－46，SM－50B等钢为主。板规格为(8～210)mm×3400mm×13000mm。其中板厚在50～210mm约占65%，6～49mm约占35%。

(3)核电站用钢板板厚在32～80mm、板宽大于4000mm，长度为9000～12000mm。代表钢种有国际核电二级钢15MnNi63、SA533－B、SA533－D等。

B 工业锅炉用钢板的控轧控冷工艺

工业锅炉用钢板一般用碳素钢和低合金钢，它们属于C－Mn系钢种，如20g、15MnVg和16Mng。由于不含有高固溶点的碳化物，板坯加热温度不应过高，防止原始奥氏体晶粒粗大。经验表明，当加热温度由1150℃提高到1200℃或1250℃时，原始奥氏体晶粒由3.5～4级长大到2～2.5级。加热温度与轧制时总的变形量有关，当总变形量大于75%时，则加热温度对原始奥氏体粗化影响铁素体晶粒大小的作用明显减弱。尽管原始奥氏体晶粒粗大，经过大变形量之后，仍可获得细小的铁素体晶粒。铁素体晶粒细化到9～9.5级，则σ_s和时效冲击值将得到提高。

钢中S含量对常温冲击值有明显影响。例如，12mm厚的16Mng钢板中S含量为0.014%～0.018%时，常温冲击值A_{KV}为43.0～49.2J。轧制条件相同时，S含量降到0.006%的16～18mm钢板，其常温冲击值A_{KV}为82.6～102.7J。－20℃和－40℃时的低温冲击值也有一定改善。

20g、15MnVg和16Mng钢的控轧控冷工艺主要参数如下：

(1)坯料加热温度控制在1150±20℃；

(2)采用再结晶型和未再结晶型两阶段控制轧制工艺。在奥氏体再结晶区(1000℃)以上的总变形量不小于60%，道次压下率大于15%～20%或更大些。粗轧的终轧温度大于1000℃。在1000～950℃待温或快冷。在四辊精轧机上进行未再结晶型控轧。16Mng钢开轧温度低于950℃，20g钢大于或等于950℃。在精轧机上轧制20g和16Mng钢板的控制轧制工艺及轧后控制冷却工艺如表8-12和表8-13所示。

表8-12 20g锅炉钢板控制轧制和控制冷却工艺

钢板厚度/mm	板坯加热温度/℃	900℃以下总压下率/%	终轧前几道次道次压下率/%	四辊终轧温度/℃	轧后冷却速度/℃·s^{-1}	快冷终止温度/℃
<10	1250	终轧前水降温，>40	15～18	830～880	空冷	
12～16	1150	>40	13～15	820～870	5	600
17～25	1150	>40	13～15	820～870	5	600

表8-13 16Mng锅炉钢板控制轧制和控制冷却工艺

钢板厚度/mm	板坯加热温度/℃	四辊终轧前三道总压下率/%	终轧前几道次的道次压下率/%	四辊终轧温度/℃	轧后冷却速度/℃·s^{-1}	快冷终止温度/℃
<10	1150	不控温，终轧前降温，>40	15～18	840～880	10	650
12～16	1150	>40	13～15	830～870	10	650
17～25	1150	>40	13～15	830～870	10	650

终轧温度对锅炉钢板的组织和性能有明显的影响。降低终轧温度，钢板的σ_s值上升，低温韧性有所改善。在终轧温度820～880℃之间，降低终轧温度，铁素体晶粒细化、强度提高，但常

温冲击功降低。对时效冲击功的影响并不明显，但是终轧温度低于820℃则时效冲击功有下降的趋势。

轧制温度低于900℃的总压下率增大，钢板的强度提高，低温韧性也得到改善，但常温冲击功有下降的趋势，所以在900℃以下的总压下率应大于40%。终轧前几道次的道次压下率在13%～18%较为合适。终轧前几道次的道次压下率对锅炉钢板的组织和性能有较大的影响。

轧后钢板的冷却速度和快冷的停止温度对钢板的性能也有明显的影响。

当20g锅炉钢板碳当量大于0.28%时，轧后少量浇水，或厚度小于10mm时，轧后采用空冷。厚度在12mm以上的钢板，轧后冷却速度控制在5℃/s，冷却到600℃后，空冷或采用450～600℃缓冷，可以获得较高的强韧性。

而16Mng钢板轧后冷却速度应控制在10℃/s，终冷温度为650℃，之后空冷。

8.3.5.2　压力容器用钢板的控轧和控冷工艺

A　压力容器用钢板的分类、代表钢种、规格和供货状态

(1)一般压力容器钢板：包括碳素钢及低合金钢，如20R、16MnR、15MnVR、15MnVNR、18MnMoNbR。规格为(12～125)mm×(2000～3200)mm×(6000～12500)mm。这种钢板以热轧、轧后正火或调质状态交货，也可以控轧控冷代替正火交货。

(2)低温压力容器钢板。用于制造－20～－70℃，最低可达－90℃的低温压力容器。钢种有：16MnDR、09MnTiCuXtDR、09Mn2VDR及06MnNbDR。轧后经正火或调质处理交货，也可以经控轧控冷代替正火交货。调质状态交货的钢板可以采用余热淬火或形变热处理工艺来生产。

(3)高强度容器钢板。用于400MPa以上的压力容器钢板，制造大型球罐和容器设备，如用于氮气球罐的CF钢(低裂纹敏感性钢)。钢板规格为(12～125)mm×3300mm×(6200～8000)mm。

(4)合金容器钢板。用于制造较高温度的压力容器及构件。其钢种有：Cr13、0Cr18Ni9、0Cr18Ni12Mo2Ti、12CrMo、15CrMoR等。规格为(12～65)mm×(2000～2600)mm×(6000～8000)mm。

(5)特殊性能的容器钢板。用于制造乙烯、合成氨、尿素、硝酸等成套设备的耐热、耐腐蚀钢板。耐高压、超高压容器板。加氢反应器用中厚、特厚钢板规格为(5～35)mm×(1500～2500)mm×(6000～9000)mm。

(6)多层高压容器用钢板。如19gc、16MnRc、19MnVRc等。其瓢曲度与波浪度均较一般压力容器钢板的要求严格。

B　压力容器用钢板的控制轧制和控制冷却工艺

(1)坯料的出炉温度。20R、16MnR、15MnVR的出炉温度不低于1150℃，加热速度为6.5～9min/cm。高合金钢为1160～1200℃，加热速度为10～12min/cm。

(2)控制轧制和控制冷却工艺。以15MnVR钢为例：开轧温度不低于1130℃；采用两阶段控制轧制工艺。Ⅰ阶段控轧，道次压下量在15%以上，终轧温度为900～1000℃，轧后中间待温到860～910℃；Ⅱ阶段控轧，总变形量在50%以上，终轧温度为880～770℃。轧后立即进行水冷，终冷温度为700℃以上。要保证－20℃的A_K值，终轧温度控制在770～860℃较为合适。钢板较薄时，终轧温度应高些；钢板厚时，终轧温度应低些。S含量也应控制在低于0.015%以下，有利于低温韧性的改善。

在双机架中厚板轧机上轧制含S量较低的16MnR钢的控轧控冷工艺如下：

在粗轧机采用再结晶型控轧工艺，开轧温度为1100～1150℃，道次压下率一般控制在20%～25%，粗轧的总压下率为55%～77%，粗轧的终轧温度为1020～1050℃。轧后立即送到精轧机。在精轧机一般分两个轧制阶段，精轧开始轧制温度大于1000℃，仍属于奥氏体再结晶区控轧或处在部分再结晶区的上限温度范畴，轧制4～6道次，道次变形量为15%～25%。适当加长道次间的停留时间，以提高变形奥氏体的再结晶数量，细化奥氏体晶粒。当中间厚度为成品厚度的2～2.5倍时，开始轧件待温到奥氏体未再结晶区温度，一般钢温低于900℃，进行精轧机的第二阶段的奥氏体未再结晶型控轧。每道变形量在15%～20%左右，总压下率大于40%，终轧温度为860～820℃。轧后以大于5℃/s的冷却速度进行快冷，快冷的终止温度控制在650℃左右。

为了提高16MnR钢－40℃的A_K值，将终轧温度降低到780～810℃，未再结晶区的总变形量应大于50%，并且要求钢中S的含量应小于0.010%，含碳量应小于0.16%对低温冲击韧性才有所保证。

轧后立即进行水冷，终冷温度为700℃以上。要保证－20℃的A_K值，终轧温度控制在770～860℃较为合适。

(3)控轧、控冷后钢板的组织特点。以16MnR为例，只进行控轧，轧后空冷的组织基本是块状铁素体与条带分布的珠光体，带状约为2级。

经过控轧和控冷的钢板，其组织是针状铁素体和弥散分布、细小的珠光体。轧后水冷的铁素体可比空冷的铁素体细1～2级。越接近钢板表面的铁素体越细，珠光体也越弥散，而且带状组织基本消除。

8.3.5.3　桥梁用钢板的控制轧制和控制冷却工艺

根据不同的使用要求，桥梁钢板分为热轧碳素钢、低合金钢及耐大气腐蚀的结构钢。

为了提高桥梁钢板的强韧性，应采用细化铁素体晶粒，降低珠光体数量的控轧控冷工艺。生产碳素钢板和低合金桥梁钢板的控轧工艺与生产C－Mn系列容器板和锅炉板的控轧工艺相似。

例如15MnVq钢板，以板坯为原料，其控轧工艺为：

采用Ⅰ型和Ⅱ型两阶段控轧工艺，奥氏体再结晶区开轧温度为1150℃，道次压下率要大于15%，总压下率大于60%，Ⅰ型控轧的终轧温度为950℃，中间待温到900℃。

为了提高轧机产量和粗轧与精轧机的生产平衡，也可以采用在粗轧机上终轧温度在1000℃以上，轧后立即送到精轧机继续轧制，开轧温度为1000℃左右，道次压下率大于15%。板温达到950℃，停轧待温到900℃再开始第Ⅱ阶段的控轧。奥氏体未再结晶区开轧温度为900℃，道次压下率为13%～15%以上，Ⅱ型控轧的总压下率为40%～60%。成品厚度不同，总压下率有所不同。精轧的终轧温度为830～880℃。

轧制耐大气腐蚀的焊接结构钢也是采用奥氏体再结晶型和未再结晶型的两阶段控轧工艺。中间冷却既可以采用水冷降温，也可以采用中间空冷待温的方法。控制未再结晶区的总压下率或者控制终轧前三道的总压下率大于30%，并且与终轧温度的控制相配合，可以获得良好的钢板综合力学性能。

终轧温度的控制与钢板厚度和钢中碳当量的高低有关。较厚的钢板或碳当量较低时，终轧温度应当较低。钢板较薄或碳当量较高时，终轧温度应当偏高些，奥氏体未再结晶区的总压下率应当大一些。

控轧后采用控制冷却工艺以细化晶粒，改善带状组织，细化珠光体球团和减少珠光体片层间距。快冷终止温度控制在A_{r1}温度。如果冷速过快，将在钢板厚度方向上形成不均匀组织。终冷温度过低将形成低温转变组织，降低钢板韧性。

8.3.5.4　造船和海上采油平台用钢板的控轧和控冷工艺

A　造船用钢板的控轧和控冷工艺

a　造船钢板的分类及规格

根据各国船级社的国际会议决定，将船舶用钢板分为碳钢和高强度钢两大类。船用碳钢钢板分5级：

A级，普通质量钢板。对于厚度不大于12.5mm的钢板，S，P含量有上限限制；而大于12.5mm的钢板，为增强缺口韧性，规定其$w_{Mn}/w_C \geqslant 2.5$。

B级，中间质量钢。其缺口敏感性高，需控制C含量的上限和下限，也需控制w_{Mn}/w_C的比值。

C级与D级，是高级质量钢、细化晶粒钢。钢板厚度大于35mm的钢板需进行正火处理，也可以进行控轧和控冷生产。

E级，高缺口韧性的特种质量钢。其用于焊接结构船舶阻止裂纹传播的地方，是低碳高锰细晶粒钢。C含量应不高于0.18%，Mn含量为0.7%～1.2%，即$w_{Mn}/w_C = 3.89 \sim 6.66$。钢中Al含量不低于0.015%，E级钢板的交货状态需进行正火处理。

低合金高强度船板钢，按σ_s分为AH32、DH32、EH32，即σ_s为316.6MPa级别和AH36、DH36、EH36即σ_s为352.8MPa和E42。其钢种的区别在于，在C－Mn钢的基础上加入Nb和V或Ti。碳含量均小于或等于0.18%，而Mn含量一般在0.6%～1.6%。AH36，DH36和EH36高强度钢通常加入0.015%～0.05%Nb和0.030%～0.10%V。

船舶钢板主要是考虑使用疲劳强度，σ_s提高时，其疲劳强度上升并不高，所以对σ_s的要求不是太高。用于国防上的舰艇板仅达588MPa，货轮的船板钢屈服强度达490MPa。

造船钢板规格一般为(4.5～50)mm×2500mm×(6000～8000)mm，个别要求供应大于18mm×3000mm×12000mm的宽厚钢板。船板越宽，可以减少造船时的焊缝。

b　船板钢的质量控制

控制钢中C和Mn的含量，碳当量应控制在0.2%～0.27%范围之内，以保证σ_b在标准要求范围(410～490MPa)。

控制终轧温度，如D级船板，一般终轧温度控制在780～820℃，当终轧温度低于780℃，极易导致$\sigma_b > 490$MPa，超上限而不合。

控制钢中硫化物夹杂的形式对冷弯性能有明显影响，同时，钢中P含量的增加，引起P的偏析，而增加了钢板的冷脆倾向，不利于钢板的冷弯性能。进口钢板中各类夹杂物普遍在0.5级左右，对S、P含量控制很严。我国冷弯不合试样中夹杂物多在3级以上，P量偏高。

控制钢板轧后冷却速度。为了防止钢板表面产生残余应力而影响冷弯性能，在钢板空冷阶段应防止钢板表面冷却速度高于心部冷却速度太大。特别是在冬季生产船板时，在运行过程中温降太大，内外温差太大，在表面形成较大内应力。更应注意的是在取样时，单独取样堆放，钢样温降更快，增大温差，表面形成较大的内应力，降低冷弯性能。

钢板厚度不同，控制终轧温度不同。板厚12mm的钢板终轧温度为810～840℃；板厚11mm的钢板终轧温度为840～870℃。适当提高终轧温度，缩小终轧温度区间以稳定σ_b值。

采用纵轧－横轧工艺，减少其各向异性及带状组织，避免第二类MnS夹杂过于拉长。

高钢质钢板轧后必须进行正火处理。D级钢板厚度大于25mm时，为改善钢板的缺口韧性，也需要正火处理。E级钢用于焊接，阻止裂纹传播，需要正火。

c　造船钢板的控轧控冷工艺参数

由于各厂的中厚板轧机能力、设备条件和钢质不同，所采用的控轧和控冷工艺也有不同，但是,控制的要点是基本相同的。一些中厚板轧机所采用的船板钢控轧和控冷工艺,如表8-14所示。

表8-14　一些中厚板轧机生产船板钢的控轧控冷工艺

轧　机	首钢3500mm中厚板	武钢2800mm轧板厂	上三厚板厂	济钢3500mm厚板厂
船板级别	AH36、DH36	D级	16MnNbTi、DH32~36	EH36
船板厚度/mm	12、25	30	46、50	16、20
坯料加热温度/℃	1100~1200	1150±20	1120~1200	1140~1170
采用的控轧工艺	Ⅰ型和Ⅱ型	Ⅰ型和Ⅱ型	Ⅰ型和Ⅱ型	Ⅰ型和Ⅱ型
Ⅰ型开轧温度/℃	1050~1100	1120±20	1050~1100	1100±20
Ⅰ型终轧温度/℃	980以上	1000±20	980~1000	950以上
道次变形量/%	15~20	>15	10~16	15~22
Ⅰ型区总变形量/%	轧到成品厚的2.5倍以上	≥60	70	轧到成品厚的2倍以上,或70%以上
中间待温温度/℃	980~860	1000~980	980~850	970~900
Ⅱ型开轧温度/℃	860~880	980	850	900以下
Ⅱ型终轧温度/℃	800~850	840~780	低于800	810±20
Ⅱ型道次变形量/%	15~20	15~22	15~20	15~20
Ⅱ型总变形量/%	大于60	大于60	大于50	50~60
Ⅱ型终轧前的控制特点	加大未再结晶区的道次变形量,但小于30%	最后3~5道次前温度不高于900℃,最后3~5次的总变形量为Ⅱ型总变形量的45%	终轧前道次变形量尽可能的大些,钢板可达到E级	在未再结晶区轧6道,终轧前3道钢温度控制在870℃
轧后控冷	成品厚度不大于16mm,喷淋一次;大于16mm两种水幕冷三次。终冷温度为650~700℃	板厚小于20mm时空冷;板厚不小于20mm时水冷	空冷或水冷	空冷或水冷,轧后冷却速度控制在3.0~5.0℃/s,终冷温度650±20℃

B　海上采油平台用钢板的控制轧制和控制冷却工艺

a　海上采油平台用钢对冶金质量的要求

S含量在标准中有明确要求,要小于0.008%。一般采用炉外精炼,将S含量降到0.008%以下,[H]降到不大于2×10^{-6}以下。加入Ca、稀土和Ti改变硫化物形状及分布。含较多的微合金化元素,有时加入3~4个微量元素,按用户要求来选择,如:Cr、Mn、Ni、Cu、V、Mo、Nb、Ti等。

Mn对降低脆性转变温度和冲击韧性有重要作用。w_{Mn}/w_C比与造船钢板相似,多数大于4。为改善钢板焊接性能,碳当量一般控制在不大于0.45%,对厚度为100mm钢板,碳当量不大于0.40%。[H]含量不大于2×10^{-5},不会引起氢诱发的层状撕裂。

造成钢板层状撕裂的主要原因是,MnS夹杂物,成片状偏析。

b　海上采油平台的控制轧制和控制冷却工艺

海上采油平台用中厚钢板,按平台受力、使用和构件等分成三个大类。按强度级别分为:低强度钢$\sigma_s\geqslant300$MPa,较高强度钢$\sigma_s\geqslant355$MPa和高强度钢$\sigma_s\geqslant400$MPa。这类钢除要求强度外,还有韧性、可焊性、疲劳性、耐腐蚀性、抗层状撕裂等方面性能要求。一般以 Z 向钢为代表钢种之一，Z 向钢的硫含量控制极为严格。

加热温度一般为 1150℃，也有低于 1000℃。采用Ⅰ型和Ⅱ型的两阶段控轧和控冷工艺：粗轧（Ⅰ型控轧）总变形量 77% 左右，粗轧终轧温度 980℃，中间待温或水冷到 950℃。精轧（Ⅱ型控轧）开轧温度 950℃，Ⅱ型总变形量大于 40%，Ⅱ型终轧温度 800℃左右。

轧后空冷或水冷。对含 V、Nb 钢，轧后冷却速度为 10℃/s，一般不大于 15℃/s，终冷温度 600～500℃。Z 向钢的轧后快冷制度基本与船板钢的冷却制度相同。当快冷终止温度高于 650℃时，其强度提高不明显。

控轧和控冷后的钢板组织为铁素体和珠光体，当冷却速度加大时，形成细贝氏体，而珠光体数量减少。

国外一些中厚板轧机生产大于 25mm 厚的 D 级船板、E 级船板和海上采油平台用钢要求热处理状态供货时，仍采用控制轧制和控制冷却工艺，以改善热处理前的钢板组织状态，提供更细的热处理前的原始组织，进一步改善热处理的效果和提高调质钢板的性能。

8.3.5.5　管线用钢板的控轧和控冷工艺

A　管线钢成分的选择

管线用中厚钢板从 1974 年采用连铸坯为原料，并采用控轧和控冷工艺生产 X－70 管线钢，随着管线钢级别的提高，钢中的化学成分也在明显的变化，如表 8-15 所示。从表中看出，随着管线级别的提高，钢中 C 含量降低，Mn 含量增加，S 和 P 含量明显降低。X－70～X－80 全部采用控轧和控冷工艺。

表 8-15　管线钢不同级别、化学成分变化和生产工艺

年代，管线级别	w_C/%	w_{Mn}/%	w_S/%	w_P/%	w_{Nb}/%	其　他	生产工艺
1970，X－60	0.12	1.00	0.020	0.025	0.03	—	镇静钢坯
1973，X－60 抗氢裂	0.10	1.00	0.040	0.015	0.04	Re、Ca	镇静钢坯
1974，X－70	0.06	1.60	0.003	0.015	0.05	V、Mo、Re、Ca	连铸坯、控轧、控冷
1982，X－65 抗氢裂	0.05	1.10	0.001	0.010	0.010	Cu、Ni、Ca	连铸坯、控轧、控冷
1985，X－70	0.04	1.50	0.001	0.010	0.010	Ti、V、B、Mo	真空冶炼、控轧、控冷
1988，X－80	0.03	1.80	0.001	0.008	0.008	Ti、Mo、B	真空冶炼、控轧、控冷

管线钢在冶炼过程中，采用适当的控制方法，准确地控制化学成分是保证冶金质量的重要手段，特别是保证钢板的缺口冲击韧性是主要的。保证钢板的可焊接性和强度为第二位。

采用不同生产工艺生产的管线钢板的组织状态和性能也不相同。钢中的化学成分影响也不同。

（1）碳的影响。碳含量在 0.1% 以下，采用控轧、控冷工艺，得到低碳针状铁素体钢。一般 C 含量在 0.12% 以下，得到贫珠光体的多边形铁素体组织。

对于合金含量较高的管线钢板，碳含量在 0.06% 以下，金相组织为铁素体和贝氏体。

在任何强度级别下，与含碳量较高的钢板相比，含碳量较低的钢板都具有较低的脆性转变温度和较高的冲击功。

C 和 Nb 是控制钢板强度和韧性、可焊接性、焊接热影响区裂缝敏感性及氢诱发裂缝和应力腐蚀裂缝敏感性的主要因素。

（2）锰是管线钢中的主要元素，它可以推迟铁素体和珠光体的相转变，并降低贝氏体转变温度，有利形成细晶粒组织。从分析国外实物可以看出，锰含量在中上限。但是，锰含量过高，在制管时对焊接不利。

(3)Nb具有抑制奥氏体再结晶、细化奥氏体的作用,在低温下析出有析出强化作用。铌含量标准中的下限为0.005%,实际上,钢中大都在0.03%~0.05%之间,为标准中规定的下限值的6.0~10.0倍。

(4)钛可以提高钢的晶粒粗化温度,促进晶粒细化,提高强度和韧性。特别是对提高焊接热影响区的韧性有独特的贡献。

(5)钒有沉淀强化,提高强度作用。国外实物中钒含量控制在0.05%~0.10%之间。为API标准中规定下限的碳含量的2.5~5.0倍。

(6)钼有利针状组织的发展,因而能在极低的碳含量下得到很高的强度。

(7)控制非金属夹杂物的体积分数、形状及分布对管线钢板的力学性能的影响,特别是对断裂时总延伸和冲击功有明显的影响。造成了冷弯时出现开裂,焊接时出现裂纹。

从进口的管线钢板实物分析看出:硫含量绝大多数控制在0.005%以下,个别的达到0.003%以下,相当于API标准上限的1/10~1/20。

(8)管线钢中加入钙、锆或稀土金属,可以改变硫化物和氧化物的成分,使硫化物、氧化物的塑性降低,塑性变形时保持球状,以降低各向异性。

钢板出现层状撕裂,以及厚度方向上出现延性降低,这是由于钢中存在非金属夹杂物,主要是硫化物和氧化物的作用。由于氧化物的体积分数比硫化物的小得多,所以硫化物是主要问题。钢中加入稀土与硫作用,降低其不利的影响。稀土与硫的比例控制在2.0左右比较合适。

B 对管线钢板的要求

(1)提高钢板的强度;

(2)改善钢板的焊接性能;

(3)改善钢板低温下的断裂抗力;

(4)改善钢板抗H_2S腐蚀能力。

C 管线钢板的生产方式

a 中厚板轧机采用控制轧制和轧后控制冷却工艺生产管线钢

20世纪70年代生产管线钢中厚钢板的主流工艺是控制轧制和轧后空冷,必要时进行正火处理或调质处理。进入80年代开发了轧后在线控制冷却技术,使钢板具有良好的综合力学性能和良好的板形。

(1)济钢3200/3500mm双机架四辊轧机上采用控轧控冷工艺生产X-65管线钢。X-65的化学成分为:$w_C=0.06\%\sim0.07\%$,$w_{Mn}=1.49\%\sim1.52\%$,$w_{Si}=0.21\%\sim0.24\%$,$w_P=0.007\%\sim0.01\%$,$w_S=0.003\%\sim0.004\%$,$w_{Nb}=0.077\%\sim0.081\%$,$w_{Ti}=0.015\%\sim0.020\%$,$w_{Ni}=0.10\%\sim0.13\%$,$w_{Al_s}=0.026\%\sim0.027\%$,$w_{C_{eg}}=0.31\%\sim0.33\%$。

控轧和控冷工艺为:连铸坯加热到1180℃,采用Ⅰ型和Ⅱ型的控制轧制工艺。在粗轧机将连铸坯轧成不小于3.5倍成品厚度,粗轧的终轧温度为1000~980℃。之后,进入精轧机进行奥氏体未再结晶区控轧,轧成12.7mm钢板,精轧阶段的总变形率大于70%,终轧温度低于900℃。轧后钢板立即进入快速冷却装置,以20℃/s以上冷却速度进行快冷,停止快冷温度在550℃以上。控轧控冷后的X-65管线钢为针状铁素体组织,晶粒度为10~11级,组织均匀,钢板性能稳定。其性能是:σ_s450~579MPa,σ_b550~670MPa,σ_s/σ_b0.82~0.89,δ_{50}28%~40%,-20℃的A_{KV}达140~380J,-20℃冲击韧性剪切面积不小于95%,-10℃的DWTT韧性剪切面积不小于95%,并具有良好的焊接性能。

(2)日本某厚板厂生产X-65和X-70管线用中厚钢板时,采用的控轧控冷工艺如下:

板坯加热温度	1150℃
在γ再结晶区的总压下率大于	60%
Ⅰ阶段终轧温度	950℃
待温到	900℃
在奥氏体未再结晶区总压下率大于	70%
在($\gamma+\alpha$)两相区总压下率	25%
终轧温度	低于A_{r3}温度40℃
轧后冷却方式(不同钢板规格)	空冷,快冷+慢冷

表8-16是不同级别的管线钢采用不同生产工艺所得到的组织状态、组织细化程度和韧性水平。

表8-16 X-60~X-80管线钢的轧制工艺、组织状态与韧性

级别	生产工艺	组织状态	组织细化程度	韧性水平
X-60	热轧和正火	铁素体+珠光体(30%珠光体)	较细铁素体和细珠光体	韧性好
X-70	控轧和控冷	铁素体+珠光体(15%以下珠光体)	进一步细化(超细)铁素体,珠光体分散、细小	韧性进一步改善
X-80	控轧和控冷	铁素体+贝氏体	铁素体更细化,贝氏体细小、分散	韧性再提高

(3)Mn-Mo低合金管线钢板的控制轧制和控制冷却工艺。

近几年来,开发的针状铁素体Mn-Mo低合金钢板与一般铁素体-珠光体钢相比,性能完全不同。管材制成后的强度比轧制状态钢板的强度要高。Mn-Mo钢在具有高强度的同时,冲击性能并不变坏。Mn-Mo钢的组织是由高位错密度的针状铁素体、多边形铁素体、贝氏体、马氏体岛和残余奥氏体构成的混合组织。这些组织的相对数量主要取决于化学成分和热轧工艺参数,如加热温度、轧制制度和冷却制度等。Mn-Mo钢的典型相组成是30%~70%针状铁素体、3%~10%马氏体和贝氏体及极少量的残余奥氏体(小于1%)。

针状铁素体钢从板材到管材强度得到提高的原因是,针状铁素体钢的加工硬化速度很快,并具有连续的应力-应变曲线。这种应力-应变特性主要是由于基体和马氏体岛中的高位错密度造成的。

钢中的Mo和高含量Mn用来增加钢的淬透性,促进针状铁素体形成,抑制形成多边形铁素体珠光体。Si用来促使形成粗大多边形铁素体元素,因此Si含量应低些。另外,降低S含量以改善横向冲击韧性。并用稀土金属或钙处理控制硫化物的形状,以改善钢的韧性。

Mn-Mo钢的成分一般为0.06% C,0.10% Si,1.8% Mn,0.005% S,0.020% Al,0.06% Nb和0.35% Mo。

板坯尺寸为(220~230)mm×1500mm×(1790~1920)mm,钢坯的加热温度分别采用1220℃和1170℃,轧制中间坯待温时,采用水冷,待温终止温度为870~900℃,待温后的轧制道次分别采用10~15道次,待温后的总压下率不同,分别为75%、50%和30%。为了控制终轧温度,在待温后各道次之间进行水冷。终轧温度分别为720~800℃不等,终轧板厚为18mm,轧后分别采用空冷或水冷两种控制冷却工艺。

板坯加热温度对力学性能有很大影响,较低的加热温度(1170℃)使钢的强度降低,韧性得到改善,脆性转变温度下降,韧性断口面积提高。降低钢坯加热温度引起力学性能变化是由于针状铁素体数量的减少和组织细化。

低于900℃的总压下率对钢板韧性有很大影响，压下率由30%提高到75%，脆性转变温度下降55~70℃。大压下率改善钢的韧性是由于多边形铁素体晶粒更细化、分散和数量多。

轧后水冷材与空冷材相比，快速冷却的板材强度较高，韧性相同。水冷材的强度提高是由于钢中含有大量的针状铁素体。

Mn-Mo管线钢控制轧制之后，在线控制冷却对钢板的力学性能有明显影响。例如，低碳C-Mn-Mo-Nb钢（$w_C \leqslant 0.08\%$，$w_{Mn} = 1.6\% \sim 1.85\%$，$w_{Mo} = 0.2\% \sim 0.5\%$，$w_{Nb} = 0.02\% \sim 0.05\%$，$w_{Ti} = 0.01\% \sim 0.04\%$，$w_S \leqslant 0.02\%$，$w_P \leqslant 0.02\%$，$w_{Si} \leqslant 0.15\%$和$w_N = 0.0086\%$）的控制轧制和控制冷却工艺为：连铸坯厚度70mm，加热温度1170℃，1100℃开始轧制，在奥氏体再结晶区总压下率为40%。当板温达到1020℃，待温到940℃，接着在未再结晶区轧制，总压下率为69%，终轧温度820℃，成品厚度13mm。轧后空冷到770℃开始快冷，终止快冷温度570℃，之后500℃开始缓冷。模拟卷取后的冷却速度、轧后快冷速度与钢板力学性能的关系如图8-17所示。

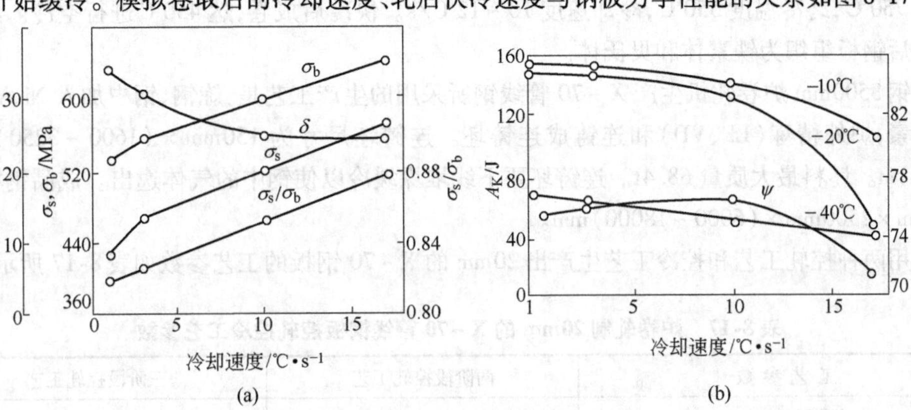

图8-17 轧后冷却速度对Mn-Mo管线钢的力学性能(a)和ψ与A_K值(b)的影响

从图8-17中看出，该钢控轧之后进行在线控制冷却，以10℃/s冷却速度较为合适，能在保证韧性的前提下，将强度从X-60提高到X-70级的水平。

该钢在控轧以后进行空冷，其组织为多边形和等轴铁素体，冷却速度增加到3℃/s，其金相组织由尺寸较小块状铁素体组成。进一步提高轧后冷却速度，将逐渐发生贝氏体相变，冷却速度增大，贝氏体数量增多，但细小，这将使钢的韧性明显下降。

b 控制轧制和轧后直接淬火工艺生产管线钢

该工艺生产的钢板具有良好的低温冲击韧性。淬火后回火处理中，呈现溶解状态的Nb可以增加钢板的淬透性和加速碳化物的形成，从而进一步提高钢的强度。轧后直接淬火可以生产X42~X80级管线钢，钢板厚度达50mm以上，尤其是厚规格钢板效果更明显。

采用该工艺生产X-70级厚度为25.4mm钢板，σ_s达537MPa，σ_b达614MPa，δ达40%，-25℃的A_K达152J。

采用轧后在线淬火工艺，使高等级管线钢板的生产工序简单化，合金元素进一步降低，韧性与可焊接性进一步提高，这是管线用厚钢板生产工艺的发展方向。

c 用炉卷轧机生产管线钢

新一代炉卷轧机可以生产碳结钢板、低合金结构钢板、造船钢板、锅炉钢板、压力容器钢板、汽车大梁板、桥梁板和管线钢板等。近几年来，我国新建多架单机架或双机架的炉卷轧机。例如，南钢、安钢和韶钢3500mm四辊单机架炉卷轧机短流程生产线，采用卷轧、控轧和控冷工艺生产薄而宽的中板。下面介绍在3500mm单机架炉卷轧机上，采用控轧控冷工艺生产管线钢的工艺参数。

连铸坯的生产工艺采用微合金化、强化冶炼、炉外精炼（RH 真空脱气）、LF 精炼、钢包喷粉、喂硅钙及稀土丝等。连铸时采用氩气保护，中间包净化技术，电磁搅拌及轻压下技术，以改善连铸坯成分偏析，提高抗 HIC 和抗 SSC 的性能。

在炉卷轧机上采用控轧工艺生产 20mm 的 X－80 管线钢板。连铸坯规格为 150mm × 2600mm × 9.9m，钢板规格 20mm × 2600mm × 74.2m（其中母板 24.7m，子板 12m），连铸坯出炉温度 1100℃，采用Ⅰ型和Ⅱ型控轧工艺。轧制的第一阶段将板坯轧到 80mm，停轧待温（空冷或水冷）到 850℃，进行轧制的第二阶段的未再结晶区控轧，轧到 25mm 厚度钢板进入卷取炉进行炉卷轧制，卷取炉的温度通常在 950～1000℃，轧件温度基本上保持在第Ⅱ阶段的初始温度，低于奥氏体的再结晶温度，经控轧后，终轧厚度 20mm，终轧温度 750℃。轧后立即进行层流快冷，开冷温度 750℃，终冷温度 550℃，冷却速度 10～12℃/s。快冷后成卷，达 450℃进行空冷。经控轧和控冷后钢板组织为铁素体和贝氏体。

安钢 3500mm 炉卷轧机生产 X－70 管线钢所采用的生产工艺是：炼钢、钢中加入 Ni、V、Ti 微合金元素，炉外精炼（LF、VD）和连铸成连铸坯。连铸坯尺寸为 150mm ×（1600～3250）mm ×（5～18）m。坯料最大质量 68.4t。连铸坯要下线堆垛缓冷以使钢中的气体逸出。成品钢板规格为 20mm × 2500mm ×（6000～18000）mm。

采用两种控轧工艺和控冷工艺生产出 20mm 的 X－70 钢板的工艺参数如表 8-17 所示。

表 8-17　炉卷轧制 20mm 的 X－70 管线钢板控轧控冷工艺参数

工 艺 参 数	两阶段控轧工艺	三阶段控轧工艺
钢板厚度/mm	20	20
开轧温度/℃	1100	1100
Ⅰ阶段道次变形率/%	15～20	15～18
Ⅰ阶段总变形率/%	54	47
Ⅰ阶段待温厚度/mm	70	80
Ⅱ阶段开轧温度/℃	850	850
Ⅱ阶段道次变形率/%	16～22	15.8～22.1
Ⅱ阶段总变形率/%	72	73
Ⅱ阶段轧到厚度/mm	20	25
Ⅱ阶段终轧温度/℃	750	
Ⅲ阶段开轧温度/℃		冷到 750
Ⅲ阶段道次变形量/%		9.5～12
Ⅲ阶段总变形量/%		20
Ⅲ阶段终轧温度/℃		680
轧后开冷温度/℃	750	680
快冷终冷温度/℃	550	550
冷却速度/℃ · s^{-1}	10～12	10～12
缓冷开始温度/℃	450	450
缓冷终止温度/℃	40	40

8.3.5.6　工程机械用钢板的控轧和控冷工艺

A　工程机械用钢板分类与用途

工程机械用钢板主要供给机械、煤炭、运输和矿山等工业部门,用于制造露天矿开采用的电铲、矿用车、推土机,装载机的铲刀、铲斗、履带板和矿山用的刮板等。

随使用要求的不同,对性能要求不同。一般要求钢板有耐磨性、强韧性和可焊性。

国外使用的牌号有:Welten60 ~ 100 及 A514。其强度级别分别是 450、590、680、780 和 980MPa。另有 14MnMo、15MnVNRe、HQ70、HQ100 和 CF60X 等。

钢板厚度和宽度为:厚度在 4 ~ 45mm,占 85%,50 ~ 127mm 厚板占 15%,宽度在 2400 ~ 3000mm。

耐磨机械用钢主要以硬度来划分,如 HB250 ~ 450 的钢,相当于 Welten 钢系列的 AR250 ~ AR450。铲刀用钢的强度级别可达 1000MPa 以上。另外还有 20Cr5Cu、55SiMnRe、30Si2CrMoBRe 等。

煤炭开采用的液压支柱及刮板运输机用的钢板则有:16Mn、SM538、SM580 等。

B　工程机械用钢板的冶金质量要求

(1)工程机械用钢含有较多的合金元素,它是在碳钢中加入固溶元素 Mn、Mo 和强碳化物形成元素 V、N 的低合金高强度钢种。Mn 能改善热处理性能,对于 Si - Mn 钢,其 Mn 含量控制在 0.60% ~1.1%。高碳高锰钢经过固溶处理后有好的韧性。

V 细化晶粒、降低过热敏感性、增加回火稳定性和耐磨性。V 可控制在上限。

Nb 析出强化和组织细化、降低脆性转化温度,特别是对 Mn - C 钢有明显影响。

碳含量一般根据钢板的金相组织要求,如 P 多少、F 形态、合金含量来确定。

(2)控制钢中氢含量,防止形成白点,并采用铸坯缓冷或扩氢退火以及轧后钢板缓冷措施。

C　工程机械用钢的轧制工艺特点

(1)以 55SiMnRe 为例,其轧制特点如下:

加热时炉气温度	控制在 1320℃左右
粗轧开轧温度	1120 ~ 1160℃
精轧终轧温度	830℃以上

对 Welten 系列钢采用控轧控冷工艺,轧后开始快冷应强度大些,再继续冷却采用弱冷。开始冷却速度达 30℃/s,表层为贝氏体。

如果一开始就采用弱一些冷却,则表面层 F、B 占少数,也可见到针状 F。

C_{eg}为 0.37% 的 Si - Mn - V 钢以 880℃ 进行直接淬火、650℃ 回火,σ_s 可达 451MPa、σ_b 达 569MPa。

热轧态钢板组织为珠光体和不连贯的网状铁素体,经淬火后为屈氏体组织。

(2)两种工程机械用钢板的控轧控冷工艺。

钢板板厚 20mm(A 钢)和 25mm(B 钢)的化学成分、采用的控轧、控冷工艺和力学性能如表 8-18、表 8-19 和表 8-20 所示。

表 8-18　工程机械用钢(A 钢)和(B 钢)的化学成分

钢	板厚/mm	w_C/%	w_{Si}/%	w_{Mn}/%	w_P/%	w_S/%	w_{Nb}/%	w_V/%	w_{Mo}/%	w_{Sol-Al}/%
A	20	0.10	0.28	1.60	0.020	0.003	0.003	0.08		0.025
B	25	0.03	0.26	1.60	0.012	0.001	0.004		0.17	0.027

表 8-19　A 钢和 B 钢所采用的控轧和控冷工艺

钢	板厚/mm	控轧工艺	板坯加热温度/℃	控制点温度/℃，总压下率/%	终轧温度/℃	轧后控冷/℃
A	20	在 γ 区和(γ+α)两相区轧制	1050	800，75	690	空冷
		在 γ 区轧制	1050	800，75	750	空冷
		在 γ 区轧制 + 快冷	1050	800，75	740	730 ~ 550 8.0℃/s
B	25	在 γ 区轧制	1200	760，70	690	空冷
		在 γ 区轧制 + 快冷	1200	760，70	770	730 ~ 550 8.0℃/s

表 8-20　A 钢和 B 钢控轧和控冷后的力学性能

钢	钢板厚度/mm	控轧工艺	σ_s /MPa	σ_b /MPa	δ① /%	V 形缺口冲击值 A_K/J，-20℃/-40℃	50% FATT /℃	BDWTT85%② SATT/℃
A	20	在 γ 区和(γ+α)两相区轧制	573	646	36.9	112/96	-115	-52
		在 γ 区轧制	476	580	37.6	160/151	-85	-38
		在 γ 区轧制 + 快冷	513	621	43.5	162/150	-91	-42
B	25	在 γ 区轧制	477	562	57.1		-102	-40
		在 γ 区轧制 + 快冷	465	582	57.8		-106	-43

① 仪器长度 = 50.8mm；

② BDWTT85% 韧性断面的转变温度。

（3）以宝钢宽厚板轧机所生产的 Mn - Mo - Nb - B 系 780MPa 强度级别超低碳贝氏体钢采用的控轧控冷工艺为例：

钢的化学成分为：$w_C \leqslant 0.03\%$，$w_{Mn} \leqslant 1.65\%$，$w_P \leqslant 0.010\%$，$w_S \leqslant 0.06\%$，$w_B \leqslant 0.002\%$ 并含有微量元素 Nb、V、Cu、Ti、Mo 和 Ni。

最高加热温度不高于 1200℃，板坯出炉温度 1160 ~ 1180℃，经高压水除鳞，开始轧制温度一般在 1030 ~ 1050℃。

控制轧制工艺为奥氏体再结晶型、未再结晶型和（奥氏体 + 铁素体）两相区的三阶段控轧工艺。在 1150 ~ 950℃之间进行奥氏体再结晶区控制轧制，道次压下率为 8% ~ 25%，每道轧后尽量减少间隔时间，以防止奥氏体晶粒长大和形成混晶。奥氏体再结晶区轧后可采用水冷，快冷到 950℃进行奥氏体未再结晶型控轧。这一区间的累计变形率控制在大于 55%，以达到细化晶粒的目的。奥氏体未再结晶区的终止轧制钢温控制在 790℃，钢温低于变形条件下的 A_{r3} 温度，开始在（奥氏体 + 铁素体）两相区的第三阶段控轧。增大该阶段的变形量可以提高钢板的强度和降低脆性转变温度。轧到成品厚度，终轧温度控制在 750℃ 以上。轧后立即进行水冷，入水温度为 750 ~ 720℃，终止水冷温度控制在 600 ~ 550℃，最大冷却速度为 8℃/s。当板厚不大于 80mm 时，冷却速度为 3 ~ 8℃/s。

该钢采用控轧控冷之后，钢的力学性能是：σ_s 达 690 ~ 740MPa，σ_b 为 795 ~ 830MPa，$\delta >$ 23%，-20℃的 A_{KV} 达 210 ~ 290J。钢板厚度为 50mm 时，$\sigma_s >$ 680MPa，$\sigma_b >$ 780MPa，脆性转变温度低于 -60℃。

8.4 热连轧带钢的控制轧制和控制冷却工艺

8.4.1 热连轧带钢的控制轧制和控制冷却工艺的应用

热轧宽带钢轧机60%以上的产品是以板卷形式供给冷轧带钢轧机的。其余产品以热轧带钢和板卷形式供给机器制造业、造船工业、生产大直径的焊管、冷弯型钢和其他行业。热轧带钢轧机的产品越来越多地用于汽车制造、火车车厢和生产高压容器等方面。钢中含碳量到0.2%，并以Mo、V、Ti和其他微合金化元素的高强度焊接结构钢在宽带钢轧机生产的品种中所占比重越来越大。这些钢带都是采用控轧和控冷工艺生产的。

8.4.1.1 国外热连轧宽带钢轧机上采用的控制轧制和控制冷却工艺

(1)德国赫施冶金公司在1727mm轧机上采用控制轧制和轧后控制冷却工艺生产大直径螺旋焊管的成卷带钢。带钢厚度为15.1mm的占多数。其化学成分为0.13%C,0.26%Si,1.62%Mn,0.008%S,0.018%P,0.045%Al,0.039%Nb和0.053%V。钢水经过脱硫和用稀土元素处理。板坯最大尺寸为225mm×1550mm×12500mm,单卷质量达30t。

当轧制管坯时,加热炉的炉温控制在1250℃。三架粗轧机中两架是可逆的,进入精轧机之前的坯料厚度为38~43mm。轧制管坯时,5架精轧机全用。控轧工艺要求在低于1000℃时,总压下系数不小于2.75,终轧温度为820℃。终轧温度较高时会出现贝氏体组织,引起断口转变温度升高。终轧温度低于750℃也会使抗脆性断裂性能变坏。

在精轧机组后面安装有13m长的层流冷却装置(水量2100m^3/h)和63m长的喷水冷却装置(水量3200m^3/h),全长76m长的轧后冷却线,以加快带钢的冷却,控制板卷的卷取温度。板带的σ_s为465MPa,σ_b为590MPa,50%韧性断口的脆性转变温度为-50℃。

(2)俄罗斯切列波维茨冶金工厂的2000mm宽带钢连轧机采用(06~16)Mn2VNb钢轧成带钢。

含V和Nb钢的控轧控冷工艺为:将260mm×1190mm×5100mm板坯加热到1250℃,在粗轧机组轧到40mm,之后待温1.5~2min。冷却到900℃之后,在精轧机组中轧到最终成品厚度12mm,总压下率达70%。终轧温度从915℃降低到800℃,可使在同一强度水平(σ_b=600MPa,σ_s=550MPa)的钢板冲击功由31~36J提高到63~79J。当卷取温度由670℃降到550℃时,σ_b提高到670MPa,σ_s提高到600MPa。降低终轧温度,可使铁素体晶粒细化到12级。

在2000mm宽带钢连轧机上轧制含钒和铌的少量珠光体锰钢采用如下的控轧和控冷工艺:开轧温度1200~1250℃,在奥氏体再结晶区轧至成品厚度的2.5~3.5倍停轧,待温到900℃,在精轧机轧至成品厚度,900℃以下的总压下率不小于40%,终轧温度800℃。从终轧温度进行轧后快冷,冷却速度为5~10℃/s,带钢的卷取温度控制在600℃。

8.4.1.2 国内宽带钢热连轧机组采用的控制轧制和控制冷却工艺

我国现有宽度在1250mm以上的带钢热连轧机组共有46套,其中常规热带钢轧机37套,薄板坯连铸连轧机9套。从国外引进先进技术建设的现代化的常规热带钢轧机有10套,如武钢的1700mm、2250mm轧机,宝钢的2050mm、1580mm轧机,鞍钢的1780mm轧机,上钢一厂的1780mm轧机,太钢的2250mm轧机,首钢、马钢和邯钢的2250mm轧机。马钢第二热轧厂2250mm轧机和宝钢三热轧厂1880mm轧机都是半连轧轧机。

这些连轧机设备能力提高、装备完善,有利于实现控制轧制和控制冷却工艺。例如,宝钢的1580mm和1880mm轧机,鞍钢的1780mm轧机,武钢、马钢、首钢、邯钢的2250mm轧机在粗轧区都设有连续/间断式定宽压力机 SSP，用于对板坯进行全长连续的宽度侧压，最大道次减宽量可达350mm。采用 SSP 可减少板坯宽度规格，对于2250mm 轧机仅需6种宽度的板坯。侧压板坯边部凸起量较立辊轧制小得多，有效减少了水平轧制后的鱼尾切损，成材率提高。

粗轧机的能力加强，R_1 和 R_2 为四辊轧机，R_1 的轧制力由 30000～40000kN 提高到 45000kN，R_2 的轧制力达到 50000kN。有利于增大压下量，轧制较薄、厚度均匀的中间坯。

在延伸辊道增加保温罩，改善了中间坯温度的均匀性。生产硅钢或镀锡板的热轧机还装备或预留边部加热装置。宝钢的 2050mm 和五套 2250mm 轧机都采用曲柄式飞剪，剪切力可达 12000kN，可剪切 X－70 钢种，60mm×2130mm 的中间坯（温度900℃）。使用三菱日立技术建设的上钢一厂的1780mm 热轧机，宝钢的1580mm、1880mm 热轧机，以及唐钢、本钢和通钢的 FTSR 薄板坯连铸连轧的精轧机都采用 PC 轧机，交叉角为 0°～1.5°，以达到改变辊缝凸度的目的。CVC 和 PC 机构一般用在精轧机组的上游机架，以发挥灵活的板形控制能力，F_5～F_7 机架一般采用长行程的工作辊横移 WRS 或在线磨辊 ORG 装置。

A 热连轧带钢的控制轧制工艺

（1）武钢1700mm 热连轧机根据其设备特点和条件，采用控制轧制和控制冷却工艺生产 X－60、X－65 级管线钢。

为了获得良好的板带综合性能，在冶炼时采取相应新技术，进行低碳、低硫和硫化物变性处理，并进行 Nb 的微合金化。钢的成分如下，X－60 级钢：w_C＝0.083%～0.12%、w_{Si}＝0.20%～0.33%、w_{Mn}＝1.08%～1.32%、w_P＝0.012%～0.020%、w_S＝0.004%～0.021%、w_{Nb}＝0.028%～0.040%。X－65 级钢：w_C＝0.08%～0.10%、w_{Si}＝0.21%～0.26%、w_{Mn}＝1.21%～1.27%、w_P＝0.010%～0.022%、w_S＝0.004%～0.014%、w_{Nb}＝0.030%～0.040%。

连铸坯加热温度控制在1180～1220℃，出炉后高压水除鳞，开轧温度在1100～1150℃，经连轧终轧温度830℃，轧成板厚8mm，宽度1250mm 带钢。轧后进行层流快冷，板厚不同，冷却速度为9～19℃/s，控制板卷的卷取温度为630～600℃。板卷的力学性能全部达到 API 标准中的 X－60 和 X－65 级钢板的要求。其带钢的性能如表8-21所示。

从表8-21中看出，纵、横向的夏比冲击功相差较大，为了提高横向夏比冲击值，减少纵横向的差异，可以向钢中加入稀土元素，将纵横向冲击值之比由3.24～4.25减到2.5。

表8-21 控轧控冷的 X－60 和 X－65 管线钢的性能

级别	σ_s/MPa	σ_b/MPa	δ/%	部位	夏比冲击功 A_{KV}/J					
					常温	0℃	－20℃	－40℃	－60℃	－70℃
X－60	476～507	560～586	26.6	纵	133	126	121	100	99	—
				横	31	30	24	21	15	—
X－65	525	590	27.5	纵	142	134		125	107	93
				横	44	46		44	39	25

（2）建龙实业有限公司梅钢1422mm 热连轧机组采用控轧、控冷工艺生产出耐候钢（耐大气腐蚀钢）是介于普碳钢和不锈钢之间的低合金钢。耐候钢中宽带生产工艺流程为：50t 顶底复吹转炉冶炼→钢包脱氧合金化→吹 Ar 气体→板坯连铸→加热→中宽带热连轧机组轧制→层流冷却→卷取→成品入库。

耐候钢的内控成分为：w_C＝0.07%～0.12%、w_{Si}＝0.03%～0.05%、w_{Mn}＝0.30%～0.50%、w_P＝0.09%～0.12%、w_S≤0.020%、w_{Cu}＝0.25%～0.35%、w_{Cr}＝0.45%～0.90%和 w_{Ni}＝0.15%～0.25%。连铸坯尺寸为180mm×520mm×6500mm。

SPA－H 集装箱耐候钢的控制轧制工艺为：连铸坯热送热装。由于钢中含铜，加热炉内控制为弱氧化性气氛，控制升温速度。出炉温度控制为 1200±50℃，钢坯头尾及水印温差不大于 50℃。

粗轧 R_1 开轧温度大于 1100℃，粗轧 1～5 道次的辊缝值分别为 131mm、90mm、60mm、37mm、24mm。粗轧出口中间坯厚为 25mm。

精轧入口钢温大于 950℃，实际控制在 1015～1022℃，成品尺寸为 3.0mm×525mm，出口厚度控制为 2.9～3.0mm，出口宽度为 530～540mm，精轧出口温度为 880～884℃。

轧后水冷及卷取，为了避免带钢头部温度过低而不易卷取，设定层流冷却时，带钢头部可减少冷却水开放单元数。另外，根据带钢厚度规格、温度及卷取情况可适当增减冷却单元组数，以保证卷取温度控制在 620～690℃，目标值为 680℃。

所得耐候钢带的组织为铁素体和珠光体，实际晶粒度为 9.5 级。成品规格 3.0mm×525mm 的力学性能为：σ_b 为 520.4MPa、σ_s 为 400MPa、σ_s/σ_b 为 0.77、伸长率 31%、180°冷弯、$B=35$mm、$d=1a$ 时完好。

(3) 莱钢 1500mm 热连轧管线带钢的控制轧制和控制冷却工艺。带钢的生产工艺流程为：连铸坯可以热装或冷装，加热→粗除鳞箱除鳞→E_1、R_1 可逆粗轧→热卷箱→开卷→飞剪切头尾→E_2、F_1～F_6 精轧机组精轧→层流冷却→卷取→卸卷、打捆→检查、称重→收集→入库。

管线钢的连铸坯规格为 160mm×(750～1400)mm×12000mm，产品规格为(1.2～20.0)mm×(700～1400)mm，最大卷重 21t。

采用的控制轧制工艺为：连铸坯出炉温度 1150～1200℃，高压水除鳞，E_1、R_1 四辊可逆轧机轧制 3～5 道次，轧后中间坯进入热卷箱，成卷，可卷取带钢规格(17～30)mm×(700～1400)mm，最高带坯温度达 1100℃。再经开卷、切头，进入精轧机组(1 架立辊和 6 架四辊精轧机)，在精轧机架间设有喷水冷却装置以控制板带的终轧温度。终轧温度控制在 950～850℃。轧后进入层流冷却装置冷却到卷取温度 650～550℃。有效冷却宽度为 1450mm，长度约 70m。

B 热轧带钢的控制冷却装备及组合

热轧带钢采用轧后控制冷却必须综合考虑带钢的控制轧制条件，如轧制温度、变形制度、轧后采用的冷却模式、控制带钢的卷取温度、力学性能。其冷却装置的冷却能力、冷却强度、冷却速度、卷取温度及其控制精度等都对最终产品的质量和性能有直接影响。

带钢的轧后冷却有喷射冷却、喷雾冷却、水幕冷却和管层流冷却等几种方式。其中管层流冷却由于有处理产品范围宽、流量范畴调节宽、冷却均匀、冷却水回收率高和设备维修量较小等优点，因而应用最广泛。

热连轧机层流冷却线一般分为主冷区和精冷区，根据工艺模型可精确地控制带钢的冷却强度和冷却速度、冷却的均匀度和卷取温度。有的在主冷区前还设有强冷区，以增大冷却速率，生产双相钢和多相钢。生产薄带钢(厚度小于 1.8mm)时，在层流冷却区内有可控的带钢边部遮挡装置。卷取采用全液压三助卷辊地下卷取机。

为提高层流冷却系统的冷却能力和冷却效率，适应不同钢种的控制冷却工艺要求，采用如下的具体技术：

(1) 各种管层流冷却装置的组合。在配置普通管层流冷却装置(LC)的同时，增加了加强型层流冷却装置(ILC)，也叫高密度管层流装置。或增加快速冷却装置(UFC)，既能满足控制冷却要求，也能达到轧后在线淬火工艺的要求。

为了适应不同钢种和不同厚度产品的控制冷却工艺需要，各种冷却装置进行不同的组合，增加微调或精调阶段，提高带钢的冷却精度。下面介绍几种管层流冷却装置组合的特点：

1）加强型管层流冷却（ILC）或高密度管层流冷却＋普通管层流冷却（LC）＋加强型层流冷却（ILC）＋精调段冷却的配合冷却工艺，如图8-18所示。

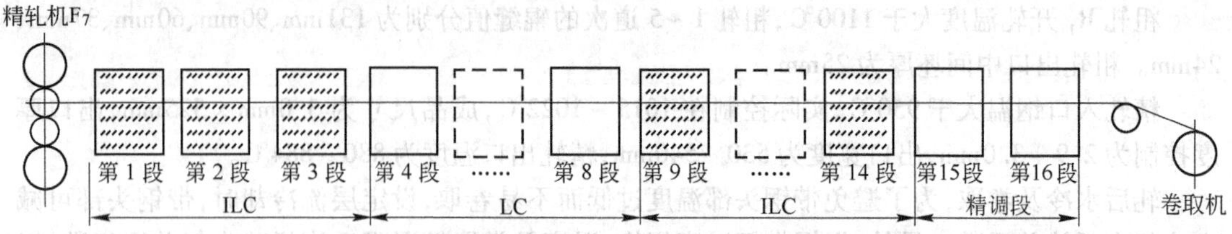

图8-18　加强型管层流冷却（ILC）＋普通管层流冷却（LC）＋加强型管层流冷却（ILC）＋精调段冷却的配合冷却工艺

这种控制冷却工艺的特点是轧后带钢首先快冷，再一般水冷，之后再快冷，并用精调段控制板卷的卷取温度。其中各段的段数和长度根据生产板带品种和轧机参数的不同进行调整。这种控制冷却工艺有利于实现超细晶粒钢的生产。同一成分的钢控制不同的轧后冷却速度，可以获得不同力学性能的钢带。有利于实现生产双相钢、马氏体钢等多相钢的分段冷却。当生产一般控冷带材时，可关闭一些高密管层流的部分集管。由于高密度管层流的设计特点，使带钢横向和纵向冷却均匀。这一配置已经在宝钢和台湾中钢的连轧机上采用。

2）加强型管层流或高密度管层流冷却＋普通管层流冷却＋精调段冷却的配合冷却工艺。这一工艺有利于轧后快冷钢种的控冷工艺要求。同时，通过关闭高密度管层流段的部分集管也可以全部成为普通管层流冷却工艺，满足一般带材的控冷要求。前部的高密度管层流装置也可以完成轧后在线淬火工艺。舞钢、台湾中钢等厂都已采用。

3）普通层流冷却和快速冷却装置的结合。这种结合的方式有两种，其一是快速冷却装置位于普通层流冷却装置的后面；另一种是位于前面。某厂采用前一种布置方式，快速冷却装置采用密集型喷嘴，水压达0.35MPa，冷却强度达$220m^3/(m^2 \cdot h)$，带钢最大冷却速率可达500℃/s以上（以冷却段长度为10.5m，水量为$9000m^3/h$，带钢厚度为2mm，带钢速度为11.4m/s为例）。

精轧后高的带钢冷却速率配合控制轧制技术，有利于实现细化晶粒的作用；有利于双相钢和多相钢的控冷工艺要求。但是，所采用的快速冷却装置不同于加密管层流冷却装置，它不能用于冷却一般产品的控冷。

（2）为了稳定层流冷却装置喷嘴处的压力，提高冷却效果，新型带钢层流冷却装置采用双水箱的供水方式。

（3）采用钢带宽度方向上和长度方向上冷却均匀技术和控制措施。

（4）采用以控冷模型为基础的动态闭环控制，将神经网络应用于冷却过程的建模与控制，以适应高度复杂的非线性的层流冷却过程的控制系统。

C　热连轧带钢的控制冷却工艺

2000年8月Carlam厂在热轧生产线卷取机和层流冷却装置之间安装了快速冷却装置（UFC），其主要技术参数为：冷却段长7.3m，UFC至卷取机距离25m，冷却水集管15组，冷却水最大流量$5500m^3/h$，喷射宽度1750mm，水压0.35MPa，采用开闭控制模式。该厂采用这一冷却工艺（以0.14%C、1.5%Mn的C－Mn钢为例），通过控制轧制和采用LC＋UFC可实现分段冷却，可以得到不同的冷却速率，不同的卷取温度，以及不同的力学性能和组织结构完全不同的多相钢产品，如表8-22所示。

表 8-22 C-Mn 钢轧后采用 LC+UFC 冷却工艺参数与组织、性能关系

序号	终轧温度 /℃	F_7-UFC 的时间/s	快冷开始温度/℃	卷取温度 /℃	铁素体量（体积分数）/%	上贝氏体量（体积分数）/%	下贝氏体量（体积分数）/%	马氏体量（体积分数）/%	屈服强度 /MPa	抗拉强度 /MPa	均匀伸长率 /%	总伸长率 /%
1	825	15	700	400	22	—	78	—	825	932	4	9
2	825	16	700	190	19	—	—	82	870	1136	5	9
3	825	19	700	150	25	—	—	75	743	1068	7	10
4	845	12	730	480	—	—	100	—	704	763	4	9
5	835	14	701	380	13	—	—	88	933	1102	4	8
6	845	20	682	300	14	—	—	86	913	1080	3	7
7	880	9	720	540	√	√	—	—	463	571	11	18
8	885	11	720	450	—	—	100	—	719	775	5	11
9	870	—	645	430	25	—	75	—	565	695	6	13
10	890	—	645	<300	30	—	—	70	612	849	5	10
11	825	13	650	350	60	—	40	—	482	635	12	22
12	835	13	630	300	47	—	—	53	502	816	10	15
13	835	16	630	300	39	—	—	61	552	878	8	12
14	820	14	600	300	60	—	—	40	512	847	12	16
15	835	18	600	300	50~70	—	—	30~50	487	853	12	16

8.4.2 热连轧带钢生产线上的铁素体控轧控冷工艺

在全热连轧、3/4 连轧和半连轧机机组，根据轧机的具体条件进行铁素体轧制时，要在轧机间设置必要的冷却装置，以适合各阶段和铁素体控轧工艺的要求。确定各道次的温度和压下制度，满足再结晶区、未再结晶区、奥氏体和铁素体两相区和铁素体区的控轧工艺。

例如，鞍钢热轧带钢厂 1780mm 热连轧机已采用铁素体轧制工艺生产 IF 钢。钢的化学成分为：$w_C \leqslant 0.005\%$、$w_{Si} \leqslant 0.030\%$、$w_{Mn} = 0.10\% \sim 0.20\%$、$w_P \leqslant 0.010\%$、$w_S \leqslant 0.013\%$、$w_{Nb} = 0.005\% \sim 0.030\%$、$w_{Ti} = 0.030\% \sim 0.060\%$、$w_{Al_S} = 0.020\% \sim 0.060\%$ 和 $w_N \leqslant 0.0045\%$。板坯规格为 230mm×1280mm×9600mm，成品尺寸为 5mm×1265mm。

控轧控冷工艺参数为：板坯出炉温度 1070℃，粗轧出口温度 900±20℃，精轧入口温度 840±20℃，终轧温度 760±20℃，卷取温度不低于 670℃。中间坯在延伸运输辊道上摆动待温，达到待温设定温度送入精轧机组。7 个精轧机架全部采用热轧润滑轧制，精轧后不进行退火，经控冷、控制卷取温度，直接卷取。钢卷冷却后，分别对 720℃（2 号）和 670℃（4 号）不同卷取温度的板卷进行头、中和尾部位取样，进行力学性能和金相组织检验。Nb+Ti 的 IF 钢带的力学性能如表 8-23 所示。

表 8-23 采用铁素体轧制工艺生产 Nb+Ti 的 IF 钢的力学性能

钢卷号	板卷卷取温度/℃	取样位置	σ_s/MPa	σ_b/MPa	δ_5/%
4	670	头部	300	360	32
		中部	305	365	33
		尾部	320	380	34
2	720	头部	310	370	27
		中部	200	285	53
		尾部	245	320	40

从表8-23中看出，卷取温度670℃，全卷性能比较均匀，但强度偏高、伸长率偏低。其金相组织为纤维状铁素体和少量再结晶铁素体，说明卷取温度低时，卷取后的钢卷内部组织大部分呈轧制态，没有发生完全再结晶。低的板坯加热温度和轧后高温（720℃）卷取，则有利于得到粗大的再结晶铁素体晶粒，板带中部的金相组织为晶粒粗大的再结晶铁素体，从而提高钢带的深冲性能。高温卷取的2号板卷的头、中、尾性能不均，这是由于卷取过程中头和尾部的冷却速度过快所致。综合来看，IF钢铁素体区轧制后直接高温卷取有利于提高钢板的伸长率，并保持带长的温度均匀。

8.5　薄板坯连铸连轧生产线上采用的控轧和控冷工艺

8.5.1　薄板坯连铸连轧生产线的特点

第一条薄板坯连铸连轧生产线于1989年由美国纽柯公司的克拉福兹维尔厂建成投产。其工艺流程是钢水经立弯式连铸机铸成50～70mm厚的薄板坯，经剪切后进入辊底式隧道均热炉均热，经高压水除鳞后进入5～6架热连轧机连轧，轧后进行冷却和成卷。

20世纪90年代西马克开发了CSP生产线，达涅利开发了FTSR生产线。这两种生产线在我国引进9套，如珠钢、邯钢、包钢、马钢、涟钢和酒钢的CSP生产线，以及唐钢、本钢和通钢的FTSR生产线。

第二代CSP技术有三项标志：液芯压下、紧凑式精轧机和半无头轧制。目前，薄板坯连铸连轧生产的钢种已达板带材的85%以上。在不同厂家已生产过包晶钢、电工钢、深冲钢、铁素体和奥氏体不锈钢及多相钢等热轧带卷。

8.5.2　CSP生产线上采用的控轧控冷工艺

（1）广州珠钢CSP生产线轧制含Nb、V、Ti微合金带卷的控轧控冷工艺。采用的工艺路线是：150t电炉冶炼→钢包炉中分别加入Nb、V、Ti合金→精炼→CSP连铸成60mm板坯→辊底炉加（均）热，均热温度1160～1180℃→高压水除鳞→6机架连轧→层流冷却（线长48m）→卷取成卷。

钢的化学成分和控轧控冷工艺如下：

1）含Nb和Ti钢带的控轧控冷工艺。钢的成分为：$w_C=0.055\%\sim0.065\%$、$w_{Si}=0.2\%\sim0.4\%$、$w_{Mn}=1.10\%\sim1.50\%$、$w_{Nb}=0.20\%\sim0.05\%$、$w_{Ti}=0.01\%\sim0.03\%$、$w_P\leqslant0.015\%$、$w_S\leqslant0.006\%$。

连铸坯厚度60mm，出炉温度1160～1180℃，开轧温度在1050℃以上，除鳞水和1、2架轧机间的冷却水尽量少给，以确保在高温再结晶区进行控制轧制，F_1和F_2轧机给以最大的道次变形量50%～55%，细化奥氏体晶粒，为防止在部分再结晶区变形，在F_3轧机不轧空过，F_4压下15%～20%未再结晶区控轧，F_5空过，以加大F_6的变形量（20%～25%），进行未再结晶区控轧，累积变形量大于70%，终轧温度840～860℃，成品厚度9.5mm，轧后进行层流冷却，卷取时板卷温度控制在580～600℃。9.5mm钢带的力学性能为：σ_s为460～480MPa、σ_b为530～570MPa、δ_5为24%～28%、冷弯合格、脆性转变温度15℃、50%FATT25℃、铁素体平均晶粒尺寸9.5μm。

2）含V和Ti带钢的控轧控冷工艺。钢的成分为：$w_C=0.05\%\sim0.065\%$、$w_{Si}=0.3\%\sim0.5\%$、$w_{Mn}=1.10\%\sim1.50\%$、$w_V=0.1\%\sim0.15\%$、$w_{Ti}=0.01\%\sim0.03\%$、$w_P\leqslant0.015\%$和$w_S\leqslant0.006\%$。

连铸坯厚度 60mm,均热温度 1120~1160℃,出炉温度 1100~1140℃,经除鳞,进入 F_1、F_2 和 F_3 轧机采用高温再结晶型控轧,前三道给予大的道次变形量(F_1 和 F_2 为 45%~50%、F_3 为 35%~40%),同时在机架间的冷却水少给或不给,F_3 轧后加大冷却,同时 F_4 机架空过,F_5 和 F_6 采取未再结晶区控轧,道次变形量分别为 20%~35% 和 15%~20%,终轧温度控制在 900℃,板带厚度 6.0mm,轧后进行层流冷却,控制钢卷卷取温度在 600℃。

6.0mm 钢带的力学性能为:σ_s 为 570~600MPa、σ_b 为 650~690MPa、δ_5 为 28%~32%、冷弯合格、室温冲击功 85J、-20℃ 冲击功 76J,铁素体平均晶粒尺寸 4.5μm。

(2)珠钢电炉-薄板坯连铸连轧(EAF-CSP)工艺生产 X-52、X-56 和 X-60 管线钢采用的控制轧制和控制冷却工艺。

三种铌微合金化管线钢的化学成分、控轧控冷工艺和钢带的力学性能如表 8-24、表 8-25 和表 8-26 所示。

表 8-24 X-52、X-56 和 X-60 管线钢的化学成分

钢种	化学成分 w/%							
	C	Si	Mn	P	S	Al_s	Nb	Ti
X-52	0.055/0.065	0.20/0.30	1.20/1.35	≤0.015	≤0.006	0.02/0.04	0.025/0.040	0.010/0.020
X-56	0.055/0.065	0.20/0.30	1.35/1.45	≤0.015	≤0.006	0.02/0.04	0.035/0.045	0.010/0.020
X-60	0.050/0.058	0.20/0.30	1.35/1.45	≤0.015	≤0.006	0.02/0.04	0.040/0.050	0.020/0.030

表 8-25 X-52、X-56 和 X-60 管线钢的控轧控冷工艺

钢种	厚度 /mm	出炉温度 /℃	终轧温度 /℃	卷取温度 /℃	轧机道次压下率/%					
					F_1	F_2	F_3	F_4	F_5	F_6
X-52	≥8.0	1160~1170	840~860	580~600	50~55	45~50	0	15~20	25~30	20~25
X-56/X-60	≥8.0	1160~1170	840~860	580~600	50~55	40~50	0	15~20	0	20~25

表 8-26 X-52、X-56 和 X-60 三种钢的力学性能

钢种	厚度 /mm	σ_s /MPa	σ_b /MPa	δ /%	冷弯 $d=1/5a$	韧性转变温度/℃	50% FATT 温度/℃
X-52	≥8.0	410/445	490/525	25/29	合格	-70/-80	-60/-90
X-56	≥8.0	450/480	520/570	24/28	合格	-50/-65	-40/-65
X-60	≥8.0	470/515	565/600	23/28	合格	-40/-65	-40/-65

该生产工艺采用奥氏体再结晶型和未再结晶型控轧。在奥氏体再结晶区采用高温大压下工艺。使连铸坯入炉温度尽可能高、均热温度尽可能高、提高开轧温度,F_1 和 F_2 轧机的压下率大于 45% 以上,以满足再结晶条件。在奥氏体未再结晶区,F_3 和 F_4 轧机给以比普通热轧的压下量小一些,或 F_3 不轧空过,保证奥氏体不发生再结晶或少量再结晶。F_5 和 F_6 轧机给以 20%~25% 压下率,并降低终轧温度。增多形核位置和变形带,有利于细化铁素体晶粒。三种管线钢带组织十分细小、均匀,基本没有混晶、晶粒度约为 11 级。提高了管线钢的力学性能。

(3)唐钢薄板坯连铸连轧生产线采用的控轧控冷工艺。一期工程采用 70~90mm 连铸坯,板带厚度 0.8~4.0mm;二期工程板厚 0.8~12.7mm,带宽 850~1680mm。

连轧工艺是:连铸坯经旋转式除鳞机除鳞,进入长 230 余米的辊底式加热炉加热后,经二次除鳞,送入立辊和 2 架粗轧机轧制。轧成板厚 12~35mm 的中间坯,再经中间温度控制系统和飞剪，再除鳞并进入5架精轧机组轧成板带，经层流冷却后由卷取机卷成板卷。

中间温度控制系统布置在第二架粗轧机后与首架精轧机前20多米距离内安装有水冷装置、保温罩及切头飞剪，以适应铁素体轧制、奥氏体轧制及薄带钢轧制。奥氏体轧制时进行保温，在精轧机组进行奥氏体再结晶型控轧。如果精轧进行奥氏体未再结晶型控轧，则采用快冷。铁素体轧制时进行水冷，使来料在进精轧机前完成铁素体的转变。为了控制精轧机各架的轧制温度，在各机架间布置冷却装置。

轧后层流冷却装置的长度约为27m、分6段，最后一段可进行微调水量控制，以控制卷取温度，冷却水量为6000m^3/h，管层流冷却。对奥氏体轧制时，通过层流冷却，卷取温度一般在540～580℃；铁素体轧制时，层流冷却区关闭，卷取温度控制在680～720℃。

8.6　控制轧制和控制冷却技术在双相钢板带生产中的应用

8.6.1　双相钢的组织、性能特点和生产方法

8.6.1.1　双相钢的组织形貌

一般工程用材料都是由两相或多相的复合相组成的多晶体材料，它们被称为双相钢或多相钢。例如，碳素钢由铁素体和珠光体组成，高强度低合金钢由铁素体、沉淀析出相、贝氏体或马氏体等组成，双相不锈钢是由奥氏体和铁素体组成等。

特指的双相钢则是由80%～95%铁素体和呈岛状分布其间的20%～5%左右的马氏体构成的高成型性的低合金高强度双相钢。双相钢中，低温相变产物所占的体积比，依用途而异，可以在一定范围内变化。通过不同工艺控制，可以得到不同相的比例。并且以合金化及通过工艺参数的控制来改变马氏体和铁素体的形态和分布，从而在很大范围内改变钢的力学性能。

8.6.1.2　双相钢的性能特点

与低合金高强度钢相比，双相钢的特点主要表现在以下几个方面。

在力学性能方面的特点有：

(1)具有连续屈服的特点；

(2)小的屈强比，一般为0.5左右，而低合金高强度钢为0.8以上；

(3)双相钢具有较大的加工硬化指数，n值一般为0.2左右，而低合金高强度钢为0.15左右；

(4)具有较好的强度－塑性组合。强度相同时，双相钢有较大延伸；

(5)较大的加工能力，尤其在小变形阶段；

(6)有比低合金高强度钢低的缺口敏感性；

(7)双相钢的疲劳特性是和它的应力应变特性及高的加工硬化率紧密相关的。双相钢的疲劳寿命还受马氏体的体积分数，马氏体和铁素体屈服强度的比值，以及马氏体的形态和分布的影响；

(8)双相钢的冲击韧性受第二相形貌的强烈影响。双相钢的冲击韧性高于热轧状态的低合金高强度钢的冲击韧性，并且有更低的脆性转变温度；

(9)双相钢具有高的低温塑性。

在工艺性能方面表现的特点有：

(1)双相钢具有良好的成形性,具有小的回弹和良好的形状保持性;

(2)焊接性与一般低碳钢相近;

(3)双相钢的耐蚀性与低碳钢相近。

影响双相钢性能的组织因素主要是马氏体的成分和体积分数、形状,以及铁素体的晶粒细化程度。由此可见,严格控制轧制工艺参数和轧后冷却工艺制度是获得热轧双相钢的决定条件。

8.6.1.3　生产双相钢的方法和种类

板带双相钢可以采用不同工艺生产出来。一是热处理双相钢,另一种是热轧双相钢。热处理双相钢又分为临界间双相钢(Intercritical dual phase)简称"IDP"。它是将铁素体和珠光体钢的热轧或冷轧钢带,经加热到奥氏体和铁素体两相区,然后控制冷却速度,使奥氏体转变成马氏体或其他低温相变产物。另一种热处理双相钢称为奥氏体双相钢(Austenite dual phase)简称"ADP"。它是将热轧或冷轧钢带加热到单一奥氏体区,之后控制冷却速度,使奥氏体一部分转变成铁素体,再快冷使残余奥氏体淬火成马氏体,形成双相钢。

采用合适的化学成分、控制轧制和控制冷却工艺,可以直接热轧成双相钢钢板或带钢。目前,普遍采用的工艺是控制带卷的卷取温度,即分为中温卷取型和低温卷取型两类。

A　中温卷取型直接热轧双相钢

1978 年 A. P. Goldren 和 G. Titter 提出直接热轧双相钢的工艺。其原理是适当加入 Cr、Mo 等元素合金化,控轧后奥氏体在连续冷却过程中先析出一定数量铁素体,然后在介于 A→F 和A→B 转变温度区间内,由于奥氏体的稳定化而存在一个"窗口",即在 A→F 相变过程中碳在奥氏体中富聚,促使残余奥氏体变得十分稳定,并在"窗口"温度下进行卷取,卷取温度在 500～600℃。即使在相当小的板卷冷却速度下(～25℃/h)也不会发生 A→B 相变,如图 8-19 所示。最后采用快冷,使 A→M 相变,在室温下获得 F+M 组织。

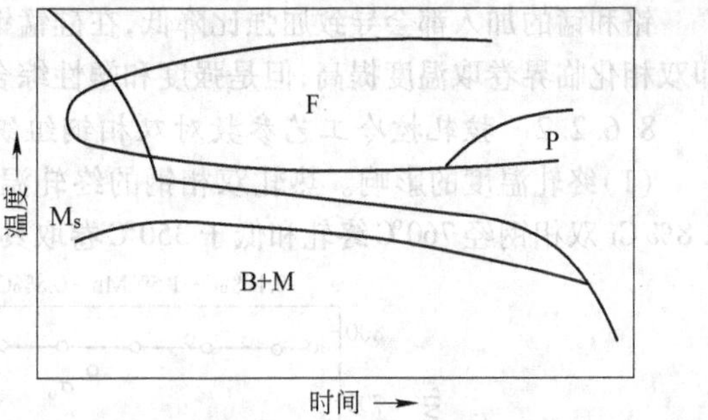

图 8-19　中温卷取型直接热轧双相钢生产方法的原理

在控轧工艺中控制道次压下率,使奥氏体晶粒均匀,控制终轧温度和轧后冷却速度是获得均匀、细小铁素体的关键。如何控制铁素体的转变量,则取决于板卷的二次冷却开始温度和冷却速度。这可由变形条件下所确定的相变曲线图来决定。热轧双相钢的焊接性能和疲劳特性也较热处理双相钢好。关键是如何保证带钢性能的一致性,准确控制马氏体和铁素体的比例。

B　低温卷取型热轧双相钢

中温卷取型热轧双相钢为提高奥氏体的淬透性,要加入 Cr 和 Mo 合金元素以抑制 A→P 的相变,这将导致成本提高。因而,日本几家冶金工厂首先利用热连轧后具有较长的输出辊道和轧后强制冷却设备的优势,开发了低温卷取型热轧双相钢。

这一工艺特点是在热轧时,采用控轧工艺,析出部分铁素体,轧后在输出辊道上采用快速冷却到 M_s 温度以下,并进行卷取。

控制轧制工艺的终轧温度应控制在 A_{r3} 附近(变形条件下的 A_{r3}),甚至可以降低到析出少量铁素体的 A+F 两相区以促进 A→F 相变。但是,温度不能太低,以防止出现变形的铁素体组织。若终轧温度太高,铁素体晶粒粗大,而且也易出现 A→B 相变。

卷取温度必须低于 M_s 点温度，一般在200℃以下，否则也易出现 A→B 相变，同时也易出现铁素体的时效和马氏体的自回火。卷取温度过低，需要加大卷取能力，也会使板带的屈强比偏高和板形恶化。

为实现上述工艺，钢中加入 Si 是有利的，它促使 C 由 F 向 A 中扩散，促使 A→F 相变，从而提高了奥氏体的稳定性，因而卷取前允许用较小的冷速。Si 还可以提高 A_{r3} 温度，有利于铁素体的析出。

Mn 和 Cr 可以提高奥氏体的淬透性能，从而发展了 Mn - Cr 和 Si - Mn 系的低温卷取型热轧双相钢。

8.6.2　热轧双相钢的控制轧制和控制冷却

8.6.2.1　钢的成分对双相钢性能的影响

碳对轧制状态的铁素体 + 珠光体钢的抗拉强度的贡献是每 0.01% C 提高抗拉强度约 9MPa，而双相钢中碳对抗拉强度的贡献远远大于 F + P 钢中碳对抗拉强度的贡献。这是因为在双相钢中碳的强化作用对第二相马氏体体积分数和马氏体硬度两方面都有影响。碳对降低屈强比的影响并不那么大。随着含碳量的增加总伸长率降低，但是，这种变化是与强度的提高同时发生的。

硅在双相钢中具有排碳作用，从而使铁素体纯净，并使碳向奥氏体中扩散。增加硅含量的更大效果在于改善强度塑性综合性能。由于净化铁素体而改善钢的塑性，因此增加硅含量使最佳终轧温度范畴扩大，有利于对终轧温度的控制。

锰是提高淬透性所必需的元素，对屈强比的变化有影响。

铬和锰的加入都会导致屈强比降低，在硅锰钢中加入 0.3% 左右的铬可以使卷取条件放宽，即双相化临界卷取温度提高，但是强度和塑性综合性能未得到改善。

8.6.2.2　控轧控冷工艺参数对双相钢组织性能的影响

(1)终轧温度的影响。热轧双相钢的终轧温度对性能有明显影响，含 0.1% C、1.5% Mn 和 0.8% Cr 双相钢经 760℃终轧和低于 350℃卷取具有高强度、高韧性和低屈强比，如图 8-20 所示。

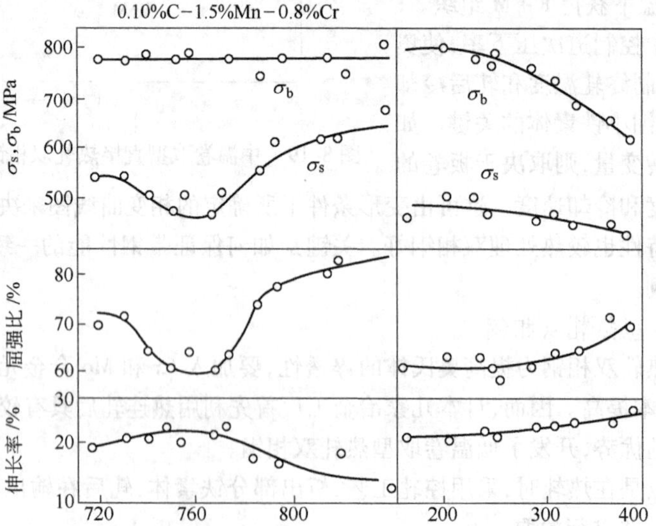

图 8-20　终轧温度和卷取温度对热轧双相钢性能的影响

由图8-20可看出，终轧温度对δ、屈强比和σ_s、σ_b的影响是比较复杂的。当终轧温度高于760℃时，随终轧温度提高σ_s提高，σ_s/σ_b增加，而δ下降。从图8-20中还看出，在某一终轧温度下σ_s最小，δ最大，这是由于终轧温度高时，铁素体析出滞后，难于双相化。铁素体形态的变化与在比较低的终轧温度下的塑性降低有关，即在奥氏体未再结晶区轧制后拉长的奥氏体，转变为沿轧制方向拉长的铁素体时塑性变坏了。同时，当终轧温度低时，随铁素体中加工位错回复性组织的形成，σ_s有所提高，塑性有所降低。

(2)卷取温度对双相钢性能的影响。从图8-20曲线中看出，该双相钢的力学性能，在终轧温度为740～780℃范围，卷取温度为400℃时，δ、σ_s/σ_b最大，σ_s和σ_b则最低。随卷取温度降低，σ_s、σ_b升高，δ、σ_s/σ_b稍有下降，在300℃以下基本稳定。

(3)冷却速度对双相钢性能的影响。双相钢的力学性能与冷却速度有关，并且在合金成分和冷却速度之间应做适当调整和选择。加快冷却速度虽然可以减少元素含量，但铁素体中固溶的碳量增加，钢的塑性下降；增加合金含量，则采取缓慢的冷却速度，也可得到延性和屈强比都好的钢，但成本有所增加。钢中加入硼，可以提高双相钢的淬透性，用喷雾冷却就可以获得双相钢。

8.6.2.3 热轧双相钢采用的控制轧制和控制冷却工艺

A 国外热轧双相钢采用的控制轧制和控制冷却工艺

(1)日本某厂生产的Si－Mn系双相钢的成分、采用的控轧、控冷工艺和力学性能如下。

化学成分：$w_C=0.07\%$，$w_{Si}=0.50\%$，$w_{Mn}=1.30\%$，$w_{Al}=0.03\%$，$w_P=0.02\%$；

工艺：终轧温度控制在780～800℃，卷取温度低于375℃，板带厚为2.47～3.31mm；

板带性能：$\sigma_{0.2}\leqslant 380$MPa，$\sigma_b=600$MPa，$\delta_{总}\geqslant 28\%$，板材扩孔比不小于1.4。

(2)Si－Mn系双相钢板在生产条件下成分范畴及工艺一般为：

化学成分：$w_C=0.06\%\sim0.13\%$，$w_{Si}=0.25\%\sim1.33\%$，$w_{Mn}=1.1\%\sim1.45\%$，$w_{Cr}=0.1\%\sim0.3\%$，$w_S=0.003\%\sim0.006\%$；

热轧工艺：终轧温度控制在725～885℃，卷取温度为100～550℃；

轧后板厚分别为2.0mm，2.4mm，2.6mm，2.9mm，3.2mm和3.31mm。

根据生产经验表明：卷取温度一般受终轧温度和冷却速度的影响，终轧温度在840～900℃，卷取温度在550～620℃，可得到15%～20%的马氏体双相钢，一般冷却速度在20～40℃/s之间。当冷却速度太快，卷取温度太低时，贝氏体数量增多。当卷取温度太高时，形成一些细小的片状珠光体。

一般在马氏体转变点以下卷取，但在保证获得双相钢的前提下，尽量在较高的温度下卷取，以便获得良好的综合性能。卷取温度升高，对σ_s影响不大，但高于一定温度，有些钢种出现屈服点伸长，导致σ_s升高，σ_s/σ_b明显升高。σ_b随卷取温度升高而下降，这是组织中马氏体含量下降引起的。

(3)Mn－Cr系双相钢的成分、控轧、控冷工艺和力学性能如下：

化学成分：$w_C=0.05\%$，$w_{Mn}=1.5\%$，$w_{Cr}=0.30\%$；

工艺：终轧温度在740～780℃，轧后急冷到350℃以下卷取；

力学性能：$\sigma_{0.2}\leqslant 440$MPa，$\sigma_b\leqslant 780$MPa，$\delta_{总}\geqslant 24\%$，$\sigma_s/\sigma_b\leqslant 0.65$。

(4)美国Climax钼公司开发的Mn－Si－Cr－Mo热轧双相钢模拟工艺图，如图8-21所示。

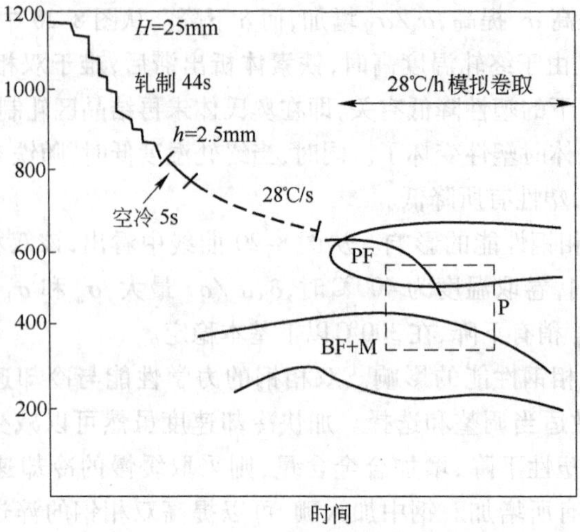

图 8-21 Mn - Si - Cr - Mo 热轧双相钢模拟工艺图

该工艺制度为：板坯厚度为 25mm，加热温度 1150 ~ 1310℃，终轧温度为 870 ~ 925℃，卷取温度为 455 ~ 635℃，板带厚 2.5mm。

板带性能：$\sigma_{0.2}$ 为 370MPa，σ_2（应变 2%）为 470MPa，σ_3（应变 3%）为 510MPa，σ_b 为 650MPa，n 值为 0.21，δ_u 为 20%，$\delta_{总}$ 为 30%，$\sigma_{0.2}/\sigma_b$ 为 0.59。

B 国内生产热轧双相钢采用的控轧工艺

在包钢薄板坯连铸连轧 CSP 生产线上研制，试生产 C - Mn 系热轧双相钢。钢的成分为：$w_C=0.08\%$，$w_{Mn}=1.20\%$，$w_{Si}=0.15\%$，$w_S=0.003\%$ 和 $w_P=0.016\%$。

连铸坯厚度为 67mm，经隧道炉均热，出炉温度约为 1150℃，成品厚度为 5mm 和 6mm。终轧温度约为 840℃，轧后采用层流冷却，其冷却速度达 25℃/s，卷取温度低于 300℃。

所生产的热轧双相钢的力学性能，如表 8-27 所示。

表 8-27 工业试生产的双相钢的力学性能

试验钢号	钢 种	厚度/mm	宽度/mm	$\sigma_{0.2}$/MPa	σ_b/MPa	A_{50}/%	$\sigma_{0.2}$ / σ_b	n
1	双相钢	6.0	1500	365	545	31	0.67	0.21
2	双相钢	5.0	1500	375	570	29	0.66	0.21

所得的热轧双相钢组织为铁素体和岛状马氏体，铁素体晶粒细小，约为 10μm，马氏体含量约为 15% 左右。

采用 $w_C=0.07\%$、$w_{Mn}=1.2\%$、$w_{Si}=0.15\%$、$w_S=0.003\%$、$w_P=0.016\%$ 钢连铸连轧轧成 6mm 带材。薄板坯厚仍为 67mm，经隧道炉均热，出炉温度约 1100℃，终轧温度为 810℃。改变轧后冷却制度，即进行层流冷却和超快速冷却工艺的两种冷却方式，带钢层流冷却时间为 24s，平均冷却速度为 8.3℃/s，层流冷却后带温 610℃。出层流冷却区 2s 后，进入超快冷却装置，超快速冷却 2s，平均冷却速度为 160℃/s，随后在 130℃ 卷取。所得热轧双相钢的组织为铁素体和 10% 左右的岛状马氏体。力学性能为：σ_s 为 335 ~ 355MPa、σ_b 为 555 ~ 565MPa、δ_5 为 31% ~ 34%、σ_s/σ_b 为 0.59 ~ 0.64，n 值为 0.18。

8.7 控制轧制和控制冷却技术在连铸坯直送或热送轧制板带生产中的应用

8.7.1 连铸坯直送或热送轧制板带的特点

20 世纪 80 年代初以节能、简化生产工艺为目的,开发了连铸坯直送热轧生产新工艺。采用这种工艺不仅可以轧成小的坯料,还可以直接轧成中厚钢板、带材和其他型材。从热塑性变形物理冶金理论来看,连铸坯直接热轧或者在轧前稍加热再进行轧制的工艺对改善钢材性能具有重大意义。

根据连铸机和有关轧机的设备布置不同,可以采用不同的连铸－再加热－热轧生产工艺。在热轧钢板、带材时,又可以采用不同的控制轧制和控制冷却工艺。不同的工艺流程如图 8-22 所示。根据工艺特点可分为连铸坯直送热轧和连铸坯热送热轧,其特点各有不同。除节省能源有所区别外,轧制前连铸坯的组织状态也不一样。

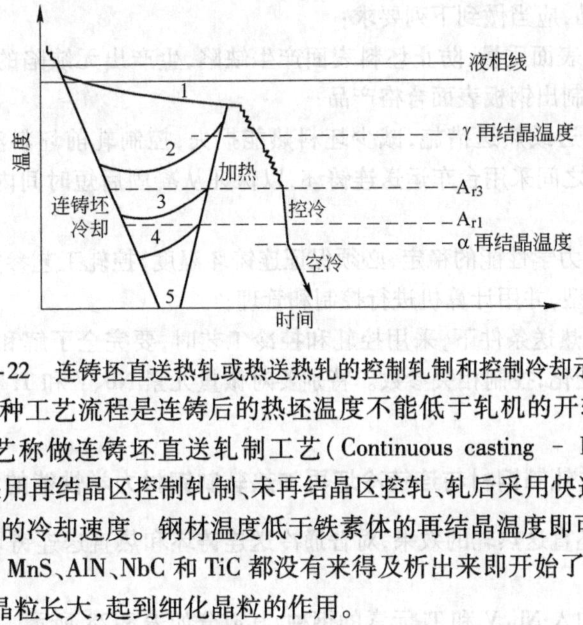

图 8-22 连铸坯直送热轧或热送热轧的控制轧制和控制冷却示意图

图中所示的第 1 种工艺流程是连铸后的热坯温度不能低于轧机的开轧温度,轧前不再需要重新再加热,这种工艺称做连铸坯直送轧制工艺(Continuous casting - Hot direct rolling, CC—HDR),热轧时可以采用再结晶区控制轧制、未再结晶区控轧、轧后采用快速冷却(控冷),以调整相变和碳化物沉淀时的冷却速度。钢材温度低于铁素体的再结晶温度即可采用空冷。

在高温奥氏体中 MnS、AlN、NbC 和 TiC 都没有来得及析出来即开始了热轧,随轧制进程将不断析出,阻止奥氏体晶粒长大,起到细化晶粒的作用。

第 2 种工艺流程的特点是连铸坯的温度已经低到板坯的开轧温度以下,但还没有发生奥氏体向铁素体转变,仅有 MnS、AlN、Nb 和 Ti 的碳氮化物已经部分由奥氏体析出。为了达到轧制温度,需要重新加热。已经析出的碳化物和氮化物又部分或全部固溶到奥氏体中。根据奥氏体化温度的不同,则残留一部分的析出物可以起到阻止奥氏体晶粒长大的作用。这种工艺称做“热送轧制”工艺(Hot Charge Rolling,简称 HCR)。

第 3 种工艺流程的特点是连铸板坯温度已经降低到 A_{r3} 转变温度以下,即钢温降到(A + F)两相区内,一部分奥氏体已经相变成铁素体,MnS、AlN、NbC 等从奥氏体中析出。当重新加热时,铁素体消失,形成新的奥氏体,未相变奥氏体晶粒开始长大。一些析出物起到阻止奥氏体晶粒长大的作用。

第 4 种工艺流程的特点是连铸坯的全部奥氏体发生相变,形成铁素体和珠光体或贝氏体组织,即连铸坯的温度低于 A_{r1} 相变温度。重新加热时,由低温产物向奥氏体相变、形核、长大,直至达到奥氏体化温度。由于连铸坯冷却时，冷却速度比较大，相变后铁素体晶粒比较细小。加热时，相变后所生成的奥氏体晶粒也比较细小。冷却时析出的碳化物、氮化物可以抑制奥氏体晶粒长大。析出物越细小、越分散、越多则抑制奥氏体晶粒长大的作用越明显。

第5种工艺流程的特点是连铸坯冷却到室温。轧制时重新加热到奥氏体化温度，即冷连铸坯为原料的热轧工艺。该工艺称为"冷装炉"轧制工艺(Cold Charge Rolling，简称 CCR)。

8.7.2　连铸坯直送或热送轧制采用控制轧制和控制冷却工艺的要求

为了提高连铸坯直送或热送轧制板材或板卷的性能，要严格按控制轧制工艺要求控制全过程的所有工艺参数。特别是由于热轧之前连铸坯的冷却或重新加热制度不同，连铸坯的组织状态有很大差别，导致在再结晶型控制轧制时，动态和静态再结晶过程也不同。在未再结晶区的变形制度、温度制度和轧后冷却制度都对相变后的铁素体晶粒大小、碳化物的析出状态有直接影响。所以，控制轧制和控制冷却理论和工艺都适用于连铸坯直送或热送轧制。两个新工艺的配合将能进一步改善钢材的组织和性能。

为了顺利实现连铸坯直送或热送轧制采用控制轧制和控制冷却工艺，生产出外表及内在质量达到标准要求的产品，应当做到下列要求：

(1)提高连铸坯的表面质量，防止坯料表面产生缺陷，生产出无缺陷的连铸坯，以保证坯料直送或热送的可行，轧制出钢板表面合格产品；

(2)落实连铸坯直送或热送措施，减少坯料热能损失，控制轧前坯料温度的下降速度。例如，在连铸机和热轧机之间采用台车运送连铸坯，以保证从凝固后短时间内就能在 A_{r3} 温度以上完成热轧工艺过程；

(3)为了获得钢材力学性能的稳定，必须保证连铸坯温度、控轧工艺参数和控冷工艺参数的稳定性，建立相关的模型，并用计算机进行控制和管理；

(4)在连铸直送或热送条件下，采用控轧和控冷工艺时，要完全了解和掌握，在生产的各个阶段钢的组织状态和变化，控制相关参数。特别要对微量元素 Nb、V 和 Ti 在钢中的作用给予充分重视。

8.7.3　热连铸坯直送轧制钢材与连铸冷坯再加热轧制钢材力学性能的比较

为了了解热连铸坯直送热轧的效果，对普通冷送连铸坯和热直送连铸坯两种工艺进行了对比试验。

试验材料是分别加入 Nb、V 和 Ti 元素的钢种，其成分如表 8-28 所示。

表 8-28　研究钢种的化学成分(质量分数)　　%

钢	C	Si	Mn	P	S	Al	N	其他元素
A	0.07	0.19	1.06	0.003	0.004	0.046	0.0041	0.04Nb
B	0.07	0.19	1.04	0.003	0.005	0.051	0.0051	0.09V
C	0.07	0.17	0.99	0.003	0.005	0.043	0.0048	0.02Ti

铸坯尺寸为 50mm × 180mm × 150mm，真空冶炼凝固后钢坯表面温度在 1000℃ 以上，立即送入炉温为 1150℃ 的炉中均热 20min，然后轧制 4 道，使成品厚度为 7mm，终轧温度 850℃，轧后采用喷水冷却，冷却速度为 30℃/s，冷到 600℃ 放入炉中随炉冷却，冷却速度为 20℃/s，随炉冷却速度是模拟卷取后的冷却速度。

作为对比的试验材料是由室温加热到 1150℃ 保温 20min，其他工艺与热送坯工艺相同。

两种送料方式都采用相同的控制轧制和控制冷却工艺，三个钢种的成品强度指标如图 8-23 所示。

从图 8-23 中看出，用 HDR 工艺生产的钢板的 σ_b 和 σ_s 都高于普通冷料加热所生产钢板的 σ_b 和 σ_s。特别是加入 Ti 的钢效果更为明显，σ_s 提高 100MPa，σ_b 大约提高 60MPa。

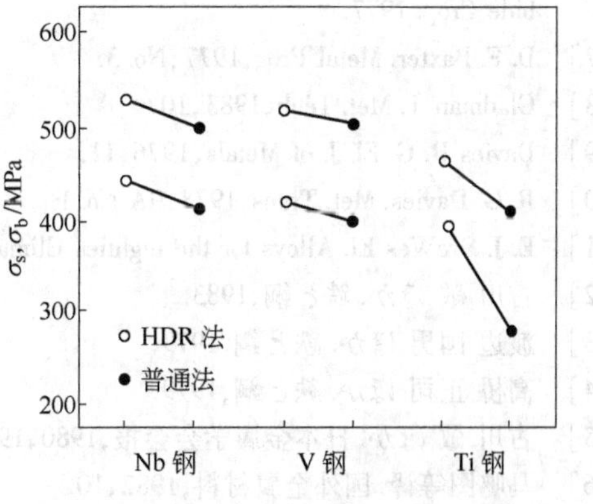

图 8-23 含 Nb、V、Ti 三个钢种采用直送（HDR）工艺和普通热轧生产的钢材性能

从金相组织中看出，加入 Nb 的钢中用 HDR 法和常规法所得钢材晶粒相差不多，而加入 V 的钢用 HDR 法生产，则晶粒反而粗大。这是由于凝固后粗大晶粒一直保留到轧制开始，V 在轧制过程中抑制晶粒长大的效果不如 Nb 的作用大。加入 Nb 的钢可以抵消初始晶粒粗大的影响。而钢中加入 Ti 并采用 HDR 法，晶粒可以进一步细化，晶粒小于普通法生产板材的晶粒尺寸。佐藤一昭等人所进行的研究结果也证明了这一点。加 Ti 的钢采用 CC－HDR 法轧制，其钢板的力学性能 σ_b 和 σ_s 均高于冷送轧制法钢板的性能，延伸值基本相同。可见，连铸坯直送轧制工艺（HDR）配合控冷工艺对加入 Ti 元素钢材的力学性能有明显影响，受到人们的重视。

随着连铸技术的发展和连轧装备水平的提高，特别是薄板坯连铸连轧生产线的出现，为连铸坯的直送和热送创造了有利条件，而且在生产中将连铸坯直送和热送技术与控轧和控冷技术结合取得明显的效果，国内外多数板带轧机都成功的采用，提高了板带的质量和开发了新的品种。

参考文献

[1] B. N. 波戈尔热耳斯基等著. 控制轧制. 王有铭，鹿守理，韦光译. 北京：冶金工业出版社，1982.
[2] V. J. 波戈采尔斯基. 钢的微合金化及控制轧制. 李述创等译. 北京：冶金工业出版社，1984.
[3] 田中 智夫. 制御圧延技术の基础とその展开. 铁钢基础共同研究会高温变形部会. 1980 年 3 月 20 日.
[4] T. TANAKA El. Proceedings of an International Symposium on High－Strength. Low－Alloy Steels. Union Carbide Crop. 1977.
[5] 森川 博文. 制御圧延技术の基础とその展开. 铁钢基础共同研究会高温变形部会. 1980 年 3 月 20 日.
[6] Технология прокатного производства справочник 2 мос－ква“металлургия”1991.
[7] T. YAMAGUCHI El. Proceedings of an International Symposium on High－Strength. Low－Alloy Steels. Union Carbide Crop. 1977.
[8] 孙本荣，王有铭，陈瑛. 中厚钢板生产. 北京：冶金工业出版社，1993.
[9] 向德渊等. 控轧控冷工艺制度对 16Mng 钢板强韧性影响的研究. 控制轧制控制冷却研究论文集（第一集）. 1989.
[10] H. Kamio 等. 钢的加速冷却. 鞍钢钢铁研究所译. 冶金学会，1987，9.
[11] N. Kimhra 等. 钢的加速冷却. 鞍钢钢铁研究所译. 冶金学会，1987，9.
[12] I. Kozasu 等. 钢的加速冷却. 鞍钢钢铁研究所译. 冶金学会，1987，9.
[13] 王有铭. 轧钢. 1991，6.
[14] M. 科恩等. 钢的微合金化及控制轧制. 李述创等译. 北京：冶金工业出版社，1984.

[15] 纪德清. 钢铁. 1983,5.
[16] J. D. Grozler. Proceedings of an International Symposium on High - Strength. Low - Alloy Steels. Union Carbide Crop. 1977.
[17] D. F. Baxter. Metal Prog,1977,No. 3.
[18] Gladman T. Met. Tech,1983,10.
[19] Davies R. G. El. J. of Metals,1976,11.
[20] R. G. Davies. Met. Trans,1978,9A No. 1.
[21] E. J. DreWes El. Alloys for the eighties Climax molybdenum Company. 1980.
[22] 古川 敬 ほか. 鉄と鋼,1983.
[23] 渡边 国男 ほか. 鉄と鋼,1979.
[24] 高桥 正司 ほか. 鉄と鋼,1979.
[25] 古川 敬 ほか. 日本金属学会会报,1980,19.
[26] 马鸣图等译. 国外金属材料,1982,10.
[27] 陈荣仙译. 国外金属材料,1980,10.
[28] 川上 公成. 鉄と鋼,72,1986.
[29] 田村 今男. 鉄と鋼,7,1988.
[30] 佐藤 一昭ほか. 鉄と鋼,1988,7.
[31] 小门纯一ほか. 鉄と鋼,1987,7.
[32] 斋藤 良行ほか. 鉄と鋼,1988,7.
[33] 国重 和俊ほか. 鉄と鋼,1988,7.
[34] 刘晓东,孙玮. 济钢低成本 X65 管线钢的开发与生产. 轧钢,2007,5.
[35] 江海涛,康永林等. 用炉卷轧机生产高强度管线钢的生产技术. 钢铁研究学报,2006,3.
[36] 侯斌等. 安钢炉卷轧机生产 X70 级管线钢工艺简介. 宽厚板,2005.
[37] 宋建桥. 控制轧制技术和控制冷却技术在炉卷轧机中的应用. 宽厚板,2004.
[38] 姚连登. 轧制工艺对 Mn - Mo - Nb - B 系超低碳贝氏体钢力学性能的影响. 钢铁研究,2004,8.
[39] 钱振伦. 我国宽带钢热连轧机的最新发展及其评析(一). 轧钢,2007,1.
[40] 余海. 热轧带钢轧后冷却技术的发展和应用. 轧钢,2006,3.
[41] 任崇锐等. CSP 流程微合金钢控轧工艺研究与实践. 轧钢,2007,3.
[42] 毛新平等. TSCR 生产 Nb 微合金化管线钢控轧工艺研究. 轧钢,2006,3.
[43] 刘彦春等. CSP 线生产 C - Mn 系热轧双相钢的工艺试验. 轧钢,2006,4.
[44] 韩孝永. 铁素体区轧制生产 IF 钢. 轧钢,2007,8.
[45] 刘彦春等. 应用超快冷工艺开发 540MPa 级 C - Mn 双相钢试验. 轧钢,2007,2.
[46] 蔡庆伍等. 舞钢轧钢厂轧后快冷 ACC 系统的研制与开发. 轧钢,2005,3.
[47] 蔡庆伍等. 中厚板在线控冷高密度管层流水冷装置的开发. 钢铁,2001,4.
[48] 侯安全,蔡庆伍等. 中厚板轧后高密度管层流快冷控制模型. 北京科技大学学报,2002.
[49] 张大志等. 重钢中板轧后快速冷却系统的设计与应用. 钢铁研究,2006.
[50] 徐光等. 铁素体低温轧制生产现状. 钢铁研究,2006 年 2 月.
[51] 袁国等. 控制冷却在板带材开发生产中的应用. 钢铁研究学报,2006.
[52] 司永涛等. 包钢 CSP 生产线生产 540MPa 级热轧双相钢. 钢铁,2007,No. 9.
[53] 孙决定等. 控制冷却技术在中厚板生产中的应用. 钢铁研究,2005.
[54] 徐匡迪等. 薄板坯流程连铸连轧过程中的细晶化现象分析. 钢铁,2005.

9　控制轧制及控制冷却技术在型钢生产中的应用

热轧型钢产品种类很多,形状各不相同。当轧机一定,一套孔型设计完成之后,轧机各道次的变形条件基本确定。生产中变形条件仅能在较小范围内调整,因此,控制轧制在型钢生产中主要是进行轧件温度的控制,即所谓控温轧制。利用控制有关轧制道次,特别是精轧前几道次的轧件温度来调整终轧温度,以实现型钢的控制轧制工艺。

轧后的控制冷却在热轧型钢生产中得到广泛的应用。根据钢种组织和性能的不同要求,将采用不同的轧后控制冷却工艺和方法。由于产品形状的差异大、种类多,冷却设备及冷却方式的选择及设计是很重要的,它将决定型钢轧后控制冷却工艺是否合适。

型钢与板材相比,对性能要求有所不同,有些型材不是轧后直接使用,而是作为半成品,因而对强度要求不高,而某些型材有进一步深加工的性能要求,有一些型材又有某些特殊的组织或性能要求等。型材可以通过化学成分的适当调整,控温轧制及轧后控制冷却或形变热处理工艺去控制钢的组织状态与性能。采用控制轧制、轧后控制冷却或形变热处理工艺,在满足性能要求条件下可以部分去掉后部热处理工艺,节省能耗,简化生产工艺。

9.1　型钢的控制轧制和控制冷却

复杂断面型钢由于形状比较复杂,成形过程基本确定,不易改变道次变形量,因而多采用控温轧制及轧后控制冷却。控制冷却过程也比较复杂,因而型钢的控制冷却发展也比较慢。

近年来,由于轧钢技术的发展,高速连续设备能力的加大、减定径机的使用、型钢生产中万能轧机的广泛使用及在线热处理工艺的大力开发,型钢生产中的控制轧制及控制冷却得到发展。

同时,为了减少型钢在轧后冷却过程中的翘曲及应力,以减轻矫直机的负荷,开发了各种控制冷却方法和冷却装置。如在精轧后和冷床前安装限制水冷装置,解决不等边角钢冷却过程中产生很大翘曲问题。又如H型钢由于腰部比腿部薄,轧后空冷时,冷却不均,在腰部引起压缩应力,而在腿上产生拉应力,前者可达300MPa,后者可达250MPa以上。这种残余应力使H型钢用于建筑时,屈服强度下降。当应力值超过材料的屈服强度时产生剪切变形,致使腰部发生波浪瓢曲,而采用轧后控制冷却则解决了这一难题。H型钢采用控温轧制和轧后控制冷却能明显改善低温冲击韧性,满足了低温地带的建筑要求。

由此可见,型钢控制冷却的目的主要是:

(1)节约冷床面积;

(2)防止或减轻型材的翘曲及弯曲;

(3)降低残余应力;

(4)提高型材的力学性能及改善其组织状态,简化生产工艺。

9.1.1　大中型型材的控制轧制和控制冷却

现代钢结构建筑的发展要求能够生产适合先进建筑技术要求的结构钢,这种结构钢应具备较高的屈服强度,良好的焊接性能和较高的低温韧性,有较高的抗层状撕裂性能,保证纵向和横向的冲击性能及钢材内部无缺陷等。为了得到上述综合性能,应分别从炼钢、连铸坯和轧钢三个方面去解决。炼钢应保证提供高质量的连铸坯，这是获得高质量、高性能钢材的前提。

9.1.1.1　H 型钢的控制轧制和控制冷却

H 型钢在中间粗轧万能轧机、立辊轧机上轧制，最终在精轧万能轧机上热轧成形。在这样的轧机上轧制的 H 型钢，上缘易冷却，下缘不易散热，引起上下缘有一定的温度差，即上缘部位温度低，下缘部位温度高，如图 9-1 所示。这种温度差在缘宽方向产生内应力，发生变形，表现为翘曲。为了改善下缘的冷却条件，对下缘在轧制过程中进行局部冷却，即所谓下缘冷却，尤其是下缘的内侧面冷却。采用的冷却方法，冷却装置的布置如图 9-2 中 a、b、c 图所示。

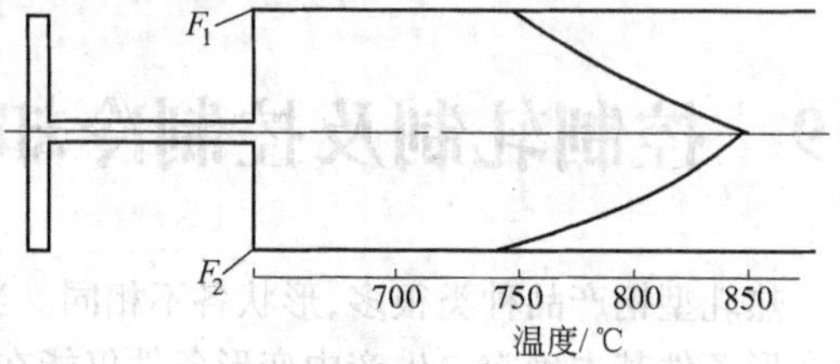

图 9-1　H 型钢轧制后上、下缘的温度分布

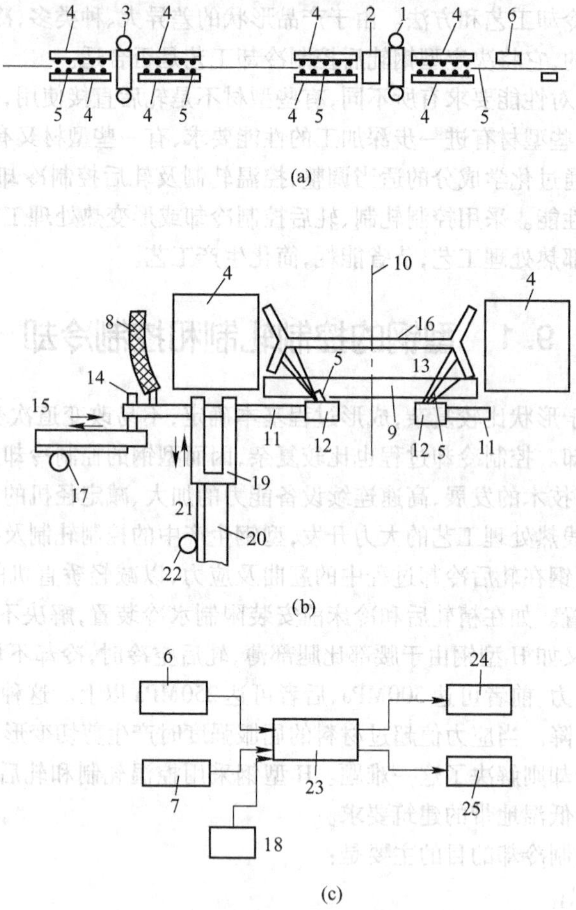

图 9-2　H 型钢冷却装置及冷却示意图

(a)万能轧机；(b)冷却装置；(c)冷却装置控制

1—粗轧万能轧机；2—轧边机；3—精轧万能轧机；4—侧导板；5—喷嘴；6—缘宽测量仪；7—腰高测定仪；8—软水管；9—辊道；10—中心轴；11—水冷管；12—喷嘴集管；13—喷水；14—连接棒；15—齿条；16—工字钢；17—齿轮；18—测温装置；19—自动滑动金属零件；20—杠杆；21—齿条；22—齿轮；23—控制装置；24—缘宽方向快速驱动电机；25—腰高方向驱动电机

喷嘴的位置可沿工字钢缘宽的方向上下自由运动，并可沿与缘宽的垂直方向左右运动。同时有一套测定宽度及测量温度装置，根据温度及宽度测量控制喷嘴的位置，以得到要求的均匀

温度。

如图9-2c所示,将从缘宽测定仪、腰高测定仪得到的缘宽和腰高信号并与由缘宽、腰高设定器得到信号同时输入控制装置,再从控制装置输出跟上述缘宽、腰高相对应的工作指令信号,即驱动缘宽方向及腰高方向电机,喷嘴就被设定在进行冷却时的最佳位置。这样就可得到温度均匀分布型钢,在冷却后不会产生翘曲。

根据某专利介绍,可通过往轧后的H型钢翼缘上浇冷却水,对翼缘进行强制冷却。为了使冷却水的冷却效果不影响腰部,将该H型钢以"工"状置于冷床上,并且使冷却水在翼缘上形成喷雾状,而翼缘的温度在A_{r1}相变温度以上范围,从上下喷射雾状冷却水,对上下翼缘进行冷却,使通过A_{r1}点时翼缘和腰部的温度差保持在100℃以下。冷却水呈雾状是非常重要的,可防止工字钢腰部快冷,保证腰部不起浪形,得到优质型钢。

随着低温地带资源开发,对于低温用H型钢需要量加大。日本新日铁对生产低温用H型钢进行了研究,选用了合适的成分,低温加热,控制轧制以及轧后控制冷却工艺生产焊接用高韧性低温用H型钢。

过去国外用于阿拉斯加的H型钢,490MPa级在-46℃时的冲击韧性值$V_{E平均} \geqslant 34J$,$V_{E最小} \geqslant 30J$。而新日铁开发的指标为:-46℃时$V_{E最小} \geqslant 44J$,$V_{E平均} \geqslant 54J$。

为了达到这一性能,新日铁采取了如下H型钢控制轧制法:

(1)控制钢的成分,$w_S < 0.009\%$,$w_{Mn}/w_C = 11$。根据规格的不同选用不同的成分,并且加入微合金元素;

(2)低温加热和在950℃以下未再结晶区轧制时,累积变形量大于50%,以提高钢材的韧性;

(3)在轧制中对翼缘部分进行控制冷却,以减少温度差,细化铁素体晶粒,同时使H型钢的断面各部分的组织和性能均匀,防止产生较大内应力,防止翘曲或弯曲。

在卢森堡阿尔贝德的迪弗丹日厂,大型钢梁轧机上轧制欧洲系列工字钢HE450A(缘厚19mm、梁腰厚度11.5mm,梁高390mm)和HE1000M(缘厚40mm、梁腰厚度21mm,梁高1005mm)工字钢,该轧机的设备布置如图9-3所示。轧制系统全部自动化并且用计算机进行控制。

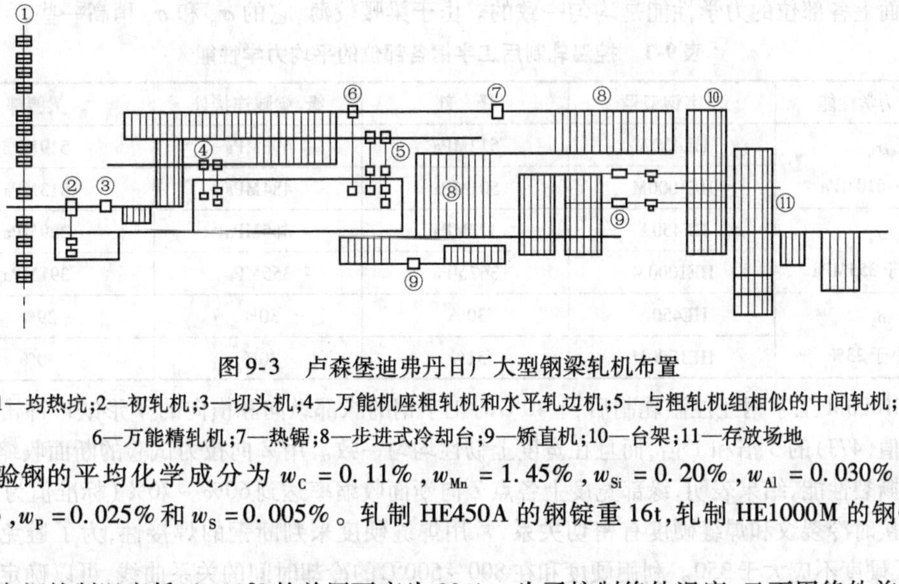

图9-3 卢森堡迪弗丹日厂大型钢梁轧机布置

1—均热坑;2—初轧机;3—切头机;4—万能机座粗轧机和水平轧边机;5—与粗轧机组相似的中间轧机;6—万能精轧机;7—热锯;8—步进式冷却台;9—矫直机;10—台架;11—存放场地

试验钢的平均化学成分为$w_C = 0.11\%$,$w_{Mn} = 1.45\%$,$w_{Si} = 0.20\%$,$w_{Al} = 0.030\%$,$w_{Nb} = 0.020\%$,$w_P = 0.025\%$和$w_S = 0.005\%$。轧制HE450A的钢锭重16t,轧制HE1000M的钢锭重为25t。

工字钢轧制温度低于900℃的总压下率为20%。为了控制终轧温度,又不因终轧前待温影响轧机生产率,在中间轧机机组上,即粗轧和精轧道次间采用加速冷却的措施。

在精轧道次前工字钢断面上的温度分布表明，高温产生在缘和梁腰连接处的温度约比缘边部高50～80℃。为了得到均匀的温度分布，在中间轧机前安装一个冷却装置。它是由比利时冶金研究中心（CRM）设计的，设备长4.5m，宽80mm，水压0.3MPa。其工字钢的加速冷却示意图如图9-4所示。其冷却工艺采用前5个道次之间进行加速冷却。而后三个道次之间不进行水冷（雾冷）。采用加速冷却轧制缘厚40mm的工字钢与待温轧制方式相比，可减少轧制时间约11%。

所采用的轧制工艺主要是控制900℃以下到成品的总压下率，随总压下率增加，钢中铁素体晶粒尺寸不断细化，如图9-5所示。

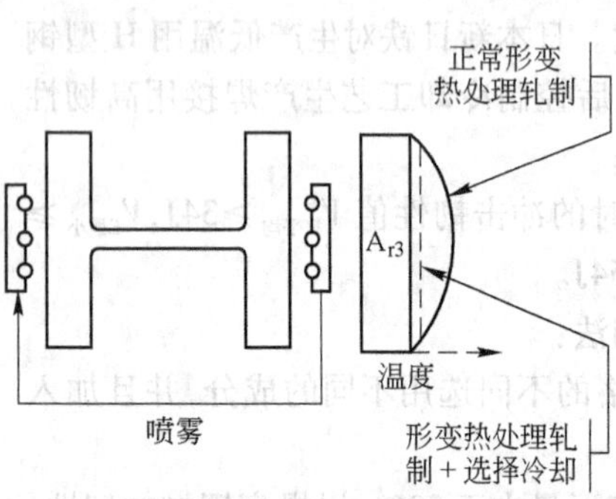

图9-4　工字钢加速冷却示意图

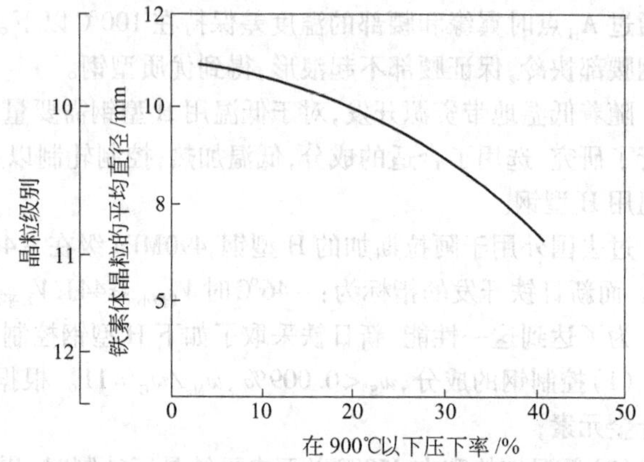

图9-5　工字钢在900℃以下的总压下率与铁素体晶粒平均直径关系

终轧温度大约控制在A_{r3}相变温度以上50℃较为合适。轧后工字钢具有均匀而细小的铁素体晶粒，晶粒度达ASTM8～9级。

所轧制的工字钢各部位的平均力学性能如表9-1所示。从表9-1中看出，控温轧制之后，工字钢断面上各部位的力学性能是均匀一致的。由于梁腰较薄，它的σ_b和σ_s稍高一些。

表9-1　控温轧制后工字钢各部位的平均力学性能

平均力学性能	工字钢型号	缘　部	缘、梁腿连接处	梁腰部
σ_b 460～610MPa	HE450A	512MPa	498MPa	519MPa
	HE1000M	501MPa	484MPa	513MPa
σ_s 不小于355MPa	HE450A	372MPa	365MPa	389MPa
	HE1000M	367MPa	355MPa	391MPa
δ_5 不小于23%	HE450A	30%	30%	29%
	HE1000M	31%	30%	30%

HE1000M工字钢经控温轧制后，－40℃时工字钢的缘部纵向和横向的V形缺口冲击韧性高出标准值（47J）的3倍和1倍，而且在宽度上韧性均匀一致。用Z向拉力试验的断面收缩率判定抗层状撕裂性能，结果表明，缘部宽度上各点Z向断面收缩率达到60%～70%（标准值为35%）。

焊接时冷裂纹和焊缝硬度有密切关系，常用焊缝硬度来判断钢的焊接性，为了避免形成裂纹，维氏硬度不应大于350。利用硬度和在800～500℃的冷却时间的关系曲线，可以确定临界冷却速度。试验钢的临界冷却时间为7.5s，大于这个时间则焊缝硬度降低。临界冷却时间这样短，说明控温轧制工艺所生产的工字钢焊接性能良好。

马鞍山钢铁股份有限公司在H型钢生产线上采用了控制轧制工艺，并进行了控制冷却试验，取得了一定的效果。

马钢的H型钢厂年产量为60万t、原料采用异型连铸坯、产品规格H600以下的HN250～800、HM200～600、HW(HP)200～400。

其布置如图9-6所示，异型坯先在二辊开坯机上进行开坯，然后进入万能粗轧U-E-U(U1-E-U2)三机架可逆连轧(根据产品决定道次)，最后进入万能精轧机(Uf)进行整形精整。

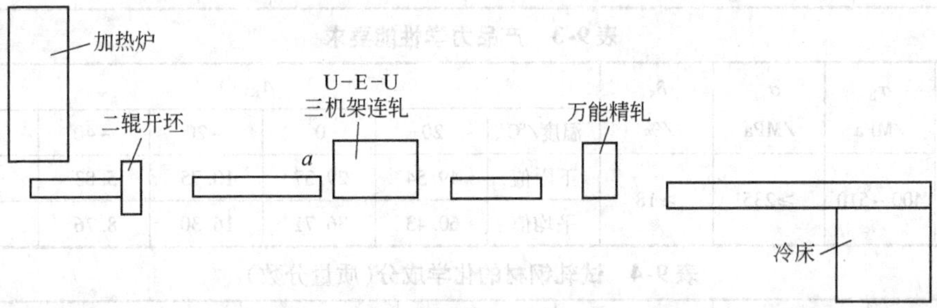

图9-6 马钢H型钢厂轧制区工艺布置图

结合H型钢生产的实际分析，由于在开坯阶段仍采用普通的二辊孔型轧制，在这阶段轧制的主要目的是为万能轧机提供合格的坯料，变形不均匀，且难以调整，所以主要是控制轧制温度，无法对变形量进行调整。两相区轧制时，轧制压力过大，因此采用控制开轧温度与未再结晶型控制轧制相结合的方式。

对型钢控制轧制来说，控制轧制温度是重要的控制参数。对本轧机来说，主要的控制点为开轧温度和进入万能粗轧时的温度，如图9-6中a点的温度。由于开坯机的最大轧制力为12MN，同时在开坯轧制时存在较严重的不均匀变形等条件的限制，故将开轧温度定在普通轧制温度的下限1200～1150℃。

控制进入万能粗轧的温度，即a点的温度是控制轧制的关键，由于H型钢冷却时，翼缘厚、腹板薄、加上腹板中常存有轧辊冷却水，使腹板的温度要低于翼缘的温度，实测翼缘温度比腹板温度高50～80℃，控制进入万能粗轧的温度实际是控制进入万能粗轧翼缘的温度。但在孔型设计中，翼缘与腹板的压下率大致相等(实际腹板的压下率略低)，如翼缘温度过低则腹板温度则更低，轧制压力加大而无法轧制。

根据以上分析，确定了温度控制的原则，开轧温度在1150～1200℃，进入万能粗轧的温度有两种情况：进行7次连轧共21道(其中7道轧边)时，翼缘的温度为1050℃；进行5次连轧共15道轧制(其中5道轧边)时，翼缘的温度为950℃，同时保证翼缘的终轧温度在880℃左右。

轧制变形量的确定与其他型钢轧制不同，H型钢万能轧制可以进行一定大变形量调整。变形分配有两部分，即二辊轧制与万能轧制的变形量分配和万能轧制各道次的变形量分配。二辊轧制与万能轧制的变形量分配原则是，保证万能轧制的总变形量达到60%以上的前提下，综合考虑二辊轧制的变形规律、待温时间和万能轧制的连轧次数等分配变形量。万能轧制各道次变形量的分配主要考虑：(1)由于温度是逐步降低，道次变形量逐步减少；(2)由于是三道次连轧，必须保证每三道次的秒流量相等；(3)保证翼缘和腹板的变形量基本相等。根据以上几个因素，确定万能轧制各道次变形量分配原则为：在保证翼缘单道次压下量大于10%的前提下，进行万能轧制压下规程的编制。

根据上述主要参数确定原则，制定H型钢控制轧制工艺参数为：加热温度1200～1250℃；开轧温度1150～1200℃；进入万能轧制最后5次连轧时，翼缘的温度不大于950℃，每道次压下率不小于10%；终轧温度850～880℃，轧后空冷。

H型钢控制轧制实例：利用控制轧制技术开发SM400B铁道车辆用H型钢，该产品用于集装箱平板车的制造。其技术要求如表9-2、表9-3所示。试轧钢材的化学成分如表9-4所示。

表9-2　产品化学成分要求（质量分数）　%

钢　种	C	Si	Mn	P	S
SM400B	≤0.20	≤0.35	0.60～1.4	≤0.035	≤0.035

表9-3　产品力学性能要求

钢种	σ_b /MPa	σ_s /MPa	δ_5 /%	A_{KV}/J					
				温度/℃	20	0	-20	-40	-60
SM400B	400～510	≥235	≥18	下限值	49.54	29.37	10.75	5.83	3.38
				平均值	60.43	36.71	16.30	8.76	4.46

表9-4　试轧钢材的化学成分（质量分数）　%

钢　号	C	Si	Mn	P	S	Nb
99080099	0.10	0.22	1.16	0.027	0.031	适量
99080095	0.14	0.15	1.08	0.022	0.032	适量

在这种条件下，若采用普通轧制工艺，产品的低温冲击韧性不合要求，必须采用低温控制轧制技术，根据上述原则确定具体工艺参数：异型坯加热温度为1200～1250℃，开轧温度1150～1200℃，进入万能轧制时温度低于1000℃，第三次进入万能轧制温度为950℃，在此之后的翼缘压下规程见表9-5。在950℃以下的总压下率达到68%，终轧温度880～850℃。采用控制轧制的SM400BH型钢力学性能的检验结果如表9-6所示。从表9-6中看出，产品的性能完全符合技术要求。金相组织为铁素体+珠光体，实际晶粒度为9级，达到细化晶粒的目的。

表9-5　万能轧制翼缘压下规程

道次序号	机　架	非传动翼缘辊缝/mm	传动翼缘辊缝/mm
4	U1	66.4	66.4
5	U1	58.3	58.3
5	E		
6	U2	51.2	51.2
7	U2	44.9	44.9
7	E		
8	U1	39.3	39.3
9	U1	34.4	34.4
9	E		
10	U2	30.1	30.1
11	U2	26.4	26.4
11	E		
12	U1	23.3	23.3
13	U1	20.8	20.8
13	E		
14	U2	25.8	25.8
15	UF	20.8	20.8

但由于没有控制冷却的配合，降低了控制轧制的效果，在-20℃以下的冲击韧性值波动很

大;同时在轧制过程中无法对翼缘局部冷却,增加了等温时间,加大了与腹板的温差。

表9-6 力学性能检查结果

项 目	σ_b /MPa	σ_s /MPa	δ/%	A_{KV}/J					
				温度/℃	20	0	-20	-40	-80
最小值	450	325	30	最小值	207	159	23	6.0	3.5
最大值	485	375	37	最大值	256	218	150	78.0	23.8

2004年,马钢对H型钢轧机的控制冷却进行了离线试验,其轧机布置如图9-6所示。U2与Uf之间的距离为130m,Uf后输出辊道为10m,生产大规格H型钢时,U2轧后H型钢长度小于90m,Uf轧制速度为3m/s,U2轧后温度900~1050℃,Uf轧后温度为900~950℃。因此,可供装冷却装置的位置在Uf后长度为10m的输出辊道上和Uf前20~30m的输入辊道上。Uf后的冷却时间为3s,Uf前的冷却时间为6~10s。

对于H型钢,一般采用喷射冷却及喷雾冷却,它们共同的优点是可以喷射到需要冷却的部位,通常采用喷雾冷却。

H型钢的断面温度分布是:翼缘和腹板交接处的温度最高,翼缘端部和腹板中间较低。因此,要在翼缘和腹板交接处及翼缘中心处实行强冷,其冷却装置如图9-7所示。

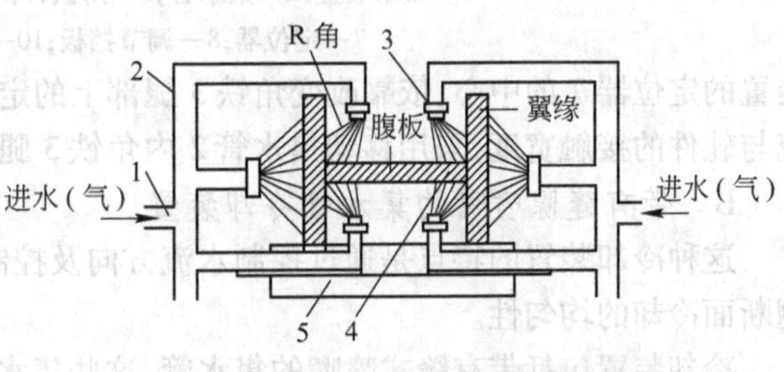

图9-7 H型钢控制冷却试验装置示意图
1—主管道;2—支管道;3—水汽雾化喷嘴;
4—被冷却的H型钢试样;5—试验辊道

试验结果:喷嘴的冷却参数在水压为0.20~0.25MPa、气压为0.15~0.25MPa、水流量为200~350L/h、气流量为9.5~15m³/h之间选择时,冷却效果较高,冷却速度可达15~30℃/s,冷却段长度为10m。冷却时间为3s,轧件温降仅90℃,达不到要求,现厂准备在精轧机前的20~30m处也安装水冷装置,冷却时间6~10s,轧件温降180~300℃,满足要求。

在这种条件下,采用控制冷却工艺与采用空冷工艺得到的组织均为铁素体+珠光体。但控制冷却后铁素体含量增多,且铁素体晶粒要比空冷的铁素体晶粒平均细0.5级以上,控制冷却后屈服强度提高50MPa左右。

9.1.1.2 角钢的控制冷却

角钢的控制冷却原理与H型钢的控制冷却是一样的,也是如何通过控制冷却保持角钢截面各部位的温度均匀,获得组织均匀细小,小的内应力,不形成扭曲。工艺的关键是冷却器结构和冷却工艺。

下面分别介绍角钢控制冷却所采用的冷却方式和冷却器结构。

A 角钢射流冷却装置

这种冷却装置特点为冷却宽度和冷却的可调范围都比较大,装置结构简单,能够满足不同角钢品种的冷却要求。这种冷却装置的结构如图9-8所示。

射流冷却装置由喷水装置1和集水管2组成,沿集水管全长开有纵向槽。在纵向槽内装有角铁3,其腿部与集水管2的槽口壁部密封连接。包在集水管2内的角铁3腿部有供给冷却介质的槽4,与装置中心线呈横向定位。槽4的长度选择与轧件最大的冷却宽度相等。固定孔5与槽4长度一致,用螺栓6与定位器7接合。9为槽、8为调节挡板、10为密封器。轧件11送到冷却

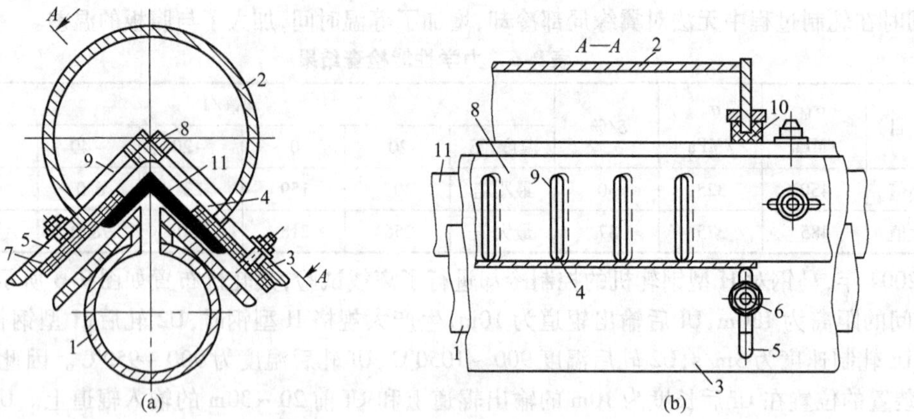

图 9-8　角钢射流冷却装置

(a)集水管的横向剖面;(b)图 a 的 A—A 剖面

1—喷水装置;2—集水管;3—角铁;4,9—槽;5—固定孔;6—螺栓;
7—定位器;8—调节挡板;10—密封器;11—轧件

装置的定位器 7 的中心,依靠改变角铁 3 腿部上的定位器 7 位置,按冷却制度要求来改变冷却水流与轧件的接触宽度,采用移动集水管 2 内角铁 3 腿部的调节挡板 8 来改变冷却水流的密度。

B　带有缝隙喷嘴的集水管冷却装置

这种冷却装置的特点是通过控制水流方向及控制型材重点部位局部冷却的宽度来保证沿角钢断面冷却的均匀性。

冷却装置包括带有缝式喷嘴的集水管,这些集水管装有围绕其中心轴转动的机构以及平行于冷却轧件面的平面内转动的机构。在集水管的链式喷嘴上装有围绕其轴向进行同步转动的机构。此外,集水管和喷嘴的转动机构是通过杠杆系统来运转的,如图 9-9 所示。

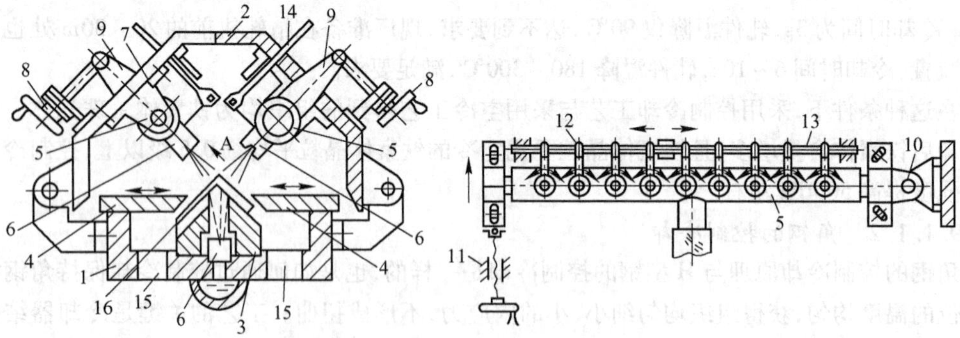

图 9-9　带有缝隙喷嘴的集水管冷却装置

1—箱;2—盖;3—下部导卫;4—上部导卫;5—喷嘴;6—集水管;7—支柱;8—手轮;9—摇臂;10—活接头;
11—丝杠传动装置;12—拨杆;13—总拉杆;14—摇臂;15—排水孔;16—角钢

角钢 16 进入该装置后,通过上下导板对准冷却流中心。导板间的间隙宽度,根据不同的角钢尺寸通过改变上导板的位置来控制。被强制冷却的角钢部分的宽度通过丝杠传动装置使集水管围绕活接头转动,通过总拉杆和摇臂,用手轮使喷嘴围绕其轴做同步转动,或用上述两种机构协同动作。

C　限制冷却装置

在中小型轧机上,通过高速轧制来提高生产率。随着产量增加,冷床面积需要扩大,而现有车间占地已达到极限，没有扩建余地。因而，在冷床或入口侧对轧件实行喷水冷却，但喷水不均匀时，易产生翘曲变形，使矫直机成为薄弱环节。针对这一情况，日本发表了限制冷却装置的专利。

限制冷却装置位于精轧机后面，轧件以精轧机末架出口速度通过限制冷却装置进行冷却。限制冷却装置如图9-10所示。

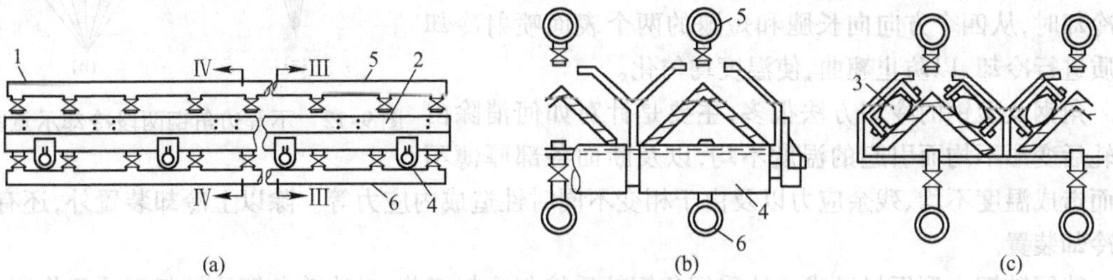

图9-10　限制冷却装置

1—箱体；2—侧板；3—压紧辊；4—底板；5—上供水；6—下供水

限制冷却装置由底板4和侧板2组成水流导向槽，在侧板上面斜装有压紧辊3，在底板上按一定距离开口。输送辊道与底板之间的缝隙很小，使轧件容易输送。水导向槽由上供水5、下供水6进行供水。水主要从导向槽两端部排水，也可以从辊道和底板间隙排出一部分水。当水导向槽内没充满水时，轧件露出水面的那一部分由上供水管冷却。轧件通过水导向槽时冷却充分并均匀。

D　冷却箱体的角钢冷却装置

该冷却装置的特点是采用沿被冷却型材断面分别不同的散热量的原理，扩大工艺上的可能性。该装置如图9-11所示，包括喇叭嘴，并在出口处有带切口的冷却箱体和固定在冷却箱体上的限制器。

角钢进入导向喇叭嘴开始进行冷却，角钢的翼缘紧靠对中平板，其顶部除了喇叭嘴供水冷却，还受下部供水进行冷却及受来自上部经过切口的水流冷却。根据角钢顶部截面积与总截面积的比值，用移动冷却箱体中带有供水管的喇叭嘴的方法来确定冷却区的总长度和顶部冷却区的长度。角钢经穿喇叭嘴后，水流沿其整个周边进行均匀冷却。

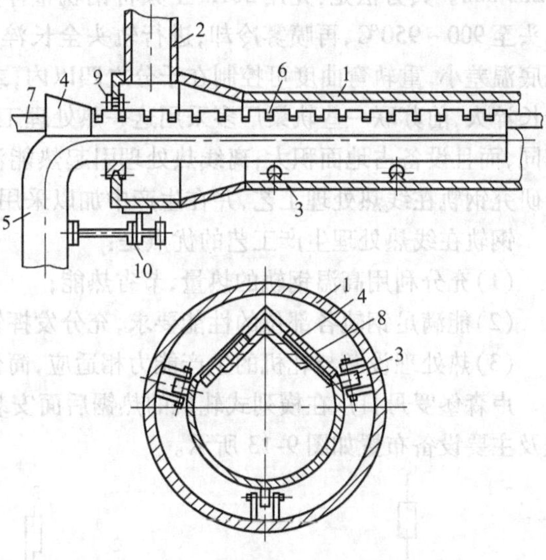

图9-11　冷却箱体的角钢冷却装置

1—冷却箱体；2—供水管；3—托轮；4—喇叭嘴；5—供水管；6—横向切口；7—角钢；8—平板；9—密封器；10—丝杠、丝母

E　不等边角钢的两段冷却

不等边角钢在冷床上冷却时，温度沿长边和短边分布不均。除了具有等边角钢的温度分布特点和冷却时向边部方向翘曲外，还会造成短边一侧的凹下弯曲。为了控制这种冷后弯曲，必须单独冷却角钢的顶和边部从而调整垂直面上的弯曲。并对每个边部进行差动冷却，以便控制水平面上的弯曲。根据以上要求，调整集水管和带有缝隙喷嘴的冷却水量，来消除不等边角钢顶部、长边和短边的温度不均。不等边角钢两段冷却示意图，如图9-12所示。由于角钢顶部温度高于腿部，首先从上部和下部两个方向水冷角钢角部，在第二冷却段的角钢顶部温度为600℃左右，两边部温度为670～700℃。随后在冷床上的自然冷却过程中，由于两边急冷并将热

量传给角钢顶部,各部分的温度均衡于620～650℃之间。这一温度是热弹应力上限,因此,当冷却到常温时产生的应力是弹性的,不会引起角钢的残余变形。

对于高温状态的长尺寸、不等边、不等厚的角钢进行强制冷却时,从四个方向向长腿和短腿的两个表面喷射冷却介质进行冷却,以防止翘曲,使温度均匀化。

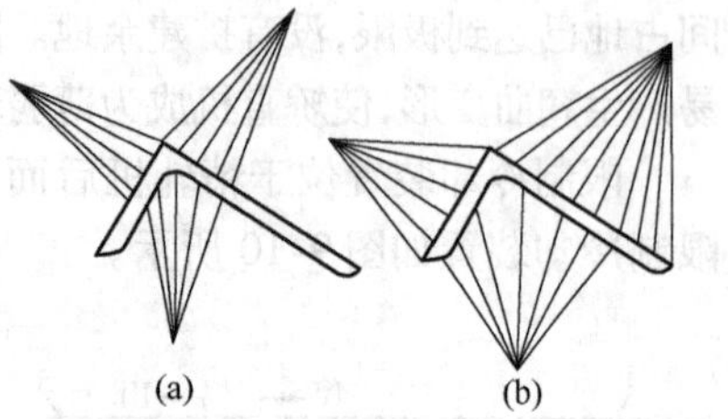

图 9-12　不等边角钢两段冷却示意图

角钢及型钢的冷却方法很多,主要是针对如何消除由于轧后变形不均而引起的温度不均,以及断面各部厚薄不均而造成温度不均、残余应力以及由于相变不同时性造成内应力等。除以上冷却装置外,还有四段冷却装置。

我国鞍钢中型厂早已成功地采用角钢轧后控制冷却工艺,对改善角钢质量起到明显作用。

9.1.2　钢轨的在线热处理

为了提高钢轨的力学性能和轨头的耐磨性而采用轨头全长淬火,采用的方法有:利用钢轨轧后余热向轨头喷水淬火,然后自身回火:在钢轨冷却后,离线用高频感应方法将轨端快速加热至880～920℃,然后喷水急冷,至450～480℃后利用余热自身回火;及采用中频感应加热,然后水淬。国外一般采用2500Hz单频感应加热,连续水淬。我国某厂采用双频感应加热,移行速度达1.2m/min。其方法是:先用50Hz工频将钢轨整体加热到550～600℃,然后用2500Hz中频加热轨头至900～950℃,再喷雾冷却,进行轨头全长淬火,然后利用余热自回火。这一工艺使轨头、轨底温差小,重轨弯曲度可控制在千分之四以内;或油内全长淬火,将钢轨加热后放在油中进行全长淬火,前苏联一些轨梁厂多采用这一热处理工艺。其缺点是轨头、轨底和轨腰所得组织基本相同,而且设备占地面积大;离线热处理引起热能消耗增加,工艺复杂。因而20世纪80年代开始研究钢轨在线热处理工艺,并在生产中加以采用,取得很好效果。

钢轨在线热处理生产工艺的优点是:

(1)充分利用高温钢轨的热量,节省热能;

(2)能满足钢轨各部位的性能要求,充分发挥钢轨的性能潜力;

(3)热处理设备与轧机的生产能力相适应,简化了运输过程。

卢森堡罗丹日厂在横列式轧机的热锯后面安装钢轨在线余热淬火装置,该轧钢厂的生产流程及主要设备布置如图9-13所示。

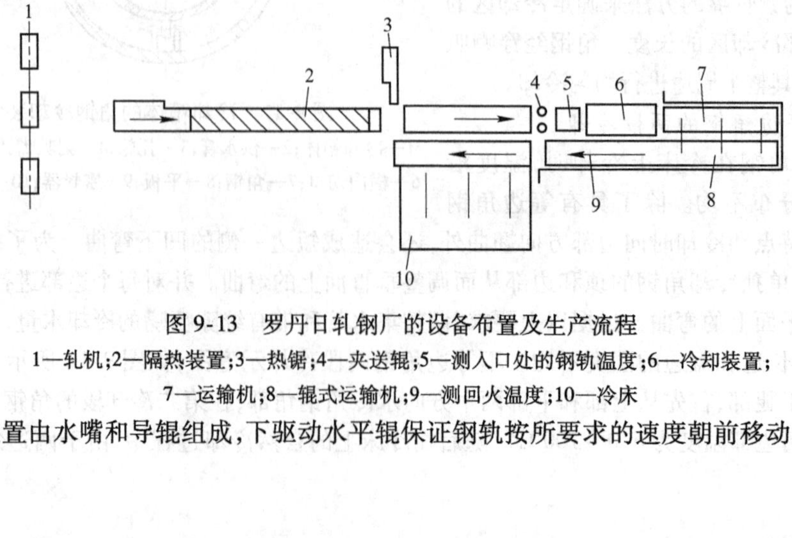

图 9-13　罗丹日轧钢厂的设备布置及生产流程

1—轧机;2—隔热装置;3—热锯;4—夹送辊;5—测入口处的钢轨温度;6—冷却装置;7—运输机;8—辊式运输机;9—测回火温度;10—冷床

冷却装置由水嘴和导辊组成,下驱动水平辊保证钢轨按所要求的速度朝前移动,其他辊子在冷却期间引导钢轨。钢轨的移动速度和辊子的停止时间,均由计算机程序来控制,并且根据钢轨温度的输入来控制钢轨的移动速度和冷却水量。钢轨通过热锯后面的热打印机加以识别,并将这个数据传送给计算机。为了保持轧后钢轨的温度,在热锯前安装有隔热装置。

根据钢轨形状和各部位的冷却要求,水冷装置有四个独立的水冷系统:主供水系统供应上部水嘴,用于冷却轨头部分;腰部冷却系统;轨底冷却系统和轨头侧面冷却系统。

轨腰和轨底的冷却除保证钢轨组织性能要求外,还有保持热处理期间和热处理后钢轨平直度的作用。所用冷却水是不经任何化学处理,只经过过滤(孔眼为500μm)的河水。

钢轨在线热处理的目的在于提高轨头硬度,而不增加轨腰和轨底的硬度并保持较好的强度和韧性。钢轨在线热处理冷却装置的水路系统和计算机控制水冷过程如图9-14和图9-15所示。

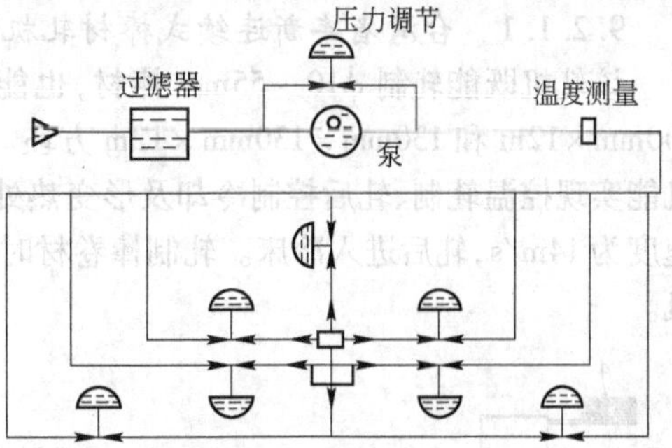

图9-14 钢轨在线热处理冷却装置的水路系统

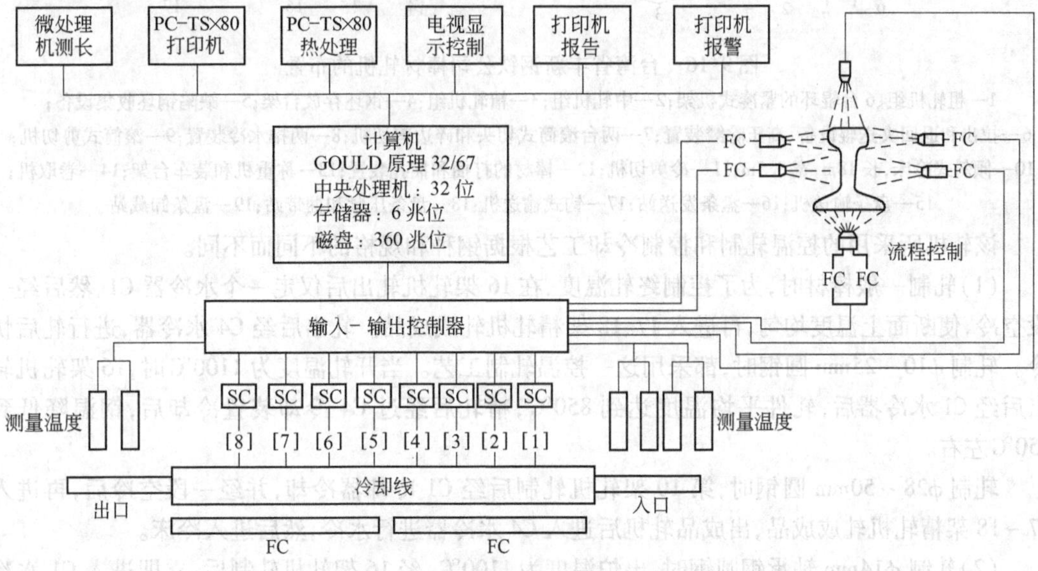

图9-15 计算机控制水冷过程

1~8—电机;SC—速度控制;FC—流程控制

重轨经热轧进行在线热处理后,获得无针状结构的纯珠光体钢,具有高的硬度和高的抗拉强度,这种极细的珠光体结构从轨头表面一直至轨头的芯部。这种细珠光体组织最能适应重载铁路用钢轨的急剧磨损和疲劳等严酷条件。

钢轨采用锯前保温,锯后在线热处理工艺可以获得更合理的组织与性能,并简化了生产工艺,节省了能耗。

9.2 棒材及钢筋的控制轧制和控制冷却

9.2.1 棒材的控制轧制和控制冷却

棒材生产中的控制轧制和控制冷却的目的视钢种及其对性能要求的不同而不同,有的是为了提高棒材的综合力学性能,高碳钢和轴承钢棒材是为了减少或消除网状碳化物,为下一步球化热处理创造良好的组织条件。而不锈钢则是为了利用轧制余热进行直接淬火,以抑制 Cr-C 化合物的析出。还有的是为了解决冷床能力不足而采用轧后快速冷却工艺等。因而,采用什么样的控制轧制和控制冷却工艺,取决于生产的具体要求。

9.2.1.1 台湾省丰新连续式棒材轧机的控轧控冷工艺

该轧机既能轧制 $\phi10\sim55$mm 棒材,也能生产 $\phi10\sim42$mm 的线材。所用坯料为 100mm×100mm×12m 和 130mm×130mm×12m 方坯。其钢种有碳钢、低合金钢、耐热钢和不锈钢。该轧机能实现控温轧制、轧后控制冷却及形变热处理工艺,其设备布置如图 9-16 所示。棒材的轧制速度为 14m/s,轧后进入冷床。轧制棒卷材时的轧制速度为 18m/s,轧后进入加勒特式线材卷取机。

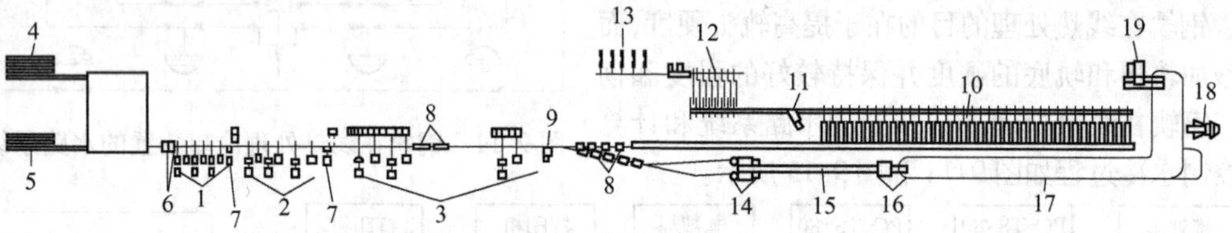

图 9-16 台湾省丰新钢铁公司棒材轧机的布置

1—粗轧机组、6 台辊环的紧凑式机架;2—中轧机组;3—精轧机组;4—钢坯存放台架;5—缺陷钢坯收集设备;6—拉出和退回夹送辊设备、高压除鳞装置;7—两台滚筒式切头和碎边剪切机;8—两排水冷装置;9—滚筒式剪切机;10—倾斜式冷床,长 18m,宽 8.5m;11—冷剪切机;12—棒材的打捆和捆扎装置;13—称重机和装车台架;14—卷取机;15—盘条输送机;16—盘条发送站;17—钩式输送机;18—盘条压紧和捆带站;19—盘条卸载站

该轧机所采用的控温轧制和控制冷却工艺根据钢种和规格的不同而不同。

(1)轧制一般棒材时,为了控制终轧温度,在 16 架轧机轧出后仅走一个水冷器 C1,然后经一段空冷,使断面上温度均匀,再进入 17、18 架精轧机轧成成品。轧出后经 C4 水冷器,进行轧后快冷。轧制 $\phi10\sim25$mm 圆钢时,都采用这一控温轧制工艺。当开轧温度为 1100℃时,16 架轧机轧出后经 C1 水冷器后,轧件平均温度达到 850℃,精轧后经过 C4 冷却装置冷却后,钢温降低到 650℃左右。

轧制 $\phi28\sim50$mm 圆钢时,第 10 架轧机轧制后经 C1 冷却器冷却,并经一段空冷后,再进入 17~18 架精轧机轧成成品,出成品轧机后进入 C4 水冷器进行水冷,然后进入冷床。

(2)轧制 $\phi14$mm 轴承钢圆钢时,出炉温度为 1100℃,经 16 架轧机轧制后,立即进入 C1 水冷器进行冷却,然后进入 17 和 18 架精轧机,使终轧温度平均为 880℃。

(3)利用轧制余热进行奥氏体不锈钢直接淬火,以抑制 Cr-C 化合物的析出。精轧温度大约在 1050℃,经水冷淬火后钢温低于 400℃。

奥氏体不锈钢圆钢直径为 $\phi28\sim50$mm 之间的尺寸,不是在最后两架上轧制,而是在 15 和 16 架轧机轧成成品。轧后经 C1~C3、C4 水冷器水冷后,$\phi30$mm 圆钢的平均温度降低到 380℃。而直径为 $\phi25$mm 的棒材,轧后采用空冷,送到冷床上后,实施强制风冷。尺寸再大,则达不到所需的冷却速度,这就要求中间水冷和轧后水冷工艺。

(4)卷材的淬火工艺。为了将直径为 $\phi10\sim42$mm 圆钢进行卷取,并控制卷材质量,采用卷材淬火,开发了一种卷线机,它可以在水下卷取,这些卷取机在美国特殊钢棒材轧机上已成功地使用。

在水中直接卷取奥氏体不锈钢,可以直接利用轧制余热淬火,也可以用于生产其他钢种的卷材。

对于不允许进行卷线水冷钢种来说,卷线机也能进行“干”操作,从“湿”到“干”能迅速改变操作方式,反之亦然。“干”法卷取的卷材,在通过冷却设备时,再进行强制风冷来冷却卷取后的卷材,其冷却工艺根据钢种不同而有所差别。

小型连轧机的控制轧制和控制冷却,一般是在精轧机组的最后两架之间将轧件穿水冷却,使钢温降低到850℃以下。控制终轧温度,在最后两架精轧机上给以约30%的变形量。轧后再进行穿水冷却,使棒材急冷到650℃以下,以控制钢材的组织结构,提高其强度和韧性。

这种小型连轧机既能实现730~870℃温度区间结构钢的低温控制轧制,在800~950℃温度区间实现结构钢的取代常化热处理的控制轧制,又可以实现在1100℃左右温度范围内的奥氏体不锈钢淬火奥氏体化。对高合金钢也可以实现在线轧制温度控制工艺。

9.2.1.2 日本神户钢铁公司神户钢厂棒材轧机的控轧控冷工艺

该轧机装备有冷却能力很强的两个水冷区,一个位于中轧机组和精轧机组之间,另一个安置在精轧机组之后,完全能满足控制轧制和轧后的控制冷却要求。该棒材轧机的设备布置如图9-17所示。

该棒材轧机具有由计算机控制的六段步进式加热炉,钢坯温度误差在±15℃以内。粗轧机组为8机架连轧、水平-垂直交替布置,单独传动。中轧机组4架,精轧机组4架。采用无张力轧制系统以保证较高的轧件尺寸精度。

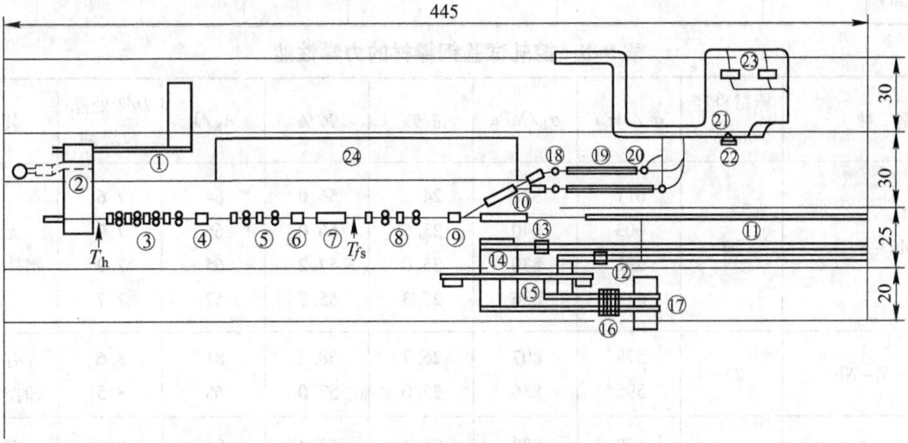

图9-17 日本神户钢铁公司神户钢厂棒材轧机布置

1—钢坯装炉辊道;2—加热炉;3—粗轧机组;4—1号飞剪;5—中轧机组;6—2号飞剪;7—中间冷却区;8—精轧机组;9—3号飞剪;10—精轧后冷却区;11—冷床;12—1号冷剪;13—2号冷剪;14—检查台;15—分类床;16—包装机;17—出料输送机;18—集卷装置;19—板式运输机;20—盘卷悬挂装置;21—钩式运输机;22—盘卷卸载机;23—盘卷码垛机;24—配电室

中间冷却区采用二区三段水冷方式的注水冷却管,6个环形喷嘴,水冷区总长度为7m,最大水量为350t/h。轧后冷却区采用三段15个注水冷却管,30个环形喷嘴,水冷区总长30m,最大水量为700t/h。

用155mm×155mm的方坯轧成直径20~44mm棒材。通过改变钢坯的加热温度、轧制速度和冷却条件来控制终轧温度,用变换冷却时间及单位时间的水流量来实现控制冷却。试验结果表明:轧制碳钢、Mn-V钢和合金钢时,坯料加热温度高于1000℃,终轧温度随加热温度提高而提高。而加热温度低于1000℃,尽管坯料加热温度降低,终轧温度仍在900~950℃之间波动。表明终轧温度并不取决于加热温度,这种趋势在具有高效率的现代化连轧机上是不可避免的。

为了把终轧温度降到900℃以下,只有通过中间冷却方法来控制终轧温度。调节中间冷却区的水流量，可以将精轧机组的开轧温度降低250℃。由于采用中间冷却降低了终轧温度而使棒材表面和直径的四分之一处的晶粒细化，而在 $D/2$ 中心处采用快冷或不采用快冷工艺晶粒基本相同，即中间冷却对中心处的晶粒影响很小。因为表面温度下降快，达到130～200℃，而轧件中心处的温度仅下降50℃，当坯料加热温度低于1050℃时，采用中间冷却使终轧温度低于900℃，因此，从棒材中心到表面可得到均匀细化的晶粒。

在该棒材轧机上轧制 Mn－V 钢和 Mn－V－Nb 钢棒材，其化学成分如表9-7所示。所轧棒材的力学性能如表9-8所示。

表9-7 在棒材轧机上控轧试验钢的化学成分(质量分数) %

钢种＼成分	C	Si	Mn	Cr	Mo	Al	V	Nb	N
Mn－V	0.42～0.43	0.25～0.27	1.2～1.21	0.11		0.030～0.034	0.095～0.103		0.010
Mn－V－Nb	0.41～0.43	0.27～0.28	1.15～1.20	0.11～0.13		0.026	0.095～0.098	0.026～0.027	0.010
Mn－V(1541－M)	0.41	0.24	1.56	0.05		0.039	0.097		0.010

表9-8 控轧试验钢棒材的力学性能

钢 种	棒材直径/mm	σ_s/MPa	σ_b/MPa	δ/%	Ψ/%	A_K/J	$D/2$ 处晶粒级别	其 他
Mn－V	20	611	838	24.5	56.0	64	7.6	无冷却控制轧制
		603	840	23.5	56.0	66	7.9	
		598	830	25.0	57.2	65	7.9	
		617	836	25.3	55.7	57	7.7	
Mn－V－Nb	25	578	807	26.7	58.3	81	8.6	有中间冷却控制轧制
		595	836	25.0	57.0	68	8.5	
Mn－V(1541－M)	25	679	888	25.4	57.4	94	8.6	旧式棒材轧机上的控制轧制
		614	892	24.6	57.7	69	7.7	
		610	866	25.6	57.8	87	8.2	

试验钢种在棒材轧机采用控制轧制，其轧出的棒材性能在保持 σ_b、δ 和 Ψ 不变条件下冲击性能明显提高。Mn－V 钢达到57～66J，Mn－V－Nb 钢达到68～81J；晶粒明显细化，达8.5～8.6级。

9.2.1.3 宝钢集团上海第五钢铁有限公司特殊钢和不锈钢棒、线材轧机的控轧控冷工艺

该轧机由连铸提供160mm×160mm方坯，连铸机与加热炉直接相连，可以实现热送热装工艺。生产的钢种有奥氏体、铁素体和马氏体不锈钢、阀门钢、轴承钢、工程用钢、易切钢和其他特殊钢。年产量为35万t。其平面布置如图9-18所示。

设备特性：

加热炉：加热能力为80t/h；

轧机区：高速钢坯除鳞设备；6架高速无扭粗轧机，布置在距第一中轧机上游的合适位置，以确保粗轧机与中轧机之间为自由轧制；12架中轧－预精轧机采用SHS无牌坊机架，以平－立交

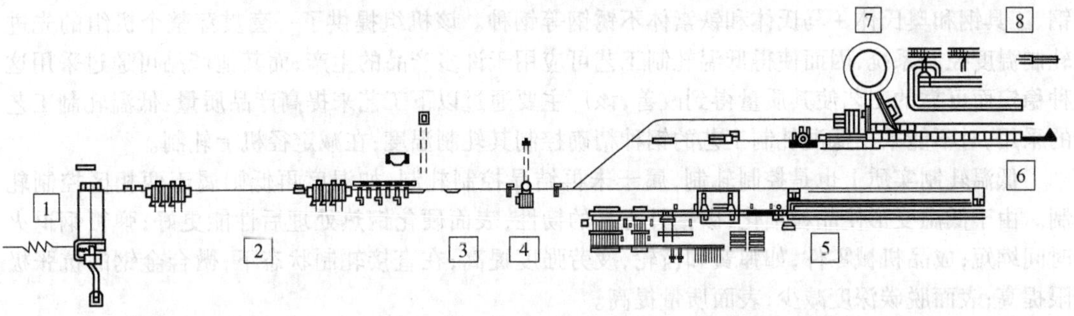

图 9-18　上钢五厂特殊钢和不锈钢棒、线材轧机平面布置简图

1—可实现冷装和热装的步进式加热炉；2—18 架次粗轧、中轧和预精轧机；3—水冷线；4—精轧机，4 道次减定径机；5—棒材冷却和精整设备；6—达涅利 DSC 线材可控冷却线；7—棒材卷取、可控冷却和热处理线；8—盘卷精整线

替布置带有更换装置，在第七架入口侧配有一座感应加热炉，以保证轧件在进入中轧机前其横断面与长度上温度均匀一致；

RSB 精轧机组前后的水冷箱，为精轧机组的低温轧制和后部精整要求的温度提供保证。

Koks－Danieli RSB 3 辊减径和定径机组共 4 架，在轧制线上作为直条棒材和棒卷的精轧机和线材的预精轧机使用。

直条棒材精整设备。带有上料和下料设施的齿条式冷床；带有自动计数及捆扎设备的棒材精整设施和用于马氏体不锈钢棒材生产的缓冷箱。

线材与棒卷生产设备。可控冷却线，配有高速吐丝机；带喷水冷却系统的辊式运输机；快冷、缓冷和双集卷站；两台加勒特式卷取机和带有快冷、缓冷设备的步进梁式盘卷运输机；带有压紧、捆扎设备的 C 形钩运输机。

在线热处理设备。线棒卷在线退火用回转炉，在回转炉出口设有水箱，用于快速冷却奥氏体不锈钢盘卷。

由于机组设备先进，因此可实现控制轧制及控制冷却，并能实现在线热处理。

由于在精轧机前后设有水冷装置及开轧温度等的控制使用可以实施低温轧制及控制轧制。温度及变形量可以在较大范围内变化，因此，能够在线控制棒材的晶粒度和力学性能，得到要求的高性能。

由于在线热处理设备能够对绝大多数产品进行在线热处理，因此，可以取消离线热处理或简化离线热处理。具体可实现的在线热处理如下：

控温轧制（借助于精轧机前的水冷箱）；

直条棒材的缓冷（借助切定尺之后的缓冷箱）；

盘卷的粗晶粒组织在线固溶处理（借助回转炉和水淬箱）；

盘卷的再结晶退火（借助回转炉）；

盘卷的等温退火（借助回转炉）；

线材细晶粒组织的在线固溶处理（借助辊式运输机上的喷水装置）；

线材缓冷（借助辊式运输机上的保温罩）；

线材铅淬火用的快速冷却（借助辊式运输机上的风机）；

9.2.1.4　巴西特殊钢厂棒、线材轧机的控轧控冷工艺

该棒线材轧机包括：SHS 重型无机架中轧机/预精轧机组、5 机架 RSB 和 10 道次高速线材精轧机及有关设备。粗轧机组和棒材精整机组采用原有设备。

该机组设计能力为年产 30 万 t 的 $\phi5.5\sim20$mm 线材和 $\phi16\sim63$mm 圆棒材，可生产工程用

钢、工具钢和奥氏体+马氏体和铁素体不锈钢等钢种。该机组提供了一套贯穿整个机组的先进轧制温度控制系统,因而使得低温轧制工艺可应用于许多产品的生产,而其他产品可通过采用这种稳定而可靠的工艺使其质量得到改善,该厂主要通过以下工艺来提高产品质量:低温轧制工艺的采用;对不能采用低温轧制工艺的钢种精确控制其轧制温度;在减定径机上轧制。

低温轧制实质上也是控制轧制,属于未再结晶控制轧制,如温度再低则属于两相区控制轧制。由于低温变形使晶粒细化,碳钢具有高的韧性;表面硬化钢热处理后性能更好;弹簧钢退火时间缩短;成品机械零件,如弹簧和齿轮,疲劳强度提高;在直接轧制状态下,微合金钢的抗张极限提高;表面脱碳深度减少,表面质量提高。

在低的终轧温度下,轧制两道次或4道次才能达到晶粒细化效果。低温轧制要求有足够的变形量,根据此厂的经验,两道次轧制的断面收缩率为24%~31%,4道次轧制的断面收缩率为46%~57%。在更多的道次采用低温大变形量轧制会导致晶粒尺寸不均匀。

该棒材机组设有两个水冷段,其布置如图9-19所示。控制如下:生产大规格(ϕ36.3~47.5mm)时,同时使用两段水冷段,而生产其他规格的产品(ϕ27.8mm,ϕ21.7mm)时只使用第二个水冷段。

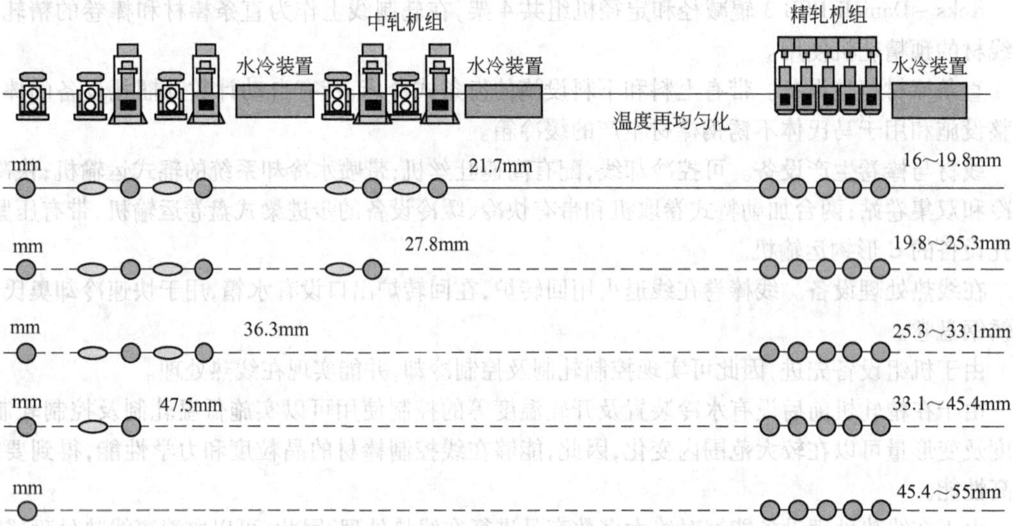

图9-19 巴西特殊钢厂棒线材机组布置图及孔型图

各钢种应冷却到相应的温度范围,奥氏体部分再结晶温度区或奥氏体未再结晶区。这就需要在中轧机与精轧机之间有适当距离,以使轧件进入精轧机前,获得一定的温度,并使温度分布均匀。该轧机生产大规格时,冷却设备长度为50m,生产小规格时为26m。表9-9提供了不同钢种采用不同工艺时的参考温度范围。

表9-9 低温轧制时各钢种宜采用的温度范围

钢 种	控温轧制/℃	常规轧制/℃
低碳钢	800~850	880~920
中碳钢	800~850	860~900
高碳钢	750~800	850~900
齿轮钢	750~850	850~900
淬火、回火低合金钢	780~850	850~900

续表 9-9

钢 种	控温轧制/℃	常规轧制/℃
弹簧钢	750~800	850~900
冷镦钢	780~800	850~900
轴承钢		850~900
微合金钢	750~800	850~900

9.2.2 轴承钢棒材的控制轧制和控制冷却

9.2.2.1 轴承钢控制轧制和控制冷却的目的

轴承钢属于高碳低铬钢,在轧后奥氏体状态下冷却过程中,有二次碳化物析出,并且在奥氏体晶界形成网状碳化物,对轴承使用寿命有很大影响。因此,降低网状碳化物级别是热轧轴承钢的重要课题之一。采用低温终轧,即在850℃左右终轧,对细化网状碳化物有一定效果。而采用热轧后快速冷却工艺,既可细化晶粒,又可抑制网状碳化物的析出,降低网状碳化物级别,同时又可获得变态珠光体或索氏体组织,这种组织有利于加快球化退火过程。增加轧制时的变形量,可以进一步细化奥氏体晶粒,为降低网状碳化物级别和细化组织创造有利条件。缩短球化退火时间可获得优异的轴承钢组织。这就是轴承钢采用控制轧制和控制冷却的目的。

9.2.2.2 热轧轴承钢的各种工艺及特点

A 在奥氏体单相区轧制

钢坯加热到1100~1250℃,整个轧制过程是在奥氏体再结晶区进行,终轧温度偏高,一般在1000℃左右。在一些轧钢厂采用控制终轧温度、终轧前进行待温,进行低温终轧。

采用低温终轧工艺常常在奥氏体再结晶区、部分再结晶区和未再结晶区进行轧制。若轧后空冷,得到的变形奥氏体是不均匀的。因为,在不同的轧制温度和变形量时,奥氏体的再结晶数量和奥氏体晶粒的平均弦长有很大差别,如图9-20所示。

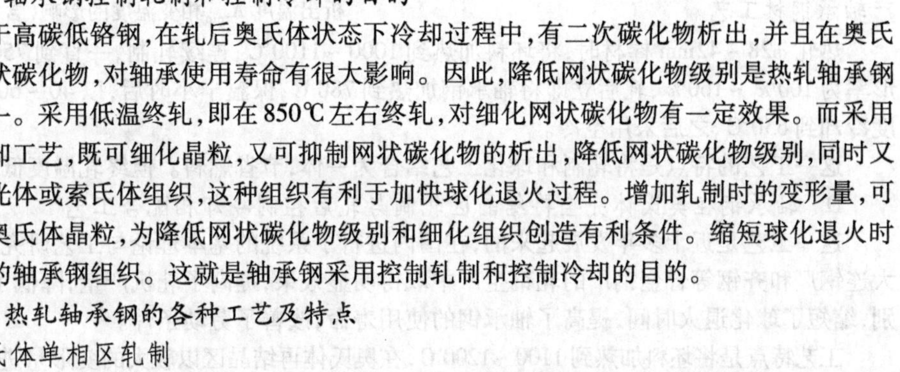

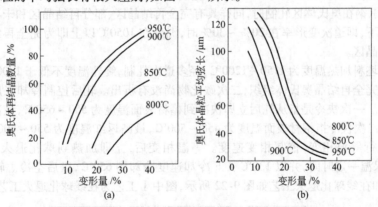

图 9-20 变形条件与 GCr15 轴承钢再结晶数量(a)和晶粒平均弦长(b)的关系

由于热轧的影响,促使轴承钢的 A_{rcm} 相变温度升高,轧制温度越高、变形量越大则 A_{rcm} 相变温度升高越多,这是形变诱导相变的结果,如图9-21所示。

A_{rcm} 相变温度升高表明碳化物在较高温度下开始析出,轧后空冷则碳化物析出加快、析出量增多,形成严重的网状碳化物。因而,必须采用轧后快速冷却工艺。

B 在奥氏体区和奥氏体与碳化物两相区热轧工艺

这一轧制工艺特点是将前一工艺的轧制温度进一步降低到(奥氏体+碳化物)两相区轧制

一定道次。由于在奥氏体和碳化物两相区变形,使先析出碳化物受到塑性加工,在变形奥氏体中和碳化物中形成大量位错,为碳化物的溶解、溶断和沉积创造了有利条件,故能够获得细小、分散的小条段碳化物颗粒,在以后的球化退火时有利于球化。这种工艺如果待温时间长,则影响轧机产量。轧制温度低,则变形抗力大。

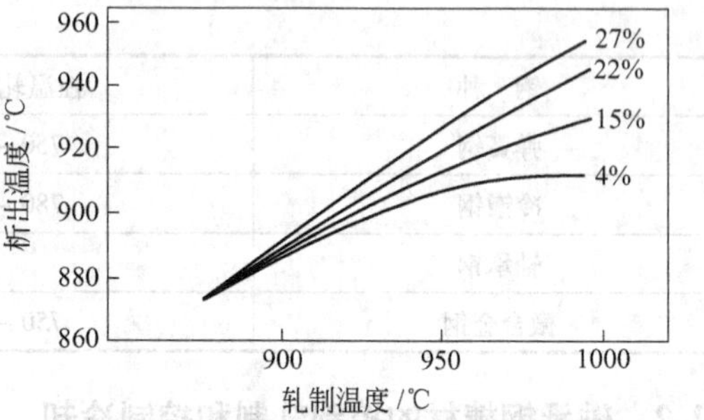

图 9-21 轧制温度、变形量对 GCr15 轴承钢二次渗碳体析出温度 A_{rcm} 相变温度的影响(含 0.98% C)

C 热轧和在线球化退火相结合的生产轴承钢材工艺

热轧 ϕ28 ~ 42mm 棒材时,将坯料加热到 1000 ~ 1100℃,连续轧制,一直到 750℃终轧。总变形率为 100% ~ 160%,轧后立即将轴承钢加热到 780℃,保温半小时后,以 40 ~ 60℃/h 的冷却速度冷却到 650℃,之后采用空冷。

这一工艺的特点是将轧制和球化工艺结合为一体,节省燃料。但终轧温度低,变形抗力大。

D 轴承钢在奥氏体完全再结晶区轧制与轧后控制冷却相配合工艺

这一工艺是近十多年发展起来的,在国内进行了系统的基本理论与工艺研究。在大冶钢厂、大连钢厂和齐钢等合金钢厂的轧钢生产中取得明显效果,提高了轧机产量,降低了网状碳化物级别,缩短了球化退火时间,提高了轴承钢的使用寿命,改善了劳动条件。

工艺特点是将坯料加热到 1100 ~ 1200℃,在奥氏体再结晶区以较大的变形量进行轧制,经轧制和再结晶的反复进行,细化了奥氏体晶粒,终轧温度一般在 1000℃以上,终轧后在高效水冷器中进行快速冷却。其目的是降低或消除网状碳化物,防止变形后的奥氏体晶粒长大或相变后形成粗大珠光体球团和在晶界上碳化物层加厚。增大过冷度、降低 A_{rcm} 和 A_{r1} 的温度可减少珠光体的片层间距尺寸,并形成退化珠光体或退化索氏体组织。有利于快速球化,提高钢材球化质量。

E 轴承钢控制轧制、控制冷却和在线球化退火工艺

GCr15 轴承钢在奥氏体区轧制时,同样具有完全再结晶区、部分再结晶区和未再结晶区。在一般热轧条件下,即道次变形率在 20% ~ 30% 时,温度在 1050℃以上即为完全再结晶区,850℃以下为未再结晶区。

该工艺的坯料加热温度为 1150 ~ 1200℃,经多道次轧制,终轧温度不低于 1000℃,轧后可获得均匀细小的完全再结晶奥氏体组织,二次碳化物尚没有析出。轧后控制冷却采用一次快冷和二次快冷工艺。一次快冷是指从轧后立即快冷到棒材表面温度为 550 ~ 650℃,最高返红温度为 650 ~ 730℃。二次快冷指钢材表面温度为 450 ~ 500℃,最高返红温度为 550 ~ 600℃,并立即在炉中或堆冷进行等温相变,控制相变速度。等温相变后,立即加热到球化退火温度,一般为 780 ~ 790℃,保温一定时间,并以 130℃ / h 冷却速度冷却到 650℃,以后空冷。轴承钢控制轧制、控制冷却和在线球化退火工艺如图 9-22 所示,图中 Ⅰ 工艺为在线球化退火工艺。

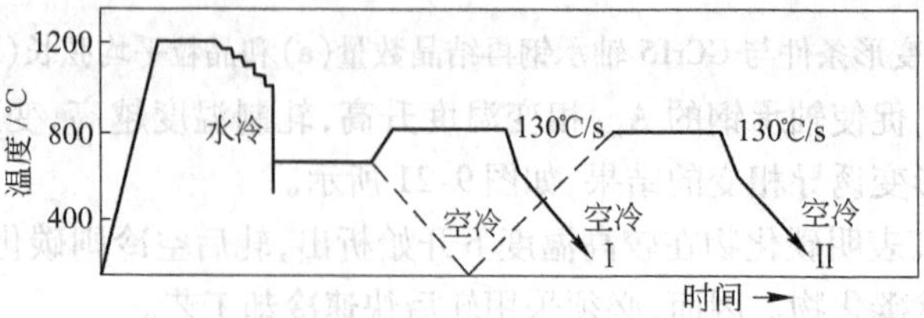

图 9-22 轴承钢控制轧制、控制冷却和在线球化工艺示意图

如果不具备在线球化退火条件，也可以在等温转变后进行空冷到室温，然后重新加热进行离线球化退火，如图9-22中Ⅱ工艺。两种工艺制度均可得到理想的球化组织，其球化工艺与所得球化组织如表9-10所示。

表9-10　GCr15轴承钢控轧、控冷后在线或离线球化退火工艺的球化组织对比

工艺制度	加热速度 /℃·h^{-1}	球化温度 /℃	保温时间 /h	冷却速度 /℃·h^{-1}	球化组织参数		
					平均直径 /μm	平均长宽比(*L*/*B*)	硬度HB
在线直接球化退火工艺	100	780	0.5	130	0.39	1.44	204
再加热，离线球化退火工艺	100	780	0.5	130	0.40	1.45	205

经金相观察，等温相变后空冷到室温的试样，网状碳化物的级别降低到2级以下，甚至没有形成网状碳化物，并且获得有利于球化退火的预组织——碳化物呈点状或条状，有多数形成半球状或球状的碳化物，弥散度比较大的变态珠光体或变态索氏体组织，这种组织能极大地缩短球化退火时间，改善球化退火组织。

连续式棒线材轧机机组，由于具备合理的机组布置和机组之间、机架之间及轧后安置有控制冷却设备，为棒材或线材采用控轧、控冷工艺或进行在线热处理工艺创造了极为有利的条件，可满足不同钢种、不同规格棒、线材的控轧控冷要求。

9.2.2.3　轴承钢控制轧制及控制冷却的应用

(1)大冶钢厂430×2/300×5小型轧机轧制ϕ30～34mmGCr15轴承钢的轧后控制冷却。

该轧机在精轧机后安装有三组快速水冷装置，每组由两端对称双切向进水湍流冷却管、三台夹送辊和相应水冷器组合台架及供排水设备组成。配有光电测温仪，用来测量开轧、终轧和钢材返红温度。安装有测量、指示和记录水压、水量及水温的各种仪表。

采用一般热轧后空冷、低温终轧后空冷和高温终轧后快冷三种工艺生产GCr15轴承钢，直径为32mm的棒材。轧后的棒材冷却曲线如图9-23所示。

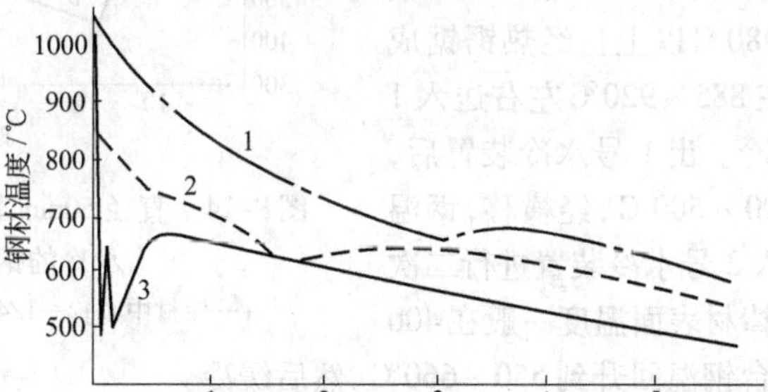

图9-23　ϕ32mm轴承钢棒材轧后冷却曲线

1—热轧后空冷；2—低温终轧后空冷；3—高温终轧后控制冷却

曲线3是轧后控制冷却钢材的冷却曲线。终轧温度为1000℃左右，轧后经水冷、空冷交替冷却三次，出3号水冷器时，钢温降到最低温度，此时圆钢内外温差较大，依靠钢材心部的热量向表面传热，钢材表面逐渐返红，约经25s回升到660℃，在这一温度维持11s后，钢温均匀下降。

热轧空冷轴承钢的组织为粗片状珠光体和粗厚网状碳化物。低温终轧材中有少量稍粗片状珠光体，网状碳化物也稍薄些。而轧后快冷的棒材组织为索氏体加少量网状薄碳化物，晶粒细小均匀,网状碳化物级别不大于2.5级。退火组织中碳化物球粒度小、数量多、分布均匀,球化级别在2~2.5级范围。球化退火时间比原来普通轧制工艺生产棒材的退火时间缩短1/4~1/2。轴承钢的疲劳寿命(L50)达到15×10^6,比空冷材提高了70%。

轧后控制冷却工艺与低温终轧工艺相比,对这类轧机来说,由于不用终轧前待温,可提高轧机产量近一倍多,同时改善了劳动条件。

(2)大连钢厂420/300×5小型轧机轧制ϕ40~55mm轴承钢轧后控制冷却。

在普通热轧直径大于40mm轴承钢棒材时,由于终轧温度高,轧后空冷冷却速度慢,钢中网状碳化物严重,珠光体粗化,有时需要正火处理后,再进行球化退火。因而,如何降低大断面轴承钢的网状碳化物级别,是必须解决的课题。

大断面轴承钢的轧后控制冷却工艺与小断面的轧后快冷工艺和机理有所不同。控制冷却设备的布置也有差别。

我们根据在大冶钢厂430×2/300×5小型轧机轧制ϕ30~34mmGCr15轴承钢轧后控制冷却的机理研究和生产实践经验,又在大连钢厂420/300×5小型轧机上进行ϕ34~65mmGCr15轴承钢棒材轧后快冷设备研制和工艺研究,并且与快速球化退火相结合,进行了生产性试验,取得明显效果。简化了工艺、节省了燃料,提高了大断面轴承钢的质量和性能。

根据该轧机的设备布置和轧制大断面轴承钢轧后快冷的工艺特点,采用在热锯后安装两组快速冷却装置。每组冷却装置由可调环形双切向进水喷嘴的湍流管式冷却器和三台夹送辊组成。另外,在精轧机出口处预留一组快速水冷装置,以备轧制更大断面棒材轧后三次快冷之用。

在多节湍流管内形成流速不断变化而又旋转的湍流水状态,以利于击破热钢材表面形成的汽膜,加快水与钢材的热交换过程,这种冷却器冷却能力强,冷却速度大,钢材冷却均匀,平直不弯,沿棒材断面的组织比较均匀。

在420/300×5轧机轧制直径为50mm的GCr15轴承钢棒材,热轧后经两次水冷的钢温曲线如图9-24所示。采用120mm×120mm方坯,在三段连续式加热炉中加热到1120℃,出炉经420/300×5轧机轧制直径为50mm的GCr15轴承钢棒材,终轧温度在980℃以上。经热锯锯成定尺长度后横移,棒材在885~920℃左右送入1号冷却装置进行一次快冷。出1号水冷装置后,钢材表面温度降低到400~500℃,经横移,钢温返红到600~700℃,送入2号水冷装置进行二次快冷。出2号水冷装置棒材表面温度一般在400~460℃,经辊道到收集台钢温回升到550~660℃,然后缓冷。

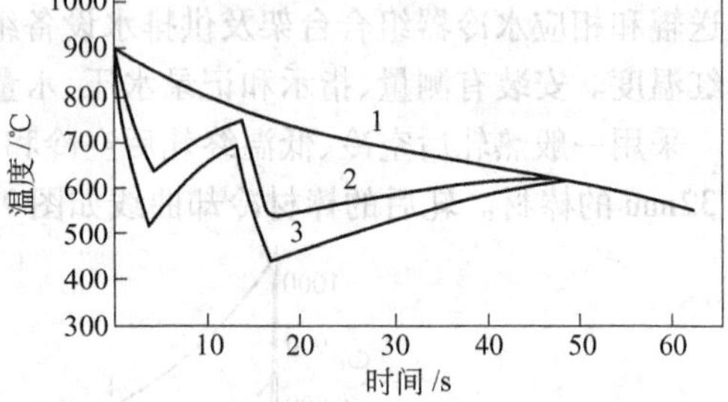

图9-24　直径50mm轴承钢棒材锯后两次水冷的钢温曲线

1—棒材中心;2—1/4D处;3—棒材表面

生产结果表明:每次快冷时,钢材表面温度不应低于300℃,以防止在棒材表面形成马氏体组织。

在水冷装置中走钢速度一定时,随冷却水水压的加大,钢材返红温度下降。当钢温为885℃开始快冷时,仅采用一次快冷,其钢材最高返红温度达780℃,经金相与电镜检验可以看到在断面的边部和1/4直径处得到片状和变态珠光体及少量网状碳化物,而心部位置则为细片状珠光体及网状碳化物。经过二次快冷的轴承钢棒材,返红温度为630~660℃,其边部和1/4直径处为变态索氏体和一些球状或半球状的碳化物,个别地方有极细极薄的网状碳化物。心部组织为断续的细片状珠光体、索氏体及少量细的网状碳化物。

结果表明，随开冷温度提高，网状碳化物级别降低，在875℃以上，开冷温度对网状碳化物析出影响不大，这是因为在变形条件下，轴承钢中网状碳化物析出温度在960～700℃之间。在高温时析出数量比较少，到700～750℃温度范围，碳化物析出最为激烈。如果从较高的钢材温度快冷，就可以抑制在这一区间的碳化物析出。

如果轧后立即进行一次水冷，将棒材冷却到800℃以上，可以防止晶粒长大，进一步细化变形奥氏体晶粒。由于变形促使碳化物析出温度 A_{rcm} 提高，但经快冷又使 A_{rcm} 温度下降，使碳化物析出数量减少。同时，由于奥氏体晶粒细化，使碳化物析出分散、变薄，再进行二次快冷时，可将钢温降低到650℃以下，则可以阻止网状碳化物进一步析出，从而达到进一步降低碳化物网状级别的目的。

轧后快冷的停止温度决定了不同断面尺寸钢材冷却后的自身返红温度的高低，影响到组织状态。

大断面轴承圆钢必须采用多次冷却工艺，而且在两次水冷之间应相隔一定时间，达到钢材表面返红的目的，并为下一次冷却做准备。返红温度的高低取决于所要求的控制冷却工艺制度。

(3)宝钢集团五钢公司棒线材生产线上GCr15轴承钢棒材低温精轧的试验研究和应用。

我国生产的一些轴承钢材质量水平与世界先进水平存在一定差距，即碳化物不均、碳化物颗粒大及制造成轴承后使用寿命短。目前轴承行业对碳化物均匀性的要求越来越高，特别是对网状碳化物的级别要求，世界各国都在积极的研究并寻找解决办法和途径。

该生产线由国外引进，设备先进，轧制棒材时共22架轧机，粗、中、预精轧共18架，精轧为4架三辊减定径机，精轧的平均减面率选取为11.1%～19.0%，总减面率选取为25.7%～56.6%，减面率较大，对变形渗透有利。预精轧机与精轧机间的距离为52.5m，其间设置两套水箱，水箱的最大冷却能力可使轧材温度下降240℃；精轧机后设置一套水箱，水箱的最大冷却能力可使轧材温度下降120℃。轧制过程中，水冷控制为温度闭环控制。有了大能力的轧机及可控制温度的冷却设备，就具备了控制轧制及控制冷却的条件。

该机组通过对轴承钢棒材采用不同精轧温度，即不同的控制轧制类型，及轧后冷却至不同的温度，对轴承钢棒材组织主要是网状碳化物级别及球化退火时间和级别的影响，优化轧制工艺。

试验用钢的化学成分如表9-11所示，试验轧制轴承钢棒的规格为 ϕ22mm，出炉温度为1180℃。

表9-11 试验用轴承钢的化学成分(质量分数) %

元 素	C	Mn	Cr	S	P	Cu
含 量	1.01	0.25	1.55	0.01	0.021	0.22

常规轧制工艺：轧坯经粗、中、预精轧、精轧（轧件进入精轧的温度大于900℃）和轧后空冷过程。进入精轧的温度分A、B两组，A组为950℃，B组为920℃。轧制的成品检验结果见表9-12中的A组和B组。

奥氏体区控制轧制（或叫正火轧制）工艺：轧坯经粗、中、预精轧、水冷却、精轧（轧件进入精轧的温度范围850～900℃）、轧后水冷、空冷过程。进入精轧的温度分C、D两组，C组为880℃，D组为850℃。轧制的成品检验结果见表9-12中的C组和D组。

两相区控制轧制（也叫热机械轧制）工艺：轧坯经粗、中、预精轧、水冷却、精轧（轧件进入精轧的温度范围为低于850℃）、轧后水冷、空冷过程。进入精轧的温度分E～L 8组，温度为730～840℃。

轧制温度对网状碳化物、晶粒度和球化时间的影响，通过对轧制的成品检验结果可看出，见

表 9-12 中的 E ~ L 组。

表 9-12　精轧温度对 GCr15 轴承钢网状碳化物、晶粒度和球化时间的影响

组　别	精轧温度/℃	取样片数		网状级别(YJZ84)(平均值)/级	晶粒度(ASTM)(平均值)/级	球化时间/h
		网状	球化			
A	950	15	6	2.84	7.8	18.0
B	920	15	6	2.50	8.4	18.0
C	880	15	6	2.51	9.6	15.5
D	850	15	6	2.00	9.7	14.5
E	840	15	6	2.00	9.8	13.5
F	820	15	6	1.85	9.8	13.0
G	800	15	6	1.65	10.2	12.0
H	780	15	6	1.40	10.2	11.0
I	760	15	6	1.30	10.3	11.0
J	750	15	6	1.25	10.5	11.0
K	740	15	6	1.26	10.6	11.0
L	730	15	6	1.25	10.6	11.0

从表 9-12 中可以看出，随着精轧温度的降低，网状碳化物级别降低、晶粒细化、球化时间缩短。

通过对金相组织的观察，920℃轧制的轧材网状碳化物较粗大，几乎呈封闭状态，其组织为粗细不均的珠光体 + 网状碳化物；780℃轧制的轧材网状碳化物较细，较分散，呈条状及半球化的碳化物颗粒，其组织为均匀的珠光体 + 少量的网状碳化物。

以上试验都在轧后水冷温度(水冷后轧件表面出现返红钢的最高温度)650℃下进行的。为了研究精轧后水冷温度对网状碳化物级别的影响，进行了轧后不同水冷温度的试验，其结果见表 9-13 所示。

表 9-13　精轧后水冷温度对网状碳化物级别的影响

出炉温度/℃	精轧温度/℃	水冷温度/℃	取样片数	网状级别(YZJ84)/级(平均值)
1100	860	530	8	1.85
1100	860	550	8	1.85
1100	860	560	8	1.85
1100	860	580	8	1.88
1100	860	600	8	1.85
1100	860	620	8	1.88
1100	860	640	8	1.85
1100	860	650	8	1.90
1100	860	660	8	1.90
1100	860	680	8	1.90

续表 9-13

出炉温度/℃	精轧温度/℃	水冷温度/℃	取样片数	网状级别(YZJ84)/级(平均值)
1100	860	690	8	1.95
1100	860	700	8	1.95
1100	860	720	8	2.10
1100	860	740	8	2.35
1100	860	750	8	2.44
1100	860	760	8	2.47
1100	860	780	8	2.53
1100	860	800	8	2.55
1100	860	820	8	2.61

从表9-13中看到，随着水冷温度的降低，网状碳化物级别降低，尤其是在700℃以下，在640～530℃之间变化不大。同时，水冷的最低温度要考虑钢材表面不产生马氏体及表面裂纹，一般表面不低于500℃，轧后水冷温度不低于600℃，综上所述，轧后水冷温度范围应采用600～680℃。

从以上结果综合来看，精轧时采用两相区的控制轧制可降低钢材的网状碳化物级别及缩短球化时间。具体工艺是以降低网状碳化物为主要目标的精轧温度为750～840℃；以缩短球化时间为主要目标的精轧温度为730～800℃，由于730～740℃与750～800℃两区间对网状碳化物级别及球化时间的差别不大，而在730～740℃轧制时轧制力大、咬入困难、轧辊磨损大，提高了生产成本，一般使用750～800℃；轧后快速水冷却温度为600～680℃。

低的精轧温度，尤其是在两相区，由于在奥氏体未再结晶区轧制，对细化晶粒有利，同时由于已有碳化物析出在轧制变形和"破碎"细化，在碳化物中形成大量位错，为碳化物的溶解、溶断、扩散和沉积创造了条件，轧制温度越低使先析出的碳化物网状越薄，最后形成断续的条状及半球状的碳化物颗粒，有利于球化。

低温轧制后的快冷是极其重要的，一方面可以快速通过碳化物析出区；另一方面由于低温轧制提高了冷却时的转变温度 A_{r1}、A_{rcm} 使珠光体片层加大。因此加大冷却，降低相转变点是非常重要的。该机组将试验结果用于生产取得了很好的效益。

9.2.3　带肋钢筋的控制轧制和控制冷却

钢筋是重要的建筑用材料，其应用非常广泛，用量也很大。随着建筑行业的迅猛发展，对带肋钢筋的性能要求越来越高。欧美等国家的建筑用钢已淘汰了低强度的Ⅱ级钢筋，并以400MPa级的Ⅲ级钢筋来代替。2002年，我国建设部新制定的"混凝土结构设计规范"中也将使用400MPa级钢筋作为混凝土结构中的主导地位。Ⅲ级钢筋与Ⅱ级钢筋相比强度高、性能稳定、强屈比不小于1.26、适于抗震用材、可节约钢材12%～14%、增加建筑安全储备，有显著的社会效益和经济效益。因此，当前在带肋钢筋生产中主要是研究Ⅲ级钢筋。

9.2.3.1　Ⅲ级带肋钢筋的开发

目前生产Ⅲ级带肋钢筋一般有以下三种方法：添加微合金元素、采用控制轧制和控制冷却及轧后余热处理。

添加微合金元素法：在国内，除采用20MnSiNb外，大都采用20MnSiV，但加入微合金元素使成本提高。

热轧带肋钢筋余热淬火工艺:可以分为以下三个阶段,如图9-25所示。

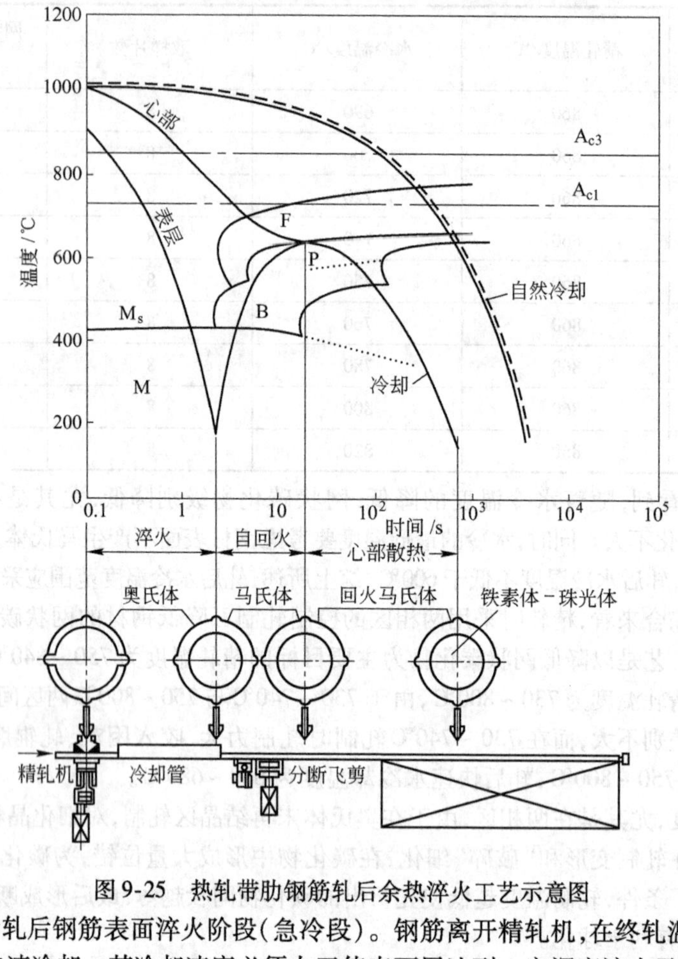

图9-25　热轧带肋钢筋轧后余热淬火工艺示意图

第一阶段为轧后钢筋表面淬火阶段(急冷段)。钢筋离开精轧机,在终轧温度下尽快地进入高效冷却装置,快速冷却。其冷却速度必须大于使表面层达到一定深度淬火马氏体的临界速度。钢筋表面温度低于马氏体开始转变点(M_S),发生奥氏体向马氏体转变。该阶段结束时,心部温度仍很高,仍处在奥氏体状态。表层则为马氏体和残余奥氏体,表面马氏体层的深度取决于强烈冷却持续时间。

第二阶段为自回火阶段。钢筋通过快速冷却装置后,在空气中冷却。此时钢筋各截面内外温度梯度很大,心部热量向外层扩散,传至表面的淬火层,使已形成的马氏体进行自回火。根据自回火温度的不同,可以转变为回火马氏体或回火索氏体,而表层的残余奥氏体转变为马氏体。同时,邻近表层的奥氏体根据钢的成分和冷却条件不同而转变为贝氏体、屈氏体或索氏体组织,而心部仍处在奥氏体状态。该阶段的持续时间随着钢筋直径和第一阶段冷却条件而改变。通常,心部奥氏体已经开始转变为铁素体。

第三阶段为心部组织转变阶段。钢筋在冷床上空冷一定时间后,断面上的热量重新分布,温度趋于一致,同时温降。此时心部由奥氏体转变为铁素体+珠光体或铁素体、索氏体和贝氏体。心部产生的组织类型取决于钢的成分、钢筋直径、终轧温度和第一阶段的冷却效果和持续时间。而自回火温度的高低在很大程度上决定了钢筋的力学性能。

带肋钢筋的控制轧制及控制冷却工艺:近年来,小型、线材轧机大量更新,采用小型连轧机及高速线材轧机,设备能力加大,功能齐全。一般设有冷却设备,可以正确地控制轧制温度,有实现控制轧制及控制冷却的条件。钢筋的控制轧制及控制冷却是通过控制钢材在轧制过程中的温度变化、变形条件和轧后冷却过程的工艺参数，以得到组织细小均匀的相变组织，从而得到强度、塑性、韧性均好的产品。控制轧制可以采用再结晶型、未再结晶型及两相区轧制工艺，采用哪种工艺，则根据不同条件而决定。

为了得到带肋钢筋的控制轧制及控制冷却的有关参数，东北大学进行了以下研究。

首先在热模拟机上测定 CCT 曲线（在有关资料上也可查到）。选用 20MnSi 钢的化学成分（质量分数）为 0.21% C、1.44% Mn、0.47% Si、0.028% S、0.023% P。所得曲线如图 9-26 所示。θ_{M_s}（即 M_s 点）是马氏体转变开始温度。

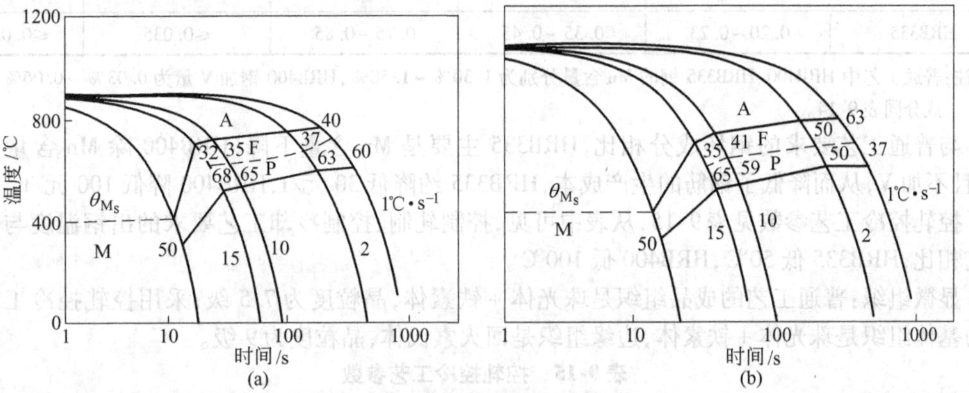

图 9-26　20MnSi 钢的 CCT 曲线

(a) 变形温度 900℃；(b) 变形温度 1050℃

从图 9-26 中看出，当钢在相变区内冷却速度小于 15℃/s 时，所得组织为先析铁素体 + 珠光体；当冷却速度为 50℃/s 时，其组织全为马氏体组织。两相区范围内的冷却速度为 1 ~ 15℃/s，随着冷却速度增加，珠光体比例加大。冷却速度过低，使先析铁素体长大，珠光体片层加粗造成强度和韧性降低。

变形温度的影响明显，如 1050℃ 轧制与 900℃ 轧制相比，前者开始发生相变的时间要长，并且温度高，这样相变前奥氏体晶粒较大使相变后铁素体晶粒较粗大，强韧性降低。

根据所得结果，对现场提出两个生产Ⅲ级钢筋的方案：

（1）轧制过程按常规进行，轧后进行穿水冷却代替原来空冷，以降低相变温度及阻止相变后晶粒长大。

具体冷却方案是：终轧温度为 1050℃，轧后直接进行快冷，使轧件快冷到相变温度 800℃ 左右，防止相变前奥氏体晶粒长大。之后降低冷却速度，控制在 15℃/s 以下，避免出现马氏体，冷却到 500℃，开始空冷。这种工艺所得钢筋的屈服强度平均为 450MPa，抗拉强度为 650MPa。

（2）降低各道次的温度并在精轧机前增加冷却水，使精轧在未再结晶区进行。

具体方案如下：保持现有孔型和轧制速度不变，降低开轧温度到 1050 ~ 1120℃，以细化奥氏体晶粒，中轧机组的轧后温度为 990℃。中轧后设置水冷器，进行水冷，使钢材冷却到未再结晶区（860℃左右）精轧，终轧温度在 800℃ 左右，轧后空冷。在未再结晶区中轧制，要求有较大的变形量才能达到细化晶粒的目的，其细化效果大于在奥氏体再结晶区控轧效果。这种工艺所得钢筋的屈服强度为 430MPa，抗拉强度为 620MPa 左右。

9.2.3.2　Ⅲ级带肋钢筋控轧控冷工艺的应用

（1）韶钢热轧带肋钢筋控制轧制及控制冷却工艺。

韶钢全连续棒材生产线是全套引进意大利达涅利公司的设备，18 架轧机为平 - 立交替布置，轧机组成为 ϕ750mm × 2 + ϕ580mm × 6 + ϕ390mm × 10，全线实现无扭、微张力或无张力控制轧制，最大轧制速度为 24m/s。坯料断面为 150mm × 150mm ~ 200mm × 200mm；产品规格为

ϕ12 ~ 40mm 棒材，钢种为 HRB335、HRB499、BS460、45 钢等，年产 50 万 t。

工艺流程：加热—粗轧—1 号剪切机—中轧—2 号剪切机—精轧—控冷—3 号剪切机—裙板上钢—冷床冷却—冷剪—打包—收集。

钢坯成分控制：钢坯成分见表 9-14。

表 9-14　钢坯的化学成分（质量分数）　　%

钢　种	C	Si	Mn	P	S
HRB400	0.20 ~ 0.23	0.35 ~ 0.45	1.05 ~ 1.15	≤0.035	≤0.035
HRB335	0.20 ~ 0.23	0.35 ~ 0.45	0.75 ~ 0.85	≤0.035	≤0.035

注：普通工艺中 HRB400、HRB335 钢的 Mn 含量分别为 1.30% ~ 1.50%，HRB400 钢加 V 量为 0.03% ~ 0.06%，其他成分同表 9-14。

与普通工艺要求的钢坯成分相比，HRB335 主要是 Mn 含量下降，HRB400 除 Mn 含量下降外，且不加 V，从而降低了钢筋的生产成本，HRB335 约降低 30 元/t，HRB400 降低 100 元/t。

控轧控冷工艺参数见表 9-15，从表中可见，控制轧制、控制冷却工艺要求的出钢温度与普通工艺相比，HRB335 低 50℃，HRB400 低 100℃。

显微组织：普通工艺的成品组织是珠光体 + 铁素体，晶粒度为 7.5 级；采用控轧控冷工艺得到的基体组织是珠光体 + 铁素体，边缘组织是回火索氏体，晶粒度为 9 级。

表 9-15　控轧控冷工艺参数

规格（钢号）/mm	轧制速度 /$m \cdot s^{-1}$	出钢温度 /℃	回复温度 /℃	1 段水压 /MPa	2 段水压 /MPa	3 段水压 /MPa
ϕ16 × 2（HRB335）	13.0	1100 ~ 1150	740 ~ 755	0.5 ~ 0.9	1.0 ~ 1.4	—
ϕ16 × 2（HRB400）	13.0	1050 ~ 1100	700 ~ 715	0.8 ~ 1.2	1.3 ~ 1.7	—
ϕ18 × 2（HRB335）	11.0	1100 ~ 1150	740 ~ 755	0.5 ~ 0.9	0.8 ~ 1.2	—
ϕ18 × 2（HRB400）	11.0	1050 ~ 1100	700 ~ 715	0.8 ~ 1.3	1.3 ~ 1.7	—
ϕ20 × 2（HRB335）	9.6	1100 ~ 1150	740 ~ 755	0.5 ~ 0.9	0.8 ~ 1.4	—
ϕ20 × 2（HRB400）	9.6	1050 ~ 1100	700 ~ 715	0.7 ~ 1.4	1.4 ~ 1.7	—
ϕ22（HRB335）	13.5	1100 ~ 1150	740 ~ 715	0.7 ~ 1.1	1.3 ~ 1.7	0.5 ~ 0.9
ϕ22（HRB400）	12.7	1050 ~ 1100	700 ~ 715	0.9 ~ 1.3	1.5 ~ 1.8	1.3 ~ 1.7
ϕ25（HRB335）	11.3	1100 ~ 1150	740 ~ 715	0.8 ~ 1.2	1.2 ~ 1.6	0.8 ~ 1.2
ϕ25（HRB400）	10.8	1050 ~ 1100	700 ~ 715	0.9 ~ 1.3	1.4 ~ 1.8	1.4 ~ 1.8
ϕ28（HRB335）	8.6	1100 ~ 1150	740 ~ 715	0.9 ~ 1.3	1.2 ~ 1.6	0.8 ~ 1.2
ϕ28（HRB400）	8.5	1050 ~ 1100	700 ~ 715	1.0 ~ 1.4	1.5 ~ 1.8	1.4 ~ 1.8

力学性能见表 9-16，合格率达 100%。

表 9-16　用控轧控冷工艺生产带肋钢筋的力学性能

产品规格/mm	ϕ16		ϕ18		ϕ20		ϕ22		ϕ24	
钢　种①	1	2	1	2	1	2	1	2	1	2
含 Mn 量/%	0.8	1.1	0.8	1.1	0.8	1.1	0.8	1.1	0.8	1.1
最大 σ_s/MPa	460	465	440	490	455	485	445	505	480	510
最小 σ_s/MPa	375	460	370	450	375	460	360	480	385	445
平均 σ_s/MPa	399.5	477.4	419.3	468.5	405.6	471.3	414.4	488.4	413.6	472.4
最大 σ_b/MPa	630	635	603	645	640	615	640	645	675	635

续表 9-16

产品规格/mm	φ16		φ18		φ20		φ22		φ24	
钢 种①	1	2	1	2	1	2	1	2	1	2
最小 σ_b/MPa	530	600	525	595	515	605	530	605	525	595
平均 σ_b/MPa	563.5	615.5	555.6	615.4	572.1	610.0	550.2	617.6	560.8	617.9
最大 A%	36.5	24.0	32.0	25.5	34.5	29.0	28.0	28.0	31.0	29.0
最小 A%	25.0	19.0	22.0	20.0	21.0	24.5	23.5	23.5	20.0	18.5
平均 A%	31.5	21.0	28.8	23.8	27.3	26.8	26.9	25.0	26.2	23.8
冷弯性能	完好	完好	完好	完好	完好	完好	完好	完好	完好	完好

①钢种：1—HRB335；2—HRB400。

(2)南昌钢铁有限责任公司棒材厂Ⅲ级带肋钢筋穿水冷却工艺

针对棒材厂生产的Ⅲ级带肋钢筋成本过高、轧机产量提高后冷床能力不足问题，研制了高效的棒材轧后穿水冷却装置。通过对小规格热轧带肋钢筋进行轧后穿水冷却，钢材上冷床温度降低了200～300℃，从而使产品质量提高，同时解决了冷床能力不足的问题。该棒材厂设备和工艺布置如图9-27所示。其新增加了预穿水冷却装置及轧后3段冷却装置，冷却装置如图9-28所示。针对大规格钢材时，成品机架的终轧温度不超过1000℃。为此在中轧机后设置预穿水冷却器，冷却器为单线湍流式冷却装置，总长3m，为保证钢材表面温度为400～500℃，φ12～20mm带肋钢筋的自回火温度应小于700℃；φ22～32mm带肋钢筋的自回火温度应小于750℃。于是，在精轧机组与冷床间设置一套顺轧制方向的冷却装置，总长约为10m。带肋钢筋的化学成分(质量分数)：20MnSi钢采用普通轧制轧后空冷时，成分为：0.23% C、1.73% Mn和0.55% Si钢(Ⅰ)；而采用轧后穿水工艺时，成分为：0.21% C、0.96% Mn和0.28% Si钢(Ⅱ)。20MnSiNb钢普通轧制时，采用化学成分：0.23% C、1.39% Mn、0.65% Si和0.034% Nb的钢(Ⅲ)，而采用轧后穿水工艺时，成分为：0.22% C、1.26 % Mn、0.45% Si和0.007% Nb的钢(Ⅳ)。普通热轧的(Ⅰ和Ⅲ)钢和轧后穿水钢(Ⅱ和Ⅳ)的力学性能如表9-17所示。

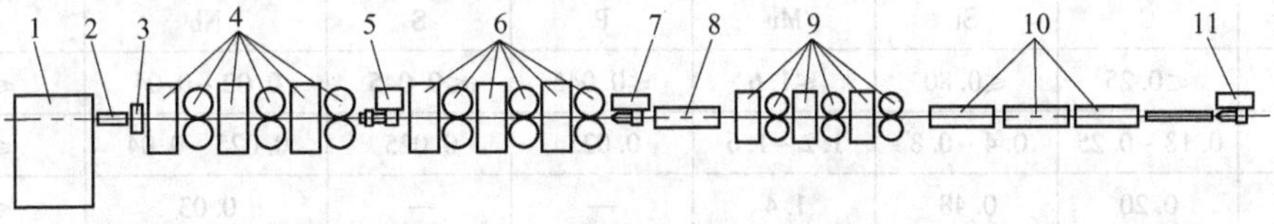

图9-27 南昌棒材厂设备工艺布置示意图

1—加热炉；2—出炉辊道；3—卡断剪；4—粗轧机组；5—1号飞剪；6—中轧机组；7—2号飞剪(圆盘剪)；8—预穿水冷却装置；9—精轧机组；10—轧后3段冷却装置；11—倍尺飞剪

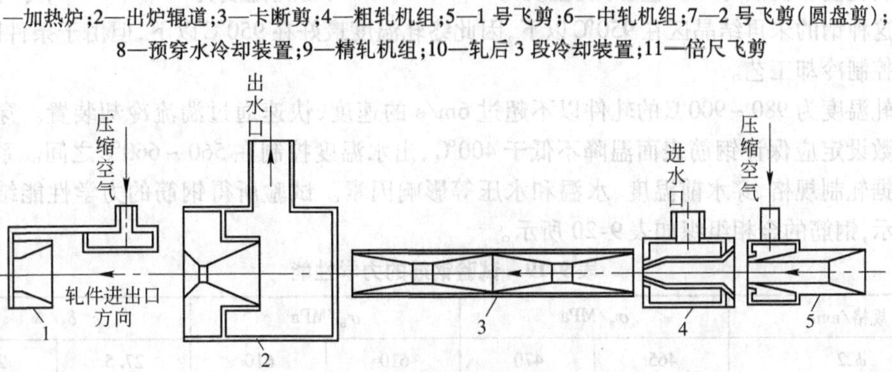

图9-28 湍流式穿水冷却装置

1—阻水器；2—收水器；3—导管；4—穿水冷却器；5—导卫装置

表 9-17 普通热轧钢（Ⅰ和Ⅲ）和穿水冷却后钢（Ⅱ和Ⅳ）的力学性能

类 别	性 能	普通热轧（轧后不水冷）后	轧后穿水后
20MnSi	σ_s/MPa	380	433
	σ_b/MPa	525	560
20MnSiNb	σ_s/MPa	475	495
	σ_b/MPa	600	630

从表 9-17 中看出，20MnSi 钢降低钢中的 Mn、Si 成分，采用轧后穿水工艺（Ⅱ钢），其 σ_s、σ_b 都高于普通热轧后（Ⅰ钢）的性能。而 20MnSiNb 钢尽管 Mn、Si、Nb 含量都降低（Ⅳ钢），通过轧后穿水后，其性能也都高于普通热轧（Ⅲ钢）的性能。可见，轧后控制冷却的效果是明显的。

（3）水城钢厂二轧厂大规格 Nb 微合金化 HRB400 带肋钢筋的开发。

由于大规格的钢筋，在同一轧机上生产，一般采用的坯料相差不大，相对于小规格钢筋其压缩比要小得多，因此，其性能要比小规格差。同时，冷却过程中边部冷速大于心部，造成断面组织不均匀，边部出现过冷组织（贝氏体组织）使钢筋无明显的屈服点等问题。水钢二轧厂对大规格钢筋进行了研究开发。重点是微合金化成分及控制轧制、控制冷却的研究。

水钢二轧厂的生产设备：加热炉、18 架平－立交替布置的轧机、THERMEX 穿水冷却线。工艺流程：加热—粗轧机组—中轧机组—精轧机组—控冷—打包。随规格不同所用轧机数不同，ϕ32mm 带肋钢筋轧制道次为 12 道次，平均延伸系数 $\mu = 1.347$；ϕ36mm 带肋钢筋轧制道次为 12 道次，平均延伸系数 $\mu = 1.320$；ϕ40mm 带肋钢筋轧制道次为 10 道次，平均延伸系数 $\mu = 1.344$。对于大规格的产品，选用较大断面的连铸坯 170mm × 170mm。

成分控制：如表 9-18 所示，在 HRB335（20MnSi）钢的基础上添加 Nb，为使微合金化钢有明显的屈服平台，其必要条件是 w_{Mn} 小于 1.6%；w_{Nb} 不大于 0.4%；并通过控冷使贝氏体量小于 10%。

表 9-18 加 Nb 带肋钢筋的化学成分（质量分数） %

成 分	C	Si	Mn	P	S	Nb	C_{eq}
国 标	≤0.25	≤0.80	≤1.6	≤0.045	≤0.045	0.02～0.04	≤0.54
内 控	0.18～0.25	0.4～0.8	1.2～1.6	0.025	0.025	0.025～0.04	≤0.50
目 标	0.20	0.48	1.4	—	—	0.03	≤0.46

控制轧制和控制冷却工艺：开轧温度为 1050～1100℃，终轧温度为 900～950℃，尽可能采用下限。这种钢的未再结晶区在 950℃以下，因此终轧温度最好在 950℃以下，但由于条件限制，主要考虑控制冷却工艺。

终轧温度为 980～900℃的轧件以不超过 6m/s 的速度，快速通过湍流冷却装置。穿水冷却系统参数设定应保证钢筋表面温降不低于 400℃，出水温度控制在 560～660℃之间。系统参数调节根据轧制规格、穿水前温度、水温和水压等影响因素。试验所得钢筋的力学性能结果如表 9-19所示，钢筋的金相组织如表 9-20 所示。

表 9-19 试验钢筋的力学性能

规格/mm	σ_s/MPa		σ_b/MPa		δ_5/%	
ϕ22	465	470	610	610	27.5	26.5
ϕ28	490	487	617	610	22.3	20.0
ϕ40	463	465	603	613	20.0	19.5

表 9-20 生产试验钢筋的金相组织

规格/mm	金相组织			
	组 织		晶 粒 度	
	边 部	心 部	边 部	心 部
$\phi22$	F+P	F+P	11.0	10.0
$\phi28$	F+P+回火S	F+P	11.0	10.0
$\phi40$	F+P+回火S	F+P	10.5	9.5

从结果中看出两个问题:一是在大直径钢筋的断面组织的边部有过冷组织(回火索氏体);二是有部分钢筋无屈服点现象。前者通过多次方案的调整,依据不同的规格,控制冷却线的冷却速度得到满意结果,边部无过冷组织。后者是由于组织中贝氏体含量过高,当贝氏体含量超过15%时,就容易出现无屈服现象。通过试验可知,终轧温度约900~650℃,时间控制在150~200s,铁素体晶粒度达9~10级,钢中贝氏体不超过12%,这实际上也是控制冷却速度。同时与化学成分也有关系,当Mn含量高时,由于孕育期加长,导致冷却曲线极易通过贝氏体转变区,从而形成贝氏体。因此,在成分上C含量在0.19%~0.21%,适当降低Mn,调整Nb,在确保强度指标下,碳当量控制在0.45%~0.48%为宜。

结论:通过严格控制开轧温度、终轧温度、终轧后冷却速度,可使晶粒细化,提高钢筋强度,得到较理想的金相组织和综合性能。应用控轧控冷工艺生产的HRB400带肋钢筋的金相组织主要是铁素体+珠光体,晶粒度为9~10级,在用控轧控冷工艺生产大规格HRB400带肋钢筋时,加热温度不宜过高,在1100℃以下为好。

(4)安阳高速线材厂利用20MnSi钢,采用控制控冷工艺生产Ⅲ级钢筋。在线材部分已经详细介绍,不再重述。

9.3 高速线材轧机机组的控制轧制和控制冷却工艺

9.3.1 高速线材轧机的概况

自1965年第一套Morgan型高速线材轧机和Stelmor控制冷却线在加拿大汉密尔顿加拿大钢铁公司投产以来,相继又出现了功能与结构相类似的Ashlow、Demag、Krupp、Pomini、Simak等类型高速线材生产装备,高速线材轧机已成为生产线材的主要设备。

40多年来,高速线材轧机技术得到了很大的发展,具体是:不断提高轧制速度,其主要目的是提高单线的生产率,以降低投资和生产成本。同时,随着轧制速度的提高,在钢坯轧入速度不低于允许的轧入速度条件下,连轧能采用较大断面的连铸坯,而大断面的连铸坯有好的内部及表面质量,提高了线材质量和减少由于钢坯缺陷造成的操作事故。图9-29为高速线材轧机轧制速度变化,表

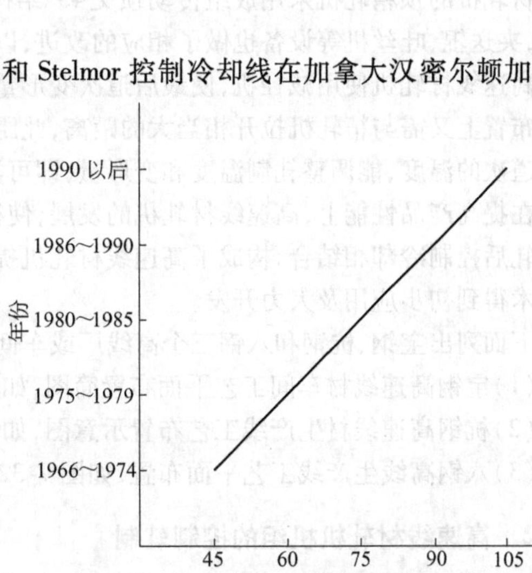

图9-29 高速线材轧机的轧制速度变化

9-21为最大精轧速度下可采用的最大钢坯断面,表9-22为最大轧制速度下的轧机年生产能力。

表9-21 最大精轧速度与可采用最大钢坯断面

最大精轧速度/$m \cdot s^{-1}$	50	65	75	80	90	100
最大钢坯断面/mm	110×110	125×125	130×130	135×135	145×145	150×150
轧制 ϕ5.5mm 时咬钢速度/$m \cdot s^{-1}$	0.098	0.0988	0.0988	0.104	0.102	0.106

表9-22 最大轧制速度下的轧机生产能力

最大轧制速度/$m \cdot s^{-1}$	50	65	75	80	90	100
单线生产能力/$10^4 t \cdot a^{-1}$	20~26	27~34	31~39	33~42	37~47	41~52
双线生产能力/$10^4 t \cdot a^{-1}$	36~47	48~61	55~70	59~76	66~84	73~93

由于轧制速度的提高,设备上也发生了变化。为了解决精轧机消除振源、采用降低主传动轴重心位置的顶交45°结构。如当代顶交45°精轧机中有代表性的是Morgan的"V"形精轧机组和Danieli的"△"形精轧机组。重载精轧机可以轧制各种钢种,并且将可轧制的产品规格扩大为ϕ5.0~25mm。

高速轧制使轧件温升加剧,为了避免轧件温度过高,精轧机前常设置轧件水冷装置,来降低轧件温度。

减定径机组的出现,Morgan公司首先开发了由两组组成的精轧机,即8+4精轧机组。其中一组为8架各自分别成组传动,另一组为4架相接组成的精轧机组。后4架由两部分组成,前两架为减径机,后两架为定径机。Morgan公司采用减径机和定径机4个机架由一个电机集体传动,机架间用离合变换传动齿轮的方法调整速比。

减径机的出现使高速线材轧机产品尺寸的调整有了更多的手段,线材产品规格和组距细化,并使整个线材轧机的轧制程序和轧制孔型简化。

减径机的使用,简化了高速线材的轧制工艺,预精轧机轧出的轧件规格减少。通常4架以两组两架成组传动即可满足要求。随着轧制速度的提高,预精轧机的速度相应提高,因此最新的高速线材轧机的预精轧机采用成组传动顶交45°结构。为了适应高速线材精轧机产品规格范围的扩大,夹送辊、吐丝机等设备也做了相应的改进,以满足大规格产品的成圈。

高速线材轧机使用减径机,使最后道次变形量在较大的范围调整。同时独立传动的减定径机在布置上又需与精轧机拉开相当大的距离,此距离使水冷器布置在轧机间成为可能,可以控制后部道次的温度,能调整轧制温度和变形量,即可实现控制轧制。

在提高产品性能上,高速线材轧机的发展,使得各段轧制温度及变形量可以控制。与更加完善的轧后控制冷却相结合,构成了高速线材轧机提高产品质量、开发新品种的重要工艺手段,此项技术得到初步应用及大力开发。

下面列出宝钢、杭钢和八钢三个高线厂或车间的设备平面布置图,以了解高线的生产工艺。

(1)宝钢高速线材车间工艺平面布置简图,如图9-30所示。

(2)杭钢高速线材生产线工艺布置示意图,如图9-31所示。

(3)八钢高线生产线工艺平面布置,如图9-32所示。

9.3.2 高速线材轧机机组的控制轧制

随着线材轧制速度的提高,轧后控制冷却成为不可少的一部分,但是,控制轧制在线材中的应用在20世纪70年代后才开始发展。由于线材的变形过程是由孔型所确定,要改变各段的变

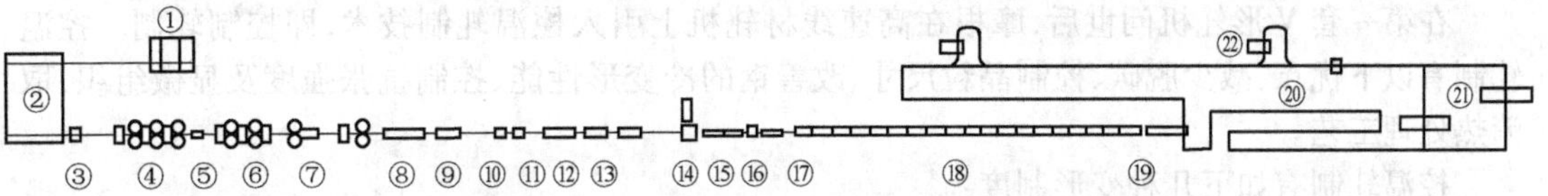

图 9-30 宝钢高速线材车间工艺平面布置简图

1—上料台架；2—步进梁式加热炉；3—高压水除鳞装置；4—粗轧机组；5，7，11—飞剪；6—中轧机组；8—预精轧机组；9，13，15—水冷段；10，16—测径仪；12 精轧机组；14—减定径机组；17—夹送辊吐丝机；18—散卷冷却运输线；19—集卷站；20—PF 钩式运输线；21—压紧打捆机；22—卸卷站

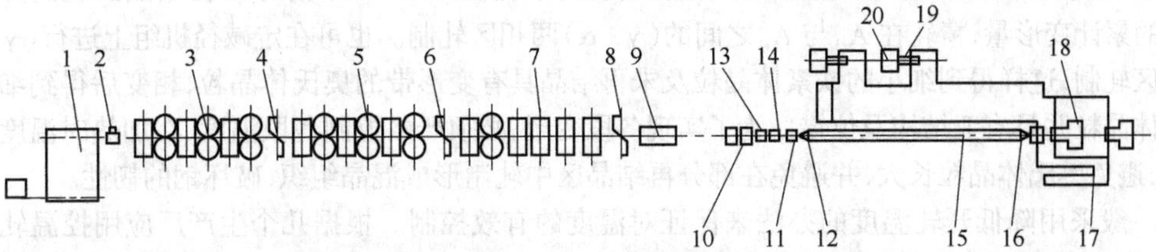

图 9-31 杭钢高速线材生产线工艺布置示意图

1—加热炉；2—除鳞装置；3—粗轧机组；4—1 号飞剪；5—中轧机组；6—2 号飞剪；7—预精轧机组；8—3 号飞剪；9—精轧机组；10—减定径机组；11—夹送辊；12—吐丝机；13—涡流探伤仪；14—测径仪；15—散卷运输线；16—集卷装置；17—PF 线；18—打捆机；19—称重台；20—卸卷机

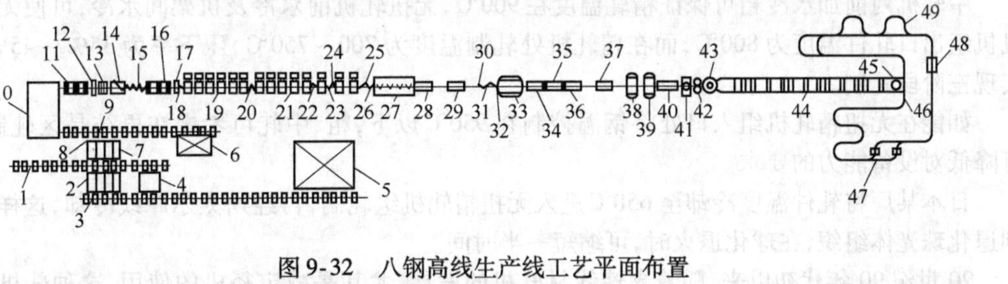

图 9-32 八钢高线生产线工艺平面布置

1—热送辊道；2—快速移送链；3—输送辊道；4—保温炉；5—步进式冷床；6—冷坯上料台架；7—移送链；8—提升链；9—称重测长辊道；10—步进梁式加热炉；11—出炉保温辊道；12—1 号夹送辊；13—除鳞机；14—钢坯焊接机；15—升降辊道；16—保温辊道；17—2 号夹送辊；18—1 号卡断剪；19—6 架粗轧机；20—1 号曲柄剪；21—6 架中轧机；22—立活套；23—2 号飞剪；24—立活套；25—1 号水平侧活套；26—2 号卡断剪；27—4 架悬臂轧机；28—1 号水箱；29—2 号水箱；30—3 号飞剪；31—2 号水平侧活套；32—3 号卡断剪；33—8 架精轧机；34—3 号水箱；35—4 号水箱；36—5 号水箱；37—6 号水箱；38—2 架减径机；39—2 架定径机；40—7 号水箱；41—测径仪；42—夹送辊；43—吐丝机；44—斯太尔摩风冷线；45—集卷站；46—PF 线；47—打捆机；48—称重站；49—卸卷站

形量比较困难，轧制温度的控制主要决定于加热温度（即开轧温度），无法控制轧制过程中的温度变化，控制轧制的实现很大程度决定不同温度范畴内变形量的控制。因此，在过去的线材轧制中很难实现。

随着高速线材轧机的发展，为满足用户对线材的高精度、高质量要求，采取改进无扭精轧机组机型。1984 年以后，摩根公司提供的 100m/s 高速无扭机组均为 V 形结构。新一代 V 形机组，在结构上做了重大改进，两根传动轴接近底面基础，机组重心下降，倾动力矩减少，增加了机组的稳定性，噪声级别低，并将控温轧制引入工艺设备等总体设计中。1985 年摩根推出台克森双机架轧机与无扭精轧机配合，台克森轧机可在 700℃ 轧制，轧机能力大，可以进行控制轧制，生产某些汽车用的非调质钢及快速球化钢。

另外，在高速线材轧机精轧机组前增设预冷段（可降低轧件温度 100℃）及在精轧机组各机架间设水冷导卫装置，以降低轧件出精轧机组的温度等。

在第一套V形轧机问世后，摩根在高速线材轧机上引入控温轧制技术，即控制轧制。控温轧制有以下优点：减少脱碳、控制晶粒尺寸、改善钢的冷变形性能、控制抗张强度及显微组织，取消热处理工艺。

控温轧制有如下几种变形制度：

(1)二阶段变形制度：粗轧时，在奥氏体再结晶区轧制，通过反复变形及再结晶细化奥氏体晶粒；中轧及精轧在950℃以下轧制，处于γ相的未再结晶区，其累计变形量为60%～70%；在A_{r3}附近终轧，得到了具有大量变形带的奥氏体未再结晶晶粒，相变后得到细小的铁素体晶粒。

(2)三阶段变形制度：粗轧在γ再结晶区轧制，中轧在950℃以下的γ未再结晶区轧制并给予70%的累计变形量，精轧在A_{r3}与A_{r1}之间的(γ+α)两相区轧制。也可在定减径机组上进行(γ+α)两相区轧制，这样得到细小的铁素体晶粒及未再结晶具有变形带的奥氏体晶粒，相变后得到细小的铁素体晶粒并具有亚结构及位错。为了实现各段变形，必须严格控制各段温度，在加热时温度不要过高，避免奥氏体晶粒长大，并避免在部分再结晶区中轧制形成混晶组织，破坏钢的韧性。

一般采用降低开轧温度的办法来保证对温度的有效控制。根据几个生产厂应用控温轧制的经验，对于高碳钢(或低合金钢)、低碳钢，粗轧开轧温度分别为900℃、850℃，精轧机组入口轧件温度分别为925℃、870℃，出口轧件温度分别为900℃、850℃。

低碳钢可在800℃进入精轧机组精轧，常规轧制方案也可在较低温度下轧制中低碳钢，以促进晶粒细化。

中轧机列前加水冷箱可保证精轧温度在900℃，无扭轧机前水冷及机架间水冷，可使无扭轧机机组出口轧件温度为800℃，而在精轧机处轧制温度为700～750℃，压下率为35%～45%，以实现三阶段轧制。

如能在无扭精轧机组入口处将钢温控制在950℃以下，粗、中轧可考虑在再结晶区轧制，这可降低对设备能力的要求。

日本某厂将轧件温度冷却至650℃进入无扭精轧机组轧制，再经斯太尔摩线冷却，这样可得到退化珠光体组织，在球化退火时，可缩短一半时间。

20世纪90年代初以来，随着高速线材轧机的发展，尤其是减定径机的使用，这种轧机的核心设备包括：设在线材精轧机和减定径机前后的冷却和均热段；能够适应很高的负荷和低至750℃入口温度的现代线材精轧机和减定径机；设在减定径机组前的，用于切头尾的高速剪机，它对于在低温轧制过程中避免出现废品，具有特别重要的意义；相应的吐丝机和盘卷冷却输送器。为各钢种的高速线材生产合理采用控轧和控冷工艺创造了条件。

对线材整个长度上的均匀性的要求越来越高，因此需要利用现代化监测和控制系统，监测整个轧制和冷却过程。

对下列一些钢种采用控制轧制及控制冷却的作用是：

冷成形钢，一般要求“球化退火”处理，但通过控制轧制工艺及轧后冷却，可使线材获得特殊组织和良好的加工性能。通过获得细晶粒组织和较多的铁素体组织，改善冷镦钢和冷挤压钢成形性能；在许多情况下，可取消软化退火；避免含Mn、MnCr、CrMo合金钢在缓慢冷却过程中生成贝氏体和马氏体组织；在需要球化组织时，改善珠光体球化过程。

调质钢，在生产合金调质钢时，采用强冷工艺，避免碳化合物在晶界析出，使线材有良好的延伸性。

轴承钢，阻止碳化合物析出，细化珠光体片层，达到快速球化的目的。

奥氏体、铁素体、马氏体不锈钢和双相钢，通过控制轧制及控制冷却，抑制晶粒长大及碳化合物析出，可取消固溶处理。

(3)目前还发展在铁素体区中轧制，进一步提高钢的强度和韧性，这可在减定径机组上试轧。

(4)采用形变诱导铁素体相变过程得到超细晶粒,提高钢的强度和韧性。在现代线材轧机上,可以准确地控制各段的轧制温度,因此有可能开发超细晶粒线材。其工艺特点是:对钢坯或连铸坯有严格的质量要求,有高的洁净度、高的均匀度,防止偏析、柱状晶的形成,获得全等轴的组织;坯料的加热温度不要过高,防止奥氏体晶粒长大;在奥氏体再结晶区轧制,要有大的变形量,经粗轧、中轧和预精轧多道轧制,使奥氏体充分均匀地再结晶,得到细小的奥氏体晶粒。之后,快冷到奥氏体未再结晶区;精轧前几道在奥氏体未再结晶区轧制,使奥氏体晶粒变形,在晶内形成大量变形带,为奥氏体向铁素体相变做组织上的准备;在精轧机后几道和减定径机,选择在应变诱导奥氏体相变温度(A_{d3})范围内轧制,在变形同时发生诱导铁素体相变;为了控制钢材温度,在机架间进行水冷,特别是在升温轧制条件下,利用水冷控制恒定的A_{d3}温度更为重要;轧后快冷,防止超细铁素体晶粒长大,以及防止细化的第二相组织和弥散的碳、氮化物析出。

9.3.3 高速线材机组轧后控制冷却

线材轧后冷却的目的主要是得到产品所要求组织及组织性能的均匀性,以及减少二次氧化铁皮的生成量。为了减少二次氧化铁皮量,要求加大冷却速度。要得到所要求的组织性能则需要根据不同品种控制冷却工艺参数。

9.3.3.1 线材轧后控制冷却三个阶段

一般线材轧后控制冷却过程可分为三个阶段:第一阶段主要目的是为相变做组织准备及减少二次氧化铁皮生成量。一般采用快速冷却,冷却到相变前温度,此温度达到吐丝温度,也称为吐丝温度。第二阶段为相变过程,主要控制冷却速度,以控制相变产物。第三阶段为控制相变以后的冷却速度,有时考虑到固溶元素的析出,采用慢冷,一般采用空冷。

按照线材控制冷却的原理与工艺要求,线材控制冷却的基本方法是:首先让轧制后的线材在导管(或水箱)内用高压水分段快速冷却,在各段之间线材回温,达吐丝温度,再由吐丝机把线材吐成环状,以散卷形式分布到运输辊道(链)上,使其按要求的冷却速度均匀风冷,最后以较快的冷却速度冷却到可集卷的温度进行集卷、运输和打捆等。

各钢种的成分不同,它们的转变温度、转变时间和组织特征各不相同。即使同一钢种,只要最终用途不同,所要求的组织和性能也不尽相同。因此,对它们的工艺要求取决于钢种、成分和最终用途。

普通低碳钢和碳素焊条钢盘条一般用于拉拔加工。因此,要求有低的强度及较好的延伸性能。低碳钢线材硬化原因有两个,即铁素体晶粒小及铁素体中碳的过饱和。为了得到比较大的铁素体晶粒需要有较高的吐丝温度以及缓慢的冷却速度以得到较大的奥氏体晶粒,同时要求钢中杂质含量少,转变后铁素体晶粒大。铁素体中过饱和的碳,可以以两种形式存在。一种固溶在铁素体中起固溶强化作用;另一种从铁素体中析出起沉淀强化作用,两者都对钢的强化起作用。但对于低碳钢来说,沉淀强化的危害较小,因此,必须使溶解于铁素体中的碳沉淀出来。这个过程可以通过整个温度范围内的缓慢冷却得以实现。

含碳量为0.20%~0.40%的中碳钢,通常用于冷变形制造紧固件。对它们采用较慢的冷却速度,除能得到较高的断面收缩率外,还具有低的抗拉强度,这将有利于简化甚至省略冷变形前的初次退火或冷变形中的中间退火。有些中碳钢在冷镦时,既要有足够的塑性,又要有一定的强度要求。为此,使用较高的吐丝温度可得到仅有少量先共析铁素体的显微组织,因此能满足所要求的性能。如果中碳钢线材用于拉拔加工,利用鼓风冷却并适当提高运输机速度,将增加线材的抗拉强度。

对于含碳量0.35%~0.55%的碳素钢,为了保证得到细片状珠光体以及最少的游离铁素体,需快速经过A_{r3}点抑制铁素体析出,降低A_{r1}点以得到细片层珠光体,所以在此阶段采用大的风冷量和高的运输速度，随后以适当的冷速，使得线材最终组织由心部至表面为均匀的细珠光体组织。

对于含碳量0.60%～0.85%的高碳钢，要求尽量减少铁素体的析出而得到单一的珠光体组织。因此，采用较高的冷却速度得到细片层的珠光体＋索氏体组织。这种组织具有优良的拉拔性能，可以取消拉拔前的铅浴淬火。

对含合金元素的低合金钢和合金钢，一般都要求以缓慢的冷却速度冷却。

9.3.3.2　线材控制冷却工艺的类型

目前，世界上已经投入应用的各种线材控制冷却工艺装置至少有十多种。从各种工艺的布置和设备特点来看，可分为三种类型：一类是采用水冷加运输机散卷风冷。这种类型中的典型工艺有美国的斯太尔摩工艺、英国的阿希洛工艺、德国的施洛曼冷却工艺及意大利的达涅利冷却工艺等；第二类是水冷后不用散卷风冷，而是采用其他介质冷却或采用其他布圈方式冷却，诸如ED法、EDC法和S－EDC法、流态床冷却法等；第三类是冷却到马氏体组织（表面），然后进行自回火，如德马克法，这对于旧厂改造是有意义的。

有关线材的轧后控制冷却各种工艺和冷却设备特点在此不详细介绍。

20世纪70年代末，历经生产实践的淘汰，轧后水冷加吐丝成圈后辊道散冷成为主流。辊道散冷有标准型、延迟型及缓慢型三种设备配置，标准型散冷控制温降速度手段较少，只适合于生产高中碳钢等少数钢种；缓慢型散冷设备设施过于庞杂，投资大，仍不能适应一些钢种的生产；到80年代初为了适应大多数钢种的生产，辊道散冷发展为可在不同温度阶段能大范围控制线圈冷却速率而较完善的延迟型。目前，延迟型辊道式线圈冷却速度为0.3～17℃/s。为了使线圈各处冷却均匀，除在辊道两侧交替设置侧导板，使线圈在前行过程中左右摆动错开搭接点外，辊道底板进风孔布置也使线材搭接点处风量较大。

下面介绍斯太尔摩控制冷却工艺线，如图9-33所示。

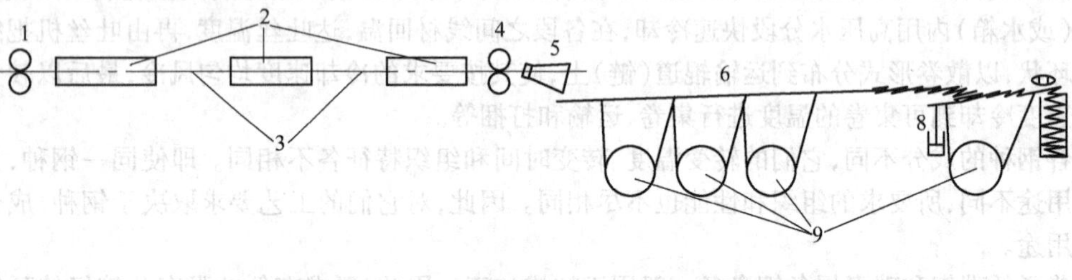

图9-33　斯太尔摩控制冷却工艺布置示意图

1—成品轧机；2—水冷箱；3—恢复段；4—夹送辊；5—吐丝机；6—斯太尔摩运输机；
7—集卷筒；8—升降梁；9—风机

水冷段：终轧温度为1040～1080℃的线材（在有减定径机的情况下，温度要低得多），离开轧机后在冷却区立即被冷到750～850℃。水冷时间控制在0.6s，水冷后温度较高，目的是防止出现淬火组织。在水冷区冷却的目的在于防止晶粒长大，限制氧化铁皮形成，并冷却到接近但又明显高于相变温度的温度。斯太尔摩冷却工艺的水冷段全长一般为30～40m，由2～3个水箱组成，水箱之间用一段6～10m无水的导槽隔开，为恢复段。其目的是使线材经过一段水冷后，表面和心部温差在恢复段趋于一致，另外也防止线材表面形成马氏体组织。

线材的水冷是在水冷喷嘴和导管里进行的。每个水箱里有若干个水冷喷嘴和水导管，当线材从导管通过时，冷却水从喷嘴里沿轧制方向以一定的入射角环形地喷在线材四周表面上，每两个水喷嘴后面设置一个清扫喷嘴，目的是为了破坏线材表面蒸汽膜和清除表面氧化铁皮，以加强水冷效果。并装有一个逆向空气喷嘴，使线材表面不带水。为了避免水箱水流对线材头部和尾部的阻力，每根头尾有一段不冷却，头尾不冷却段的长度，主要取决于钢种规格及水冷段的长度。

风冷段——散卷运输机：三种类型的运输机如图9-34、图9-35、图9-36所示。

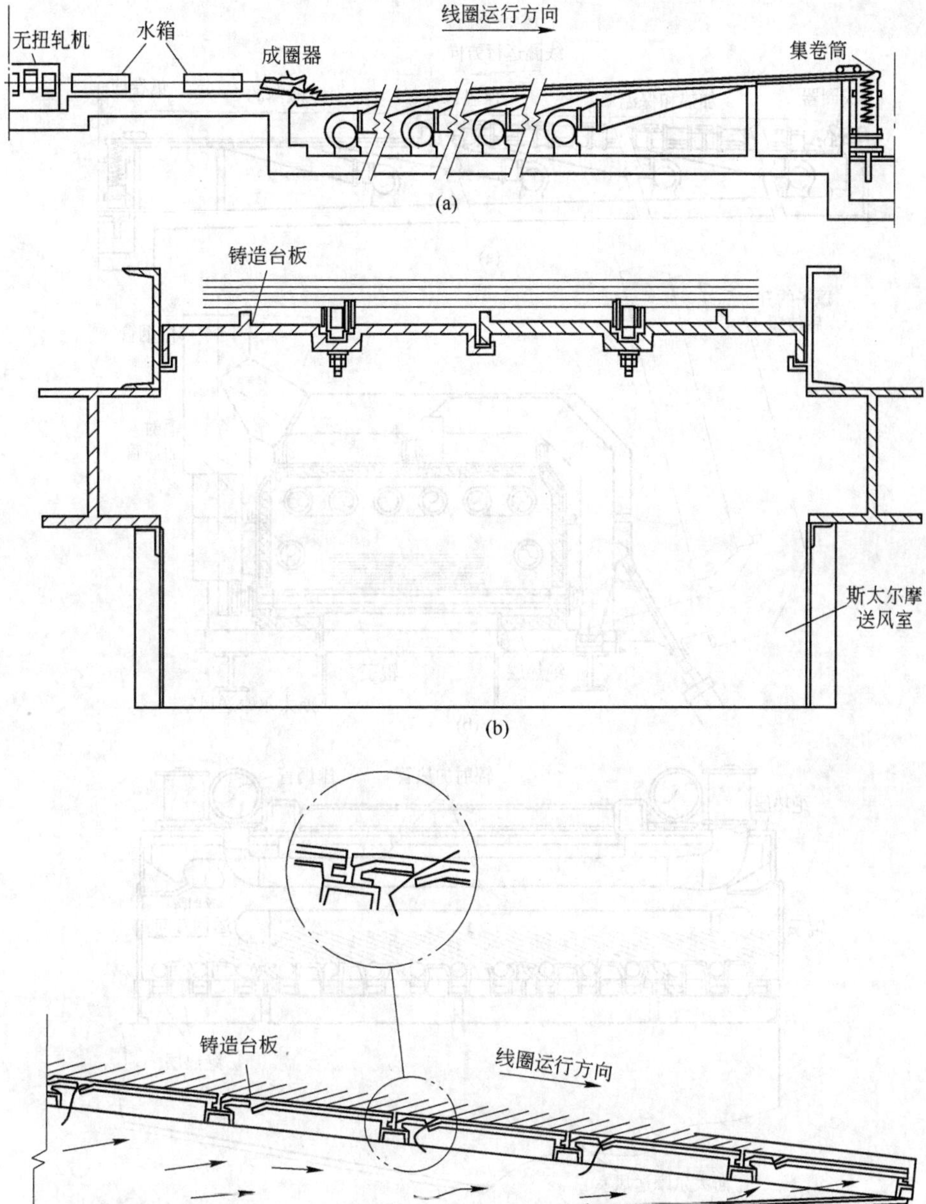

图 9-34　标准型斯太尔摩运输机
(a)总图;(b)横断面图;(c)纵断面图

标准型冷却的运输机上方是敞开的,吐丝后的散卷落在运动的输送机上,由下方风室鼓风冷却见图 9-34。运输机速度 0.25～1.4m/s,冷却速度 4～10℃/s,适用于高碳线材冷却。

缓慢型冷却的运输机是为了克服标准型冷却无法满足低碳和合金钢之类的低冷却速度要求设计的。它在运输机前部安装了可移动的带有加热烧嘴的保温罩,运输速度也可设定更低。它的运输速度为 0.05～1.4m/s,冷却速度为 0.25～10℃/s,适合于处理低碳、低合金及合金钢类的线材。

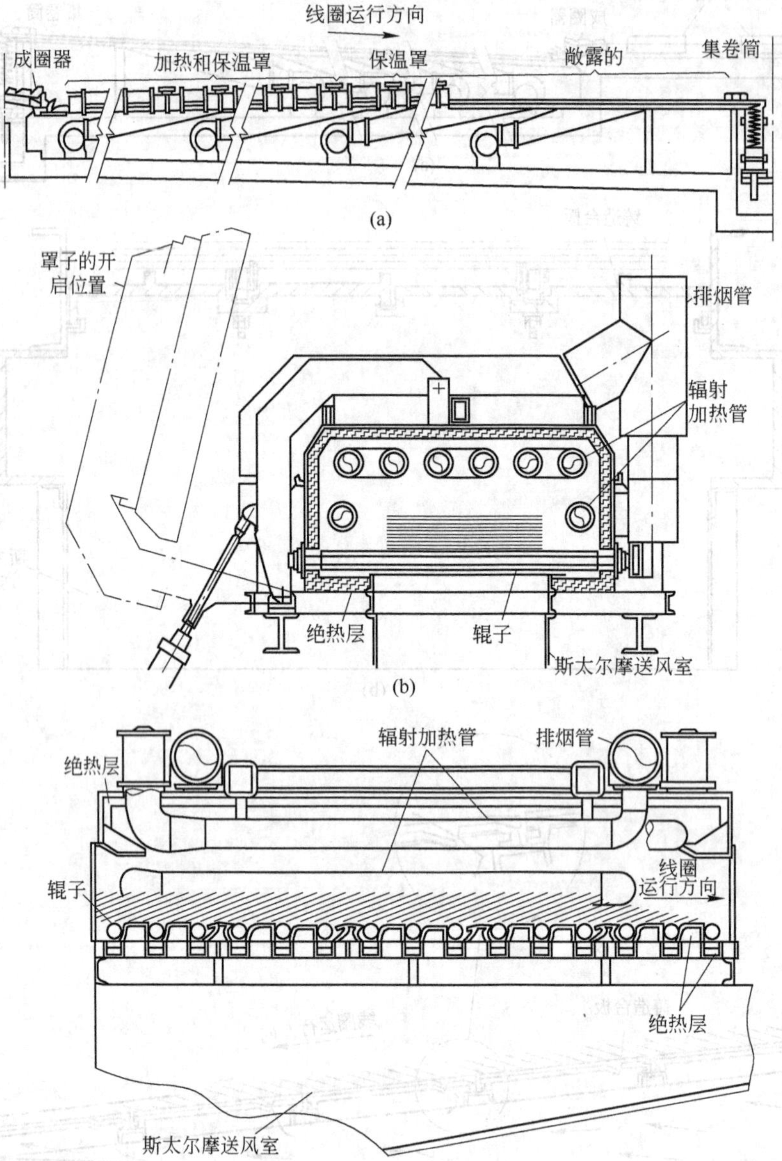

图 9-35　缓慢型斯太尔摩运输机

(a)总图;(b)横断面图;(c)纵断面图

延迟型冷却运输机是在标准型冷却的基础上,结合缓慢冷却的特点改进而成,目前大量采用。它是在运输机两侧装上隔热的保温层侧墙,并在两侧保温墙上装有可灵活开闭的保温罩。通过开闭保温罩及调节运输机的速度得到不同的冷却方法。其运输速度 0.05 ~ 1.4m/s,冷却速度 1 ~ 10℃/s,目前可达到 0.3 ~ 17℃/s,适合于各类钢种。由于延迟型冷却法适用性广,所以近几十年来得到广泛使用。

散卷冷却装置,一般全长为 60 ~ 90m,设 35 个风机室,每个风机室长 9m,风量可以调节,风量变化范围为 0 ~ 10%,经风冷后线材温度约为 350 ~ 400℃。

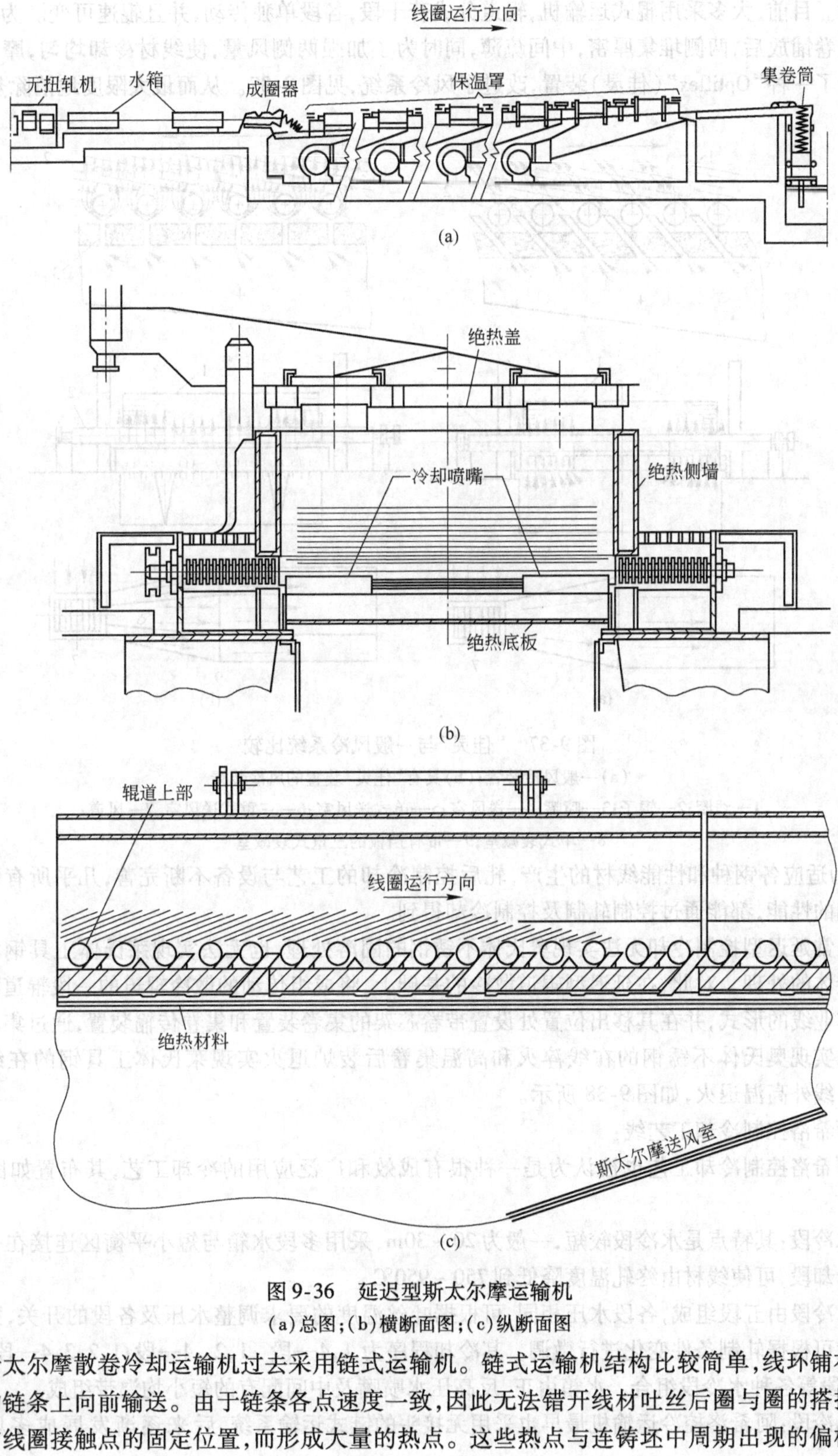

图 9-36 延迟型斯太尔摩运输机

(a)总图;(b)横断面图;(c)纵断面图

斯太尔摩散卷冷却运输机过去采用链式运输机。链式运输机结构比较简单,线环铺在两根平行的链条上向前输送。由于链条各点速度一致,因此无法错开线材吐丝后圈与圈的搭接点和链条与线圈接触点的固定位置,而形成大量的热点。这些热点与连铸坯中周期出现的偏析峰值重合,促使渗碳体在晶界析出,并在冷拔高碳钢丝时出现断裂,同时造成盘条全长或线圈内的性能波动。目前,大多采用辊式运输机,辊道分成若干段,各段单独传动,并且辊速可变。为了解决线材散卷铺放后,两侧堆集厚密,中间疏薄,同时为了加强两侧风量,使线材冷却均匀,摩根等公司研究了一种"Optiflex"(佳灵)装置,改进了风冷系统,见图 9-37。从而最大限度地消除热点。

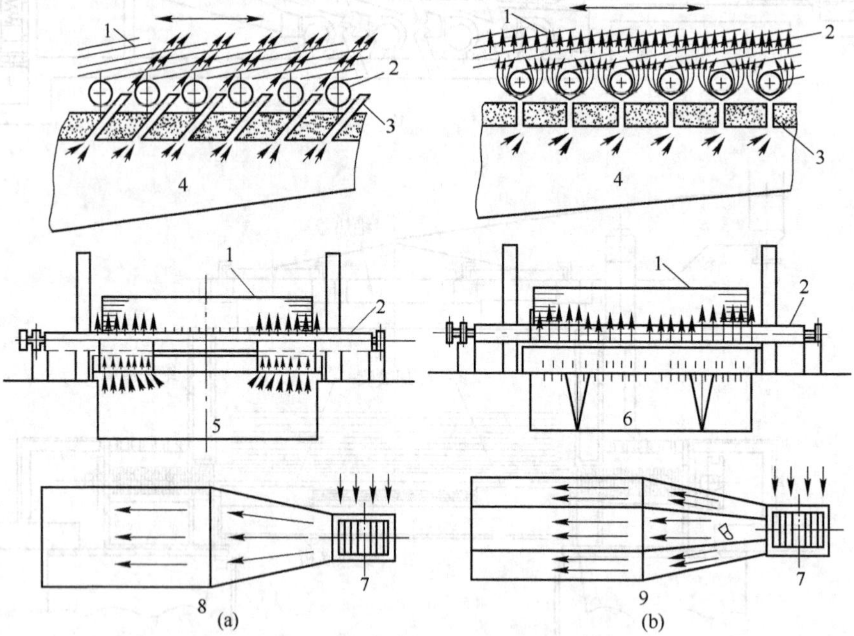

图 9-37　"佳灵"与一般风冷系统比较

(a)一般风冷装置;(b)具有"佳灵"装置的风冷装置

1—线圈;2—辊子;3—喷嘴;4—送风室;5—单式送风室;6—三重式送风室;7—风道;

8—单式衰减室;9—带有挡板的三重式衰减室

为适应各钢种和性能线材的生产,轧后控制冷却的工艺与设备不断完善,几乎所有钢种可能达到的性能,都能通过控制轧制及控制冷却得到。

通常延迟型控制冷却无法实现奥氏体不锈钢的固溶处理,也无法实现莱氏体工具钢消除网状渗碳体的处理。对此,在延迟型辊道散冷的基础上,将成组传动的散冷辊道的一段辊道改成可移出作业线的形式,并在其移出位置处设置带卷芯架的集卷装置和集卷传输装置,通过集卷过程中浸水实现奥氏体不锈钢的在线淬火和高温集卷后装炉退火实现莱氏体工具钢的在线热集卷——线外高温退火,如图 9-38 所示。

阿希洛控制冷却工艺线:

阿希洛控制冷却工艺也被认为是一种很有成效和广泛应用的冷却工艺,其布置如图 9-39 所示。

水冷段:其特点是水冷段较短,一般为 20 ~ 30m,采用多段水箱与短小平衡区连接在一起的强制冷却段,可使线材由终轧温度降低到 750 ~ 950℃。

水冷段由五段组成,各段水压相同,可根据吐丝温度的要求调整水压及各段的开关,五段中第四段可根据轧制条件变化进行微调。其冷却程序为 1,4—段 ;1,2, 4—段;1,2,3,4—段;1,2,3,4,5 段等各种水冷段组合。水箱由正、反高压水喷嘴及中间配有的短小均温带组成。

风冷段:阿希洛控冷运输机最早也采用无接头的链式运输系统,后来逐渐发展成多段控制

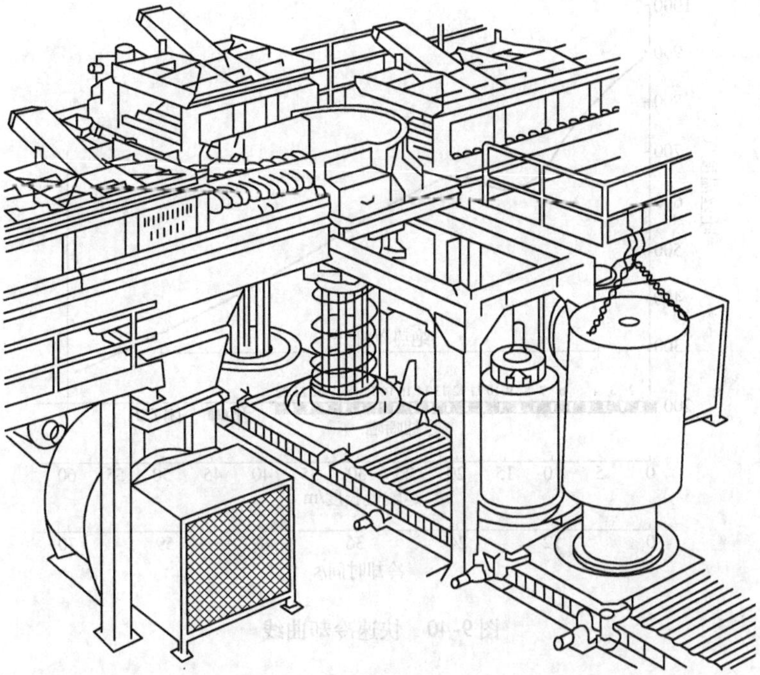

图 9-38 带有罩式冷却设备的辊道式斯太尔摩传输机

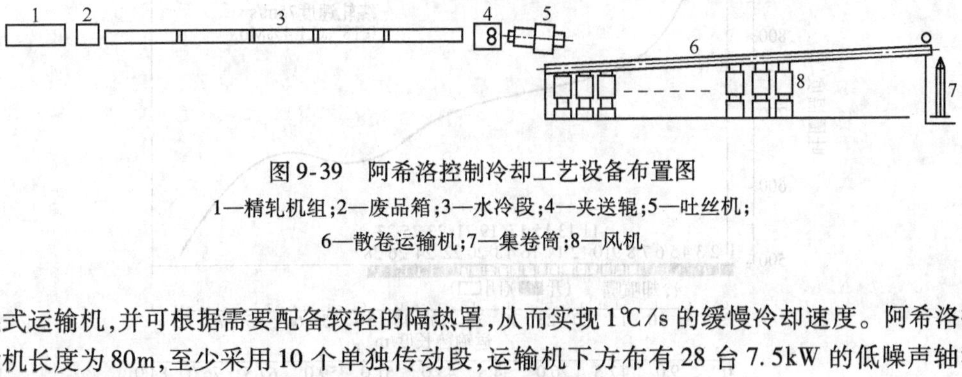

图 9-39 阿希洛控制冷却工艺设备布置图

1—精轧机组;2—废品箱;3—水冷段;4—夹送辊;5—吐丝机;
6—散卷运输机;7—集卷筒;8—风机

的辊式运输机,并可根据需要配备较轻的隔热罩,从而实现1℃/s 的缓慢冷却速度。阿希洛控冷运输机长度为80m,至少采用10个单独传动段,运输机下方布有28台7.5kW 的低噪声轴流风机。这种风机具有功率小、噪声低、风速快、气流摩擦损失小等优点。它可使轧速为100m/s 的 ϕ5.5mm 线材达到20℃/s 的冷却速度。其冷却速度范围为1~20℃/s。

冷却方法基本上分三类:快速冷却、间歇式冷却及慢速冷却。

快速冷却:采用快速冷却,要保证以下三个条件:在运输机上线圈的间距对于 ϕ5mm、ϕ6.0mm、ϕ6.5mm 线材不得小于35mm,对于 ϕ7.0mm、ϕ7.5mm、ϕ8.0mm 线材不得小于50mm,ϕ8.0~12.5mm 线材不得小于60mm;速度逐段增加;最后一段的速度不得超过1.0m/s。图9-40为快速冷却时的冷却曲线。

间歇式冷却:对于某些高强度钢筋,由于快冷容易产生马氏体,因此不能采用快冷。例如,$w_C=0.2\%$,$w_{Mn}=1.5\%$ 成分的钢筋,根据CCT 曲线其冷却速度必须小于10℃/s,这是根据化学成分、钢筋直径及所需要的强韧性决定。其冷却曲线见图9-41。

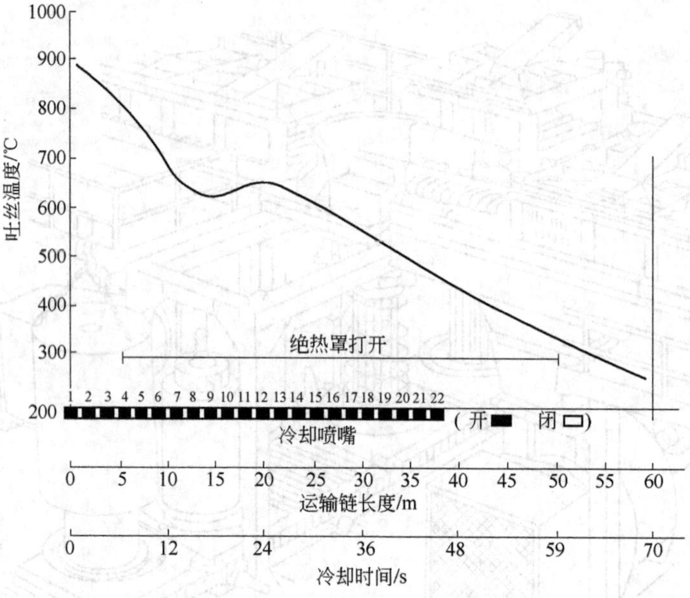

图 9-40　快速冷却曲线

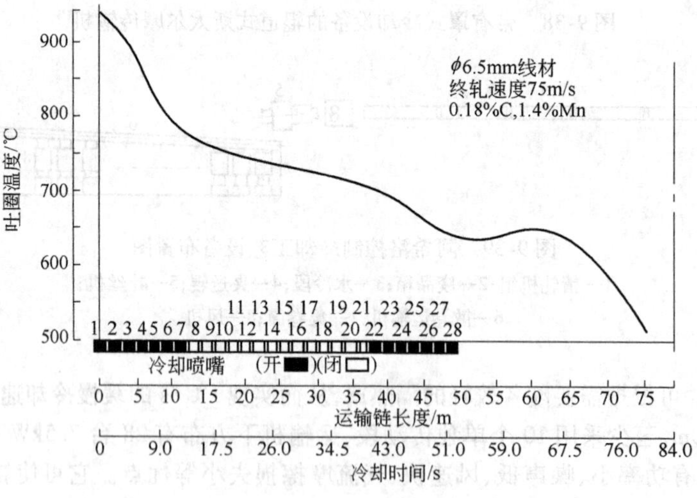

图 9-41　间歇式冷却速度曲线

缓慢冷却：为了得到低于 1℃/s 的冷却速度，必须采用低的运输机速度，圈与圈之间距离要小且密，关闭所有风嘴，并盖上保温罩。其冷却速度图，如图 9-42 所示。

9.3.4　线材的控制轧制及控制冷却工艺的应用

(1)400MPa 级带肋钢筋的开发：安阳钢铁集团有限责任公司在高速线材轧机上，通过调整化学成分，采用控制轧制及控制冷却工艺，成功的开发了铁素体晶粒尺寸在 6μm 以下的 HRB400 超细晶粒盘条，并已批量生产。

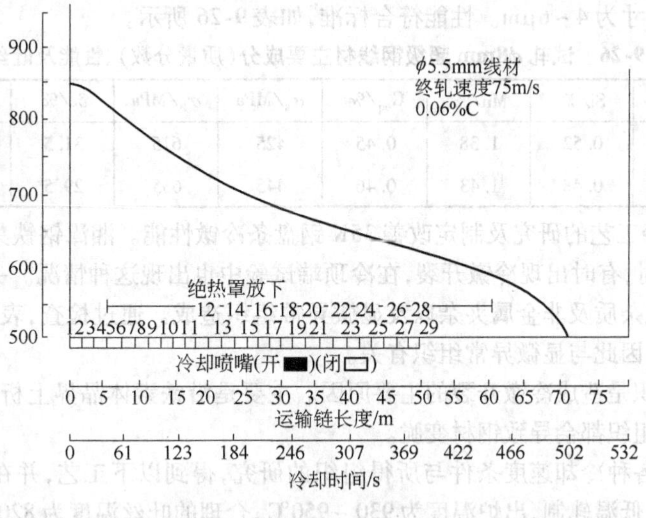

图 9-42 缓慢冷却速度曲线

采用 150mm×150mm×12000mm 的 20MnSi 连铸坯作为原料，其成分如表 9-23 所示，其加热工艺制度如表 9-24 所示。

表 9-23 20MnSi 连铸坯的冶炼成分（质量分数） %

类别	C	Mn	Si	S	P	C_{eq}
GB1499—1998	0.17～0.25	1.2～1.6	0.20～0.80	≤0.045	≤0.045	≤0.54
成分控制目标	0.18～0.23	1.30～1.50	0.40～0.60	≤0.025	≤0.025	≤0.50
实际控制	0.19～0.22	1.35～1.46	0.46～0.58	≤0.022	≤0.021	0.43～0.48

表 9-24 20MnSi 连铸坯加热工艺制度

出炉温度/℃	开轧温度/ ℃	心表温差/℃	加热时间/min
950～1050	900～10000	<30～50	90

控轧控冷工艺：生产 400MPa Ⅲ级钢筋可采用余热处理、微合金化及超细晶粒等技术。由于晶粒细化既能提高强度，又不会对韧性产生不利影响，因此安钢采用超细晶粒化为主，微合金化和余热处理为辅的生产工艺。通过低温轧制能实现铁素体的大幅度晶粒细化，这样即使成分相同也能得到比正火或淬火、回火更好的强度和韧性。

控制轧制温度主要通过水冷箱来控制从预精轧后的整个冷却过程。通过控制终轧温度来控制成品组织的晶粒度，并为后续工序提供基础。

为了实现低温轧制，必须采取全线连续控温方式。钢坯在加热后为奥氏体组织，在轧制变形时，根据各段机组变形参数的不同，分别通过降低开轧温度和采用高轧制速度来实现未再结晶控制轧制和形变诱导铁素体相变控制轧制，以控制钢材组织中奥氏体完全是形变形貌。其轧制温度控制如表 9-25 所示。

表 9-25 HRB400 超细晶粒钢筋轧制温度控制范围 ℃

粗轧后	中轧后	预精轧后	精轧前	精轧后	减定径前	吐 丝
800～900	850～950	950～1050	850～930	880～1030	820～900	840～900

所得线材的力学性能如表 9-26 所示。

安钢试生产的 ϕ8mm 超级钢线材显微组织为超细晶粒铁素体和细珠光体，晶粒度为 10～12

级，铁素体晶粒尺寸为4～6μm。性能符合标准，如表9-26所示。

表9-26 试轧φ8mm超级钢线材主要成分(质量分数)、性能及吐丝温度

类 别	C/%	Si/%	Mn/%	C_{eq}/%	σ_s/MPa	σ_b/MPa	δ_5/%	屈强比	吐丝温度/℃
A	0.20	0.52	1.38	0.45	425	615	31.5	1.45	860～890
B	0.22	0.48	1.43	0.46	445	635	29.5	1.43	860～890

(2)通过控冷工艺的研究及制定改善35K钢盘条冷镦性能。湘潭钢铁集团有限公司在生产35K钢冷镦盘条时，有时出现冷镦开裂，在冷顶端试验中也出现这种情况。一般开裂是由于有表面缺陷、钢中存在杂质及非金属夹杂以及显微异常组织造成。通过检查，表面无缺陷，杂质及非金属夹杂都合格，因此与显微异常组织有关。

显微异常组织是造成冷镦开裂的主要原因。主要是沿铁素体晶界上析出的三次渗碳体、魏氏组织及贝氏体组织都会导致钢材变脆。

湘钢通过对各种冷却速度条件与所得组织的研究，得到以下工艺，并在实践中证明是可行的。其工艺如下：低温轧制，出炉温度为930～950℃，合理的吐丝温度为820～840℃及适中的冷却速度0.5～2.5℃/s。经过现厂试轧，冷镦性能提高。

(3)优质碳素钢盘条组织索氏体化的控制冷却工艺。重庆钢铁股份有限公司高速线材轧钢厂为了取消拉拔前的退火处理，提高线材的拉拔性能，要求线材最终具有索氏体组织。以70钢为例，其开发步骤如下：

1)控制冷却与组织索氏体化的关系。70钢的CCT相变曲线，如图9-43所示。

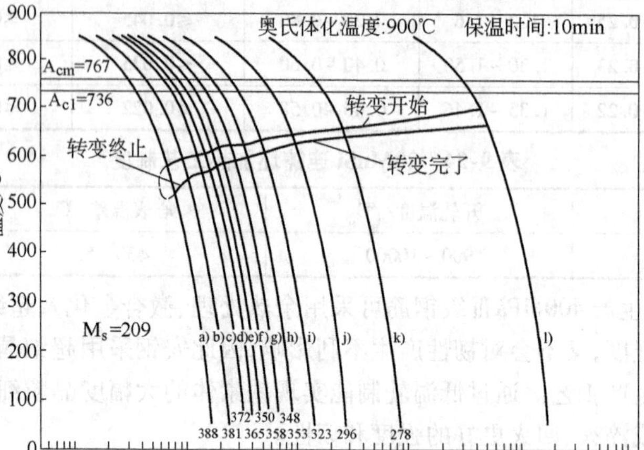

图9-43 70钢的CCT相变曲线

由图9-43可知，珠光体转变开始温度约为660℃，相变完成的终了温度约为580℃。为了得到细珠光体组织，即索氏体组织，利用"离散数据"模型模拟了生产过程中冷却速度与组织的关系，如表9-27所示。

表9-27 70钢冷却速率与组织的关系

冷却速度/℃·s^{-1}	P_s/℃	P_f/℃	组 织
0.05	699.5	666.1	P+F(断续网状)
1.00	658.6	640.2	P+S+F(少量)
3.00	645.2	632.3	S+F(少量)

续表 9-27

冷却速度/℃·s^{-1}	P_s/℃	P_f/℃	组　织
6.00	637.7	608.4	S+F(少量)
9.00	626.0	598.0	S+F(少量)
12.00	623.1	591.3	S
15.00	622.2	586.3	S
18.00	611.4	583.0	S+T

注：A_{c1}=734.9℃，A_{c3}=759.6℃，A_{r3}=699.5℃，A_{r1}=666.1℃；P_s 为珠光体开始转变温度；P_f 为珠光体转变结束温度；P 为片层珠光体；S 为索氏体；T 为屈氏体。

2）水冷工艺制度的设定。重钢高线厂水冷段工艺布置如图 9-44 所示，其工艺参数见表 9-28。在生产中根据不同钢种性能要求，采用相应的水冷工艺参数。

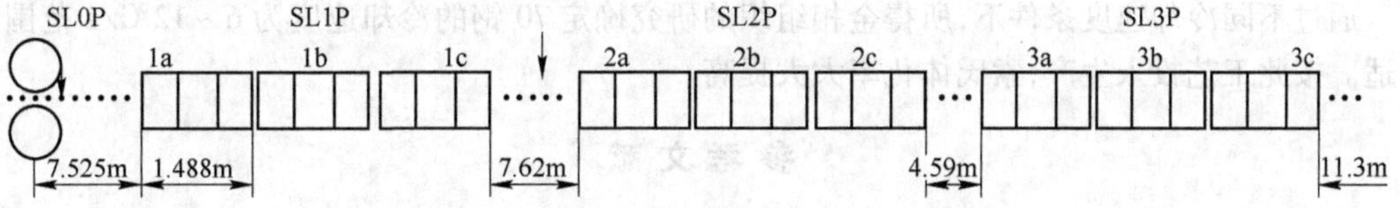

图 9-44　水冷段工艺布置示意图

表 9-28　水冷段工艺参数

参　数	LA_0	TEZ_1	LA_1	TEZ_2	LA_2	TEZ_3	LA_3
长度/m	4.35	6.2	5.85	6.2	2.79	6.2	11.3
水压/MPa		0.6		0.6		0.6	

注：LA 为空冷段；TEZ 为水冷段。

3）风冷工艺制度的优化。中、高碳钢的吐丝温度一般在 850～950℃，根据 CCT 相变曲线可知，基本上所有的组织相变都在风冷线上完成，因此风冷工艺至关重要。重钢高线厂风冷线如图 9-45 所示。根据优质碳素钢盘条拉拔性能的要求，需要在相变点快速冷却，避免奥氏体晶粒长大，从而形成铁素体组织；在相变点以下，不需要快速冷却，避免形成屈氏体组织和马氏体组织，对盘条的拉拔性能不利。

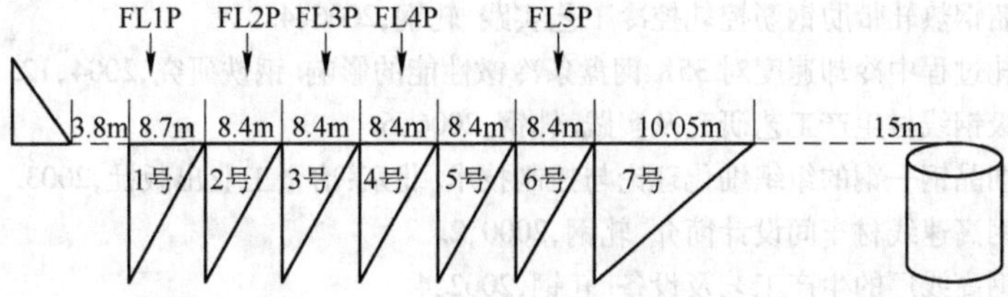

图 9-45　风冷段工艺布置示意图

根据以上研究，制定的风冷工艺为：吐丝温度设定为 850～890℃；辊道速度的设定见表 9-29；风机的开启见表 9-30。

表 9-29　辊道速度的设定

产品规格/mm	辊道速度/$m \cdot s^{-1}$																			
	1#	2#	3#	4#	5#	6#	7#	8#	9#	10#	11#	12#	13#	14#	15#	16#	17#	18#	19#	20#
φ5.5	0.70		0.70		0.70		0.72		0.75		0.78		0.80		0.85		0.90		1.15	
φ8.0		0.70		0.70		0.72		0.75		0.78		0.80		0.85		0.90		1.05		1.25
>φ10.0	0.60	0.60	0.60	0.60	0.60	0.62	0.62	0.64	0.64	0.66	0.66	0.68	0.68	0.70	0.70	0.72	0.72	0.74	0.77	0.80

表 9-30　风机开启度

风机编号	1 号	2 号	3 号	4 号	5 号	6 号	7 号
风机开启度/%	100	60~100	—	50	30	—	—

通过不同冷却速度条件下，所得金相组织的研究确定 70 钢的冷却速度为 6~12℃/s 范围内合适。按此工艺投入生产，索氏体化率大大提高。

参 考 文 献

[1]　日本"特许公报". 照 56(1981)303762.
[2]　G. LESSEL 等. Accelerated Cooling of steel. Edited by P. D. Southwick, U. S. A. 1985.
[3]　前苏联专利, No. 855009.
[4]　Manfred Albedyhl 等. Metallurgical plant and Technology. 1988, (6).
[5]　张浩. 轧钢. 1993(1).
[6]　Hiroharv Sawads. Accelerated Cooling of steel. Edited by P. D. Southwick, U. S. A. 1985.
[7]　Ю. М. Брунзель 等. Сталь, No. 2, 1991.
[8]　王有铭等. 特殊钢. 1993, (2).
[9]　Oauiel M. Morgan MPT, October, No. 5.
[10]　谢世红等. H 型钢控制冷却的研究. 钢铁研究, 2004, 12.
[11]　钱健清, 吴结才. 控轧技术在 H 型钢生产中的应用. 钢铁, 2003, 3.
[11]　李胜利等. 大断面轴承钢轧制工艺研究. 钢铁, 2007, 3.
[12]　徐寅. 我国 400MPa 热轧带肋钢筋应用现状和发展建议. 轧钢, 2002, 4.
[13]　刘剑恒. 轴承钢 GCr15 棒材产品低温精轧的研究. 钢铁, 2005, 12.
[14]　高秀华等. 20MnSiⅢ级钢筋的开发. 钢铁研究学报, 2006, 7.
[15]　王朝生, 张学锋. 大规格 Nb 微合金化 HRB400 钢筋的开发. 钢铁研究, 2007, 2.
[16]　王才仁等. 韶钢热轧带肋钢筋控轧控冷工艺实践. 轧钢, 2006, 4.
[17]　张永东. 控轧过程中冷却速度对 35K 钢盘条冷镦性能的影响. 钢铁研究, 2004, 12.
[18]　曹树卫. 超级钢线材生产工艺研究及实践. 轧钢, 2006, 6.
[19]　翁宇庆. 超细晶钢—钢的组织细化理论与控制技术. 北京: 冶金工业出版社, 2003.
[20]　杨晓明. 宝钢高速线材车间设计简介. 轧钢, 2000, 2.
[21]　王一俊. 杭钢高线厂的生产工艺及设备. 轧钢, 2002, 4.
[22]　张志刚. 八钢高速生产线简介. 轧钢, 2002, 3.
[24]　卿俊峰, 余万华等. 重钢高速线材厂优碳盘条生产实践. 轧钢, 2007, 6.
[25]　乔德庸等. 高速轧机线材生产. 北京: 冶金工业出版社, 2007.

10 控制轧制、控制冷却及形变热处理技术在钢管生产中的应用

热轧无缝钢管技术发展到现在，已经形成了多种比较成熟的生产工艺和设备，如自动轧管机组、连轧管机组、皮尔格机组、三辊轧管机组及挤压管机组等。这些生产机组的布置方式是不同的，采用的具体设备和工艺流程也不尽相同，因此带来钢管生产中金属变形状态的多样性和复杂性，为采用控制轧制及控制冷却工艺增添了困难。

目前由于石油、天然气等能源的开发，钢管作为原料及污水、气的运输手段而广泛被使用，需求大量增加。同时，由于其使用条件的恶劣，有耐高温、低温及耐腐蚀等多方面要求，因此，在要求高强度的同时还要求有较高的韧性，并且要求有较好的低温冲击韧性等。为了达到这些性能，除采用合金化之外，还需要在轧成成品后进行热处理，如淬火及回火处理，这样必将增加庞大的热处理设备，同时需要消耗大量的能源。为了解决这些矛盾，在轧制过程中广泛采用控制轧制、控制冷却及形变热处理等工艺，并在国内外进行了很多研究，逐步用于生产实际中。

钢管的控制轧制、控制冷却及形变热处理的目的，一般有以下三个方面：

(1)提高钢管的力学性能以达到或超过进行热处理工艺钢管的性能并取消热处理工艺，如非调质钢。

(2)由于取消热处理或利用在线热处理代替离线热处理，节约能源、降低成本、提高金属收得率，如在线余热淬火、在线常化等。

(3)对有特殊要求的钢种，通过控制轧制、控制冷却及形变热处理得到要求的组织及性能。例如，轴承钢为了减少网状碳化物、快速球化及提高轴承疲劳寿命，可采用轧后快速冷却工艺，18－8型不锈钢管为了保证组织中的铁素体量符合要求，并得到细小的晶粒等都可采用控制轧制和控制冷却工艺。

10.1 热轧无缝钢管控制轧制工艺研究基础

目前，热轧无缝钢管控制轧制工艺的应用还不广泛，由于热轧无缝钢管生产机组的复杂性和多样性；对已确定的机组的变形温度和变形量的设定灵活性较少；对热轧无缝钢管中变形参数对组织变化规律研究较少等问题。因此热轧无缝钢管的控制轧制等工艺水平落后于钢板、带材和棒、线材。有些研究成果还停留在实验或生产试验阶段。仅在轧后直接淬火、在线常化、轧后冷却等方面有所应用。

无缝钢管的生产工艺和设备是复杂的，但根据变形温度制度和应力应变分配情况，仍然可以将热轧无缝钢管轧制分为三个主要阶段。穿孔变形、轧管延伸变形和定径、减径变形。可以认为穿孔工序和轧管工序是高温、粗轧阶段，定减径(包括均整工序)是低温、精轧阶段，并且热轧无缝钢管轧制的变形主要集中在前两个工序上。从这方面讲，各种热轧无缝钢管机组也具有很大的共性。另外，在现代的钢管车间中，轧管机组和定、减径机组间通常设置再加热炉，因此可以将再加热炉和定、减径机组看作一个独立的变形过程。针对上述工艺的复杂性及共性，实行控制轧制是可行的，并在国内外的实验室中进行了模拟研究。

10.1.1 热轧无缝钢管变形规律的研究方法

表征轧制工艺制度的参数有:应变(变形量)、应变速度(变形速率)、变形温度、道次间隙时间和冷却制度等。由于建立钢管生产试验轧机的困难性,实验研究一般采用热扭转试验和板条轧制模拟试验等来研究热轧无缝钢管生产中的组织变化规律。

采用热扭转机和热变形模拟机进行模拟研究可以做到:

(1) 在较大范畴内改变温度、变形量和变形速度;

(2) 进行多道次连续变形,并可调整道次间隔时间;

(3) 调整冷却速度,并可固定高温下的金属瞬态组织;

(4) 测定变形过程中各变形道次的金属变形抗力及应力-应变曲线。

采用热扭转试验和热模拟试验来研究热轧钢管生产中组织变化规律时,要考虑钢管在轧制过程中发生复杂的三维变形,故采用等效应变 ε_{ry} 代替实际应变。等效应变 ε_{ry} 用下式计算:

$$\varepsilon_{ry}=\frac{\sqrt{2}}{3}\sqrt{(\varepsilon_1-\varepsilon_2)^2+(\varepsilon_2-\varepsilon_3)^2+(\varepsilon_3-\varepsilon_1)^2} \quad (10\text{-}1)$$

式中,ε_1、ε_2、ε_3 为主真应变。

忽略钢管轧制的附加应变,那么这三个主真应变分别代表钢管的轴向(L)、周向(C)和经向(t)的真应变。因此:

$$\varepsilon_1=\varepsilon_L=\ln(L_2/L_1) \quad (10\text{-}2)$$

$$\varepsilon_2=\varepsilon_C=\ln(C_2/C_1) \quad (10\text{-}3)$$

$$\varepsilon_3=\varepsilon_t=\ln(t_2/t_1) \quad (10\text{-}4)$$

式中,L_1、L_2、C_1、C_2、t_1、t_2 分别为变形前后的钢管长度、断面平均周长和壁厚。

根据体积不变定律可得:

$$L_1t_1C_1=L_2t_2C_2 \quad (10\text{-}5)$$

或

$$L_1t_1R_1=L_2t_2R_2 \quad (10\text{-}6)$$

式中,R_1、R_2 变形前后的平均半径,将式(10-5)、式(10-6)代入式(10-2)、式(10-3)、式(10-4)再代入式(10-1)得

$$\varepsilon_{ry}=\frac{\sqrt{2}}{3}\left\{\left[\ln\left(\lambda^2\frac{R_2}{R_1}\right)\right]^2+2\left[\ln\left(\frac{R_1^2}{\lambda R_2^2}\right)\right]\right\}^{\frac{1}{2}} \quad (10\text{-}7)$$

式中,λ 为延伸系数,$\lambda=\dfrac{L_2}{L_1}$。

钢管生产中,每道次中的应变速率 ε 是连续变化的,研究中采用平均应变速率 $\varepsilon_{平均}$,平均应变速率定义为:

$$\varepsilon_{平均}=\frac{道次等效应变\ \varepsilon_{ry}}{发生应变的时间}$$

变形温度 T、道次间隔时间 t 及冷却速度 v 则可完全根据实际情况而定。

10.1.2 热轧无缝钢管轧制过程中温度变化及变形量分配

日本三原 丰等对如图 10-1 所示的轧制过程中的温度进行实测和计算,其结果如图 10-2、图 10-3、图 10-4 所示。

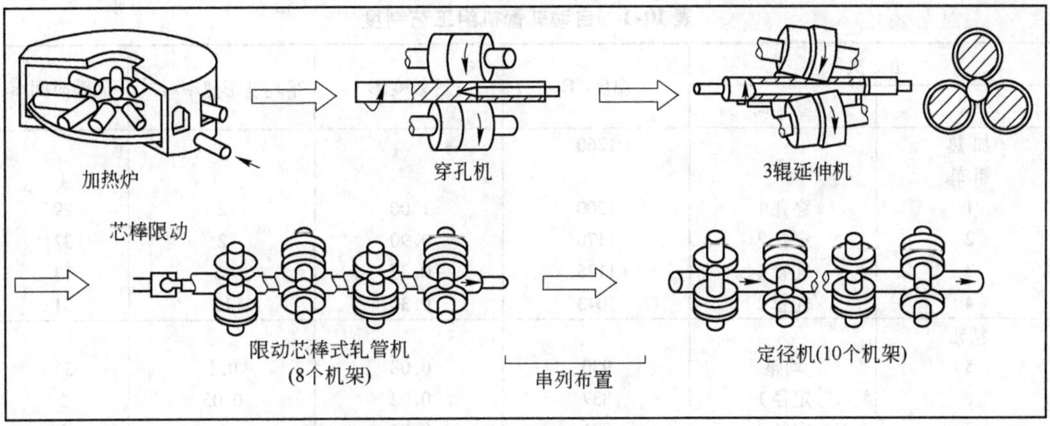

图 10-1 热轧无缝钢管生产流程

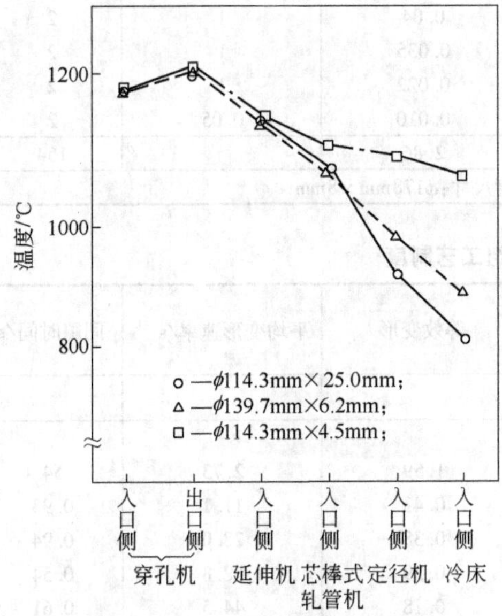

图 10-2 轧制过程中温度的变化

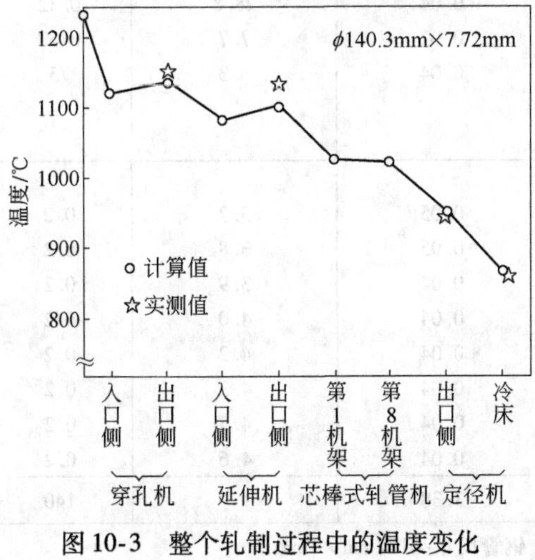

图 10-3 整个轧制过程中的温度变化

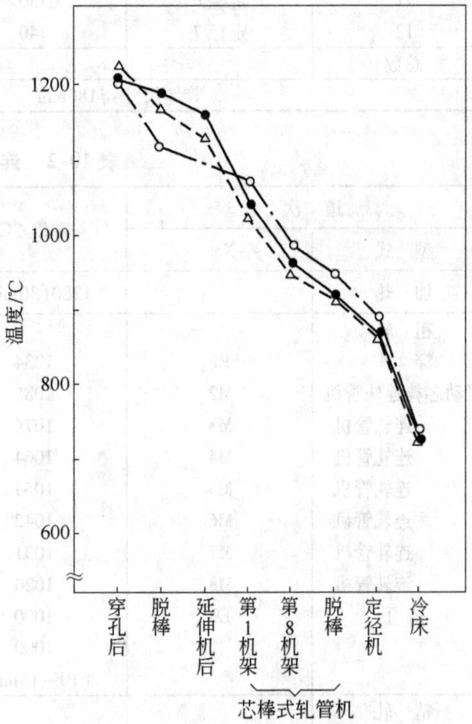

图 10-4 不同轧制流程的温度变化

●—P－E$_1$－M－S;△—P－E$_2$－M－S;○—P－M－S

由图 10-2 ~ 图 10-4 可知，穿孔工序和轧管延伸工序是高温形变阶段，而均整和定径工序是低温(中高温)变形阶段。

加拿大 ALGOMA 无缝钢管厂自动轧管机组和连轧管机组的温度变化及变形量分配如表 10-1 和表 10-2 所示。

表 10-1 自动轧管机组工艺制度

道次 No.	道次 型式	温度/℃	等效变形	平均变形速率/s⁻¹	间隙时间/s
加热		1260			
粗轧					
1	穿孔 1	1200	1.00	2	29
2	穿孔 2	1170	0.90	2	32
3	轧管 1	1125	0.35	15	13
4	轧管 2	1043	0.30	15	31
精轧					
5	均整	930	0.08	0.1	35
6	定径 1	837	0.02	0.05	2
7	定径 2	821	0.05	1	2
8	定径 3	805	0.05	1	2
9	定径 4	788	0.04	1	2
10	定径 5	772	0.035	1	2
11	定径 6	756	0.022	1	2
12	定径 7	740	0.010	0.05	2
总数			2.86		154

管坯尺寸：ϕ180mm　　钢管尺寸：ϕ178mm × 8mm

表 10-2 连轧管机组工艺制度

道次 型式	道次 No.	温度/℃	等效变形	平均变形速率/s⁻¹	间隙时间/s
加热		1280(30min)			
粗轧					
穿孔	P1	1234	1.59	2.73	54
限动芯棒连轧管机	M2	1085	0.43	11.1	0.93
连轧管机	M3	1074	0.38	28.0	0.94
连轧管机	M4	1064	0.29	32.8	0.54
连轧管机	M5	1053	0.18	44.5	0.61
连轧管机	M6	1042	0.08	39.8	0.45
连轧管机	M7	1031	0.04	28.8	0.32
连轧管机	M8	1020	0.01	7.7	0.32
挤压	E9	1000	0.04	6.3	75
		1000 (10～15min)			5
精轧					
张力减径	S10	1000	0.05	3.7	0.2
张力减径	S11	990	0.05	3.8	0.2
张力减径	S12	980	0.04	3.9	0.2
张力减径	S13	970	0.04	4.0	0.2
张力减径	S14	960	0.04	4.2	0.2
张力减径	S15	950	0.04	4.3	0.2
张力减径	S16	940	0.04	4.5	0.2
张力减径	S17	930	0.04	4.6	0.2
全部			3.38		140

管坯尺寸：ϕ216mm　　钢管尺寸：ϕ127mm × 7mm

表10-1和表10-2中给出的温度变化规律与图10-2～图10-4是完全一致的。分析表10-1和表10-2中的等效应变可知，穿孔工序和轧管延伸工序集中了钢管轧制变形的大部分变形量，而均整和定减径工序的变形量很小。因此，可以认为穿孔和轧管工序是高温粗轧，而定减径工序是低温精轧。

10.1.3　热轧无缝钢管再结晶型控制轧制模拟研究

10.1.3.1　试验材料及方法

试验材料的化学成分如表10-3所示，其中Ti、V、Nb是专为再结晶型控制轧制（RCR）而加入的。

研究方案分两种：小管生产模拟和大管生产模拟，其差别在于小管生产模拟中张力减径的总应变量达1.6，而大管生产模拟中张力减径应变量仅为0.05。另外，张力减径模拟后的冷却速度分别为3.5℃/s和1℃/s，模拟试验采用ϕ6.4mm×20mm的扭转试验。小管模拟和大管模拟的工艺制度如表10-4和表10-5所示。

表10-3　试验用钢的化学成分（质量分数）　%，N（ppm）

材　料	C	Si	Mn	S	P	Al	V	Ti	N	CE*
10C－10V	0.10	0.30	1.70	0.008	0.013	0.014	0.10	0.010	150	0.42
18C－09V	0.18	0.30	1.72	0.008	0.013	0.016	0.09	0.011	150	0.50
12C－16V	0.12	0.37	1.70	0.008	0.014	0.019	0.16	0.013	200	0.45
19C－15V	0.19	0.36	1.70	0.008	0.014	0.027	0.15	0.012	185	0.52
10C－3Nb－4V	0.10	0.24	1.26	0.01	0.01	0.042	0.040	Nb＝0.027	85	

$$CE^* = w_C + \left(\frac{w_{Mn}}{6} + \frac{w_{Si}}{24} + \frac{w_{Cu}}{15} + \frac{w_{Ni}}{28} + \frac{w_{Cr} + w_{Mo} + w_V + w_{Nb} + 5B}{5}\right)$$

注：CE*为碳当量。

表10-4　小管模拟工艺制度

道　次	每道等效应变	温度/℃	每道间隔时间/s
1.穿孔	1.60	1230	54
2.连轧管机组	0.45	1085	1
3.连轧管机组	0.40	1072	1
4.连轧管机组	0.30	1060	0.5
5.连轧管机组	0.20	1050	0.5
6.连轧管机组	0.18	1020	30
入炉温度	—	731	—
加　热	—	1000	5
7.张力减径	0.10	1000～800	0.5

注：1.保温温度1250℃，保温15min；2.加热炉至穿孔机间隔时间为80s；3.每道的变形速率$2s^{-1}$。

表10-5　大管模拟工艺制度

道　次	等效应变	温 度/℃	每道间隔时间/s
1.穿　孔	1.60	1230	54
2.连轧管	0.45	1085	1
3.连轧管	0.40	1072	1

续表 10-5

道　次	等效应变	温 度/℃	每道间隔时间/s
4. 连轧管	0.30	1060	0.5
5. 连轧管	0.20	1050	0.5
6. 连轧管	0.18	1020	75
加　热	—	1000	5
7. 张力减径	0.05	1000	0.5

注：1. 保温温度 1250℃，保温 15min；2. 加热炉至穿孔机间隔时间为 80s；3. 每道的变形速率 $2s^{-1}$。

10.1.3.2　研究结果

流动应力曲线：10C－10V 和 12C－16V 钢穿孔和连轧管时的应力－应变曲线如图 10-5 所示。由图可知，穿孔时的等效应力－等效应变曲线图中 1 存在一单峰，然后是一个平台。这说明穿孔过程中发生了动态再结晶，而且是稳定的，这将产生晶粒细化。连轧轧管时的应力－应变曲线图中 2～6 表明，道次间隙发生了几乎完全软化，即几乎完全的静态再结晶。比较两组曲线可知，12C－16V 比 10C－10V 的应力大，这是 V 含量增加所致。

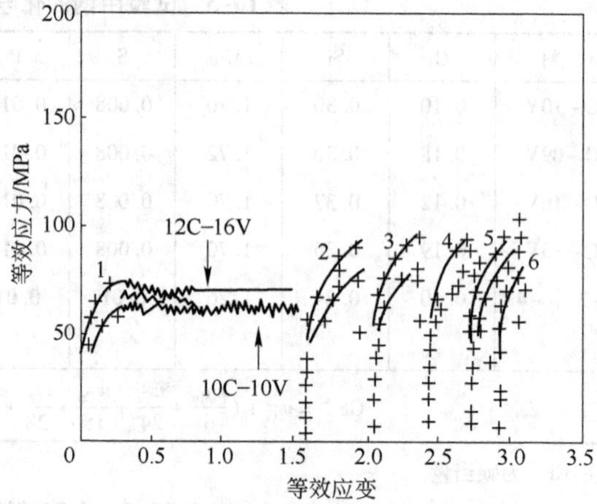

图 10-5　用热扭转模拟穿孔及热连轧管的应力－应变曲线

1—穿孔；2～6—表示连轧管机道次

10C－10V 和 12C－16V 钢在张力减径变形过程中的应力－应变曲线如图 10-6 所示。由图可知，两种钢的前三道应力迅速增加，后一道的起始应力与前一道的终了应力基本相等。这说明道次间隙时间内几乎没有发生再结晶，其原因是每道次的应变值仅为 0.1，道次间隙时间仅为 0.5s，即每道次的应变量未超过动态再结晶的临界值，时间太短又不足以产生静态再结晶。因而应变积累起来，造成应力的迅速增加。同样，由图 10-6可知，从第四道开始，应力的增加速率很小，这表明发生了动态再结晶，同时还有少量的静态软化。因为变形温度已从 1000℃ 显著降到 840℃，应力本应是急剧增加，而实际上增加不大。

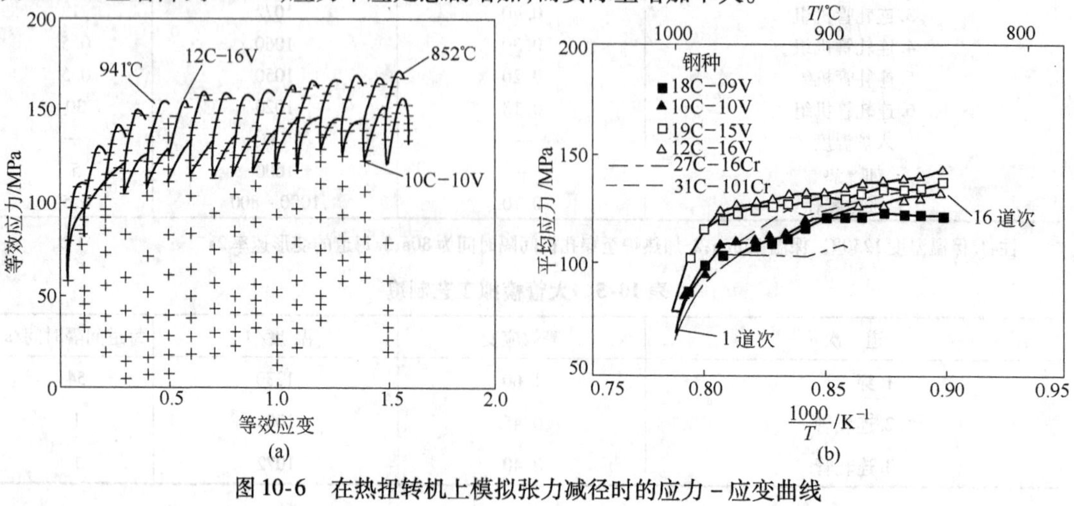

图 10-6　在热扭转机上模拟张力减径时的应力－应变曲线

从上述试验钢种模拟变形后的组织中发现，碳含量增加，非铁素体量（体积分数）增加，在低碳时，非铁素体相主要是珠光体；高碳时，非铁素体相中贝氏体占多数。

从图 10-7、图 10-8 中 a 和 b 相比可以看出：变形量大的小管（S）模拟后的铁素体晶粒比变形量小的大管（L）模拟后的铁素体晶粒小，其原因是小管变形时发生了动态再结晶。

(a)　(b)

图 10-7　12C－16V 钢模拟大管（L）和小管（S）的显微组织

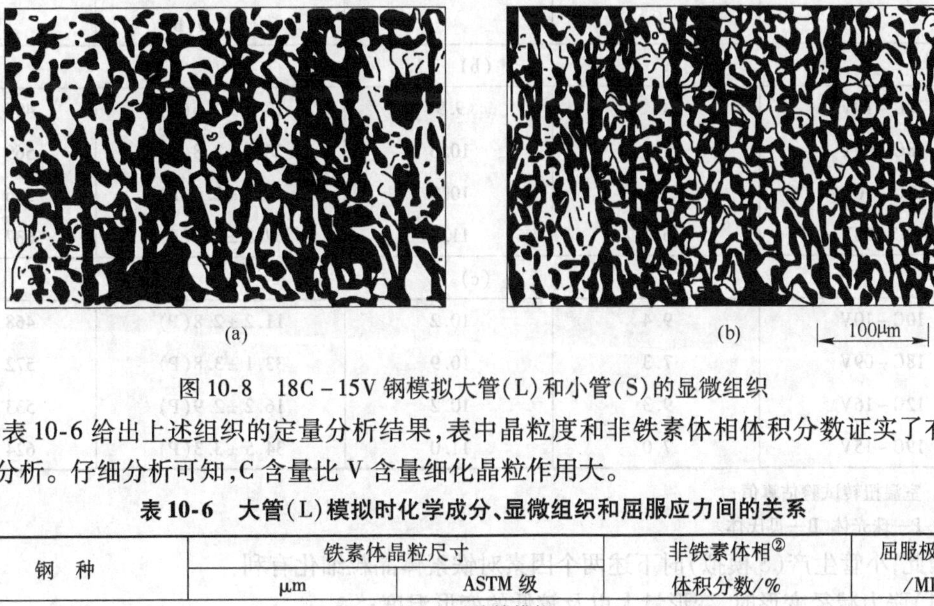

(a)　(b)

图 10-8　18C－15V 钢模拟大管（L）和小管（S）的显微组织

表 10-6 给出上述组织的定量分析结果，表中晶粒度和非铁素体相体积分数证实了有关组织的分析。仔细分析可知，C 含量比 V 含量细化晶粒作用大。

表 10-6　大管（L）模拟时化学成分、显微组织和屈服应力间的关系

钢　种	铁素体晶粒尺寸		非铁素体相②体积分数/%	屈服极限①/MPa
	μm	ASTM 级		
（a）大尺寸管模拟				
10C－10V	11.3	9.7	10.7±1.5(P)	533
18C－09V	9.8	10.1	33.9±3.7(P)	624
12C－16V	10.7	9.8	18.1±3.2(P)	566
19C－15V	9.7	10.1	25.6±3.3(P) 11.6±3.7(B)	728
（b）模拟在再加热前钢管冷却到 A_{r3} 以下 50℃				
10C－10V	7.7	10.8	10.2±2.3(P)	549
18C－09V	6.8	11.1	32.3±2.6(P)	629
12C－16V	7.6	10.8	13.7±2.8(P)	607
19C－15V	6.6	11.2	34/9±5.0(P) 6.7±3.2(B)	715

①　室温扭转试验估算值；

②　P—珠光体；B—贝氏体。

表 10-7(a)是钢管温度在 A_{r3} 以上，立即进入再加热炉进行加热，张力减径后冷却速度约为 3.5℃/s；(b)是钢管冷至 A_{r3} 以下 50℃时，进入再加热炉中加热，张力减径后冷却速度约为 1℃/s；(c)为钢管温度在 A_{r3} 以上，立即进入再加热炉进行加热，张力减径后的冷却速度约为 1℃/s。

再加热前，钢管冷却到 A_{r3} 以下 50℃对组织变化影响不大，而加快奥氏体向铁素体转变时的冷却速度则有明显的影响，如表 10-7 所示。

表 10-7 小管(S)模拟在各种方法条件下化学成分、显微组织和屈服应力的关系

钢 种	铁素体晶粒尺寸		非铁素体相②体积分数/%	屈服极限①/MPa
	μm	ASTM 级		
(a)				
10C-10V	8.1	10.6	10.0±1.6(P)	549
18C-09V	6.8	11.1	31.6±4.3(P)	589
12C-16V	7.5	10.8	14.8±1.9(P)	637
19C-15V	6.6	11.2	30.3±3.5(P) 6.1±3.0(B)	715
(b)				
10C-10V	10.3	9.9	13.8±2.6(P)	497
18C-09V	8.1	10.6	28.5±2.8(P)	569
12C-16V	10	10.0	13.3±2.9(P)	546
19C-15V	6.9	11.1	37.8±3.6(P)	637
(c)				
10C-10V	9.4	10.2	11.2±2.8(P)	468
18C-09V	7.3	10.9	33.1±3.8(P)	572
12C-16V	9.3	10.2	16.2±2.9(P)	533
19C-15V	7.0	11.0	34.5±3.3(P)	624

① 室温扭转试验估算值；

② P—珠光体、B—贝氏体。

因此，小管生产(S 模拟)时下述两个因素对铁素体晶粒细化有利：

(1)张力减径变形时，变形量大以及较低的变形温度；

(2)奥氏体向铁素体转变时的快冷速度。

例如，对 10C-10V 钢，增加变形量使铁素体晶粒尺寸从 11.3μm 减小至 9.4μm(表 10-6(a)和表 10-7(c))，增加冷却速率则进一步细化到 8.1μm(表 10-7(a))，若在再加热前，钢管冷却到 A_{r3} 以下 50℃，可以细化到 7.7μm(表 10-6(b))。对 19C-15V 钢，相应的尺寸是 9.7μm→7.0μm→6.6μm→6.6μm，即再加热前冷却至 A_{r3} 以下 50℃，对 19C-15V 钢没有任何影响。

表 10-8 给出大管生产(L 模拟)后的屈服强度。由数据可知，碳、钒含量增加使屈服强度提高，但碳的作用比钒大，这是因为碳细化铁素体的作用比钒大，同时由于碳增加，非铁素体相的体积分数增加。

小管生产(S 模拟)及其各种方案模拟后的室温屈服强度如表 10-9 所示。由表可知，轧后快速冷却有利于提高屈服强度。

表 10-8　大管生产（L 模拟）室温屈服强度

钢　种	屈服强度/MPa		流变曲线类型
	扭　转	拉　伸①	
10C－10V	410	533	不连续
18C－09V	480	624	连　续
12C－16V	435	566	连　续
19C－15V	560	728	连　续

①　室温扭转试验的估算值。

表 10-9　各种方案 S 模拟的室温屈服强度

钢　种	处理路线	屈服强度/MPa		流变曲线类型
		扭　转	拉　伸①	
10C－10V	XAC	382	497	DC
10C－10V	XACC	422	549	DC
10C－10V	WXAC	360	468	DC
10C－10V	WXACC	422	549	DC
18C－09V	XAC	438	569	DC
18C－09V	XACC	484	629	C
18C－09V	WXAC	440	572	DC
18C－09V	WXACC	453	589	C
12C－16V	XAC	420	546	DC
12C－16V	XACC	467	607	C
12C－16V	WXAC	410	533	DC
12C－16V	WXACC	490	637	C
19C－15V	XAC	490	637	C
19C－15V	XACC	550	715	C
19C－15V	WXAC	480	624	C
18C－15V	WXACC	550	715	C

注：X 表示试样再加热前冷至 A_{r3} 以下；

WX 表示试样再加热前没冷至 A_{r3} 以下；

AC，ACC 分别表示张力减径后，800～500℃间冷却速度约为 1℃/s 和 3.5℃/s；

DC 表示不连续型，C 表示连续型。

①　室温扭转试验的估算值。

比较 L 模拟和 S 模拟的显微组织和屈服强度可以发现，在非铁素体相体积分数基本相同时，S 模拟的细组织屈服强度并不比 L 模拟中的高，这是因为 S 模拟中，变形温度低，VN 已在奥氏体中析出，因而在铁素体中析出的量少，从而析出强化作用减弱；而 L 模拟中，变形温度约 1000℃，VN 不在奥氏体中而在铁素体中析出，从而补偿晶粒粗大的负作用。但另一方面，细晶粒和铁素体中的 V(CN) 颗粒少，有利于冲击韧性的提高，因而产生动态再结晶的 S 模拟是更有利的方式。L 模拟与 S 模拟的晶粒尺寸及显微硬度如表 10-10 所示。

表 10-10 成品显微组织中铁素体的显微硬度

模拟路径	钢 种	铁素体晶粒尺寸/μm	显微硬度 DPH_{25g}
L 模拟	10C - 10V	11.3	225 ±4
AC	12C - 16V	10.7	226 ±8
S 模拟	10C - 10V	10.3	201 ±7
	10C - 10V①	9.4	197 ±5
AC	12C - 16V	10.0	210 ±4
	12C - 16V	9.3	209 ±6

注：AC 表示 800 ~ 500℃间冷却速度约为 1℃/s。

① 表示没冷却至 A_{r3} 以下。

10.1.3.3 无缝钢管动态再结晶控制轧制

从前面讨论可知，前六道次间隙时间内均发生了近乎完全的静态再结晶，因此，可以采用再结晶型控制轧制来细化定减径前的奥氏体晶粒。下面着重讲述减径时的应力－应变及组织变化规律。动态再结晶的出现有以下两个先决条件：

1）实际应变量应大于动态再结晶的临界应变量；

2）实际应变量达到临界应变量的时刻应早于应变诱导析出产生的时刻。

在一般钢材轧制时，第一点往往不能满足，而在减径生产时，由于应变的累积，第一点是可以满足的。研究结果表明，对 Ti - V 钢应变诱导析出在最后几道，因此，动态再结晶控制轧制（DRCR）得以实现。

如表 10-1、表 10-2 所示，实际无缝钢管生产中减径时的间隙时间为 0.2 ~ 2s，变形温度在 1000 ~ 800℃之间。由于每道次中的应变量小，变形过程中不足以产生动态再结晶，且温度低、间隙时间短，前几道的间隙时间内也不可能发生静态再结晶。因此，前几道的应变将累积起来，在中间道次发生动态再结晶。

为说明这一点，将图 10-6b 进行技术处理，图中曲线可用下式表示（统计回归式）：

$$\sigma = -268 + 4.55 \times 10^3 / T \qquad (10\text{-}8)$$

采用式（10-8）可算出温度差 ΔT（单位为 K）引起的应力差 $\Delta\sigma$。为消除温度对平均应力的影响，将各道次的应力以 905℃为标准进行修正。对 12C - 16V 钢，修正的应力－应变曲线如图 10-9所示，即也为等温减径时的流动应力曲线。由图 10-9 可清晰获知，流动应力曲线有单峰存在，说明发生了动态再结晶。在目前情况下，动态再结晶在第四道次出现。

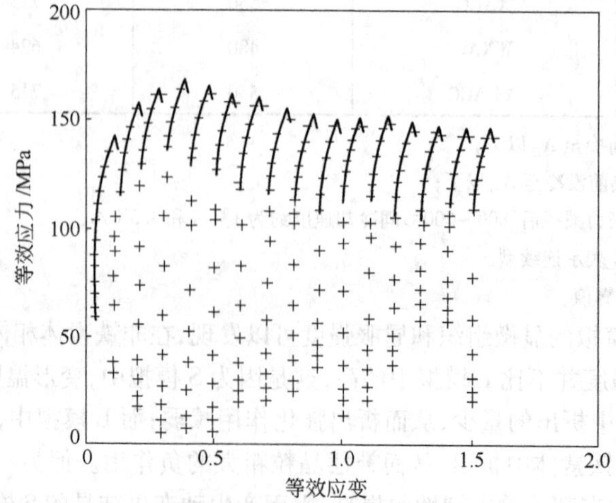

图 10-9 905℃等温减径时，12C - 16V 钢修正的应力－应变曲线

动态再结晶之所以能得以实现，也是由于应变量小、间隙时间短，使得应变诱导析出难以产生或产生得极少。

变形温度和化学成分对动态再结晶是否出现及出现早晚很有关系。图 10-10 表明变形温度及化学成分对动态再结晶的影响。由图可知，随着变形温度的降低出现动态再结晶的道次往后推迟（T_e = 1000℃，910℃和 850℃时，分别为 No. 4、No. 7 和 No. 9 道），相应道次的应力也提高。这一规律与普碳钢和 HSLA 钢绝热恒应变速率下的规律一致；降低变形温度，推迟动态再结晶的出现及扩展速度，从而增加峰值应变和应力。

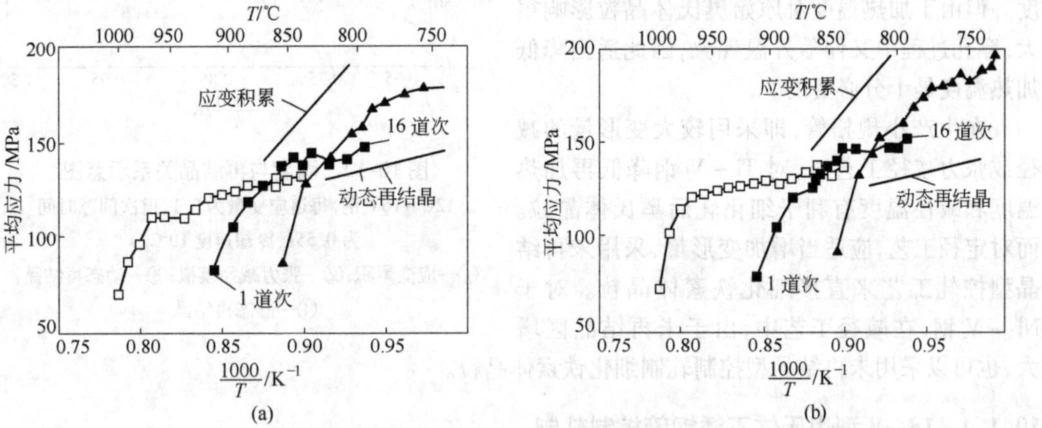

图 10-10　变形温度对动态再结晶的影响

(a) 10C－10V 钢；(b) 19C－19V 钢

□—T_e（$T_入$）= 1000℃，T_f（$T_出$）= 860℃；■—T_e = 910℃，T_f = 795℃；

▲—T_e = 850℃，T_f = 735℃

比较图 10－10a 和 b 可知，当合金成分高时，出口温度低、最后几道又可出现应变积累，应力增加速率也大，这是因为此时已产生了应变诱导析出。19C－15V 钢模拟后得到的组织均为动态再结晶组织，并且随着出口温度降低，晶粒显著细化。其产生动态再结晶的极限温度为 735℃，出口温度再低，则不会产生动态再结晶，奥氏体晶粒拉长。

图10-11 为含 Nb 钢（10C－3Nb－4V），由图可知，当 T_e = 1000℃，T_f = 860℃时，应变积累至第七道，于第八道才开始发生动态再结晶，即比 Ti－V 钢迟。当降低 T_e 至 940℃以下，T_f 至 850℃以下时，没有发生动态再结晶，其晶粒被压扁拉长。

上述流动应力曲线可以用图 10-12 加以统一说明。图 10-12 中有三条虚线，分别代表静态再结晶、应变累积和动态再结晶，即可以利用静态再结晶来细化再加热前的奥氏体晶粒，在减径时可以应用动态再结晶来细化最终的奥氏体晶粒。而常规定径生产，由于变形量小，不能利用再结晶细化奥氏体晶粒。

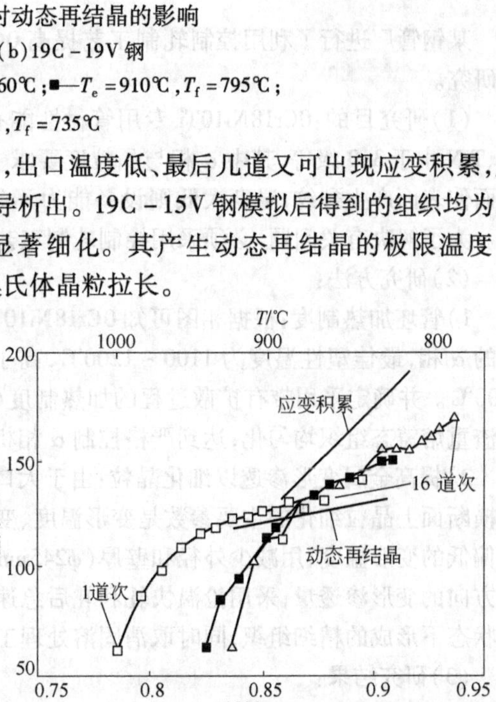

图 10-11　10C－3Nb－4V 钢模拟张力减径时，温度与动态再结晶的关系

□—T_e = 1000℃，T_f = 860℃；■—T_e = 930℃，T_f = 830℃；

▲—T_e = 910℃，T_f = 795℃

综上所述，在热轧钢管生产中的三个变

形阶段都可以采用再结晶型控制轧制工艺,达到细化晶粒的目的。为更有效地发挥这一工艺的作用,需对所用钢种、工艺参数和轧后冷却速度进行调整和控制。

在热轧无缝钢管生产中,为使穿孔和轧管时道次间隙时间内的静态再结晶得以充分进行,温度应高些,因此没有必要去调整轧制温度。但由于加热温度对原始奥氏体晶粒影响很大,穿孔过程中又伴随升温现象,因此适当降低加热温度是十分必要的。

在生产小规格管,即采用较大变形量的减径或张力减径工艺时,对 Ti-V 钢降低再加热温度和减径温度有利于细化轧后奥氏体晶粒。而对定径工艺,应适当增加变形量,采用未再结晶型控轧工艺来直接细化铁素体晶粒。对于 Nb-V 钢,在减径工艺中,由于未再结晶区增大,也可以采用未再结晶型控制轧制细化铁素体晶粒。

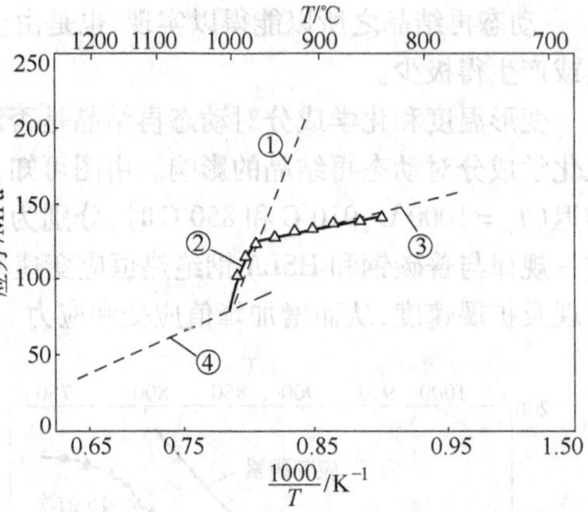

图 10-12　温度与再结晶关系示意图

12C-16V 钢,每道应变量为 0.1,道次间隙时间为 0.55s,冷却速度 10℃/s

①—应变累积;②—张力减径模拟;③—动态再结晶;④—静态再结晶

10.1.4　18-8 型奥氏体不锈钢管控制轧制

某钢管厂进行了利用控制轧制工艺提高 0Cr18Ni10Ti 管材成材率和综合性能,以节省能源的研究。

(1)研究目的:0Cr18Ni10Ti 专用管材性能有极严格的要求。α 相小于 2.0 级、晶粒度 3~8 级、TiN 小于 3.0 级等,其中 α 相与晶粒度要求主要决定于热轧工艺。轧制温度高时,会出现 α 相而使表面产生裂纹,温度太低则设备能力不足。由于变形不均及温度不均,会使晶粒大小不均。为了解决有关问题,必须采用控制轧制工艺。

(2)研究方法:

1)管坯加热制度:根据相图可知 0Cr18Ni10Ti 属亚稳定奥氏体类不锈钢,在常温下含有一定量的 α 相,最佳塑性温度为 1100~1200℃,高于 1200℃ 塑性降低,因此选定加热温度为 1100~1200℃。并确定采用带有扩散过程的加热制度(即加热到 1150~1180℃,保温不小于 1h),促使电渣重熔铸态组织均匀化,达到严格控制 α 相析出的数量。

2)提高金属变形渗透以细化晶粒:由于大口径管壁内部变形量小、晶粒大,且影响热轧后管材横断面上晶粒细化的主要参数是变形温度、变形速度、变形量和终轧后的冷却条件。因此,采用偏低的变形温度,用减少外径和壁厚(ϕ245mm×40mm 代替 ϕ250mm×50mm)的方法来增大管壁方向的变形渗透量;采用抢温快轧和轧后急速水淬方法,控制热轧管晶粒度,并获取动态再结晶状态下形成的精细组织,同时取消固溶处理工序。

(3)研究结果:

1)加热温度的影响:第一次试轧由于加热温度不合适,管材内表面产生裂纹,从金相组织观察,基体中 α 相大量发展,且由外壁向内壁递增,而粗大的裂纹或空洞就在 α 相上。通过实验发现,加热温度由 1100℃升高到 1200℃时,α 相急剧减少,1200℃为最低。超过 1200℃时,α 相又开始析出,随着保温时间加长而剧增。因此,严格控制管坯加热温度与时间,对减少 α 相含量,提高金属塑性和改善管材表面质量具有独特显著效果。

2）变形量对细化晶粒有利，采用控制轧制方法，获得管材组织晶粒度大于4级的占81.25%。变形量对晶粒度的影响如图10-13所示，随变形量增加，晶粒变细。从金相组织观察到，当ε = 55.60%时，管壁内壁区已产生部分动态再结晶，这时壁中区有12.5mm宽的细晶粒区。当变形量增大到66.10%时，细晶粒已经扩展至整个壁中区的面积，这时金属组织为细小均匀等轴晶粒，孪晶少见，晶粒边界变成凸凹交错形状。变形量达70.7%时，大于临界变形量，因此出现动态再结晶，得到4级以上晶粒达81.25%，改善了管材塑性指标。

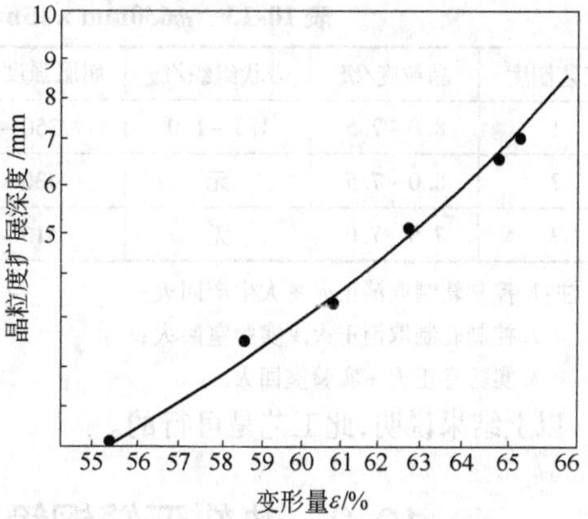

图10-13　热轧18－8不锈钢管变形量对晶粒尺寸的影响

10.1.5　在热扩径机上采用控制轧制工艺生产锅炉管

攀钢集团成都钢铁责任有限公司通过在热扩径机上采用控制终轧温度代替正火处理，或代替正火处理＋离线回火处理。根据GB 5310—1995标准要求，高压锅炉管通常要经过正火处理或正火＋回火处理，但也可以通过控制终轧温度达到性能要求。采用控制轧制除具有取消热处理，减少能耗等优点外，对于大直径钢管更有特殊意义。如钢管直径为ϕ440～630mm，壁厚$S \leqslant$20mm的大直径中厚壁管，经热处理后出现钢管变椭圆、外径超标等质量问题。

该公司在热扩径机组上，分别对钢种为20g、钢管尺寸为ϕ457mm×19mm和钢种为12Cr1MoVg、尺寸为ϕ484mm×10mm及ϕ630mm×15mm的钢管进行试验。其工艺如下：

轧制钢管坯→步进炉加热→一火两道成品扩制（控制终轧温度轧制）→尺寸、性能符合要求的钢管→成品。（20g）

轧制钢管坯→步进炉加热→一火两道成品扩制（控制终轧温度轧制）→尺寸、符合要求的钢管→离线回火→成品。（12Cr1MoVg）。

经试验研究，决定采用未再结晶型控制轧制，在略高于A_{r3}温度下轧制。20g钢管终轧温度为800～820℃，一火两道；12Cr1MoVg终轧温度为820～840℃，一火两道，所得钢管全部合格。其性能结果如表10-11、表10-12、表10-13所示。

表10-11　ϕ457mm×19mm 20g钢管的力学性能

工艺制度	晶粒度/级	带状组织/级	屈服强度σ_s/MPa	抗拉强度σ_b/MPa	伸长率δ_s/%	冲击功A_{KV}/J
1	8.0～7.5	3.5～2.0	390～335	515～500	35～31	128～104
2	9.5～9.0	1.5～0.5	460～360	530～505	36～33	168～198

注：1. 控制轧制取消正火；2. 实验室920℃正火处理。

表10-12　ϕ484mm×10mm 12Cr1MoVg钢管的力学性能

工艺制度	晶粒度/级	带状组织/级	屈服强度σ_s/MPa	抗拉强度σ_b/MPa	伸长率δ_s/%	冲击功A_{KV}/J
1	9.0	无	395～385	540～510	27～24	212～160
2	8.0～7.5	无	440～415	545～515	28～23	220～136
3	7.0	无	415～380	555～510	25～22	180～118

注：1. 控制轧制取消正火＋大生产回火；

2. 控制轧制取消正火＋实验室回火；

3. 实验室正火＋实验室回火。

表 10-13　ϕ630mm × 15mm 12Cr1MoVg 钢管的力学性能

工艺制度	晶粒度/级	带状组织/级	屈服强度 σ_s/MPa	抗拉强度 σ_b/MPa	伸长率 δ_s/%	冲击功 A_{KV}/J
1	8.0 ~ 7.5	1.5 ~ 1.0	350 ~ 315	540 ~ 500	28 ~ 26	272 ~ 236
2	8.0 ~ 7.5	无	430 ~ 385	565 ~ 505	29 ~ 24	289 ~ 233
3	7.5 ~ 7.0	无	415 ~ 390	530 ~ 520	27 ~ 23	293 ~ 272

注：1. 控制轧制取消正火 + 大生产回火；
2. 控制轧制取消正火 + 实验室回火；
3. 实验室正火 + 实验室回火。

以上结果说明，此工艺是可行的。

10.2　热轧无缝钢管在线热处理的开发及应用

一般无缝钢管的热处理是在轧后经冷却至低温，通过再加热正火后进行热处理，故钢管的轧后余热未得到利用，也未将变形强化和相变强化结合起来。为此，有了钢管在线热处理工艺。

钢管在线热处理有在线常化、在线常化 + 回火、在线淬火 + 回火等，如将其与定径机或均整机的变形强化结合，就是形变热处理。

10.2.1　热轧无缝钢管轧后直接淬火

10.2.1.1　轧后直接淬火工艺及其优点

热轧无缝钢管在线直接淬火工艺是在定径机变形或均整机变形后，利用余热直接淬火，获得马氏体组织，再经回火处理。直接淬火工艺可广泛应用于碳钢和低合金钢。

在线直接淬火法生产钢管与传统的淬火方法相比，具有以下优点。

(1) 有效地改善钢材的性能组合。由于均整变形和定径变形过程一般不发生静态再结晶和动态再结晶，因此余热淬火后钢管的组织主要是细小的马氏体和高密度的位错，以及极为细小的碳化合物。回火过程中，组织中的铁素体亚晶开始逐渐形成，由于原淬火钢中马氏体板条很细和大量稳定位错存在，故回火组织中的铁素体亚晶块也很细，并有位错存在，此外还有细小的碳化合物。这种组织的强度高、塑性好、脆性降低，使钢管的强韧性提高。

(2) 降低能耗及生产费用。利用钢管热定径或均整后的余热进行淬火可以大大节省调质型油井管的能源消耗。据川崎钢铁公司知多厂的经验，生产大于 ϕ125mm 的油井管，采用直接淬火后与调质型油井管相比，可节省能源 40% 以上；采用直接淬火工艺生产油井管，每吨可节能 643.7kJ，1982 年知多厂因采用直接淬火工艺而节约重油约 6380m^3。该厂用直接淬火生产的调质型钢管比普通调质管降低成本 25% 左右。

(3) 节约设备投资。采用直接淬火，可节省一套淬火用的加热设备。因此，设备投资、厂房面积和操作工人等也都可相应减少。

10.2.1.2　轧后直接淬火的冷却方法

轧后直接淬火能否付诸于生产实践，冷却方法及冷却设备的选择是一重要问题。其基本要求如下：

(1) 直接淬火装置的生产能力与轧制线的生产能力同步。

(2) 淬火装置的淬火能力，要保证钢管在整个长度及壁厚方向上都淬透，得到均匀的马氏体组织。

(3) 要防止冷却剂喷溅、倒流或管内蒸汽堵塞等问题。

(4)合理地选择直接淬火钢管的钢种,其淬火温度要与定径温度匹配。

(5)直接淬火后钢管不允许产生大的弯曲变形,以免影响后部工序。

(6)对淬火温度、淬火时间、淬火水的流量、流速、水温等参数要有一个严格的检测和控制系统。

一般钢管淬火可用水淬及油淬,后者不经济有污染环节,一般不采用。淬火方法一般有两种,槽内及槽外冷却。

(1)槽外水淬火工艺:钢管在空气中进行水淬。方法有:钢管外表面喷水、钢管内表面喷水及钢管内外表面喷水三种。

1)钢管外表面喷水。此方法为用装有多个喷嘴的淬火装置对钢管外表面进行喷水冷却。当钢管进入该装置时,为了避免因冷却水喷到钢管的内孔中而引起淬裂,喷嘴可转动及调整方向。因淬火时钢管底部冷却效果比上部差,所以底部要比上部先给予冷却。具体办法是调节上下喷嘴的角度,保证钢管上下部淬火冷却一致。钢管进入淬火装置时,头、中、尾的温度不一样,可调整钢管移动速度。

2)钢管外表面喷射空气和水的混合体冷却。为了获得均匀的所需要的金相组织、力学性能和低的组织应力,在钢管急冷到马氏体相变温度区域时,减缓其冷却速度,改用冷却能力小的气水混合物冷却。住友金属研究的淬火装置把外喷器分成4个区域:一区为喷水急冷区、二区为喷水和喷气交界区、三区为喷水气混合的缓冷区,四区是钢管内表面已达到马氏体相变结束温度区,采用此法可实现如图10-14所示的理想曲线。

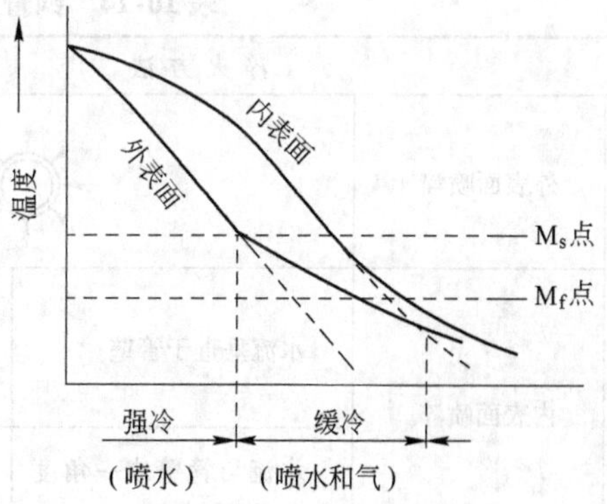

图10-14　理想冷却曲线

3)钢管外表面层流冷却。层流应用于钢管上就是使层流的水膜覆盖在整根钢管上,使钢管均匀冷却。层流冷却一方面使冷却水保持层流状态,另一方面使冷却水在钢管表面不滞留,层流的冷却效率较高。层流冷却时,钢管上半部是强冷,下半部是空气弱冷。为了使钢管在整个圆周上均匀冷却,钢管应边冷却边以钢管中心轴旋转。

层流淬火装置也可分成几段冷却,根据钢管各段冷却要求来调节冷速及水量。

4)钢管内表面喷水。将一根装有许多喷嘴的水管,插入钢管内孔中进行喷射冷却。但有以下缺点:向细长钢管插入水管比较困难;水管的插入和抽出比较麻烦;喷嘴易堵塞;喷射水互相干扰。

5)钢管内轴向喷射。在钢管内孔的一端用喷嘴轴向喷射冷却水冷却钢管内表面。此法虽能克服内表面喷水方法的缺点,但冷却水在各段的温度有差别,影响冷却的均匀性。住友金属研究表明,要保证钢管在长度上冷却均匀,钢管轴向喷水的流速应在10m/s以上,冷却速度在20℃/s以上。

6)钢管内外表面同时冷却。单独对钢管内表面或外表面进行冷却对于厚壁管效果不理想,为了提高冷却效率,同时对钢管的内外表面进行冷却。通过比较,钢管外进行层流冷却与钢管内采用轴向冷却,这样的组合效果最佳。

(2)槽内淬火工艺:

1)浸淬。这种方法简单但问题很多,钢管上下冷却速度不同而产生弯曲;加热的钢管在进入水槽后,在钢管表面附加条件产生沸腾,形成表面蒸汽膜,降低了冷却速度,如冷却速度低于马氏体转变的临界冷却速度,就不可能达到淬火的目的。因此,必须与其他冷却方法合用。

2）浸淬加内轴向喷射水。钢管在浸淬时，还在钢管内孔喷射高压水，但长度超过 3m 的钢管超过部分性能不好。如加大出水量，减少钢管内水排出的阻力，冷却效果可以改善。

3）浸淬加内轴向喷射和外喷射水。钢管在浸淬时，管内采用轴向喷水冷却，同时在管外喷水冷却，外喷的冷却水沿钢管外圆切线方向流动。这种装置结构复杂，喷嘴易被氧化铁皮等堵塞，有时冷却水还受已使用过的温度较高的冷却水的影响。同时，冷却能力还受冷却水的溢流排出速度的影响。

4）浸淬加内外轴向喷射水。钢管装在一套筒内，钢管的一端设有内外轴向喷水嘴，在套内有支承钢管的装置。淬火时钢管在支承装置上冷却，冷却水从另一端流出。轴流冷却，只能在一个方向进水，在整个管长度上的瞬时冷却速度不一致，影响钢管的组织均匀性，但只对于壁厚大于 37mm 的管有影响。

（3）关于在线直接淬火方法的选择。根据上节介绍的各种方法，总结如表 10-14 所示。

表 10-14 钢管淬火方法的几种类型

淬火方法				淬透层深 s/mm	单位耗水量/%
喷淬	外表面喷淬			<16mm	100
	内表面喷淬	水流垂直于管壁			
		水流与管壁成一角度射入，螺旋前进	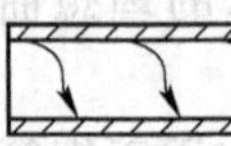		
	内外表面同时喷淬	内表面水流垂直于管壁		20mm 左右	
		水表面水流反向螺旋倒回	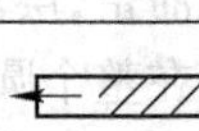		
槽淬	浸渍淬火		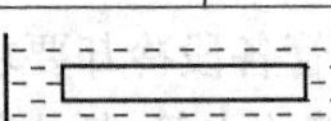	<20mm	69
	内表面轴流或螺旋流：外表面喷嘴	内表面轴流外表面喷嘴	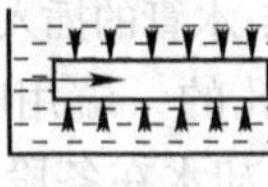		
		内表面螺旋流外表面喷嘴	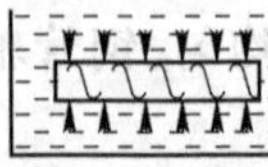		
	内表面轴流或螺旋流：外表面轴流	开路系统	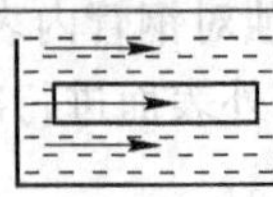		
		闭路系统	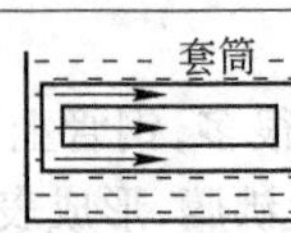	达 40mm	31

从表10-14中看出，主要有两大类淬火方法，即喷淬和浸淬。喷淬的优点为结构简单，钢管可在辊道上一边前进一边完成淬火。但主要缺点是淬透能力差，即使内外表面同时淬火，其淬透层也不超过30mm。此外，耗水量也很大，一般用于小口径管和薄壁管。浸淬的问题是如何解决钢管淬火时，表面蒸汽膜的稳定性，蒸汽膜的形成大大降低了冷却速度。日本钢管京滨厂采用内表面轴流淬火及在槽中加入能破坏蒸汽膜的添加剂等各种方法。

日本钢管公司比较了几种浸淬方法的冷却能力，如表10-15所示。

表10-15　几种冷却方法的冷却能力比较

冷却方法	冷却速度/℃·s^{-1} (800～400℃的平均冷却速度)	弯曲值/mm(管长10m)
浸　淬	32	60
浸淬加内轴向喷射	55	35
外喷射加内轴向喷射	61	40
外层流喷射加内轴向喷射	75	10

注：淬火钢管尺寸为ϕ244.5mm×13.5mm×10000mm，内轴向喷射水流速6m/s，外喷射和层流喷射水量均为600L/(min·m)，冷却速度为管壁厚中心点的速度。

10.2.1.3　钢管轧后直接淬火冷却装置

为了顺利进行钢管轧后直接淬火，对其所需设备要考虑确定影响直接淬火材料质量的主要原因；确定不发生弯曲的冷却条件；提出防止产生缺陷的措施。目前，直接淬火装置已有很多发明和专利，我们介绍其中几种：

(1)连续式外表面冷却装置。此发明的特点是当高温加热的(温度在相变点以上)管材从外面进行连续冷却时，冷却液是从与被处理管材中心轴在同心圆周上等距离排列的许多喷嘴中(通常为扁平喷嘴)喷射出。冷却液一般呈扇形幕状，并被液滴化或雾化，但未成细小液滴范围(喷嘴端头和被处理管材表面之间的距离不能大于规定值)内，以保持被处理管材表面恒定冷却。实践证明，这种方法冷却是极有效的。采用低流量密度冷却液，在长度方向及管材周围方向都能进行均匀冷却，改善了管材形状，减少弯曲和椭圆度。

采用扁平型喷嘴喷出冷却液，在幕状非液滴化区域进行管材淬火冷却方法的优点是，冷却液用量小，喷射压力低，很少堵塞。其冷却装置基本结构如图10-15所示。

(2)钢管进行快速淬火的冷却装置。这种装置的特点是：设置在加热装置之后，冷却装置之上有环状喷嘴对纵向输送的钢管进行急冷，在被冷却钢管和冷却装置内设置的喷嘴内圆周之间的空间设置筒形活门，当钢管冷却到中央部位时，该活门退出冷却装置，而在钢管的前端进入冷却装置时，就随其向冷却装置内移动，目的在于遮蔽冷却水直接喷射到钢管前端，随着钢管的移动，活门自身也同向移动，这实际上是解决钢管冷却过程中头尾冷却不均的问题，其结构如图10-16所示。按照这种结构，可以防止从极简单构造的喷嘴射出来的冷却水从钢管端部浸入钢管内部，进而防止钢管淬火不均引起质量降低等问题。

(3)钢管外部冷却装置。这种装置有两个特点，其一是在回火热处理的后部工序中设置钢管外面冷却装置，它由配置好的一段或多段圆环状集管组成，集管上安装着多个冷却水喷嘴，前后列相互交错配置，使沿轴向输送的被加热的钢管从400～700℃开始冷却至300℃，然后再冷却至室温。平均水流量密度在2m^3/min·m^2以下。其二是在上述条件下控制时，钢管内表面平均冷却速度在30℃/s以下，水流量密度的变化将引起钢管内壁沿圆周方向发生拉伸残留应力。

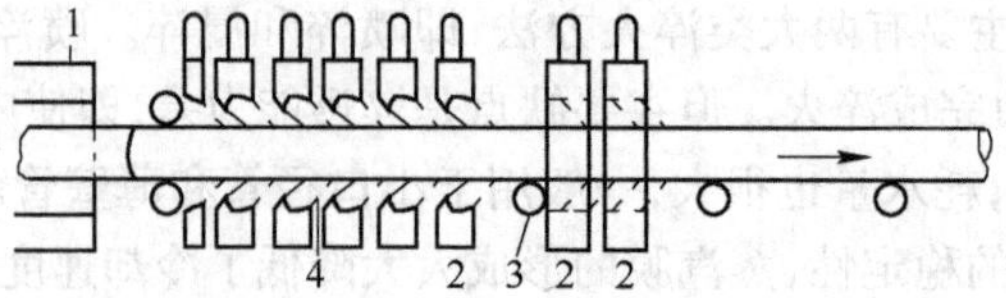

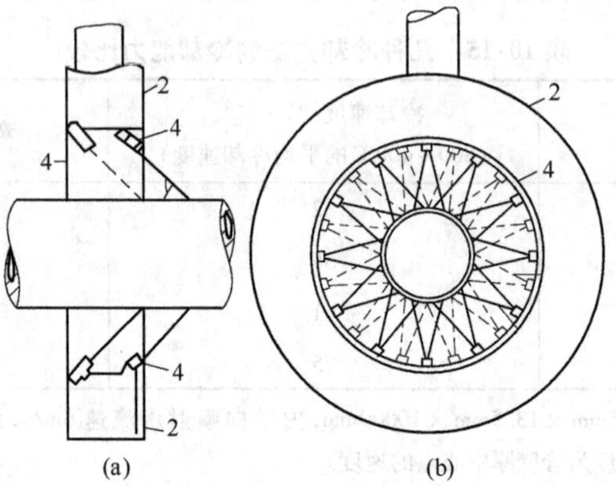

图 10-15　连续式外表面淬火冷却装置图

1—空气幕用缝隙喷嘴；2—冷却用环状集管；3—支持辊；4—喷嘴

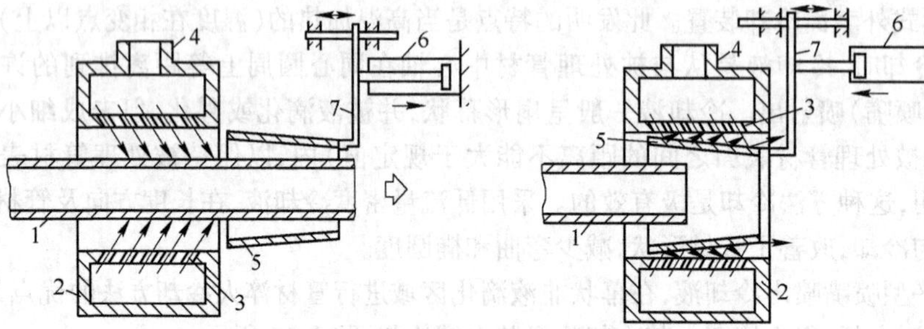

图 10-16　钢管进行快速淬火的冷却装置

1—被冷却钢管；2—环状冷却装置；3—喷嘴；4—冷却水入口；5—筒形活门；6—汽缸；7—支持臂

该装置是将回火后钢管进行强制冷却，以提高冷床的冷却能力和在不提高抗拉强度情况下提高压溃强度的钢管冷却方法。

为了从整体上提高钢管的压溃强度，将钢管的内表面平均冷却速度控制在 5 ~ 40℃/s 以内（550 ~ 250℃），并控制终了温度。冷却终了温度的上限按经验以 350℃ 为宜。

为了冷却均匀，用扁平喷嘴喷出幕状流和滴状流都可以。最大喷出压力为 0.3MPa，适用于生产耐酸性压溃强度高的油井钢管。

此装置结构如图 10-17 所示，图 10-17a 是冷却用集管和冷却水喷出的正视图；图 10-17b 是扁平喷嘴的侧视图；图 10-17c 是锥体形喷嘴的侧视图。

（4）带有内喷嘴的钢管浸淬冷却装置。此装置的特点是，在冷却槽内相对地设置了与液源相连接的钢管内表面冷却喷嘴和连接可动装置的间隔调整器，同时在两者之间配置承载钢管部件，把钢管顺序送进钢管承载部件上，钢管内表面冷却用喷嘴大致置于钢管中心延长线上，用间隔调整器推动钢管的端部，使钢管内表面冷却用的喷嘴与钢管的端部保持规定的间隔。

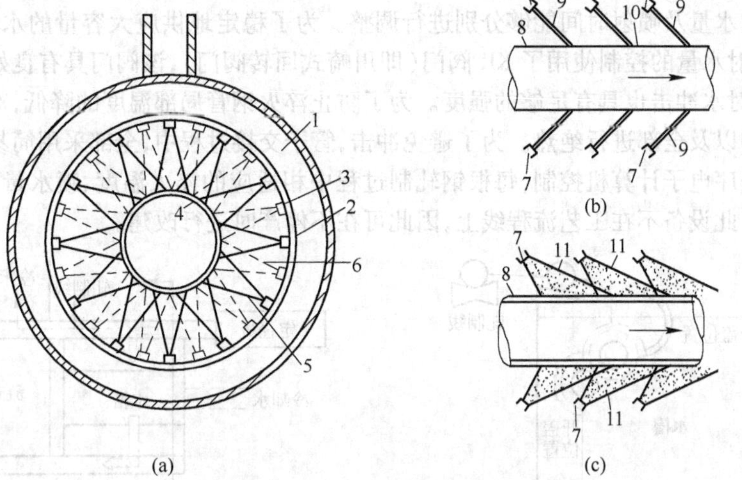

图 10-17　水冷器示意图

1—外壳；2，3，7—喷嘴；4，8，10—钢管；5，6，9，11—水柱

此种冷却装置使赤热的钢管浸淬在充满冷却水的冷却槽内，沿圆周方向和长度方向均匀地冷却钢管的内表面和外表面，从而获得均匀材质和良好形状。

浸淬冷却的一个问题是，为了能保持均匀冷却和良好的形状，必须使钢管外面的冷却水得到充分的搅拌。然而，外面冷却无论怎样强冷和均匀，因堵在钢管内的气体和水压的关系，管内的气体逸出和冷却水浸入反复进行。这样，在冷却中从钢管两端向管内流入的冷却水变得不规律了。因此，钢管的长度方向以及沿圆周方向发生冷却不均匀，进而钢管发生变形和冷却不均匀。

此装置将内喷嘴不固定在钢管前端，而配置在钢管中心范围，这样可得到对钢管内表面冷却有效且稳定的冷却水流，其结构如图 10-18 所示。

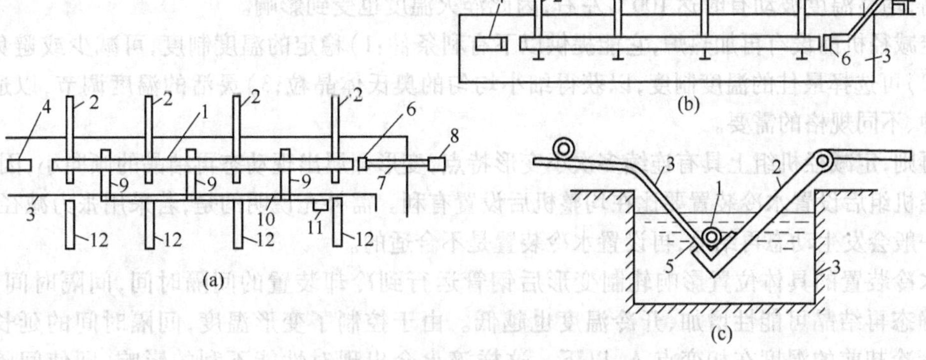

图 10-18　带内喷嘴的浸淬冷却装置

(a)平面图；(b)侧视断面图；(c)正视图

1—钢管；2—输送滑轨；3—冷却槽；4—冷却喷嘴；5—承载钢管部件；6—间隔调整器；
7—联动机构；8—可动源；9—出料滑轨；10—回转轴；11—动力源

(5)钢管轴流淬火装置。这种装置特点是，在水槽里把钢管放在套管内进行冷却。在此封闭管路中，同时对淬火钢管内外表面进行轴流冷却，其过程如图10-19所示，平面布置如图10-20所示。该设备可用于外径177.8～425.45mm，长度5.5～16.5m钢管，同时采用内外轴流方式对管内外喷射的水量及喷射时间能够分别进行调整。为了稳定地供应大容量的水，设置3台泵和高空水箱；喷射水量的控制使用了KR阀门（即川崎式回转阀门），该阀门具有良好的控制性能和灵敏度，而且对水冲击也具有足够的强度。为了防止淬火钢管局部温度的降低，对定径机轧辊冷却水开关控制以及全部进行绝热。为了避免冲击，管子交接过程中，全部采用简易落下方式。由于采用工艺程序电子计算机控制，每根钢轧制过程中相适应的淬火温度、喷水量、喷射时间等参数都可显示。此设备不在工艺流程线上，因此可在不停产时进行改建。

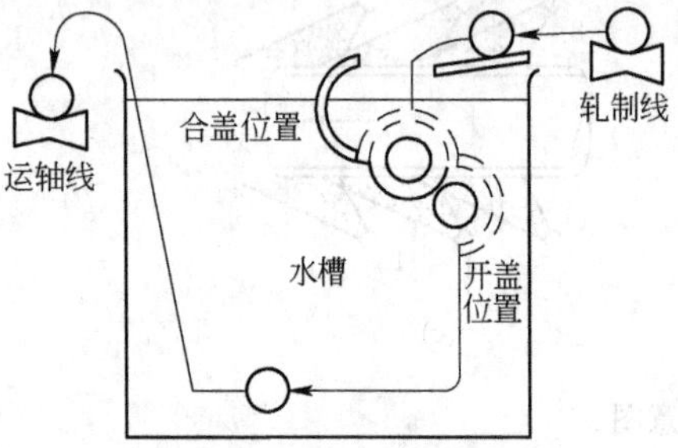

图10-19　钢管轴流淬火过程

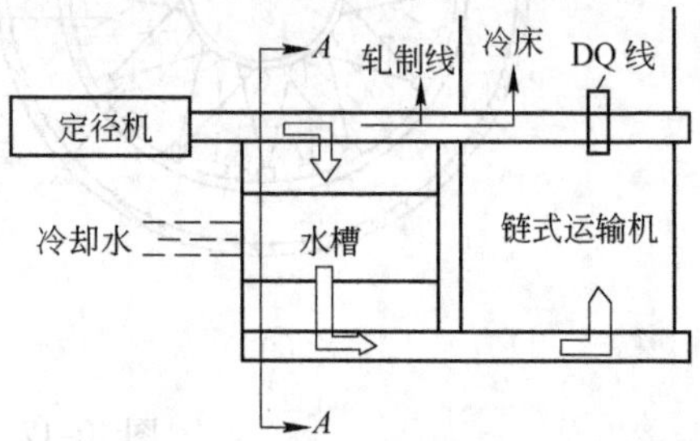

图10-20　日本知多厂在线直接淬火装置的平面布置图

10.2.1.4　钢管轧后直接淬火工艺参数的确定和控制

影响钢管轧后直接淬火的性能因素主要有以下几个方面：

(1)变形工艺参数，主要包括变形温度和变形量，对此参数的要求是：变形温度应低于再结晶温度，而高于奥氏体化温度，避免发生再结晶而取消了应变强化作用。变形量大小会影响再结晶温度高低，但由于产品要求，变形量调整是困难的，因此控制变形温度是主要的，也就是说必须控制定径前的再加热温度或均整温度。

(2)水冷装置的位置设置，包括两方面：一方面水冷装置设在均整机后面还是定径机后面；另一方面是水冷装置离轧机的距离。

对自动轧管机组而言，水冷装置可以设在均整机后，也可设在定减径机后，但若温度控制水平不高，均整温度波动有时达100℃左右，因此淬火温度也受到影响。

定减径机前设有再加热炉，它能提供以下有利条件：1)稳定的温度制度，可减少或避免温度波动；2)可选择最佳的温度制度，以获得细小均匀的奥氏体晶粒；3)灵活的温度调节，以适应不同钢种、不同规格的需要。

再则，定减径机组上具有连续多次小变形特点，变形金属出现动态再结晶的倾向小，因此，在定减径机组后设置水冷装置要比在均整机后设置有利。需补充说明的是，若采用张力减径，变形金属一般会发生动态再结晶，再设置水冷装置是不合适的。

水冷装置的具体位置影响轧制变形后钢管运行到冷却装置的间隔时间，间隔时间越长，发生静态再结晶可能性增加，开冷温度也越低。由于控制了变形温度，间隔时间的延长会导致钢管冷却前的温度在相变点 A_{r3} 以下。这样淬火会出现对性能不利的影响，即使间隔时间延长没导致静态再结晶发生或使开冷温度在 A_{r3} 以下，也会导致晶粒的长大，这对最终性能也是不利的。

(3)钢管的规格、成分和临界的冷却速率。三者有密切的关系，必须对不同规格和成分的钢管测定其临界冷却速度，为确定轧后的冷却制度提供理论依据。

(4)冷却工艺参数。钢管均匀冷却是实现钢管轧后淬火的首要问题，也是调质工艺发展的关键。钢管为中空断面，这一特殊形状给冷却技术提出了新的要求，即必须十分严格地设计和调整淬火温度、喷水量、喷水时间及喷水方式等参数。

冷却速度除考虑淬透性外，在线淬火还必须考虑钢管的生产节奏。与离线淬火速度比，在线淬火速度要大几倍甚至十几倍才能与整个轧制过程相适应。

喷水量、喷水时间与弯曲及冷却速度关系密切，图 10-21、图 10-22 为日本新日铁研究的结果。

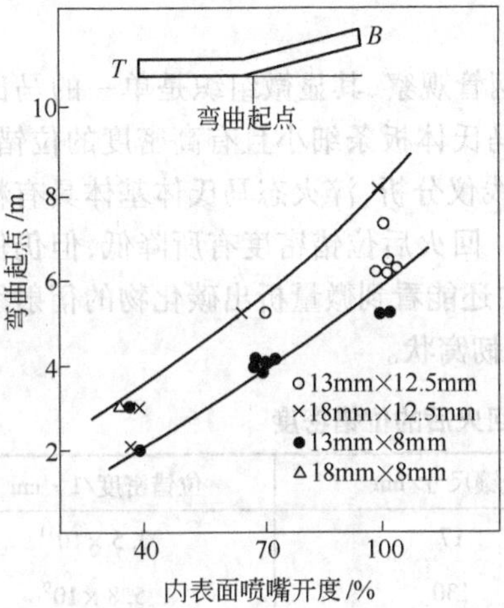

图 10-21　内表面喷嘴流量和弯曲发生点的关系

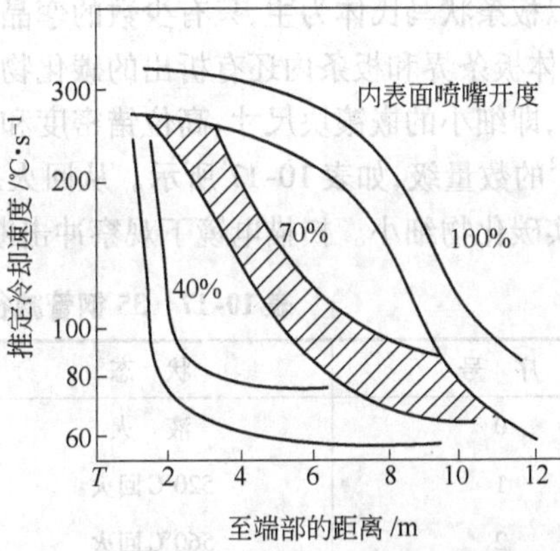

图 10-22　内表面喷嘴流量和钢管冷却速度的关系
（ϕ114. 3mm × 13mm 内表面以下 2mm 的冷却速度）

图 10-21 为在试验设备上，求得的钢管内表面冷却喷嘴流量和发生弯曲点的关系。内表面流量用喷嘴开度表示，内表面流量增加，则弯曲的开始点就移向内表面流动的出口侧，即移向钢管下部。弯曲的开始点与钢管的冷却速度和激变位置有关。图 10-22 表示为不完全淬火的钢管热处理，由断面硬度分布和 Joming 曲线求得钢管纵向冷却速度分布。内表面喷嘴流量增加，则冷却速度弯点移向下侧。比较图 10-21 和图 10-22，该变弯点和上述弯曲开始点大致相同。由此试验得知：为防止管子弯曲，在管内不能残留冷却变弯点。

(5)终淬温度及回火制度。淬火后的钢管内部会有淬火应力，终淬温度控制不当，淬火应力就很大，若回火不及时则很容易开裂报废。北京钢铁研究总院和上钢一厂合作，在减径余热淬火工艺研究中，将淬火的终冷温度控制在马氏体转变点 M_s 以下较高范畴内，一般在 200 ~ 80℃，减小了淬火应力，效果很好。

表 10-16 是其研究结果，生产试验表明：淬火后 1 ~ 2 个月，甚至 3 个月不回火亦未出现裂纹。回火制度对直接淬火钢管的力学性能影响很大，利用改变回火温度来调整韧性指标以满足用户的不同要求是十分有效的措施。

表 10-16　淬火终冷温度的推荐值

w_C/%	w_{Mn}/%	碳当量[①]	终淬温度/℃
0. 31	0. 67	0. 48	80 ~ 120
0. 33	0. 78	0. 53	80 ~ 120
0. 32	0. 91	0. 55	80 ~ 120

续表 10-16

w_C/%	w_{Mn}/%	碳当量①	终淬温度/℃
0.37	0.82	0.58	80 ~ 120
0.28	1.35	0.62	100 ~ 150
0.40	0.68	0.65	100 ~ 150
0.40	1.30	0.72	100 ~ 150

① 碳当量按公式 $w_C + 0.25w_{Mn}$ 计算。

10.2.1.5 钢管轧后直接淬火的组织与性能

根据北京钢铁研究总院对减径余热淬火的50Mn钢管观察，其显微组织是单一的马氏体组织，并以板条状马氏体为主，只有少数的孪晶马氏体。马氏体板条细小且有高密度的位错网络，在马氏体板条界和板条内还有析出的碳化物。用X射线仪分析，淬火态马氏体基体具有精细的亚结构，即细小的嵌镶块尺寸、高位错密度和晶格畸变。回火后位错密度有所降低，但仍保持在 $10^9 cm^{-2}$ 的数量级，如表10-17所示。从回火态的钢管中还能看到微量析出碳化物的衍射线形变化，证实碳化物细小。扫描电镜下观察冲击断口形貌为韧窝状。

表 10-17 35 钢管减径余热淬火回火后的位错密度

序 号	状 态	嵌镶尺寸/nm	位错密度/1 · cm^{-2}
0	液 火	17	3.5×10^{11}
1	520℃回火	130	5.8×10^9
2	560℃回火	150	4.3×10^9
3	600℃回火	200	2.5×10^9

有关轧后直接淬火的钢管性能根据钢种以及淬火工艺的不同而有所不同，现举例说明：

【例1】 用38CrNiMo（成分质量分数：0.37% C、0.83% Mn、0.25% Si、0.55% Ni、0.48% Cr和0.3% Mo）钢钻杆试验时，采用比较低的终轧温度（760 ~ 800℃），用 ϕ130mm 的坯料以73.5%的总压下率轧成尺寸为 ϕ133mm × 9mm 的钢管，轧后立即切下钢管末端淬入水中，经500 ~ 600℃回火获得了较好的力学性能：σ_b 为 1250 ~ 1320MPa、σ_s 为 1180 ~ 1220MPa、δ 为10%、Ψ_2 为 52% ~55%，A_K 为 75 ~ 90J。为了易于切削加工，可在500℃中间回火后，再经盐浴淬火及回火，基本上可以恢复到高温形变淬火时的水平，这称为"利用强化效果遗传性的形变热处理。"

【例2】 36CrSi钢地质钻探管，经800℃定径，急冷至室温，570℃回火，性能明显提高，结果如表10-18所示。

表 10-18 36CrSi 钢地质钻探管高温形变淬火性能

性 能	σ_b/MPa	$\sigma_{0.5}$/MPa	δ_5/%	Ψ/%	A_K/J	硬度 HRC
直接淬火	980 ~ 1000	770 ~ 820	12 ~ 14	38 ~ 46	47 ~ 59	31
一般热轧	780 ~ 830	590 ~ 627	8	40 ~ 42	31 ~ 35	—

【例3】 北京钢铁研究总院和上钢一厂合作，在35钢、45钢、50Mn钢、34Mn钢等减径余热淬火的工艺试验基础上，重点用50Mn钢、34Mn钢批量试验了DZ55级地质套管、岩芯管、DZ60级地质钻杆和E级钻杆，其工艺如表10-19所示。其性能结果如表10-20和表10-21所示。

表 10-19 ϕ73mm×(4~4.5)mmDZ40 钢管的减径变形温度制度

温度/℃	变形率/%	
	道次减径率	总减径率
再加热温度 880~930 减径开始温度 870~920 减径终了温度 780~810	No.1 1.49 No.2~11 2.99 No.12b 0.54 No.13b 0	23

表 10-20 50Mn 钢管的冲击性能

A_K/J 试验温度/℃ 工艺	20	0	-20	-40	-80	-100	-196
余热淬火+回火	837	—	—	835	780	677	486
一般热轧	570	570	470	460	440	—	—

表 10-21 减径余热淬火回火的钢管性能与标准比较

钢 号	回火温度/℃	$\sigma_{0.2}$/MPa	σ_b/MPa	δ_5/%	A_K/J	备 注
35 钢①	550	670	790	16		
	600	637	735	19		
	热轧态	330	580	25		
50Mn②	550	785	899	17	80	
	580	705	794	20		
	热轧态	460	713	22	57	
40Mn2Mo(DZ40 标准值)		≥392	≥637	≥14		$\sigma_{0.2}$、σ_b 为换算值
40MnVB(DZ55 标准值)		≥539	≥735	≥12		
45MnMoB(DZ60 标准值)		≥588	≥764	≥12		
34Mn	550	760	870	20	92	
	600	670	790	22		
	热轧态	430	690	24	140	
E 级		≥517	≥689	≥14		δ_5 为计算值
X 级		≥655	≥724	≥12		
N-80		552/758	≥689	15.5		
X-95		655/862	≥724	14.5		

① 35 钢成分含量(质量分数):0.30%~0.38% C,0.20%~0.40% Si,1.00%~1.40% Mn, ≤0.035% S, ≤0.030% P;
② 50Mn 成分含量(质量分数):0.48% C,0.21% Si,0.68% Mn,0.03% S,0.016% P。

由表 10-19~表 10-21 可见,经减径余热淬火后的钢管综合力学性能比热轧态平均升高 2~3 级。而且冲击性能提高,脆性转变温度降低,提高了材料的使用性能。

日本八幡厂研究结果表明直接淬火钢管的抗压性能和耐酸性能与过去材料无大的区别。

10.2.1.6 钢管直接淬火工艺的应用

(1)阿塞拜疆轧管厂的 2 号 ϕ250mm 自动轧管机组上首先使用在线直接淬火工艺生产 N80

石油套管。钢管直接淬火装置布置在均整机后，利用均整的变形量和轧后余热，进行在线余热处理（淬火）。淬火后的钢管在作业线上进行回火，然后定径、热矫直、冷却、冷矫直。

（2）日本川崎知多厂的在线直接淬火，其工艺布置和质量保证如下：

1）在线直接淬火的工艺布置：知多厂有三条油井管的热处理线，其中一条采用直接淬火的方法，设备布置在中径无缝钢管车间的8架定径机后。其工艺流程是：8架定径机定径→直接轴流淬火→步进炉回火→热定径（测外径、自动调辊缝）→热矫直→探伤、修磨。主要用于生产高强度油井套管及输送管，其平面布置如图10-20所示。

直接淬火装置的性能如表10-22所示，该装置采用闭路轴流淬火方式，其布置如图10-23所示。

表10-22 直接淬火的设备性能

钢管尺寸	外径：177.8～425.5mm 长度：5.5～16.5mm 厚度：30mm
淬火方法	内部和外部轴流淬火
生产能力	150～165t/h

直接淬火装置操作过程如图10-19所示，在轧制线上的钢管呈直线排列进行运动，用翻料杆将钢管投入淬火槽中，此时淬火槽的上部处于打开状态，钢管投入后则关闭上盖，同时，内、外面喷嘴开始喷流。按规定时间喷流后，下盖开始下降到某一角度时，钢管从淬火槽落到水槽的底部，然后由链式运输机到冷床上，与常规的轧制线合流。淬火时钢管支承在下套筒的状态如图10-24所示。

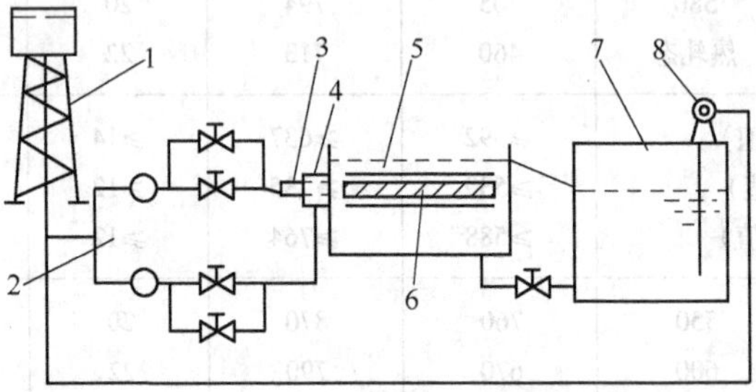

图10-23 在线直接淬火设备系统图

1—高位水箱；2—淬火介质；3—内喷嘴；4—外喷嘴；5—轴向流水箱；6—淬火装置；7—水箱；8—泵

为了稳定地供给低压大流量的冷却水而设置了3台泵及高位水箱。在控制冷却水量方面，研制了控制性能好、灵敏度高并对水的冲击具有充分强度的KR阀。内、外面轴流的喷水量及定时喷射可分别设定。喷水量设定两个标准如图10-25所示。其中低流量称为基本流量，它对排出钢管内的空气、防止KR阀的水冲击及高流量的转换起着极重要的作用；高流量为喷射流量。

钢管被投入淬火水槽之后，到喷射开始的时间，由钢管在轴流套管内达到固定位置的总的时间决定的。淬火所需要的喷射时间由传热计算所决定，也可由另外研制的水温测定系统来决定。水测量系统由安装在排水口、直径约2.5mm的热敏电阻水温传感器来检测冷却水的变化，根据冷却水的温度上升和流量计算出向冷却水传递的热量，进而推断出钢管冷却状态的结果。

淬火温度的控制对钢管质量是个极重要的因素。在该设备上考虑了以下两方面：一方面为了防止定径机轧辊的冷却水由钢管端部进入，在管端通过时，应暂停轧辊外的冷却水；另一方面在钢管停留地方,为防止钢管被支承部件冷却,采用了绝热材料的衬垫。另外,采用比色温度计监视温度,并将程序储存在计算机内,实行分级管理。

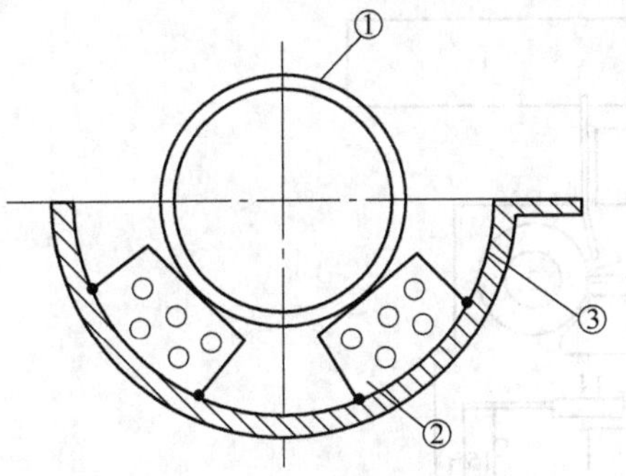

图 10-24　淬火时钢管支承在下套管的状态
1—钢管;2—支承块;3—下套筒

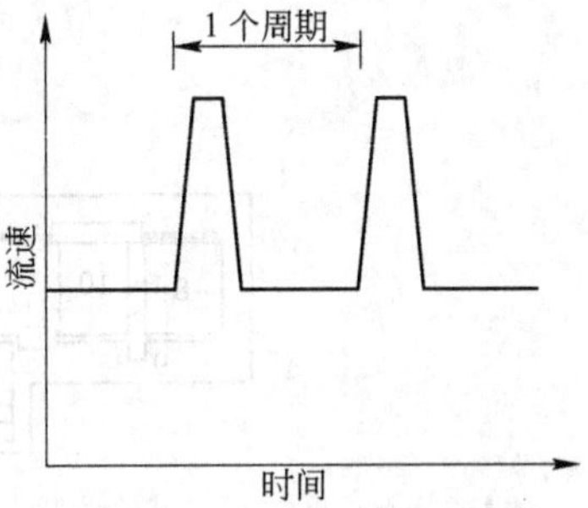

图 10-25　流速模型模式图

2)直接淬火后钢管的质量保证:淬火裂纹是淬火时由于马氏体产生急剧膨胀和降低了钢材的塑性所造成的;自身裂纹属于淬火后发生的缓慢破坏,主要由氢气的扩散所致。对于前者,可以通过降低碳含量减少膨胀量、增加塑性来解决。对于后者,通过降低钢中的含氢量解决。现含碳量设计为上限,由于全部钢种进行脱气处理,所以两种裂纹都没有产生。

钢管的弯曲程度,在外观中视为最重要的条件。按前述的采用低喷射流量平稳地排除空气以及通过流量调整全面进行均匀冷却,就可减少弯曲量。

通过直接淬火后钢管质量提高,油井管硬度高,硬度在维氏硬度 500 左右。抗拉强度达 API 标准,回火稳定性与普通淬火法相比较略高;断口转变温度(VT_{us})在较低的温度下及在寒冷的地区有足够的韧性;压溃强度符合 API 标准要求。在有 H_2S、CO_2 的腐蚀环境下使用的油井管,要求进行 SSCC(硫化氢应力腐蚀裂纹)试验。直接淬火钢管(N80)以 NACE 法的 SSCC 试验结果是 720h 的极限载荷应力比(破坏载荷应力/标准最小屈服应力)为 0.9 以上,表示具有良好的性能。

但据川崎知多厂介绍,由于轴流淬火装置只有一端有喷嘴,故钢管的冷却不均匀,可能造成组织不均。当钢管壁厚大于 37mm 时,就会出现这种情况,但对一般石油钢管,不存在这个问题。

(3)日本钢管京滨厂的在线直接淬火。京滨厂的连轧管机组是中型限动芯棒连轧管机组,用于生产直径 114 ~ 244.5mm、壁厚 4.0 ~ 40mm、长 5 ~ 15m 的各种钢管,设计年产量为 60 万 t。该机组采用大导盘斜轧穿孔机、三辊延伸机、限动芯棒连轧机、定径机及在线直接淬火等工艺。其平面布置如图 10-26 所示。

在该机组上管坯经穿孔、延伸、连轧后钢管温度达不到要求,所以采用快速芯棒法及连轧机 - 定径连轧法,即当钢管头部进入定径机,钢管尾部快轧完时回抽芯棒。轧制时芯棒速度达到 1.5m/s可以减少芯棒与钢管之间的热传导,不致使钢管温降过快。

京滨厂在线直接淬火设备的特点是:长达 29m 的钢管不经再加热炉加热直接淬火,淬火设备如图 10-27 所示。该设备淬火时钢管是回转的,内表面采用高速喷水,外表面采用层流冷却。因此冷却效果好,冷却均匀,钢管不会产生弯曲。

该厂之所以能在连轧后进行长尺寸钢管在线直接淬火,除快速芯棒法和连轧 - 定径外,还采取了一系列的温度检测和控制设备,使定径机的出口温度达到淬火温度的要求。对典型壁厚的产品进行计算和测定的结果如图 10-28 所示。由图中看出,钢管温度的变化完全可以达到淬火的要求。轧管机作业线上，从环形加热炉到冷床的温度测量，都是计算机控制。根据各点温度的变化进行全线调整，以满足在线淬火的要求。

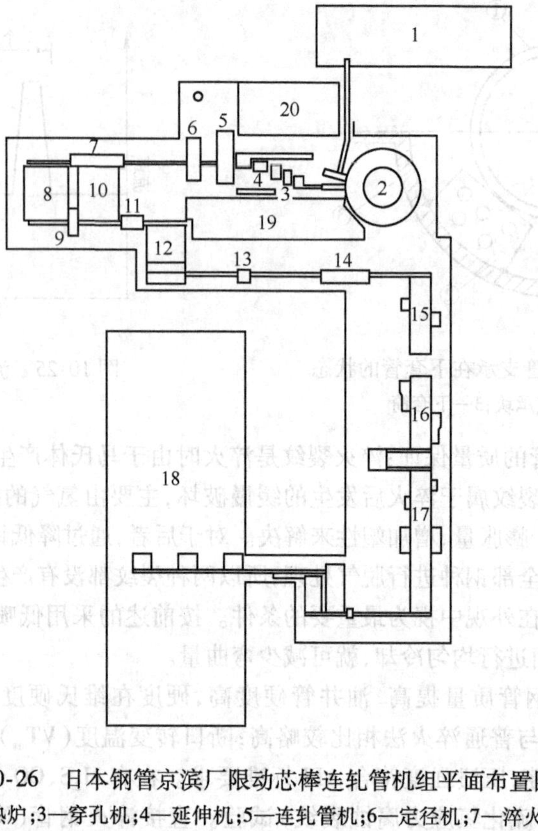

图 10-26　日本钢管京滨厂限动芯棒连轧管机组平面布置图

1—管坯仓库；2—加热炉；3—穿孔机；4—延伸机；5—连轧管机；6—定径机；7—淬火装置；8—回火炉；9—再定径机；10—1 号冷床；11—矫直机；12—2 号冷床；13—超声波探伤；14—切管机；15—铣头检查；16—车丝机；17—水压试验机；18—成品仓库；19—轧辊加工间；20—芯棒加工间

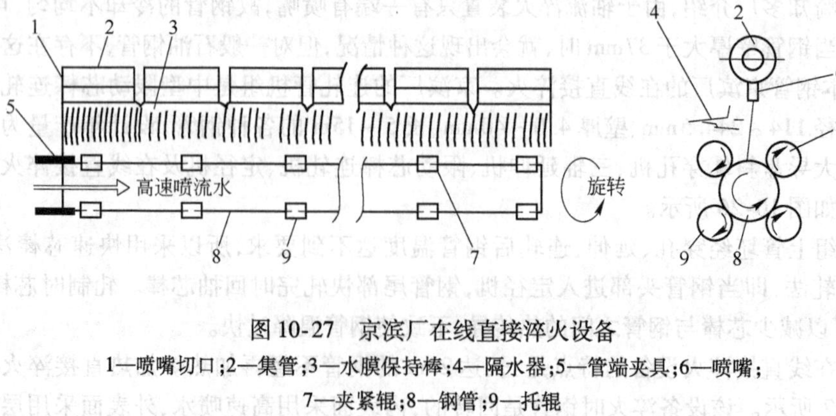

图 10-27　京滨厂在线直接淬火设备

1—喷嘴切口；2—集管；3—水膜保持棒；4—隔水器；5—管端夹具；6—喷嘴；7—夹紧辊；8—钢管；9—托辊

另外，日本新日本钢铁公司在八幡厂 ϕ400mm 自动轧管机组生产线上设置了一套直接淬火装置，布置在定径机后面，几乎所有的油井管都用这一套淬火装置；日本钢管公司在扇岛厂 ϕ250mm 连轧管机组生产作业线上，在定径机后设置了直接淬火装置，采用喷淬方式处理长 24～40m 的钢管。

（4）天津无缝钢管公司的在线直接淬火。天津无缝钢管公司在Assel机组上进行了在线直接淬火工艺试验，其生产流程如图10-29所示。

钢管的生产工艺是：管坯加热→穿孔→Assel轧制→定径（充分利用钢管轧制后的余热）→钢管在热状态下（910～860℃）钢温降至830～780℃→直接进行在线水淬→收集→在步进式加热炉内进行高温回火处理（600～650℃）→进入步进式冷床上空冷。

在线直接淬火的热处理工艺参数：淬火温度780～830℃，钢管冷却速度不小于40℃/s，水淬能力15t/h，回火温度600～650℃，回火时间50～60min。钢管规格：直径73～140mm，壁厚5.5～16mm，长度6～12m。淬火前钢管弯曲度不大于2%。

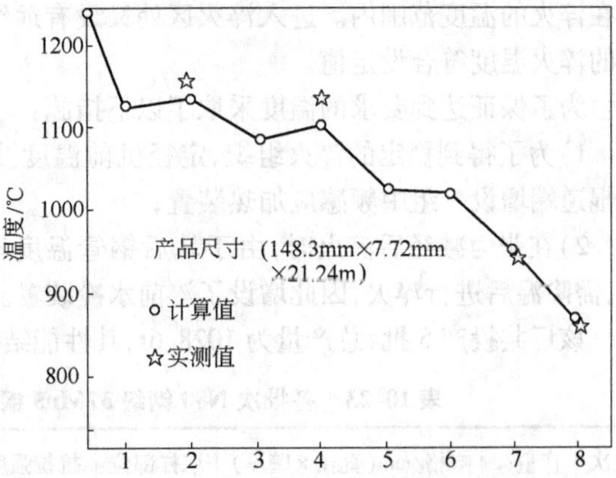

图10-28　轧制过程中钢管的温度变化

注：横坐标各点表示：1—穿孔机入口；2—穿孔机出口；3—延伸机入口；4—延伸机出口；5—连轧机第一架；6—连轧机第八架；7—定径机出口；8—冷床

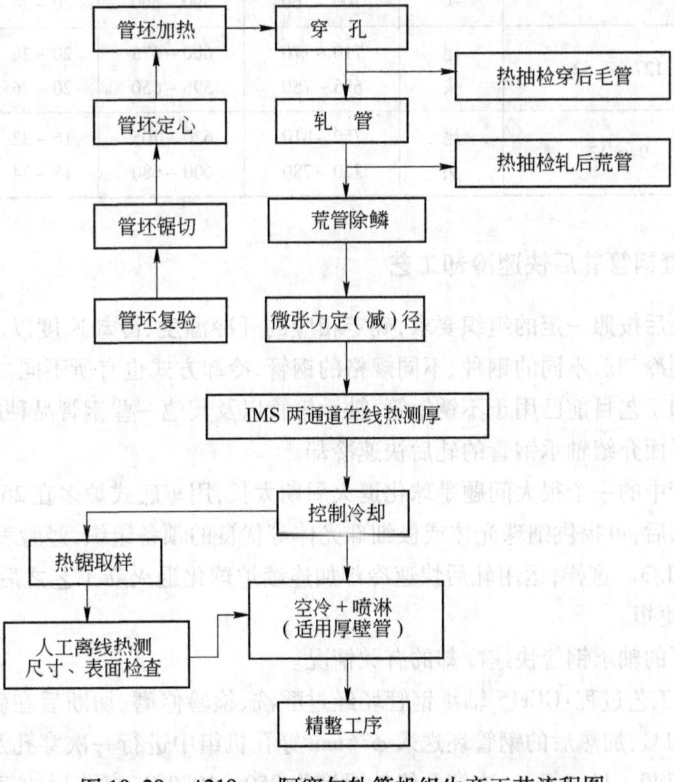

图10-29　ϕ219mm阿塞尔轧管机组生产工艺流程图

钢种：29CrMo44、P110、26CrMo4或27CrMo44、30Mn5、N80、35CrMo。

水淬方式：外表面为喷射冷却，内表面采用轴向喷射冷却方式。外冷却水量不小于$0.5m^3$/min·m，内冷却水流速不小于13m/s，钢管旋转速度不小于60r/min。

淬火工艺：在定径机后，用远红外测温仪对钢管进行连续测温，根据钢管后端的温度，确定是否在淬火的温度范围内。进入淬火区处又设有远红外测温仪对钢管再进行测温，以确保每根钢管的淬火温度符合设定值。

为了保证达到要求的温度采取了以下措施：

1)为了得到稳定的淬火组织，定径机前温度波动应控制在极小范围内，需在张力减径机出口辊道端增设一组中频感应加热装置；

2)在张力减径后淬火时，由于轧后钢管温度较高，一般在860～890℃，直接淬火易变形开裂，需降温后进行淬火，因此增设了淬前水冷装置。

该厂共投产5批，总产量为1028.6t，其性能结果统计，如表10-23所示，经判断全部合格。

表10-23 各批次N80钢级37Mn5钢管在线热处理后的力学性能统计

批次	产量/t	规格/mm(直径×壁厚)	取样部位	抗拉强度/MPa	屈服强度/MPa	伸长率/%	冲击功(横向)/J
1	154.09	139.7×7.72	尾	700～750	570～635	22～24	24～41
			头	720～780	590～670	22～26	27～53
2	246.77	139.7×7.72	尾	720～770	585～655	20～26	26～44
			头	690～750	580～655	22～26	26～41
3	233.78	139.7×7.72	尾	690～750	580～650	20～26	27～39
			头	700～760	590～660	20～24	31～47
4	206.57	127×7.52	尾	710～770	600～675	20～26	29～41
			头	695～750	595～650	20～26	27～43
5	187.39	94×13	尾	750～810	620～705	16～22	37～55
			头	720～780	600～680	18～24	39～53

10.2.2 热轧无缝钢管轧后快速冷却工艺

此工艺是在轧后按照一定的组织要求，确定相应的开冷温度、冷却速度以及终冷温度，即对轧后钢管进行控制冷却。不同的钢种、不同规格的钢管，冷却方式也有所不同。

轧后快速冷却工艺目前已用于不锈钢管、轴承钢管以及其他一些钢管品种的生产中，并取得了较好的效果。下面介绍轴承钢管的轧后快速冷却。

轴承钢管生产中的一个很大问题是球化退火周期太长，用车底式炉多在26～27h以上，而采用轧后快速冷却以后，可提供细珠光体或极细珠光体等优良的预备组织，经验表明这可将球化退火时间缩短1/2～1/3。这样，运用轧后快速冷却加连续炉球化退火新工艺之后整个球化退火时间为5小时，甚至更短。

下面介绍某厂的轴承钢管快速冷却的有关情况。

(1)穿水冷却工艺过程：GCr15轴承钢管坯经过酸洗、检验修磨、切断后在斜底炉加热，加热温度为1130～1150℃，加热后的钢管坯送入ϕ76mm穿孔机组中进行一次穿孔及二次穿孔，一次穿孔终轧温度为1140～1160℃，二次穿孔终轧温度为950～1030℃，穿孔后的钢管送至400kg夹板锤进行锤头，锤头后钢管温度为850～900℃，然后由"V"型输送辊道送入水冷器进行穿水冷却，最后在冷床上空冷至室温。

水冷器分为四组，在第一组水冷器前及第四组水冷器之后两处测温，每组水冷器由两个水冷套组成，保证具有一定的冷却强度。

水冷器由外套筒、内胆及端面板、管道组成。每个水冷器有四个进水口进水,对下部考虑到水的重力影响,水量是单独控制的。内胆上钻有中心向轴心的出水小孔,孔径为4mm,带有压力的水在套中旋转并从斜孔中喷出,所造成的离心力形成旋转环状水帘,在管材的穿水冷却过程中,使水能均匀的喷射在钢管表面。

轴承钢的穿水冷却温度应严格控制,出水温度过高,网状碳化物消除较差。如进水温度为910℃,出水温度为630℃,20s后返红至720℃,其平均网状碳化物为1.5~2.0级,轧后组织为珠光体+局部网状碳化物,球化后球化级别为3级。若钢管进水温度为850~830℃,出水温度为450℃,这时网状碳化物基本消除,但出现马氏体和贝氏体组织,在钢管表面产生了大裂纹。该钢管球化后,球化级别为1.5~2级,但实际中不能应用。根据该厂条件,管材出水温度以550~600℃为好。这样既可得到细片状珠光体(索氏体)+局部网状渗碳体,又能降低网状级别,使其小于1.5级,还能保证不产生马氏体和贝氏体组织,防止管材表面产生裂纹。

通常冷却水温度为室温,到水冷器时水压为0.2~0.25MPa,为了保证水中不带杂物而装置了过滤网。通过调节每个水冷套水流量和输送辊道速度来控制管材冷却速度和出水温度。为了防止轴承管材一次冷却速度太快以致表面产生马氏体组织,该厂采用多段冷却的方式。四段冷却器,每段之间距离为3.5m,如输送辊道速度为0.8m/s,整个穿水冷却过程为13s。

(2)实验结果:钢管一次穿孔温度为1140~1170℃,二次穿孔终了温度为950~1050℃,锤头温度为840~890℃,进入第一组水冷器前,钢管表面温度为820~845℃,经过第一组水冷器的钢管降为675~715℃。在由输送辊道进入第二组水冷器前,其表面温度上升至720~770℃,在其他三组水冷器的冷却过程中,钢管表面同样经过多次温度下降与回升,最后冷却至550~580℃,在冷床上回升到610~675℃后空冷至室温。这个工艺得到细珠光体加极少网状碳化物的管材,断面上硬度均匀。网状碳化物一般在1级左右,极个别为1.5级。

由于得到了细珠光体,在奥氏体区碳化物易于熔断,因此缩短了球化退火时间7~8h。采用轧后穿水冷却的轴承管材经球化退火后,碳化物颗粒分散度大,分布均匀,碳化物颗粒平均直径比雾冷管材减小10%~17%,提高了管材的强韧性,改善冷拔性能,提高一次冷拔变形量并减少了断头。

10.2.3 热轧无缝钢管轧后余热正火(在线常化)

10.2.3.1 轧后余热正火工艺

这种工艺是适当地调节变形温度,使均整或定减径变形的终轧温度变为相应的正火温度,然后空冷。研究表明,这一工艺对某些钢种,可以获得离线正火的效果。由于该工艺无需增添新的设备,而省去了一次正火热处理,简化了生产流程,节约了能源。

例如:12Cr1MoV锅炉管轧后余热正火工艺。

12Cr1MoV锅炉管使用条件下的持久强度和力学性能在很大程度上决定于热处理工艺。这种钢管一般在轧制后要进行960~980℃的正火和730~760℃的回火处理。按现行的热轧工艺,其终轧温度高于上述的正火温度,因此,可以考虑采用热轧后余热正火处理,为此有人进行了相关试验。

试验采用两种尺寸及成分的钢管:ϕ377mm×15mm(A钢)和ϕ426mm×20mm(B钢),终轧温度为1070~980℃。其化学成分如表10-24所示。

表 10-24　钢的化学成分(质量分数)　%

钢	C	Mn	Si	P	S	Cr	Ni	Cu	Mo	V
A	0.09	0.47	0.30	0.007	0.024	1.0	0.12	0.12	0.30	0.23
B	0.14	0.50	0.27	0.014	0.027	1.01	0.15	0.20	0.30	0.24

试验采用两种工艺方案:

(1)终轧温度为980～1070℃余热正火+730～760℃回火;

(2)按普通工艺热轧后,960～980℃正火+730～760℃回火。

试验表明,两种工艺所得钢管断面上的瞬时力学性能是均匀的,按工艺1所得钢管的持久性能在塑性足够的情况下比普通工艺2所得性能高出40～60MPa。

方案1使钢的持久强度提高,可认为是高温加热和轧制相结合以及随后特殊冷却的结果。由于加热温度高促成了碳化物更充分的溶解并转变成固溶体,随后由于变形再结晶细化了奥氏体晶粒。

用两种工艺所得钢管在回火后的显微组织均由铁素体和部分中温回火分解组织的回火产物所组成。晶粒大小与980～1070℃范畴内终轧温度无关,为6～8级。由电镜观察确定,两种工艺下,试样中的碳化物数量及分布情况大致相同,铁素体内部为细小的碳化物,较大的碳化物分布在晶界上。

研究结果表明:(1)壁厚为15～20mm的12Cr1MoV钢管在980～1070℃的终轧温度下直接正火处理和随后高温回火,可以保证所需的力学性能。钢管的持久性能使用外推法得出,在560℃下使用10^5h以上不低于普通工艺钢管。终轧温度在980～1070℃内波动,不影响力学性能。(2)经轧制余热正火钢管的组织和普通热处理工艺的组织相似。

10.2.3.2　热轧无缝钢管在线常化工艺的开发及应用

A　在线常化工艺及其特性

热轧无缝钢管在线常化工艺示意图如图10-30所示,即在热轧无缝钢管生产中,在轧管延伸工序后,将钢管按常化热处理要求冷却到某一温度后,再进加热炉,然后进行定减径轧制,按照一定的冷却速度冷却到常温。因此,要求轧管工序的终轧温度(T_1)在临界温度A_{r3}或A_{rcm}以上,中间冷却后的温度(T_3)在A_{r1}以下,以保证奥氏体组织完全分解。再加热温度T_2应在奥氏体化温度以上。

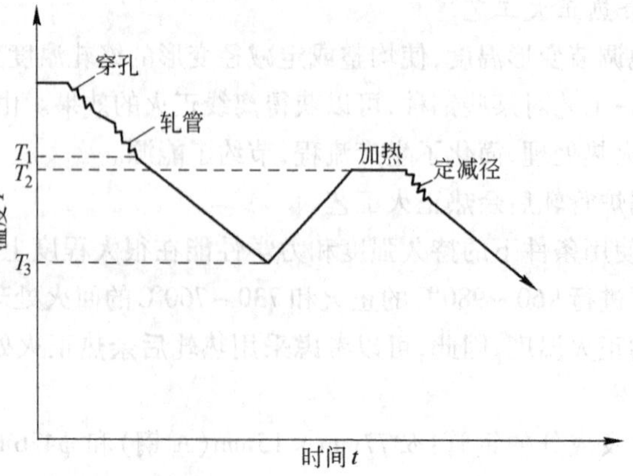

图10-30　在线常化工艺示意图

T_1—轧管的终轧温度;T_2—定减径温度;T_3—中间冷却温度

从以前分析可知，轧管工序后的组织是再结晶奥氏体。在冷却过程中发生相变，通过再加热时进行奥氏体化，变形后冷却时又进行奥氏体向铁素体 + 珠光体转变。由于转变时控制了冷却速度，晶粒得到了细化。因此在线常化定径前的预组织比直轧工艺中的好。

在线常化工艺属于高温形变热处理，实际上是轧后余热正火的一种。

B　在线常化的研究情况

在线常化工艺刚开始应用于生产，大量工作还需进行研究。加拿大 L. N. Pussegodu 等人对表 10-3 中的钢种进行了热轧无缝钢管在线常化工艺的模拟研究，模拟既有采用热扭转模拟，也有采用板条轧制模拟。北京科技大学采用热模拟机压缩模拟和板条轧制模拟，对在线常化工艺进行了研究。加拿大 L. N. Pussegodu 等人研究方法及参数见 10.1.3 节，研究结果如下：

(1) 在钢管进入再加热炉前冷却到 A_{r1} 以下时，就产生很大程度的晶粒细化，这种方法对所有试验钢都有效。对 19C－15V 钢在模拟大尺寸钢管轧制时，热连轧后，奥氏体转变为铁素体之前以及冷却至 A_{r1} 以下再加热至 1000℃ 时，其奥氏体晶粒尺寸分别为 24μm、28μm 和 11μm。

(2) 在线常化工艺可细化最终铁素体的晶粒尺寸，如表 10-25 和表 10-26 所示。

表 10-25　最终铁素体显微组织

钢　种	工艺类别	铁素体晶粒尺寸/μm	显微硬度 HV(10g)	屈服强度/MPa
10C－10V	直　轧	11.3	215 ±6	533
	在线常化	7.4	193 ±3	546
18C－9V	直　轧	9.8	204 ±6	624
	在线常化	6.4	182 ±8	650
10C－3Nb－4V	直　轧	18	222 ±6	579
	在线常化	10	165 ±2	462
19C－15V	直　轧			710
	在线常化			728

表 10-26　两种钢在线常化效果比较

钢　种	工艺类别	铁素体晶粒尺寸/μm	晶粒度 ASTM/级	非铁素体相体积分数/%	屈服强度/MPa
10C－3Nb－4V	直　轧	18	8.3	24.9 ±2.3 (P+B)	579
	有线常化	10	10	10.4 ±1.9(P)	462
C－Mo	直　轧	90	3.7	81 ±2(P)	460
	有线常化	10	10	54 ±3(P)	455

(3) 在线常化工艺在细化铁素体晶粒的同时，将降低轧后组织中非铁素体相的体积分数，如表 10-26 所示。

(4) 在线常化工艺适宜于大中规格钢管生产，并且变形温度应控制在再结晶温度以下。这是因为生产小规格钢管时，减径量很大，会发生动态再结晶，故采用在线常化工艺必要性不大。若减径温度过高，即便是在较小变形量条件下，变形后也会产生静态再结晶，抵消了在线常化的效果。

(5)在线常化会降低微合金化钢中的沉淀强化作用，这是因为在线常化使奥氏体中的沉淀析出增加，因而使其在铁素体中析出量减小，减少了沉淀强化的作用。

从以上分析可见，在线常化与直轧相比的优点在于：1)强度提高不多，甚至略有下降，虽然晶粒细化提高了强度，但析出强化减少以及珠光体相的减少，都使强度降低；2)在线常化由于晶粒尺寸减小，珠光体量减少和沉淀强化作用降低使冲击韧性大幅度提高；3)在线常化工艺与快速冷却工艺结合，可获得综合力学性能良好的管材，如表10-27所示。

表10-27 各种工艺组合性能表

钢种	处理路径	屈服强度/MPa	抗拉强度/MPa	伸长率/%	顶表面/BHN	硬度VHN			铁素体晶粒尺寸/μm	冲击功/J		
						顶面	中部	底部		20℃	-18℃	-40℃
1	HR+AC	482	588	38.5	179	190	190	190	7.27	221	222	164
	HR+N+AC	435	553	34.0	170	186	183	181	6.00	313	348	258
	HR+WC	541	667	30.0	216	219	215	210	5.64	155	195	80
	HR+N+WC	581	664	27.0	194	203	203	195	5.22	209	187	171
2	HR+AC	518	638	36.5	189	222	217	212	6.91	149	114	68
	HR+N+AC	477	581	33.0	170	188	194	183	5.70	237	212	190
	HR+WC	641	750	31.5	222	242	242	242	5.26	107	94	46
	HR+N+WC	600	769	27.0	209	212	217	210	5.07	220	—	87
3	HR+AC	538	685	34.0	201	225	225	224	6.66	92	71	28
	HR+N+AC	498	633	32.0	187	210	208	210	6.35	156	115	91
	HR+WC	724	834	—	210	279	242	247	4.98	118	87	72
	HR+N+WC	671	907	23.0	218	315	317	312	4.89	141	—	81
4	HR+AC	578	746	30.5	217	242	249	249	6.28	46	38	15
	HR+N+AC	527	684	27.5	207	227	228	220	5.88	118	99	68
	HR+WC	791	915	—	280	297	297	283	5.12	100	60	46
	HR+N+WC	629	767	27.0	240	250	244	247	4.50	122	94	73

注：HR—热轧；AC—空冷；N—常化；WC—喷雾冷却。

C 热轧无缝钢管在线常化工艺的应用

从设备要求的方面看，需要中间冷床或待热辊道，还需要再加热炉。通常，连轧管机组及自动轧管机组都设有再加热炉及定径机，但无中间冷却措施。因此，必须进行一定的设备改造，才能实现在线常化工艺。

(1)在连轧管机组上的应用。在天津无缝钢管有限公司连轧管机组上，利用在线常化工艺开发了Mn-V、Mn-Cr-V系列的N80级的非调质石油套管。改变了原来意大利提供的Mn-Cr钢种，其生产工艺如下：

管坯→定尺锯切→环形炉加热→高压水除鳞→热定心→穿孔→吹硼沙、氮气→芯棒预穿→MPM连轧→脱管→冷床冷却→再加热炉加热→定径→冷床冷却。

三种成分钢管在线常化后的性能如表10-28所示。钢管尺寸为ϕ244.5mm×10.03mm。

表10-28　中外在线常化的三种成分钢管的性能对比

钢　种	σ_s/MPa	σ_b/MPa	δ/%	晶粒度/级	A_K/J	金相组织
Mn－Cr	490.4	765.0	29.5	9.0	19.8	珠光体＋网状铁素体
Mn－V	581.0	830.0	30.0	8.5	25.5	
Mn－Cr－V	612.8	867.0	30.0	9.0	17.4	珠光体＋铁素体
API标准	552－758	≥689			≥15.0	

从表10-28可知：Mn－Cr屈服强度太低，低于标准要求，而Mn－V、Mn－Cr－V采用在线常化工艺所生产的钢管各项指标都满足要求。

(2)在三辊轧机上的应用。在衡阳钢管厂的ϕ108mm三辊轧管机组上，生产钢号为37Mn5(Mn含量为1.2%～1.5%)的J55接箍管，其工艺流程如下：

三辊穿孔→三辊轧管→脱棒，钢管冷却到550℃以下(该钢的A_{r3}约为630℃)→步进炉中加热到1000℃、保温15min→出炉→高压水除鳞→微张力减径(终轧温度为800～820℃)→空冷。其成品尺寸为ϕ94mm×14mm。钢的成分如表10-29所示。其在线常化工艺如图10-31所示。

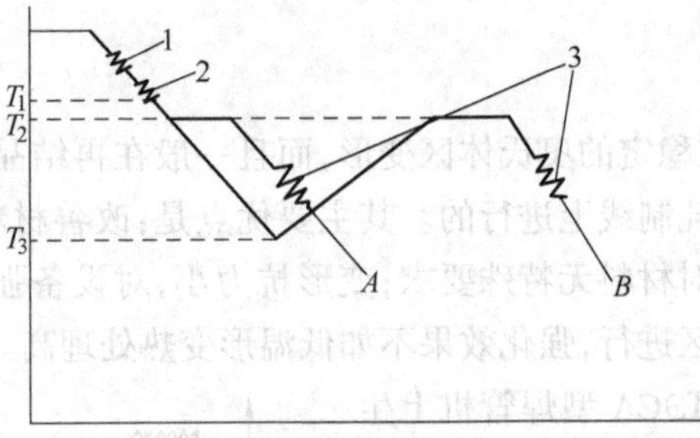

图10-31　热轧J55钢管在线常化工艺示意图

A—正常轧制；*B*—在线常化轧制。T_1—荒管终轧温度；T_2—再加热温度；T_3—在线常化时钢管冷却温度

1—穿孔变形；2—轧管变形；3—定减径变形

表10-29　试验用钢成分(质量分数)　%

C	Si	Mn	P	S	Cu	Ni	Cr
0.38	0.32	1.39	0.017	0.012	0.10	0.07	0.07

轧制后结果分析如下：

金相组织：正常轧制条件下所得组织为网状铁素体＋珠光体，并有少量的魏氏组织，晶粒度4.5级，铁素体组织占18.3%；在线常化条件下所得组织为铁素体＋珠光体，晶粒度8级，铁素体组织占32.2%。

力学性能：见表10-30所示。

表 10-30 力学性能结果

试样号	σ_b/MPa	$\sigma_{0.5}$/MPa	δ/%	A_{KV}/J	
				点 值	平均值
A	680	480	20.5	21、14、27	21
B	590	410	26.5	77、88、64	76
标 准	≥517	379~552	≥18.5	≥27	

从表 10-30 力学性能结果看出，采用在线常化工艺的钢管其延伸率与冲击韧性都提高，尤其是韧性成倍的提高，抗拉强度与屈服强度略有降低，这从金相组织的变化得到说明。在线常化后晶粒度由 4.5 级升至 8 级，晶粒得到了细化，晶粒细化提高了韧性，同时也应提高强度。但因钢中铁素体量的增加，也就是强化相珠光体的减少，使强度下降。当然还有其他原因，在前一节已讲过。要想提高强度水平，可以控制定径后的冷却速度，如水冷却，即加快冷却速度。

总之，通过在线常化，使韧性满足了标准要求。

10.3 热轧钢管的形变热处理工艺

钢管的在线余热处理如果和定径机、均整机等变形强化有机结合就是形变热处理。对热轧钢管工艺用得最多的是高温形变淬火及低温形变淬火。

10.3.1 高温形变淬火

高温形变淬火是钢管在稳定的奥氏体区变形，而且一般在再结晶温度以上，然后进行淬火，以获得马氏体组织，这是在轧制线上进行的。其主要优点是：改善材料的综合力学性能，既能提高强度同时又能提高韧性；对材料无特殊要求；变形抗力小，对设备强度要求不高。与低温形变相比，由于在奥氏体再结晶区进行，强化效果不如低温形变热处理高。其工艺如图 10-32 所示。

俄罗斯北方钢管厂在 TЭCA 型焊管机上生产材质为 3 号钢 Bcтзпс，化学成分（质量分数）为：0.16% C、0.007% Si、0.54% Mn，规格为 ϕ159mm×8mm 的焊管。去毛刺后在阿塞拜疆轧管厂的 BTMO 型高温形变热处理线上完成高温形变淬火。其工艺如下：加热→均整轧制→淬火→回火→定径→冷却→精整→成品。加热温度 1050~1150℃；轧制温度为 830~900℃，轧制时所用顶头的直径为 148~149mm；轧制速度为 0.5~0.6m/s；管壁增大率为 8.11%~11.2%，管壁压缩率为 8.3%~12.5%。

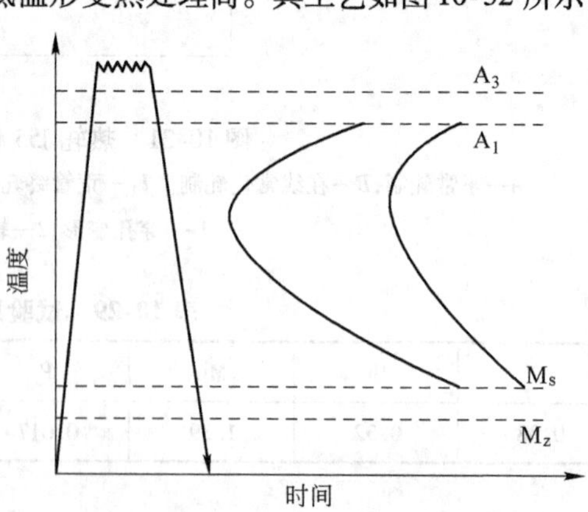

图 10-32 高温形变淬火工艺示意图

淬火：在均整机出口侧，对钢管进行水冷淬火，采用内、外两个喷水口喷水，水压为 0.6~0.8MPa，水耗量为 160~180m³/h 和 230~250m³/h。

回火：淬火后的钢管送入步进炉中回火，回火温度为 540~580℃。

定径：回火后的钢管送入 9 架定径机组中进行热定径，缩径率 15%~16%，定径速度为 0.6m/s，定径后尺寸 ϕ146mm×8mm。

定径后送至冷床进行空冷，钢管的转动速度为4060r/min，最后进行精整，生产出电焊石油套管。其力学性能如表10-31所示。

表10-31 电焊管在不同工艺处理下的力学性能

工 艺	强度级别	力学性能			
		σ_b/MPa	$\sigma_{0.2}$/MPa	δ_5/%	ψ/%
焊接+正火		474~486	308~351	27.2~30.4	64.6~69.1
640℃高温形变淬火	J55	570~660	460~570	25.0~28.0	65.0~75.0
580℃高温形变淬火	N80	713~755	595~677	22.0~24.0	64.0~70.0
540℃高温形变淬火	C95	777~807	730~745	18.0~22.0	65.0~69.0

由表10-31可知，经高温形变淬火后钢管的韧性明显的提高，按API Spec5CT标准，尺寸为5mm×10mm×55mm试样的KCV为18.7J/cm²(14.8J)，经过高温形变淬火的结果是：J55级175~210J/cm²；N80级150~175J/cm²；C95级110~120J/cm²比标准高6~10倍。

因此，通过高温形变淬火，完全可用低碳钢生产出高强度的电焊石油套管，在力学性能方面接近于同样经过形变热处理的无缝钢管。而其他压扁、射孔、抗挤毁等试验表明，此种管材完全可用于深油气井。

10.3.2 低温形变淬火

将钢加热到奥氏体状态，经一段保温，急冷到 A_{C1} 但高于M的某一中间温度进行变形后淬火的工艺称为低温形变淬火，如图10-33所示。低温形变淬火加上适当的温度回火，在塑性几乎不降低的条件下，可大幅度提高钢管的抗拉强度和屈服强度。

这种形变热处理对钢种及设备有一定要求，采用的钢要有比较大的亚稳定奥氏体区才有可能在此区中进行变形。另外，由于变形温度较低，变形抗力大，这就要求设备有较高的强度。

在实验室和生产条件下对42Cr2Ni5SiMoA(Ⅰ)和38Cr5MoSiA(Ⅱ)钢管的试验，肯定了它在钢管生产中应用的可能性，并提出所需的必要条件。

这两种钢的化学成分如表10-32所示。这两种钢在减径机上按低温形变淬火工艺要求进行轧制，所得钢管的力学性能大大超过淬火状态性能，如表10-33所示。

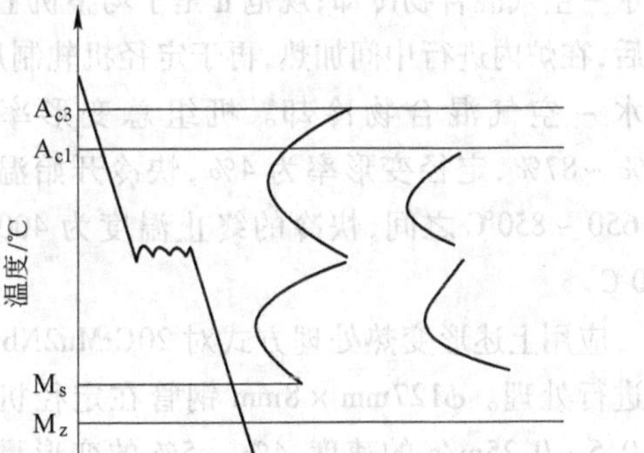

图10-33 低温形变淬火工艺示意图

表10-32 两种钢的化学成分(质量分数) %

钢号	C	Mn	Si	Cr	Ni	Mo	V	S	P
Ⅰ	0.40	0.19	1.22	1.72	5.35	0.54	—	0.005	0.014
Ⅱ	0.36	0.44	0.86	4.92	0.16	1.34	0.51	0.005	0.012

表 10-33　两种钢管的力学性能

钢号	σ_b/MPa		$\sigma_{0.5}$/MPa		δ/%		ψ/%	
	A	B	A	B	A	B	A	B
Ⅰ	2175	1900	2060	1520	10	11	40	43
Ⅱ	2400	1960	2175	1570	8	10	35	40

注：A—形变处理；B——般淬火状态。

由表10-33可知，经低温形变淬火后两种钢的延伸率变化不大，收缩率稍有降低，38Cr5MoSiVA钢强化比42Cr2Ni5SiMoA更高。同时，经低温形变热处理的钢管沿长度方向上性能是均匀的。对力学参数分析表明，为了在减径机上顺利轧出高强度钢管，必须对减径机的结构进行研究，以便使机架能承受更大的载荷。

钢管在拔床上按低温形变热处理工艺进行拔制后，强度指数特别是屈服强度得到了提高，塑性变化很小。与冷拔相比，拔制力降低15%～31%。因此，在带有加热装置和冷却装置的拔管机上实行低温形变热处理是可行的。也可以采用复合形变热处理，即高温形变淬火与低温形变淬火相结合，则可得到高强度和高韧性的结合。

10.3.3　高温形变贝氏体化处理工艺

高温形变贝氏体化处理工艺是，在钢管轧制变形后不直接快冷到马氏体转变温度以下，而是先快冷到中温区后，再置于静止空气中冷却，以使形变奥氏体转变为贝氏体，省去回火工序。中温转变的热处理设备安装在定径机之后，其示意图如图10-34所示。

图10-34中规范Ⅰ是在定径机上轧制后，用水－空气混合物冷却；规范Ⅱ是于均整机上轧制后，在炉内进行中间加热，再于定径机轧制后，用水－空气混合物冷却。机组总变形率为85%～87%，定径变形率为4%，快冷开始温度在650～850℃之间，快冷的终止温度为400～550℃。

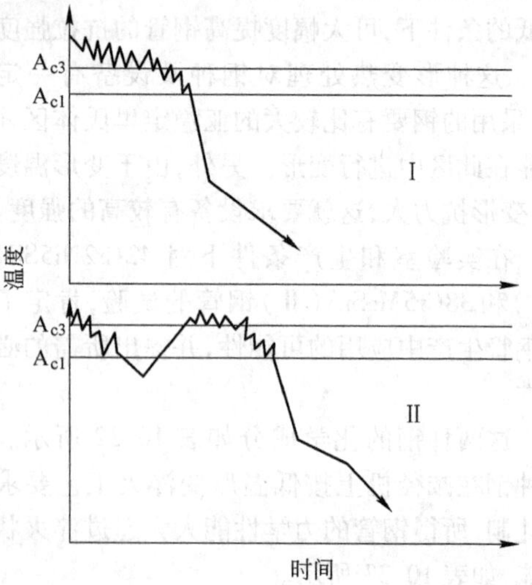

图10-34　钢管高温形变贝氏体化处理

应用上述形变热处理方式对20CrMn2Nb钢管进行处理。ϕ127mm×8mm钢管在定径机上以0.5～0.25m/s的速度，4%～5%的变形量进行轧制，在定径前钢管的温度为800～850℃，在水－空气混合物冷却后的温度为400～450℃。从得到的力学性能结果看出，残余应力不大，$\sigma_{残余}$为15～20MPa，在钻杆中是完全许可的，强度指标同热轧状态相比几乎增加一倍，而伸长率提高了15%～20%。这是由于热轧状态的组织是铁素体、贝氏体、马氏体和约5%的残余奥氏体的混合物，而高温形变贝氏体化处理后几乎全是贝氏体组织。

10.4 非调质钢的无缝钢管控轧工艺

10.4.1 微合金化非调质钢

非调质钢就是将调质钢的化学成分进行调整，并对轧制工艺过程进行控制，不进行调质，而其性能达到调质钢的水平，以省略调质工序。目前，用于无缝钢管生产中主要采用微合金非调质钢。其实质是调整和选择合理的化学成分，如添加微合金化元素 Nb、V、Ti 等，采用控制轧制及控制冷却工艺。通过控制再结晶及相变过程，使晶粒细化，碳氮化物的沉淀析出等。使钢材强度和韧性同时提高，达到调质钢水平。有资料称，采用非调质钢代替调质钢一般成本能降低15%。

微合金非调质钢按其金相组织分有铁素体+珠光体、贝氏体及马氏体三类。因铁素体+珠光体生产工艺简单，因此，我国开发的非调质钢均以铁素体+珠光体为主，也有开发贝氏体型微合金化非调质钢。

铁素体+珠光体类微合金非调质钢，其强度和硬度达到调质钢的水平，但韧性不够，这是工厂在开发微合金化非调质钢时经常碰到的问题。由于这类钢与低碳钢比含碳量较高，铁素体比例较低，如工艺控制不当，铁素体组织沿原奥氏体晶界析出，形成网状铁素体和粗大的珠光体组织，这种组织的韧性很差。因此，必须要优化化学成分和制定及控制工艺参数。

10.4.2 高强度油井管的微合金非调质钢成分的优化

当前某些厂家生产高强度油井管(N80)微合金非调质钢所用的成分如表10-34所示。

表10-34 当前某些厂家生产高强度油井管(N80)微合金非调质钢所用的成分

企业	钢号	化学成分(质量分数)/%							钢管规格 $(D\times S)/\text{mm}^2$
		C	Si	Mn	V	N	S	Re	
A	35Mn2V	≤0.5	≤1.0	≤2.0	≤0.2	适量	≤0.030	适量	139.7×7 139.7×12.19
B	38Mn6V	0.32~0.4	—	1.2~1.5	0.6~0.10	适量	—	适量	73.03×5.51 139.7×7.72 153.67×14
C	33Mn2V	0.31~0.35	—	1.4~1.8	适量	适量	—	适量	73.03×5.51
	36Mn2V	0.34~0.38	—	1.4~1.8	适量	适量	—	适量	88.9×12.5
D	中C-Mn-V	≤0.5	0.3~0.5	1.2~1.8	0.1~0.2	≤0.010	≤0.030	适量	73.03×5.51 88.9×13.5

从表10-34中可以看出，所采用的微合金非调质钢就是中碳钢和中碳高锰钢中添加一些微合金元素的钢。以下分析各种成分：

碳：在各钢号中，有两个钢号规定 $w_C \leq 0.5\%$，具体多少未给出，另外三个钢号的碳的范围在0.31%~0.4%之间。一般在钢中，碳是提高强度的有效元素，但它降低塑性及韧性。这种钢管对韧性要求很高，因此在保证必要强度下，尽量降低碳含量。一般 $w_C < 0.5\%$，实际不大于

0.4%。

锰：是强化元素，通过固溶强化，扩大奥氏体区，降低 A_{r3}，细化奥氏体晶粒，进而细化铁素体晶粒及珠光体球团，但提高珠光体片层间距。锰含量过高也会降低韧性，因此锰含量控制在不大于2%，一般在1.2%～1.8%之间。

硅：脱氧元素，含量过高降低钢的塑性与韧性。含量控制在不大于1.0%，实际上有控制在0.3%～0.5%的，不宜高。

钒：形成碳、氮、碳氮化合物，由于它们的溶解和析出，起到细化晶粒和析出强化作用。含量控制在不大于0.2%，一般在0.06%～0.2%。

氮：与钒形成氮化钒，但本身使钢脆化，因此要适量，$w_N \leq 0.01\%$。

硫：含量控制在0.03%以下。

稀土：净化钢质，使硫化物变性，起合金化作用，提高韧性，可适量加入。

10.4.3　非调质高强度油井管钢控轧控冷工艺

控轧工艺参数确定依据有：机组的条件即变形条件和设备能力；钢种的特性，如加热温度与原始奥氏体关系；动态及静态再结晶图；相变曲线等。

如在实验室用 Gleeble2000 热模拟机对非调质钢 30Mn2SiV 进行热扭转试验，钢的成分如表10-35 所示。得到此钢种的有关加热温度对原始奥氏体晶粒的影响、动态和静态再结晶曲线，如图10-35、图10-36、图10-37 所示。

表10-35　试验用钢成分（质量分数）　%

C	Si	Mn	S	P	V	N
0.31	0.5	1.62	0.0025	0.017	0.10	0.0074

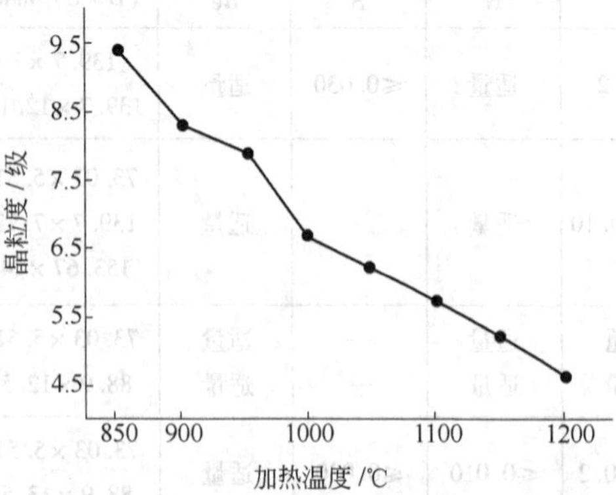

图10-35　加热温度对30Mn2SiV钢原始奥氏体晶粒的影响

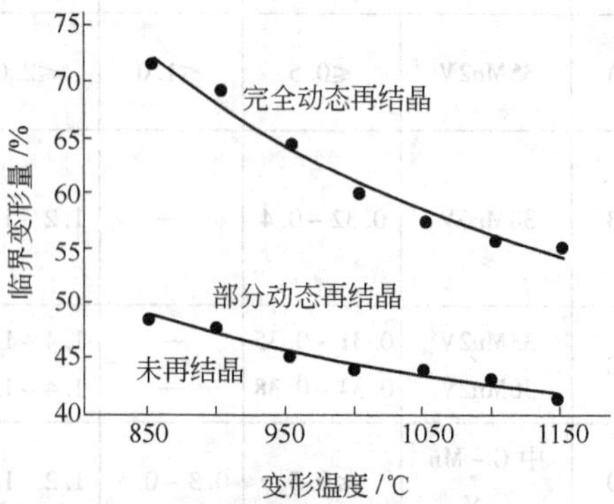

图10-36　30Mn2SiV钢动态再结晶图

加热温度的确定：根据原始奥氏体粗化温度来确定，一般微合金化钢粗化温度较高，30Mn2SiV为1200℃。另外，对微合金钢还要考虑微合金元素的溶解，一般不要加热温度过高，以免晶粒长大。

如有再加热时，加热前的入炉温度低于相变温度，一般在600℃以下，发生一次相变对细化晶粒有利，相当于在线常化。再加热温度一般在950℃以下，完成相变及组织均匀条件下，一般不要过高。

轧制过程中在设备条件允许的情况下，采用低温大压下。同时要根据钢的特性及设备能力等，确定采用何种控制轧制方法。一般对中、高碳钢采用再结晶型控制轧制，使奥氏体晶粒细化相变后，铁素体晶粒细化，珠光体球团也得到细化。但由于相变温度提高，珠光体片层间距加大，降低强度和韧性。

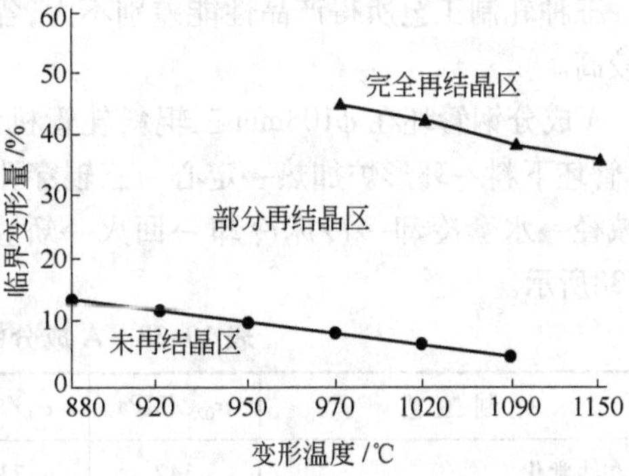

图 10-37 30Mn2SiV 钢静态再结晶图

轧后冷却：为了降低相变温度，必须加快轧后冷却速度，但要考虑到冷却的终止温度，冷却速度过快、冷却终了温度过低会产生淬火组织对性能不利。快冷后降低了相变温度（A_{r1}），珠光体片层减小，提高了强度和韧性。一般在生产中采用风冷和雾冷。

10.4.4 微合金非调质钢在无缝钢管机组上的开发实例

10.4.4.1 非调质钢 N80(F－N80)油井管的开发

(1)衡阳钢管公司对非调质钢 N80(F－N80)油井管进行了研制和开发。

过去调质钢生产 N80 一般采用 42MnMo7 钢，但发现 $\sigma_{0.5}$、A_{KV}偏低，不合 API5CT 规定并性能不稳定。

分析 42MnMo7 钢管失效原因有：冲击韧性差，拉伸时为脆性断口，其组织为粗大的贝氏体、贝氏体和马氏体的混合组织。在此基础上，对成分进行设计，并采用非调质钢的方式生产。

主要从以下几点考虑：碳含量要比原来的低，以提高韧性同时也要考虑强度；锰、硅要有一定量达到强化目的；硫在 0.015% 以下，磷在 0.010% 以下，钒起到晶粒细化和析出强化作用；五害元素总量不大于 0.05%。其所用成分如表 10-36 所示。

表 10-36 所用钢的成分（质量分数） %

成分	C	Si	Mn	P	S	V	Cu	五害元素（Sn + As + Pb + Bi + S）
A	0.28～0.34	0.17～0.37	1.50～1.80	≤0.02	≤0.015	适量	≤0.015	≤0.050
B	适量	0.30～0.50	1.50～1.80	≤0.02	≤0.010	适量	≤0.015	≤0.050

按 A 成分，用 30tEBT 电炉冶炼，40tLF 钢包炉精炼，然后水平连铸成 ϕ130mm 管坯。管坯在 ϕ89mm 连轧机组上轧成 ϕ73mm×5.5mm×(9.4～9.6)m 的钢管。其工艺如下：管坯下料→环形加热炉中加热→锥形穿孔机穿孔→连轧→脱棒→步进式加热炉加热→高压水除鳞→张力减径→冷却→冷锯→进中间库→涡流探伤→超声波探伤→精整→入库。轧制采用三种方案，其结果如表 10-37 所示。

表 10-37 三种轧制工艺生产的油井管的性能及组织

轧制工艺	$\sigma_{0.5}$/MPa	σ_b/MPa	δ_{50}/%	A_{KV}/J	显微组织	晶粒度
1. 在线常化，步进炉 900℃加热	590	748	29.6	74	F＋P	10～12
2. 直接热轧，步进炉 900℃加热	609	762	26.6	77	F＋P	9.5
3. 直接热轧，步进炉 900℃加热	571	743	26.2	78	F＋P	9.5
API 5CT 标准定值	552～758	≥689	≥13.5	≥15		

注：拉伸试样尺寸 19.05mm，冲击试样尺寸 10mm×5mm×5.5mm，冲击试验温度为 0℃。

三种轧制工艺所得产品性能差别不大,各种性能指标符合标准要求。但屈服强度偏低,冲击功较高。

A 成分钢管坯在 ϕ108mm 三辊斜轧管机组上轧制成 ϕ88.9mm × 13.5mm 钢管,主要工艺流程:管坯下料→环形炉加热→定心→三辊穿孔机穿孔→三辊轧管机轧管→步进加热炉加热→张力减径→水套冷却→冷床冷却→回火→矫直→检验→入库。采用四种轧制工艺,其结果如表 10-38所示。

表 10-38　A 成分的四种轧制工艺所得结果

轧制工艺	$\sigma_{0.5}$/MPa	σ_b/MPa	δ_s/%	A_{KV}/J	显微组织	晶粒度/级
1. 在线常化	542	739	24	79	F+P+B	不明显
2. 在线常化,减径后喷水冷却	563	778	25	46	F+P+B	不明显
3. 直接轧制,减径后喷水冷却	637	889	16.5	9	F+P 有少量魏氏组织	4~5
4. 直接轧制	640	896	17.2	7	F+P 有少量魏氏组织	3.5~5
API 5CT 标准定值	552~758	≥689	≥14.5	≥15		

注:拉伸试样尺寸 ϕ9mm,冲击试样尺寸 10mm × 10mm × 5.5mm,冲击试验温度为 0℃。

由表 10-38 看出,采用工艺 1 与工艺 2 所得钢管其屈服强度偏低,采用工艺 3 与工艺 4 所得钢管其冲击值不合格。在此基础上,对钢的成分进行改进。提高含碳量,调整钒含量,如表 10-36 中成分 B。在 ϕ108mm 三辊斜轧管机组上轧制成 ϕ88.9mm × 13.5mm 钢管,并采用四种轧制工艺,其结果如表 10-39 所示。

表 10-39　B 成分的四种轧制工艺所得结果

工艺制度	σ/MPa	σ_b/MPa	δ/%	横向 A_{KV}/J 1	2	3	纵向 A_{KV}/J 1	2	3	晶粒度/级
A	625	870	24	26	30	27	75	80	73	8.5
B	600	830	25	20	25	24	40	35	46	8.0
C	595	810	27	20	20	31	31	42	32	7.0
D	580	805	23	15	20	19	28	25	24	7.0
API5CT	552~758	≥689	≥15.5	≥11			≥41			5.0

注:冲击试样尺寸纵向 10mm × 10mm × 55mm,横向 10mm × 10mm × 55mm,冲击试验温度为 0℃。

从表 10-39 中看到,A 制度的性能最好,其金相组织为索氏体 + 珠光体 + 铁素体。因此,采用成分 B 及 A 在线常化工艺生产的钢管性能最佳,完全符合标准要求。

(2)攀钢集团成都钢铁有限公司用非调质钢开发 N80 级大口径石油套管。

该厂采用 F35MnVN 钢,其成分如下:$w_C \leq 0.5\%$、$w_{Si} \leq 1.00\%$、$w_{Mn} \leq 2.00\%$、$w_P \leq 0.02\%$、$w_S \leq 0.025\%$,V、N、Re 适量。按此成分在 5t 电炉中冶炼后,铸成 ϕ440mm 重 1.37t 钢锭。其中实际 S、P 含量分别为 0.009% 和 0.017%。按下面工艺在 ϕ318mm 周期轧管轧制成 ϕ339.7mm × 12.19mm 的石油套管。加热→冲孔→延伸→轧管→再加热→定径→冷却(空冷及雾冷两种)→

精整→包装。所得结果如表10-40所示。

表10-40 试验钢管的力学性能

试样号	冷却方法	$\sigma_{0.5}$/MPa	σ_b/MPa	δ/%	横向 A_{KV}/J	均 值
1	空冷	575	845	31	21、12、24	19
2	空冷	570	830	31	20、20、20	20
3	空冷	575	850	31	22、20、20	21
4	空冷	600	840	28	21、21、19	20
5	雾冷	580	835	30	22、21、22	21
6	雾冷	580	855	30	20、21、20	20
7	雾冷	585	865	28	18、21、21	20
8	雾冷	595	845	28	23、20、21	21
API 标准		552～758	≥689	≥20.5		≥12

注：横向冲击试样尺寸7.5mm×10mm×55mm，试验温度为0℃。

从表10-40结果来看：钢管的性能是合格的，但屈服强度及冲击韧性都偏低。其金相组织，空冷时为珠光体+铁素体并有少量的网状铁素体，并有轻微混晶(7与9级)；雾冷的组织基本与空冷相同。实际上在试验时，没有达到雾冷要求，冷却速度不够、冷却不均匀，因此还出现网状铁素体，性能也未提高。总的看来，还需进一步改进。

为了解决不合格产品的问题，进行了离线正火试验。结果在860～920℃正火各项指标提高，σ_s 为605～665MPa、σ_b 为805～885MPa、δ 为26%～30%，A_{KV}均值为24～38J。金相组织网状铁素体为块状，晶粒细小且均匀，全部合格。

10.4.4.2 非调质管线钢管的开发

(1)天津钢管公司N80级管线钢的开发。开发微合金管线钢，主要是保证钢管有较好的焊接性和强韧性。一般采用低碳微合金化钢，例如采用14MnNbTi钢生产X56级管线钢。在连轧管机组上采用三种生产工艺；旁通，即钢管出脱管机后直接进定径机；在线正火；调质处理。结果如表10-41所示，非调质完全可达到调质要求。

表10-41 三种工艺生产的X56级管线钢性能

工艺方式	σ_s/MPa	σ_b/MPa	δ/%	晶粒度	A_K/J	HV10
旁 通	461	598	34.5	8.0	157	185.0
在线正火	415	528	40.0	10.0	282	166.3
调质处理	454	568	28.5	9.0	127	203.7
API5L 标准	≥386	≥455		≥5.0	≥27	

注：夏氏V形缺口试验试样尺寸10mm×10mm，试验温度0℃。

(2)攀钢集团成都钢铁有限公司X60级管线用无缝钢管的开发。在AR精密轧管机组上进行试验，其流程如下：

连铸坯→环形加热炉加热→穿孔→AR轧制→定径→矫直→探伤→性能检验→水压试验→检查、修磨→定尺、包装、入库。

经过分析，决定Nb作为微合金元素，采用MnNb钢种成分如表10-42所示。

表 10-42　X60(PSL1)级管线管成分设计(质量分数)　　%

钢级	C	Si	Mn	P	S	Nb	Ni	Cr	Mo	Cu
X60	≤0.2	≤0.60	≤1.7	≤0.020	≤0.02	≤0.20	≤0.20	≤0.20	≤0.20	≤0.15

试验钢在 90t 超高功率电炉冶炼,经 IF 钢包炉精炼、连铸。

轧管的规格为 ϕ273mm×11.13mm,采用坯料为 ϕ280mm 的连铸坯,在环形加热炉中加热的钢温为 1230~1250℃。

试验结果,钢管的外径和壁厚精度都达标,但性能合格率仅 65%,主要是冲击韧性不合格。通过金相组织分析冲击性能合格的试样,其组织是铁素体+珠光体+极少量的贝氏体,而贝氏体细小均匀。冲击试验不合格的试样,其组织是铁素体+贝氏体+珠光体,其中贝氏体尺寸较大而不均匀。经实验研究,这种钢的奥氏体粗化温度在 1050℃以上。因此,通过控制终轧温度来控制奥氏体晶粒以便得到要求的最终组织。根据以上结果将终轧温度控制在 1050℃以下,具体措施为:降低环形加热炉的加热温度、降低轧机的轧制速度、在轧机出口增加快速冷却装置(如风冷、雾冷、水冷等),使轧件快速冷却,缩短在高温停留的时间。实测轧件的轧后温度为 1000~1040℃,所轧钢管性能合格率达 100%,如表 10-43 所示。

表 10-43　第二次试验钢管性能

规格/mm×mm	设计规范	拉伸性能			20 横向夏比冲击功/J	
		$\sigma_{0.5}$/MPa	σ_b/MPa	δ/%	单个最小值	平均值
ϕ273.0×11.13	API5L	≥415	≥517	≥e		
	实际	430~515	600~670	28~38	11	30

之后又以同样工艺批量试制了 ϕ168.3mm×8.74mm、ϕ219.1mm×9.52mm、ϕ323.8mm×12.7 mm 等规格的钢管,性能全部合格。因此,用非调质工艺生产 X60 级管线用无缝钢管是完全可行的。

10.5　热轧无缝钢管生产中采用控轧、控冷和在线热处理工艺的展望

到目前为止,尽管热轧无缝钢管生产中采用控轧、控冷和在线热处理工艺取得一定成果和经验,但与中厚钢板生产、热连轧带钢生产、薄板坯连铸连轧、棒材和线材生产中采用这些先进技术相比,还有一定的差距。其主要原因是:

(1)现有生产工艺的设备布置限制了某些先进工艺的采用。例如,轧后快冷和淬火回火设备无处可放,满足不了控冷和在线热处理的要求;

(2)现有的轧机设备能力偏小,无法满足钢的控制轧制工艺要求,特别是采用低温大压下的控轧工艺时,轧制压力升高,无法实现控轧工艺;

(3)根据热轧钢管的各轧制阶段的塑性变形机理,对各类钢种和不同规格钢管的热变形过程中钢的组织变化规律研究的还不够充分。在设计、建设新的或改造热轧钢管车间时,不能根据各阶段变形和冷却过程中组织变化的要求,布置主要设备和快冷(保温)或在线热处理设备;

(4)热轧钢管的轧后冷却和在线热处理的冷却器有待进一步完善和研制,以保证钢管冷却

均匀和达到要求的冷却速度；

(5)连铸管坯的质量提高和热送、热装、直接轧制等问题也要提前准备。

以上问题通过各有关企业、科研院所和院校的共同努力，一定在不远的将来，将会在热轧钢管生产中采用合理的控轧、控冷和在线热处理工艺，生产出质量更高的钢管和开发出新的品种。

参考文献

[1] S. Yue and J. J. Jonas, Proc, 28th Mechanical Working and Steel Processing Conferrence. 1988.

[2] F. H. Samuel et al. ISIJ International, vol. 29(1989), No, 10.

[3] I. N. Pussegoda et al. Metallurgical Transactions A. Vol. 21A, Jan, 1990.

[4] I. N. Pussegoda et al. Material Science and Technology, Jan. 1992 Vol. 8.

[5] R. Barbosa, et al. Proceedings of international Symposium on Accelerated cooling of Rolled Steel. canadian Institute of Mining and Metallurgy, Pergamon Press, New York, 1988.

[6] George E. Ruddle et at. Proceedings of 32th Mechanical Working and Steel Processing Conference, 1990.

[7] 三原 丰等. 国外钢铁,(3),1984.

[8] 殷国茂等. 钢管技术,(1),1982.

[9] 川崎钢铁技报,(3),1982.

[10] 周民生等. 轧钢,(2),1991.

[11] 周民生等. 钢铁,(1),1992.

[12] 周民生等. 钢铁研究总院学报,2(1),1992.

[13] 何崇智等. 钢铁研究总院学报,8(2),1988.

[14] 三原 丰等. 无缝钢管的直接淬火工艺. 鉄と鋼,(8),1985.

[15] L. N. Pussegoda, et al. Materials Science and Technology, 7, 1991.

[16] 徐福昌等. 热轧无缝钢管在线常化工艺的研究和应用. 北京科技大学学报,1992.

[17] GCr15 轴承钢管穿水冷却工艺试验总结，无锡钢铁厂、北京钢铁研究总院,1983.

[18] 许亚华. 日本无缝钢管水淬工艺. 钢管,1996,(3).

[19] 黄 恺. 日本的钢管直接淬火技术. 钢管技术,1984,1.

[20] 钟锡弟等. 现代 ϕ219mm 阿塞尔轧管机组的生产装备技术. 钢管,2007.

[21] 陶学智等. 钢管在线水淬热处理工艺. 钢管,2006.

[22] 陈绍林. 在线常化工艺对 J55 钢管性能的影响. 钢管,1999.

[23] 肖鸿光. 非调质钢 N80(F-N80)油井管的开发. 钢管,2002.

[24] 成海涛，崔润炯. 浅谈我国微合金非调质油井管的开发. 钢管,2002.

[25] 陈明香等. 微合金钢的开发与研究. 钢管,2002.

[26] 徐福昌等. 非调质钢 30Mn2SiV 再结晶规律研究. 钢管,2000.

[27] 黄 涛，崔润炯等. 用非调质钢开发 N80 大口径石油套管. 钢管,2002.

[28] 王北明. 热轧无缝钢管在线热处理. 钢铁厂设计,1985 年增刊.